CIENCIA Y TECNOLOGÍA DE LA CARNE Y LOS PRODUCTOS CÁRNICOS

Con ejercicios prácticos resueltos

Antonio Madrid, Inma Cenzano y Eva Esteire

AMV EDICIONES

CIENCIA Y TECNOLOGÍA DE LA CARNE Y LOS PRODUCTOS CÁRNICOS
Autores: Antonio Madrid, Inma Cenzano y Eva Esteire.
Primera edición. Año 2024
ISBN: 978-84-127747-4-0

Figura de la portada del libro:
EUFIC The European Food Information Council

Imprime: Tórculo

AMV EDICIONES
Calle Almansa, 94, 28040-Madrid (España)
Teléfono: 915336926
Internet: www.amvediciones.com
Correo electrónico: amadrid@amvediciones.com

PRÓLOGO

Este libro es quizás el más moderno, práctico y completo que se ha escrito sobre ciencia y tecnología de la carne y los productos cárnicos. Consta de varias partes:

1ª parte. TEÓRICA. Se presentan los conocimientos más actuales relativos a la carne y los productos cárnicos, su composición, propiedades, su valor nutritivo, etc.

2ª parte. PRÁCTICA. Se da la formulación y la elaboración de todo tipo de productos cárnicos (salchichas, chorizo, mortadela, salchichón, morcillas, longanizas, patés, hamburguesas, sobrasada, butifarra, salami, fuet, morcón, jamón York, kebab, etc.).
Se estudian los equipos y técnicas de elaboración y envasado de la carne y los productos cárnicos. Se dedica una atención especial al jamón serrano y al jamón ibérico.

3ª parte. GENERAL. Este libro incluye varios capítulos que son de interés para todo tipo de industrias cárnicas, como son los sistemas de limpieza y desinfección, el envasado al vacío, el envasado en atmósferas modificadas, los sistemas de curado, los tratamientos térmicos, la última legislación aparecida, etc.

4ª parte. EJERCICIOS PRÁCTICOS. Al final de cada capítulo se incluyen unos ejercicios prácticos, con las soluciones al final del libro. Esto puede ayudar mucho en cursos de formación sobre esta materia.
Este libro va dirigido a:

- Profesionales del sector cárnico que deseen tener unos conocimientos generales sobre la carne, embutidos, jamones, etc., y sus procesos de formulación y elaboración.
- Cursos de formación.
- Estudiantes y profesores de ciencia y tecnología de los alimentos.
- Organismos oficiales y funcionarios relacionados con las industrias agroalimentarias

AGRADECIMIENTOS

Este libro es eminentemente práctico y por ello incorpora las tecnologías de las empresas fabricantes de equipos y procesos que existen en el mercado. Así tenemos que las figuras y esquemas que aparecen en la mayoría de los capítulos corresponden a empresas agroalimentarias, fabricantes de maquinaria, universidades, cadenas de distribución, organismos nacionales e internacionales, etc. Así tenemos:

- **G. López de Torre y B.M. Carballo García,** autores del libro "Tecnología de la Carne y de los Productos Cárnicos", AMV Ediciones, de donde se toman muchas citas sobre el músculo cárnico, las proteínas de la carne, la maduración de la carne, etc.
- *DIETAS.NET* que ofrece en su sitio de Internet información muy interesante sobre dietética y nutrición. Por ejemplo, unas excelentes tablas de composición de alimentos.
- **Gas Natural Fenosa. Empresa Eficiente.** Que ofrece una información muy completa e interesante en diversos sectores.
- **Canal Salud y Carnicería RAZA NOSTRA** que en sus sitios de Internet ofrecen una información muy completa e interesante sobre la composición de la carne (vaca, cerdo, oveja) y sus propiedades nutricionales.
- **EROSKI Consumer**, que siempre está facilitando informaciones muy completas e interesantes sobre carne y productos cárnicos, alimentación en general, energías renovables, etc.
- En el sitio de Internet del **Instituto de Gastronomía Profesional y Universo Porcino,** nos dan dos interesantes tablas sobre la composición de los distintos tipos de carnes.
- **FAO** (Food and Agricultural Organization, Agencia de las Naciones Unidas para la Agricultura y la Alimentación) que realiza una gran labor para erradicar el hambre del mundo.

- **JUNTA DE ANDALUCÍA**, que ofrece una información muy interesante y didáctica en Internet.
- **MAKRO España**, que es una empresa líder en la distribución del sector de alimentación y no alimentación. En su sitio de Internet (www.makro.es) se puede encontrar información muy didáctica y completa.
- **ALFA-LAVAL**. Empresa líder mundial fabricante de equipos e instalaciones para todos tipo de industrias alimentarias. Destacar sobre todo sus intercambiadores de calor, centrífugas, homoge-neizadores, etc.
- **TETRA PAK**. La empresa por excelencia de envasado de alimentos y bebidas en cartón.
- **MADE IN ARGENTINA**. Con información muy interesante sobre el sector cárnico.
- **UVESA**. Información muy completa y práctica sobre la carne de pollo.
- **CINCAP**. Centro de Información Nutricional de la Carne de Pollo. Argentina.
- **INTERCUN**. Ventajas del consumo de carne de conejo.
- **NATURSAN**. Alimentación sana. Información sobre la carne de pavo.
- **CREAVES**. Creaciones Avestruz (México). Especialistas en carne de avestruz.
- **Llama de Oro**. Empresa comercializadora de carne de Llama.
- **Salud y Buenos Alimentos**. Información sobre alimentación. Datos de interés sobre la perdiz.
- **PROCAVI**. Matadero de alta tecnología de pavos. Del Grupo Fuertes.
- **UNIVERSIDAD DEL PAÍS VASCO.**
- **Universidad de Chile**. Facultad de Ciencias.
- **CESNID** que tiene unas tablas de composición de alimentos muy completas.
- **INNATIA.**

- **CESNUT Nutrición.** Consultoría nutricional especializada en colectividades y empresas.
- **EDUCAR CHILE.**
- **INTERCUN** (organización interprofesional para impulsar el sector cunícola).
- La empresa **A.D.A.M.**
- **EUFIC (**European Union Food Information Council) que en su sitio de Internet suministra una información muy interesante sobre elaboración de alimentos, etiquetado, valor nutritivo, alimentos funcionales, etc.
- **BEDCA** que tiene una base de datos muy completa sobre composición de alimentos.
- **Universidad de Zaragoza.**
- **UNAD (Universidad Nacional Abierta y a Distancia). Colombia.**
- **MADISA**
- **Universidad de Salamanca.**
- **Aula 365.**
- **APV.** Especialista en instalaciones para la industria alimentaria.
- **WESTFALIA SEPARATOR.** Especialista en equipos para todo tipo de industrias de la alimentación.
- **WIEGAND.** Especialista en instalaciones de evaporación.
- **Biblioteca Digital ILCE** (Instituto Latinoamericano de la Comunicación Educativa). México.
- **OTC (Obtención y Transformación de la Carne).**
- **Universidad de Nacional de Colombia.** Dirección Nacional de Innovación Académica.
- **Ana M. Sánchez e Inés Díaz-Laviada. Universidad de Alcalá de Henares.** España.
- **Mundo HVACR.** Refrigeración.
- **Universitat Politècnica de Catalunya.**
- **OVIMANCHA**, del Grupo Mota.
- **Pontificia Universidad Católica de Chile.**

- **SIR**. Servicios Industriales en Refrigeración.
- **TRANE**. Cero Grados Celsius.
- **BURKET**. Especialista en válvulas.
- **Carburos metálicos**. Del Grupo Air Liquide.
- **RYC**. Registros y Controles.
- **LENNTECH**.
- **FISICANET**.
- **PALINOX**. Ingeniería y proyectos.
- **EUROCARNE**. Revista especializada en temas cárnicos.
- **BERNAD**. Equipamiento para la industria alimentaria.
- **Ital Modular**. Cámaras frigoríficas.
- **Danfoss**.
- **Isotermia**. Cámaras frigoríficas.
- **FLOTTWEG**. Equipos e instalaciones para la industria.
- **Incus Technology**. Detectores de metales.
- **GEA FILTRATION**. Equipos e instalaciones para la industria alimentaria.
- **MULTIVAC**. Máquinas envasadoras.
- **ULMA Packaging.**
- **Frigomeccanica**. Italia.
- **Todo Monografías.**
- **METALQUÍMIA**. Equipos e instalaciones para la industria cárnica.
- **El Corte Inglés**. Líder en grandes almacenes en España.
- **BURGER KING**. Cadena de hamburgueserías.
- **VEMAG**. Embutidoras.
- **SINDY** Insumos Alimenticios S.A.
- **Mundo Kebab.**
- **Mil Recetas**. El gusto de cocinar.
- **DOP Sobrasada de Mallorca.**
- **Universidad de Córdoba (UCO).**
- **Maestro Francisco Izarduy**. Recetas de morcillas.
- **Patrimonio Gastronómico de la Junta de Castilla y León.**

- **Los Quijales** Lorca (Murcia). Longaniza Imperial y otros embutidos.
- **Procesos Industriales Cárnicos.**
- **Indicación Geográfica Protegida Salchichón de Vic.**
- **BERNESA.**
- **Cárnicos JCGC.**
- **Cadena de restaurantes RODILLA.**
- **El Gran Jamón.** El portal español del jamón.
- **Derivados Cárnicos de Murcia.**
- **Página de Bedri.**
- **KONTSUMOBIDE.** País Vasco.
- **AGUAS INDUSTRIALES.** Alfaro (La Rioja).
- **INNOVAQUA.** Especialistas en el tratamiento de aguas.
- **CIDI-UPB.** Tecnologías Limpias.
- **SOLACQUA.** Especialistas en el tratamiento de aguas.
- **Sanimatic Spain.**
- **Agroibérica de Pozoblanco.**
- **Fuente Jabugo.**
- **Guijuelo Directo.**
- **COVAP.**
- **Llamas Centelles.**
- **NAVIDUL.** Fabricantes de excelentes jamones.

ÍNDICE DEL LIBRO

1.- Los alimentos: definición y clasificación. 2.- Composición de los alimentos. 3.- La carne y los productos cárnicos. 4.- Composición y propiedades de la carne y los productos cárnicos. 5.- El consumo de carne en el mundo. 6.- Composición de la carne de vacuno. 7.- Composición y características de la carne de cerdo. 8.- Derivados del cerdo cerdo. 9.- Composición y características de la carne de oveja y cabra. 10.- Carne de cordero. 11.- Carne de cabra. 12.- Composición de la carne de pollo. 13.- Características de la carne de pollo. 14.- EROSKI Consumer y la carne de pollo. 15.- La carne de conejo. 16.- INTERCUN y el sector cunícola. 17.- La carne de pavo. 18.- Carne de avestruz. 19.- Carne de caballo. 20.- Carne de Kobe. 21.- Carne de perdiz y codorniz. 22.- Carne de pato. 23.- Elaboración del foie gras. 24.- Carne de llama. 25.- Ejercicios prácticos. Las soluciones al final del libro.

1.- Introducción. 2.- Proteínas. 3.- Estructura de las proteínas. 4.- Tipos de proteínas. 5.- Valor biológico de las proteínas. 6.- Aminoácidos esenciales. 7.- Aminoácidos no esenciales. 8.- Funciones de las proteínas. 9.- Las proteínas y la FAO y la OMS. 10.- Lípidos. 11.- Grasas y aceites. 12.- Composición de los aceites y grasas. 13.- Ácidos grasos Omega-3 y Omega-6. 14.- El colesterol. 15.- Hidratos de carbono. 16.- La fibra. 17.- Funciones de los hidratos de carbono. 18.- Sales minerales. 19.- El cloruro sódico (sal común) y la alimentación. 20.- Las vitaminas. 21.- La vitamina C. 22.- El agua en los alimentos. 23.- Propiedades del

Capítulo 3 PROPIEDADES FUNCIONALES DE LAS PROTEÍNAS CÁRNICAS...166

Capítulo 4 FUNCIONAMIENTO DE UN MATADERO............201

1.- Instalaciones frigoríficas. 2.- Componentes de una instalación frigorífica. 3.- El evaporador. 4.- El compresor. 5.- El condensador. 6.- Torres de enfriamiento de agua. 7.- Cámaras frigoríficas industriales. 8.- Túneles de enfriamiento rápido. 9.- El nitrógeno como fluido criogénico. 10.- El dióxido de carbono como fluido criogénico. 11.- Ejercicios prácticos. Las soluciones al final del libro.

1.- Cambios en la carne fresca. 2.- Enfriamiento rápido de la carne. 3.- Periodos de tiempo de refrigeración. 4.- Cámaras frigoríficas en mataderos e industrias cárnicas. 5.- Selección del equipo de refrigeración. 6.- Construcción de la cámara frigorífica. 7.- Aislamiento, barrera por vapor y acabado del suelo de una cámara frigorífica. 8.- Puertas y estructuras de apoyo de una cámara frigorífica. 9.- Otros equipos de frío en industrias cárnicas. 10.- Ejercicios prácticos. Las soluciones al final del libro.

1.- Subproductos procedentes de mataderos e industrias cárnicas en general. 2.- Subproductos, canales y despojos. 3.- Composición y características de la sangre. 4.- Sangrado de los animales en el matadero. 5.- Obtención de plasma. 6.- Secado por atomización del plasma y de la sangre. 7.- Obtención de harinas y grasas a partir de subproductos y despojos de mataderos e industrias cárnicas. 8.- Instalaciones para el procesado de subproductos y despojos: procesado previo. 9.- Sistemas de producción de harinas y grasas. 10.- Proceso por vía seca (digestores). 11.- Producción de harinas y grasas por vía húmeda. 12.- Producción de gelatina a partir de pieles y huesos.

13.- Procesos ácido y alcalino de obtención de gelatina (Gea Filtration). 14.- Aplicaciones farmacéuticas de los subproductos y despojos cárnicos. 15.- Ejercicios prácticos. Las soluciones al final del libro.

CAPÍTULO 8 ENVASADO DE LA CARNE Y DE LOS PRODUCTOS CÁRNICOS EN ATMÓSFERAS MODIFICADAS (EAM)

1.- Acondicionamiento de los alimentos en atmósferas gaseosas. 2.- Conservación de carnes en cámaras frigoríficas con atmósfera modificada. 3.- Envases con atmósfera modificada. 4.- Gases utilizados en el envasado de las carnes y otros alimentos. 5. Ventajas del envasado en atmósferas protectoras. 6.- Envases de plástico para carnes y productos cárnicos. 7.- Mezclas de gases apropiadas para carnes y productos cárnicos. 8.- Envasado al vacío. 9.- Carnes frescas envasadas en plástico. 10.- Alteraciones en carnes frescas. 11.- Ejercicios prácticos. Las soluciones al final del libro

CAPÍTULO 9 LAS CARNES CONGELADAS

1.- Características de las carnes congeladas. 2.- Calidad sanitaria de las carnes congeladas. 3.- Cámaras de congelación. 4.- Ejercicios prácticos. Las soluciones al final del libro.

CAPÍTULO 10 LOS PRODUCTOS CÁRNICOS

1.- Definición y clasificación de los productos cárnicos. 2.- Evaluación de la calidad. 3.- Productos cárnicos crudos y frescos. 4.- Productos cárnicos crudos curados. 5.- El uso de nitritos en los productos cárnicos. 6.- Embutidos curados. 7.- Bioquímica del curado. 8.- Productos cárnicos cocidos. 9.- Ahumado de productos cárnicos. 10.- Productos cocidos enteros: jamón y paleta cocidos. 11.- Elaboración del jamón de York. 12.- Elaboración y recetas de hamburguesas. 13.- Elaboración y receta del chorizo criollo. 14.- Elaboración y recetas del chorizo tradicional español. 15.- Chorizo de Cantimpalos. 16.- Máquinas embutidoras. 17.- Salchichas tipo Frankfurt. 18.- Fabricación de salchichas tipo Viena. 19.- Elaboración de chorizo (FAO). 20.- Elaboración de mortadela. 21.- Elaboración del jamón curado. 22.- Mortaleda de Bologna. 23.- Elaboración del Kebab de ternera, de cordero y de pollo. 24.- Elaboración y recetas de patés. 25.- Elaboración y recetas de sobrasada. 26.- Elaboración y recetas de morcilla. 27.- Morcilla de Burgos. 28.- Morcilla de cebolla de Murcia. 29.- Elaboración y formulación del salchichón. 30.- Elaboración y formulación del salami. 31.- Elaboración y formulación de la longaniza. 32.- Elaboración y receta de la longaniza de Murcia. 33.- Etiquetado e identificación de las carnes de vacuno. 34.- Butifarras: fórmulas y elaboración. 35.- Etiquetado e identificación de las carnes de vacuno. 36.- Ejercicios prácticos. Las soluciones al final del libro.

CAPÍTULO 11 LIMPIEZA Y DESINFECCIÓN EN MATADEROS E INDUSTRIAS CÁRNICAS...448

1.- Tipos de limpieza. 2.- Fases de la limpieza. 3.- Propiedades de los productos de limpieza. 4.- Sosa cáustica (lejía). 5.- El jabón. 6.- Los detergentes. 7. El cloro y el hipoclorito sódico. 8.- Otros productos de limpieza. 9.- Desinfección. 10.- Protocolo de higiene y limpieza en mataderos e industrias cárnicas. 11.- Ejercicios prácticos. Las soluciones al final del libro.

CAPÍTULO 12 TRATAMIENTO DE LAS AGUAS RESIDUALES DE MATADEROS E INDUSTRIAS CÁRNICAS...........................463

1.- Introducción. 2.- El agua en nuestro planeta. 3. Demanda biológica de oxígeno (DBO) y demanda química de oxígeno (DQO). 4.- Las aguas residuales de los mataderos. 5.- Fases del tratamiento de aguas residuales. 6.- Filtración mecánica. 7.- Tratamiento de las aguas residuales de mataderos e industrias cárnicas. 8.- Tratamiento de aguas residuales de las industrias del pescado. 9.- Usos diversos de los lodos. 10.- Digestión anaerobia de los lodos. 11.- Ejercicios prácticos. Las soluciones al final del libro.

1.- Jamones curados. 2.- Bioquímica del curado del jamón. 3.- El jamón serrano. 4.- Jamón ibérico. 5.- Características del jamón ibérico. 6.- Denominaciones de origen de jamones. 7.- Jamones amparados por la Denominación de origen Dehesa de Extremadura. 8.- Jamón de Huelva. 9.- Jamón de Guijuelo. 10.- Jamón de los Pedroches. 11.- Jamón de Teruel. 12.- Caña de lomo. 13.- Morcón ibérico. 14.- Morcón de Murcia. 15.- Ejercicios prácticos. Las soluciones al final del libro.

CAPÍTULO 1 LA CARNE Y LOS PRODUCTOS CÁRNICOS. COMPOSICIÓN Y CARACTERÍSTICAS. EL CONSUMO DE CARNE EN EL MUNDO

1.- Los alimentos: definición y clasificación

El Código Alimentario define los alimentos como *"todas las sustancias o productos de cualquier naturaleza, sólidos o líquidos, naturales o transformados, que por sus características, aplicaciones, componentes, preparación y estado de conservación, sean susceptibles de ser habitual e idóneamente utilizados en la nutrición humana."*

El hombre es un animal omnívoro, es decir come de todo, tanto productos vegetales como animales. El hombre primitivo pasó de una alimentación vegetariana a otra combinada con carne. Así lo exigía su desarrollo cerebral. Pero comer exclusivamente carne generaría un desequilibrio en la dieta humana. Mucha proteína y pocos hidratos de carbono. Por ello la importancia de que la dieta sea equilibrada en vegetales y productos cárnicos. Nuestros ancestros recolectaban frutos pero también cazaban.

Los alimentos son tan antiguos como la vida, pero el hombre, en su evolución, aprendió a transformarlos y conservarlos para satisfacer sus necesidades.

Las industrias agroalimentarias son las encargadas de acopiar, mezclar, transformar, envasar, conservar y distribuir los alimentos.

En cuanto a la clasificación de los alimentos, hay muchas formas de hacerla. Así por ejemplo, tenemos:

Alimentos naturales simples. Son todos aquellos que nos ofrece la naturaleza *sin una excesiva manipulación*, salvo las tareas de siembra, cultivo y recolección, como es el caso de ciertos productos vegetales (frutas, verduras, hortalizas, cereales, etc.).

También podríamos incluir entre los alimentos naturales las carnes procedentes de la matanza de animales sin más transformación.

En cualquier caso, verá el lector que hemos utilizado el término *sin una excesiva manipulación*, ya que en la actualidad, aunque los alimentos se comercialicen en fresco, en el caso de las carnes, se debe proceder a la matanza del animal, desangrado, corte en canales, despiece posterior, almacenamiento frigorífico o por congelación, venta en carnicerías, envasado de filetes al vacío, envasado de distintas piezas de carne al vacío o en atmósferas modificadas, etc.

En el caso de los productos vegetales, se suelen clasificar por tamaños (frutas por ejemplo), color, estado sanitario, se cepillan y a veces se les da un tratamiento superficial (naranjas que se quieren abrillantar por ejemplo), se envasan en plástico en atmósferas modificas (de nitrógeno por ejemplo) para que se conserven durante más tiempo, se conservan en almacenes a temperatura controlada, etc. Es decir, que los alimentos frescos también sufren muchas manipulaciones.

Alimentos naturales complejos. Son todos aquellos resultantes de la manipulación de alimentos simples hasta formar otros nuevos tales como salchichas, jamones, conservas cárnicas, pan, bollos, yogures, quesos, aceites, mermeladas, zumos, salsas, azúcares, etc.

Otra forma de clasificación sería en alimentos de origen vegetal y de origen animal. Más formas de clasificar los alimentos:

Alimentos perecederos. Como su nombre indica son los que se pueden estropear con cierta rapidez. Las causas pueden ser diversas: humedad, temperatura, ataque por microorganismos, etc.

Estos alimentos perecederos suelen coincidir con los productos frescos (frutas, verduras, carnes frescas, pescados frescos, etc.). Para aumentar su vida útil, se recomienda la utilización del frío.

Alimentos duraderos. Son los que se pueden conservar durante largos periodos de tiempo (meses e incluso años), gracias a diversas técnicas naturales (frío, esterilización, deshidratación) o artificiales (aditivos químicos que alargan su vida). Por ejemplo, un jamón curado puede conservarse más de un año. Una lata de sardinas puede conservarse incluso más de dos años.

Figura 1.- El consumo de carne ayudó al desarrollo cerebral de la especie humana. Fuente: Hinduism Glance's.

En la Tabla 1 vemos los diversos sistemas de conservación de los alimentos, y la evolución de dichas técnicas con el tiempo. Algunas de estas técnicas (fermentación, salazón, ahumado), las viene empleando la humanidad desde hace siglos.

Tabla 1.- Procedimientos de conservación de los alimentos. Fuente: CISAN (Consejo para la Información sobre la Seguridad de los Alimentos y Nutrición). Argentina.

Procedimiento tradicional	Procesos más modernos (de 1900 en adelante)	Técnicas más modernas (a partir de 1960)
Enlatado	Cocción por extrusión	Secado por congelación
Fermentación	Congelado y enfriado	Procesado por infrarrojos
Congelación	Pasteurización	Irradiación
Secado en horno	Esterilización	Campos magnéticos
Encurtido	Tratamiento térmico a alta temperatura (UHT)	Procesado por microondas
Salazón		Envasado en atmósfera modificada
Ahumado		Calentamiento óhmico
Secado al sol		Campos eléctricos pulsados
Secado		Secado por aspersión
		Ultrasonidos

Más adelante estudiaremos muchos de estos procedimientos de conservación de los alimentos, pero sobre todo los utilizados en el manejo y conservación de la carne y los productos cárnicos.

En la Figura 2 vemos un equipo homogeneizador ultrasónico, con aplicación a emusificación, maduración, etc.los alimentos. Puede realizar tareas de mezcla,

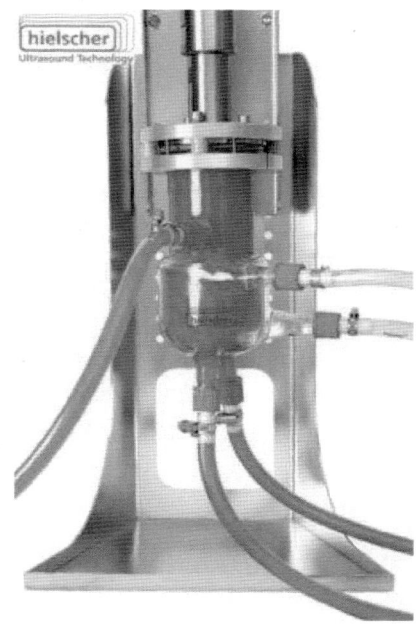

Figura 2.- Homogeneizador ultrasónico. Fuente: Hielscher.

2.- Composición de los alimentos

Dentro de la cultura general de los seres humanos está el conocimiento de las características de los alimentos.

Así todos decimos que el tocino es un alimento muy rico en grasas. Que la carne es muy rica en proteínas. Que la miel y las mermeladas son muy ricas en azúcares. Que los zumos y las frutas son muy ricos en vitaminas y sales minerales. La sandía y el melón tienen mucha agua. Etc.

Con lo dicho en el párrafo anterior ya podemos establecer la composición básica de los alimentos:

- Proteínas.
- Grasas (incluyen los aceites).
- Hidratos de carbono (incluyen los azúcares).
- Sales minerales (calcio, fósforo, hierro, sodio, potasio).
- Vitaminas (A, B, C, D).
- Agua.

El principal componente de la carne y los productos cárnicos es el agua ya que todos los animales (incluida la raza humana) suelen tener como media un 60-75% de agua (el llamado líquido de la vida). Después del agua, el componente más importante son las proteínas. También hay que destacar la presencia de grasas. Sin embargo las carnes son muy pobres en hidratos de carbono. Los alimentos que ingerimos nos ofrecen:

- La energía necesaria para la vida.
- Construir y mantener los tejidos corporales.

El ser humano debe ser capaz de seleccionar los alimentos que necesita para desarrollar una vida normal y sana. **Somos lo que comemos**.

Está comprobado que los alimentos que ingerimos influyen en nuestra salud, en las enfermedades que desarrollamos (diabetes, cáncer, anorexia, problemas cardiovasculares), en nuestro rendimiento en el trabajo, en las horas de sueño, etc.

3.- La carne y los productos cárnicos

En el sitio de Internet de la **FAO (Food and Agricultural Organization, Organización de las Naciones Unidas para la Agricultura y la Alimentación)**, nos dicen lo siguiente de la carne y los productos cárnicos:

"La carne es el producto pecuario de mayor valor. Posee proteínas y aminoácidos, minerales, grasas y ácidos grasos, vitaminas y otros componentes bioactivos, así como pequeñas cantidades de carbohidratos. Desde el punto de vista nutricional, la importancia de la carne deriva de sus *proteínas de alta calidad*, que contienen todos los aminoácidos esenciales, así como de sus minerales y vitaminas de elevada biodisponibilidad.

Mientras en el mundo desarrollado el consumo de carne no ha registrado importantes variaciones, el consumo anual *per cápita* de carne en los países en desarrollo se ha duplicado desde 1980.

Composición química de algunas carnes comestibles (%)

Carne	Agua	Grasas	Proteínas	Minerales	Contenido energético Kcal./100g
Vacuno	76.4	21.8	0.7	1.2	96
Ternera	76.7	21.5	0.6	1.3	93
Cerdo	75.0	21.9	1.9	1.2	108
Cordero	75.2	19.4	4.3	1.1	120
Cabra	70.0	19.5	7.9	1.0	153
Corzo	75.7	21.4	1.3	1.0	100
Conejo	69.6	20.8	7.6	1.1	155
Liebre	73.3	21.6	3.0	1.2	116
Pollo	72.7	20.6	5.6	1.1	136
Pavo	58.4	20.1	20.2	1.0	270
Pato	63.7	18.1	17.2	1.0	234

Tabla 2.- Composición de diversos tipos de carne (vacuno, cerdo, cordero, cabra, conejo, etc.). Fuente: You Tube. AGGalan.

El crecimiento demográfico y el incremento de los ingresos, junto con los cambios en las preferencias alimentarias, han producido un aumento de la demanda de productos pecuarios.

Según las proyecciones, la producción mundial de carne se habrá duplicado para el año 2050 y se prevé que la mayor parte del crecimiento se concentrará en los países en desarrollo.

El creciente mercado de la carne representa una importante oportunidad para los productores pecuarios y los elaboradores de carne de estos países. No obstante, el incremento de la producción ganadera y la elaboración y comercialización inocuas de carne y productos cárnicos conformes a las normas higiénicas supone un serio desafío.

El programa de la FAO sobre carne y productos cárnicos tiene como objetivo prestar asistencia a los países miembros a fin de que puedan aprovechar las oportunidades de desarrollo del sector pecuario y mitigación de la pobreza a través de la promoción de sistemas inocuos, eficaces y sostenibles de producción, elaboración y comercialización de carne y productos cárnicos. Las actividades se centran en el perfeccionamiento de las competencias y la creación de capacidad en el sector de la agricultura en pequeña escala mediante la mejora y desarrollo de la producción de carne y sus técnicas de elaboración.

La FAO presta también asistencia en el ámbito de la comercialización y la mejora de la cadena de valor de la carne gracias a un conjunto de actividades *in situ* y sobre el terreno y a la colaboración con una serie de asociados de nivel nacional, regional e internacional.

Se presta especial atención a la adición de valor, la mejora de la inocuidad alimentaria, la reducción al mínimo de los desechos y la prestación de asesoramiento y asistencia técnica y normativa.

El enfoque consiste en la elaboración y difusión de directrices y prácticas de fabricación destinadas a fomentar la productividad y productos e instalaciones de elaboración más seguras y con valor añadido.

La FAO se ocupa asimismo, por medio del *Codex Alimentarius*, del desarrollo de normas y códigos de prácticas en materia de carne y productos cárnicos." Fin de la cita de la **FAO**.

4.- Composición y propiedades de la carne y los productos cárnicos

Como hemos dicho anteriormente la carne es rica en agua y proteínas, pero también contiene grasas, sales minerales, hidratos de carbono y vitaminas.

Como es lógico la composición de la carne depende en gran medida del animal sacrificado. Nos centraremos sobre todo en la composición de la carne procedente de vacas, cerdos, ovejas, cabras y pollos, que son las más consumidas a nivel mundial. Localmente podemos encontrar países o regiones donde se consume carne de camello, caballo, búfalo, ciervo, llama, etc.

También es muy importante indicar que dentro de una misma especie (vacuno por ejemplo), la composición varía mucho según la zona u órgano que consideremos (hígado, riñones, lomo, patas, etc.).

Por ello a continuación vamos a dar una tabla con la composición de la carne de vacuno, bovino, cerdo y aves. Posteriormente iremos estudiando la composición de partes y órganos determinados.

En el sitio de Internet de la **FAO** (Food and Agricultural Organization, Organización de las Naciones Unidas para la Agricultura y la Alimentación) se indica lo siguiente:

Tabla 3.- Composición aproximada de diversos tipos de carne (caballo, ternera, conejo, buey, cordero y cerdo). Fuente: Instituto de Nutrición y Bromatología (CSIC). España. Educa tu Dieta.

En 100g	Energía (Kcal)	Proteínas (g)	Lípidos (g)	Hidratos de Carbono (g)	Calcio (mg)	Hierro (mg)
Carne de Caballo	93	21	1	0	12	7
Carne de Ternera (magra)	131	20,2	5,4	0	8	2,1
Carne de Ternera semigrasa	256	16,7	21	0	7	1,9
Carne de Conejo	133	23	4,6	0	22	1
Solomillo de Buey	104	18,2	3,5	0	5	5
Cordero (chuleta)	240	17,9	18,7	0	8	1,7
Solomillo de Cerdo	130	21	5,1	0	8	1,2
Cerdo lomo 9%	152	18	8,85	0	0	0,9

"El **Codex Alimentarius** define la carne como "todas las partes de un animal que han sido dictaminadas como inocuas y aptas para el consumo humano o se destinan para este fin".

Como ya vimos anteriormente, la carne se compone de agua, proteínas y aminoácidos, minerales, grasas y ácidos grasos, vitaminas y otros componentes biológicamente activos, además de pequeñas cantidades de carbohidratos. La carne es rica en vitamina B6, B12, vitamina A y hierro, los cuales no están fácilmente disponibles en las dietas vegetarianas.

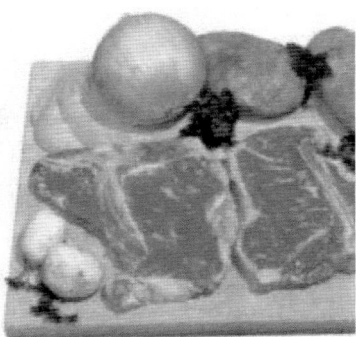

Ternera
Es una buena fuente de nutrientes, con la mitad de grasas y menos calorías que la carne de vaca y rica en proteínas, zinc, potasio y vitamina B. Es preferible tomarla asada o a la plancha, en muy poco aceite vegetal.

Figura 3.- En general, la carne es rica en vitamina A, B6 y B12. Y en menor cantidad vitamina E y ácido pantoténico.

Las fuentes más frecuentes de suministro de carne son las especies de animales domésticos como el ganado vacuno, los cerdos y las aves de corral y, en menor medida, los búfalos, ovejas y cabras. En algunas regiones se consume también carne procedente de otras especies animales como los camellos, yaks, caballos, avestruces y animales de caza. En una medida limitada, la carne procede también de animales exóticos como los cocodrilos, las serpientes y los lagartos.

Durante miles de años, las aves de corral han suministrado carne y huevos, el ganado vacuno, las ovejas y las cabras han proporcionado carne y leche, y los cerdos han sido una fuente de carne.

Estas especies constituyen la mayor fuente de proteínas animales para los seres humanos. La carne de mayor consumo es la de cerdo, con un 36 % de la ingesta mundial de carne, seguida de la carne de aves de corral y de vacuno, con aproximadamente un 33 % y un 24 %, respectivamente.

Hay que observar que el uso y consumo de diferentes especies animales varía también en función de preferencias culturales y creencias religiosas." Fin de la cita de la **FAO**.

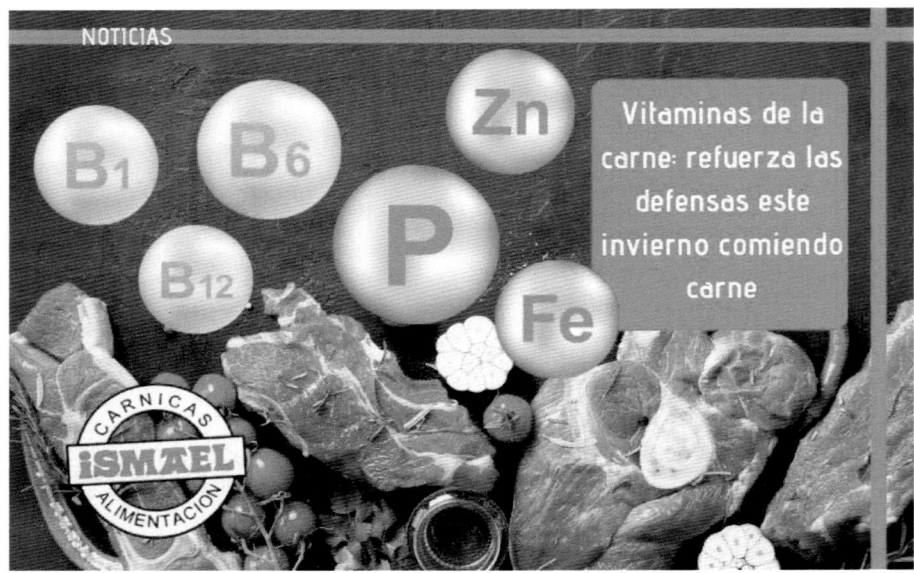

Figura 4.- La carne, además de proteínas, aporta vitaminas y sales minerales (fósforo, hierro, zinc). Fuente: Cárnicas ISMAEL.

5.- El consumo de carne en el mundo

La FAO en su lucha contra el hambre trata de fomentar el consumo de carne en aquellos países donde la proteína cárnica es escasa o está mal distribuida entre la población (ricos que ingieren mucha proteína cárnica y pobres que ingieren poca proteína cárnica). Así, en su sitio de Internet, la **FAO** nos dice:

"La carne puede formar parte de una dieta equilibrada, aportando valiosos nutrientes beneficiosos para la salud. La carne y los productos cárnicos contienen importantes niveles de proteínas, vitaminas, minerales y micronutrientes, esenciales para el crecimiento y el desarrollo.

La elaboración de la carne supone una oportunidad para añadir valor, reducir los precios, fomentar la inocuidad alimentaria y ampliar la vida útil. Esto a su vez puede generar un aumento de los ingresos del hogar y una mejora de la nutrición.

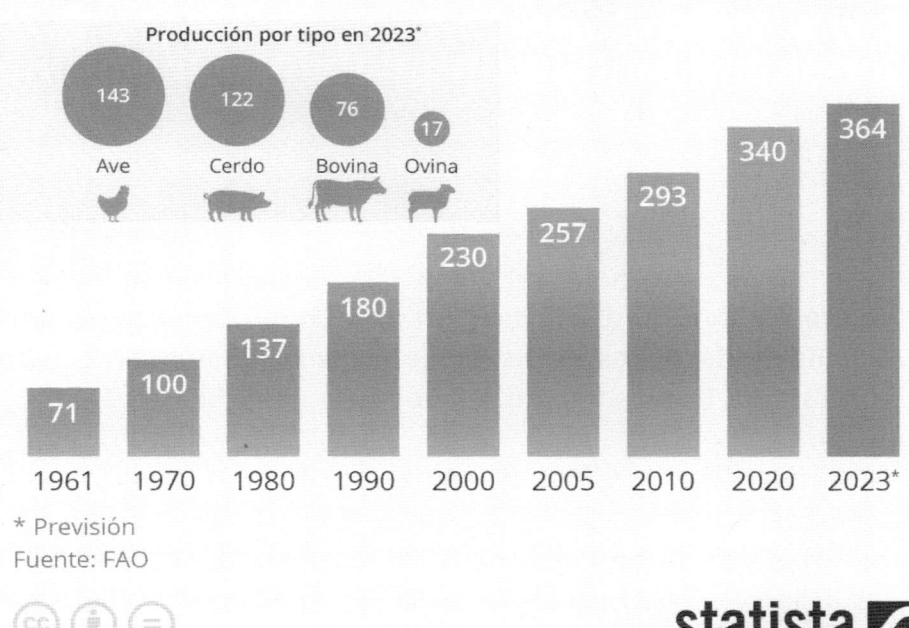

Figura 5.- Producción de carne en el mundo. Fuente: FAO.

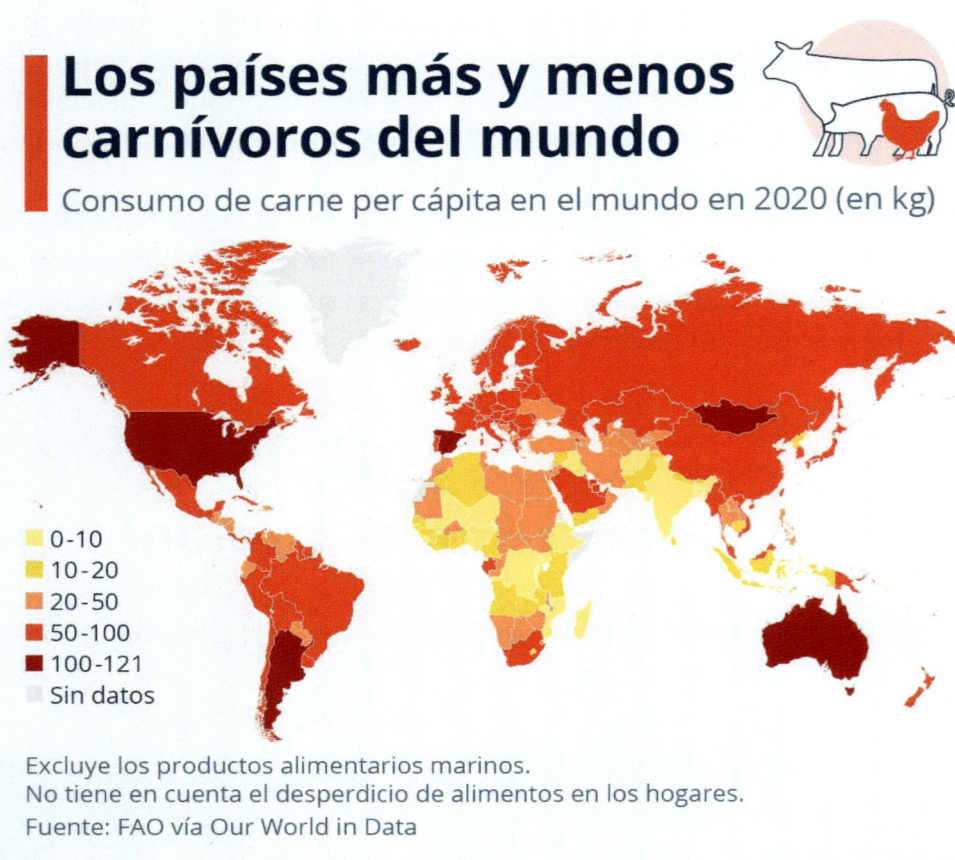

Los países más y menos carnívoros del mundo

Consumo de carne per cápita en el mundo en 2020 (en kg)

- 0-10
- 10-20
- 20-50
- 50-100
- 100-121
- Sin datos

Excluye los productos alimentarios marinos.
No tiene en cuenta el desperdicio de alimentos en los hogares.
Fuente: FAO vía Our World in Data

statista ◢

Figura 6.- Consumo de carne en el mundo. Como se aprecia, España es uno de los países donde se consume más carne, junto con Estados Unidos, Argentina, Australia,, etc. Fuente: FAO.

Mientras que el consumo de carne *per cápita* en algunos países industrializados es alto, en los países en desarrollo un consumo *per cápita* de carne inferior a 10 kg por año debe considerarse insuficiente y con frecuencia causa subnutrición y malnutrición. Asimismo, se estima que en el mundo más de 2000 millones de personas sufren carencias de vitaminas y minerales fundamentales, en particular vitamina A, yodo, hierro y zinc.

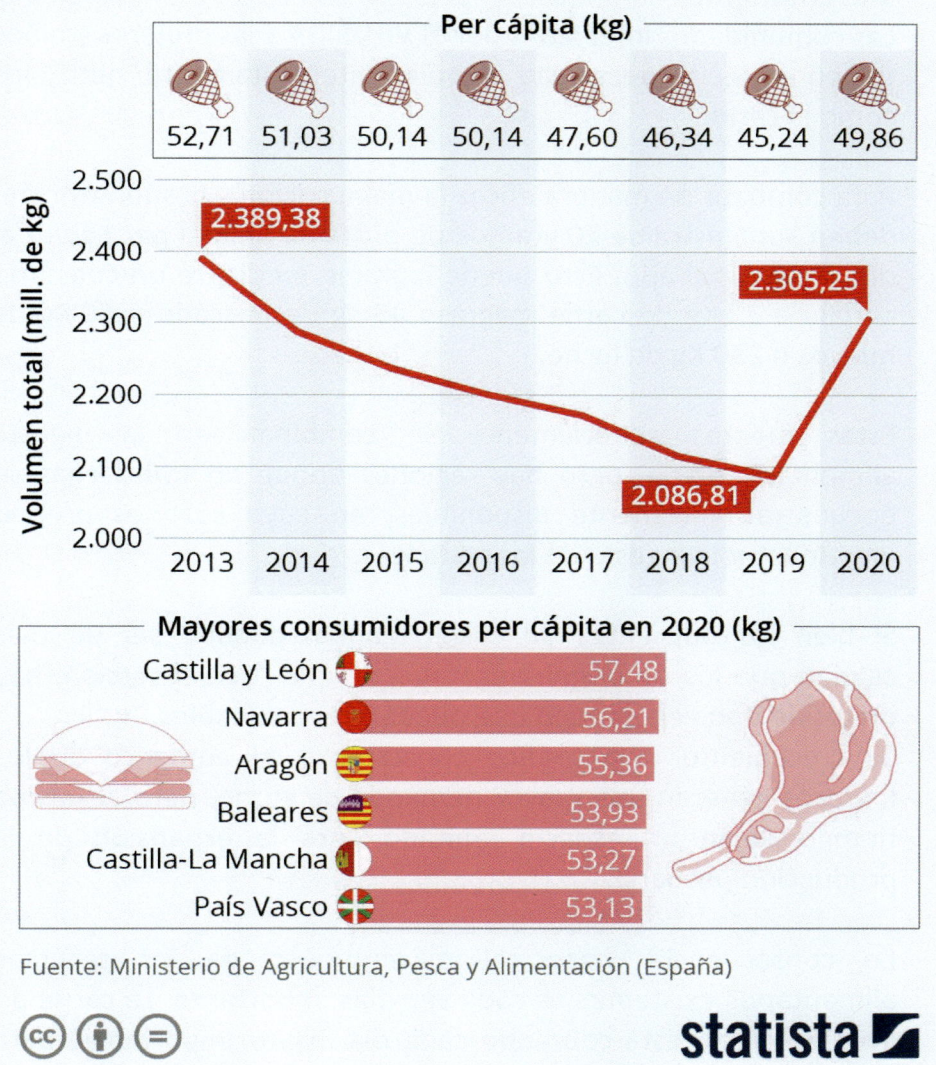

¿Cuánta carne se consume en España?

Consumo anual de carne en los hogares españoles

Per cápita (kg)

| 52,71 | 51,03 | 50,14 | 50,14 | 47,60 | 46,34 | 45,24 | 49,86 |

Volumen total (mill. de kg)

2.389,38

2.305,25

2.086,81

2013 2014 2015 2016 2017 2018 2019 2020

Mayores consumidores per cápita en 2020 (kg)

Castilla y León	57,48
Navarra	56,21
Aragón	55,36
Baleares	53,93
Castilla-La Mancha	53,27
País Vasco	53,13

Fuente: Ministerio de Agricultura, Pesca y Alimentación (España)

statista

Figura 7.- En España se consumen unos 50 kilos de carne por habitante y año, aproximadamente. Fuente: FAO.

Dichas carencias se producen cuando las personas tienen un acceso limitado a alimentos ricos en micronutrientes como carne, pescado, frutas y hortalizas. La mayor parte de las personas con carencias de micronutrientes viven en países de bajos ingresos y generalmente presentan carencias de más de un micronutriente.

Las comunidades infectadas por el VIH/SIDA y las mujeres y niños tienen especial necesidad de alimentos altamente nutritivos como la carne.

Para combatir de manera eficaz la malnutrición y la subnutrición, deben suministrarse 20 gramos de proteína animal *per cápita* al día, o 7,3 Kg al año. Esto puede lograrse mediante un consumo anual de 33 Kg de carne magra o 45 Kg de pescado o 60 Kg de huevos o 230 Kg de leche.

Estas fuentes generalmente se combinan en la ingesta alimentaria diaria, pero hay regiones donde no todas ellas se encuentran fácilmente disponibles, en cuyo caso es preciso incrementar la ingesta de las restantes.

Si bien los nutrientes de origen animal pueden ser de más calidad que los de origen vegetal o de más fácil absorción, hay dietas de tipo vegetariano que pueden ser saludables.

El crecimiento demográfico constante y el aumento de los ingresos generan una mayor demanda de carne, pero al mismo tiempo dejan un espacio limitado para la expansión de la producción pecuaria.

En consecuencia, hacer el máximo uso de los recursos alimentarios existentes es cada vez más importante. La carne de aves de corral está cobrando cada día mayor importancia para satisfacer esta demanda." Fin de la cita de la FAO.

6.- Composición de la carne de vacuno

La carne de vacuno es rica en proteínas y grasas. Como ejemplo, vemos en la Tabla 4 la composición media de un filete de lomo de vacuno, tal y como aparece en el sitio de Internet de **Canal Salud** y **Carnicería RAZA NOSTRA**, que ofrece una información muy interesante sobre la composición de diversos tipos de carne y las ventajas de su consumo moderado.

Tabla 4.- Composición de un filete de lomo de vacuno. Fuente: Canal Salud. Carnicería RAZA NOSTRA.
Contenido en 100 gramos de sustancia comestible.

Porción comestible (0-1) ..0.95	Magnesio (mg)...........20
Agua (g)..............................66,7	Fósforo (mg)..............210
Azúcares (g)....................Trazas	Hierro (mg)................2,3
Fibra alimentaria (g)..........0	Tiamina (mg)............0,08
Kilocalorías.......................197	Riboflavina (mg)......0,26
KiloJulios...........................821	Vitamina E (mg).......0,17
Proteínas (g)....................18,9	Vitamina B6 (mg).....0,27
Lípidos (g).........................13,5	Vitamina B12 (mg).......2
Carbohidratos..............Trazas	Ac. Fólico libre (mg)....3
Potasio (mg)....................330	Ac. Fólico total (mg)....9
Calcio (mg)..........................6	Ac. Pantoténico (mg)...0,6
	Colesterol...................90

Como vemos en la Tabla 4, estas carnes son ricas en proteínas, grasas, sales minerales y algunas vitaminas.

7.- Composición y características de la carne de cerdo

En el sitio de Internet del *Instituto de Gastronomía Profesional y Universo Porcino,* nos dan dos interesantes tablas sobre la composición de la carne de cerdo, que reproducimos a continuación.

Como se aprecia en dichas Tablas 5 y 6, la carne de cerdo es rica en proteínas (20% en magro), grasas (hasta el 47 % en la panceta), sales minerales y algunas vitaminas.

En cuanto al colesterol su contenido es moderado salvo en el hígado (340 mg por 100 gramos).

Tabla 5.- Composición de diversas partes del cerdo. Fuente: Instituto de Gastronomía Profesional. Universo Porcino.
Cifras en gramos o miligramos por cada 100 gramos.
AGS: grasas saturadas. AGP: grasas poliinsaturadas. AGM: grasas monoinsaturadas. Col: colesterol.

	Magro	Chuletas	Panceta	Semigraso	Hígado
Agua (g)	72	55	41	61	72
Kcalorias	155	327	469	273	139
Proteína (g)	20	15	12,5	17	20
Grasa (g)	8	29,5	47	23	5,7
Hierro (mg)	1,5	0,8	0,9	1,3	13
Zinc (mg)	2,5	1,6	1,5	1,8	6,9
Sodio (mg)	76	76	1470	76	77
Potasio (mg)	370	370	230	370	350
Vit.B1 (mg)	0,89	0,57	0,32	0,70	0,31
Vit.B2 (mg)	0,20	0,14	0,12	0,20	3,17
Niacina (mg)	8,7	7,2	4,2	7,6	15,7
Vit.B12 (mg)	3	2	0	2	3
AGS (g)	3,2	11,5	19,3	8,9	2,1
AGM (g)	3,6	12,9	21,2	10	1,3
AGP (g)	0,6	2,2	3,5	1,7	2,3
Col. (mg)	69	72	57	72	340

AGS = grasas saturadas / AGM = grasas monoinsaturadas / AGP = grasas poliinsaturadas / Col = Colesterol.

En la Tabla 6 vemos más detalladamente la composición del magro de cerdo. Como se puede apreciar es rico en proteínas (20,7%), en lípidos (7,1%), sales minerales como el fósforo y algunas vitaminas. Su contenido en colesterol es moderado (menos de 70 miligramos por cada 100 gramos de producto).

El contenido en grasa de la carne de cerdo varía en función de la alimentación.

Por ejemplo, los cerdos ibéricos que se crían en dehesas, alimentándose de bellotas, generan una grasa rica en ácidos grasos insaturados tales como el ácido oleico. Esto hace que los jamones de cerdo ibérico tengan una grasa incrustada en la proteína, que da un aroma y sabor únicos.

Figura 8.- Jamón ibérico rico en ácidos grasos insaturados. Fuente: El Pozo.

Tabla 6.- Composición de la carne de cerdo magra. Fuente: Instituto de Gastronomía Profesional. Universo porcino. Contenido en gramos o miligramos por cada 100 gramos de producto.

Carne de cerdo, magra

Porción comestible (0-1)	1	POTNICOT	3,8
Agua (g)	71,5	Vitamina C (mg)	0
Azúcares (g)	0	Vitamina E (mg)	0
Fibra alimentaria (g)	0	Vitamina B6 (mg)	0,45
Kilocalorías	147	Vitamina B12 (mg)	3
KiloJulios	615	Ac. Fólico Libre (mg)	0
Proteínas (g)	20,7	Ac. Fólico Total (mg)	5
Lípidos (g)	7,1	Ac. Pantoténico (mg)	1,1
Carbohidratos	0	Biotina (mg)	3
Potasio (mg)	370	Líp. Saturados (g)	0
Calcio (mg)	8	Líp. Monoinsat. (g)	0
Magnesio (mg)	22	Líp. Polisaturados (g)	0
Fósforo (mg)	2200	Colesterol (g)	69
Hierro (mg)	0,9	Vitamina K (mg)	0
Retinol- Vitamina A (UI)	0	Glucosa (g)	0
Caroteno (mg)	0	Fructosa (g)	0
Vitamina D (mg)	0	Lactosa (g)	0
Tiamina (mg)	0,89	Sacarosa (g)	0
Riboflavina (mg)	0,25	Ac. Fítico (mg)	0
Ac. Nicotínico (mg)	6,2		

Contenido en 100 gr de sustancia comestible

Más completa aún es la tabla de **J. Mataix Verdú de la Universidad de Granada,** donde nos dan la composición de diferentes partes del cerdo tales como chuletas, costillas, lomo manitas de cerdo, paleta, panceta, pierna, solomillo y tocino de cerdo. Ver el libro "Tabla de Composición de los Alimentos". Cuarta edición. Universidad de Granada. Año 2003.

Cortes de Cerdo

1	Cabeza	Chicharrón	7
2	Lomo Enrollado	Chuleta de Lomo	8
3	Bife de Lomo	Lomo Fino	9
4	Asado	Pierna s/hueso	10
5	Patita	Chuleta de Pierna	11
6	Tocino		

www.deperu.com

Figura 9.- Cortes de la carne de cerdo. Fuente: DePeru.com

8.- Derivados del cerdo cerdo

En el sitio de Internet de **EROSKI Consumer** nos dan una información muy interesante sobre la carne de cerdo que reproducimos a continuación:

"La carne de cerdo de calidad es de color sonrosado y veteada de grasa. Este tipo de alimento suele consumirse fresco o después de aplicar distintas elaboraciones como el salado, el ahumado y otras transformaciones con las que se obtienen todos los productos de charcutería.

La cantidad de proteínas que aporte dependerá sobre todo de la especie del animal (cerdo blanco o ibérico), de la edad y de la pieza de carne de la que se trate. Hasta hace poco se consideraba que contenía más grasa saturada de la que realmente tiene, cantidad que oscila en función de la alimentación que recibe el animal.

Dichas carencias se producen cuando las personas tienen un acceso limitado a alimentos ricos en micronutrientes como carne, pescado, frutas y hortalizas. La mayor parte de las personas con carencias de micronutrientes viven en países de bajos ingresos y generalmente presentan carencias de más de un micronutriente. Las comunidades infectadas por el VIH/SIDA y las mujeres y niños tienen especial necesidad de alimentos altamente nutritivos como la carne.

Dichas carencias se producen cuando las personas tienen un acceso limitado a alimentos ricos en micronutrientes como carne, pescado, frutas y hortalizas. La mayor parte de las personas con carencias de micronutrientes viven en países de bajos ingresos y generalmente presentan carencias de más de un micronutriente. Las comunidades infectadas por el VIH/SIDA y las mujeres y niños tienen especial necesidad de alimentos altamente nutritivos como la carne.

Calidad según el animal.
La grasa en la carne de cerdo es su componente más variable, pues depende de la especie, raza, sexo, edad, corte de la carne, pieza que se consuma y la alimentación del animal. La res chacinera es el animal castrado a los 30 días y cebado en la última época de su vida. Con un peso de canal de 90 a 120 kilos, se le sacrifica con una edad de entre seis y ocho meses. De esta res es de la que se obtiene la carne de primera calidad.

La *cerda de panza* o de recría es la hembra que al menos ha parido una vez.
Este animal produce una carne apta para el consumo pero de menor calidad. Se utiliza fundamentalmente en la industria charcutera.
El *verraco* es el macho reproductor que no se consume fresco sino que se utiliza, como en el caso anterior, para la industria charcutera.

Por último, el *cochinillo o lechón* es el animal que sólo ha consumido leche materna. La edad de sacrificio es de uno a dos meses y el peso en vivo es de 6 a 15 kilos. Su carne es muy blanca, con bastante grasa y muy tierna.

Las partes.
La presentación de la canal del cerdo incluye cabeza, patas y piel.

- La cabeza se utiliza deshuesada para salar o adobar en la elaboración de potajes y también para asar a la parrilla. A la cabeza deshuesada se le suele llamar *careta*.
- El pecho se utiliza en la industria charcutera para la elaboración de patés, fiambres, o salchichas.
- El lomo o carré se utiliza en fresco, adobado o seco. En fresco suele prepararse asado como pieza entera, frito en forma de chuletas o al horno. También puede elaborarse adobado a la plancha o frito.
- El solomillo se consume fresco, asado al horno entero, fileteado a la plancha o frito en sartén.
- La paletilla se utiliza salada y curada. Se puede emplear también en la elaboración de productos de charcutería y en fresco se utiliza deshuesada, enrollada y asada al horno.
- El brazuelo es el nombre que recibe el zancarrón delantero. Tiene las mismas aplicaciones que el trasero, es una carne muy gelatinosa y normalmente se nos presenta en salmuera (como el codillo) o fresco braseado.
- El costillar suele utilizarse en fresco, salado o adobado y se usa como elemento proteico de potajes.
- La panceta es la falda en el vacuno. Se utiliza en fresco para la elaboración de potajes. El beicon es salado, cocido y ahumado.
- El jamón se puede encontrar fresco, salado y curado, cocido en forma de fiambre. En fresco se utiliza para la elaboración de escalopes y para asar al horno. Es la pierna trasera del cerdo.

- Las patas se presentan frescas, saladas y adobadas. Si son frescas, se cuecen y se acompañan de alguna salsa como la vizcaína o la salsa de tomate. Las patas saladas y adobadas se utilizan más como elemento proteico de potajes.
- El espinazo y rabo se usa salado en la elaboración de potajes como elemento proteico." Fin de la cita de **EROSKI Consumer**.

Figura 10.- Escalopín de lomo de cerdo. Información nutricional Calorias: 114,5 kcal. Grasas: 4 g. De las cuales saturadas: 1,4 g. Hidratos de Carbono: 0,5 g. De los cuales azúcares: 0,4 g. Proteínas: 19,0 g. Sal: 1,3 g.

9.- Composición y características de la carne de oveja y cabra

En la Tabla 7 vemos la composición de las chuletas de cordero tan consumidas en muchos países. Como se puede apreciar son ricas en proteínas (14,7%), grasas (36,3%), sales minerales como el fósforo, potasio y magnesio y algunas vitaminas.

Su contenido en colesterol es moderado (78 miligramos por cada 100 gramos de producto).

Tabla 7.- Composición de las chuletas de cordero.
Fuente: Canal Salud y Carnicería Raza Nostra.

Cordero (chuletas)

Porción comestible (0-1)	0,76	POTNICOT	3,11
Agua (g)	48,7	Vitamina C (mg)	0
Azúcares (g)	0	Vitamina E (mg)	0,18
Fibra alimentaria (g)	0	Vitamina B6 (mg)	0,15
Kilocalorías	386	Vitamina B12 (mg)	1
KiloJulios	1593	Ac. Fólico Libre (mg)	0
Proteínas (g)	14,7	Ac. Fólico Total (mg)	3
Lípidos (g)	36,3	Ac. Pantoténico (mg)	0,4
Carbohidratos	0	Biotina (mg)	1
Potasio (mg)	230	Líp. Saturados (g)	15,5
Calcio (mg)	7	Líp. Monoinsat. (g)	10,3
Magnesio (mg)	16	Líp. Polisaturados (g)	0,7
Fósforo (mg)	6130	Colesterol (g)	78
Hierro (mg)	1,22	Vitamina K (mg)	0
Retinol- Vitamina A (UI)	0	Glucosa (g)	0
Caroteno (mg)	0	Fructosa (g)	0
Vitamina D (mg)	0	Lactosa (g)	0
Tiamina (mg)	0,09	Sacarosa (g)	0
Riboflavina (mg)	0,16	Ac. Fítico (mg)	0
Ac. Nicotínico (mg)	3,9		

Contenido en 100 gr de sustancia comestible
Fuente: Canal Salud

Ahora es el momento de pasar al estudio de los componentes de la carne (proteínas, grasas, hidratos, sales, vitaminas y agua).
Volvemos a apreciar (Tabla 8) que la pierna de cordero es más rica en proteínas (17,9%) que las chuletas (14,7%). Por otra parte, como es lógico, la pierna de cordero tiene menos grasa (18,7%) que las chuletas (36,3 %).

Tabla 8.- Composición de la pierna de cordero.
Fuente: Canal Salud y Carnicería Raza Nostra.

Cordero (pierna)

Porción comestible (0-1)	0,77	POTNICOT	3,8
Agua (g)	63,1	Vitamina C (mg)	0
Azúcares (g)	0	Vitamina E (mg)	0,14
Fibra alimentaria (g)	0	Vitamina B6 (mg)	0,2
Kilocalorías	240	Vitamina B12 (mg)	2
KiloJulios	996	Ac. Fólico Libre (mg)	0
Proteínas (g)	17,9	Ac. Fólico Total (mg)	4
Lípidos (g)	18,7	Ac. Pantoténico (mg)	0,6
Carbohidratos	0	Biotina (mg)	1
Potasio (mg)	310	Líp. Saturados (g)	8,4
Calcio (mg)	6	Líp. Monoinsat. (g)	5,8
Magnesio (mg)	22	Líp. Polisaturados (g)	0,5
Fósforo (mg)	2170	Colesterol (g)	78
Hierro (mg)	1,7	Vitamina K (mg)	0
Retinol- Vitamina A (UI)	0	Glucosa (g)	0
Caroteno (mg)	0	Fructosa (g)	0
Vitamina D (mg)	0	Lactosa (g)	0
Tiamina (mg)	0,14	Sacarosa (g)	0
Riboflavina (mg)	0,25	Ac. Fítico (mg)	0
Ac. Nicotínico (mg)	5,7		

Contenido en 100 gr de sustancia comestible
Fuente: Canal Salud

10.- Carne de cordero

En el sitio de Internet de **EROSKI Consumer** nos dan una información muy interesante sobre la carne de cordero que pasamos a reproducir:

"Clasificación según la edad.

La carne de ovino se clasifica según la edad del animal, al igual que ocurre con el ganado porcino o el vacuno, y recibe diferentes nombres:

- *Cordero lechal*: Se refiere a animales de menos de 1 mes y medio de edad. La composición y características de la carne dependen fundamentalmente de la alimentación que reciben. Estos animales se alimentan fundamentalmente de leche y es en el mes de octubre cuando contiene la máxima cantidad de grasa. La carne de cordero lechal es muy fina y jugosa, algo menos nutritiva que los ejemplares de mayor edad.

- *Ternasco o recental*: Es un animal de menos de 4 meses. Alrededor de los 45 días se produce el destete y el animal pasa a alimentarse con piensos compuestos, lo que provoca una pérdida de parte de su grasa inicial. La carne es menos tierna, más sabrosa y de color más rojo que la del cordero lechal.

- *Pascual o cordero de pasto*: La edad del animal varía entre los 4 meses y el año y su carne tiene un sabor más pronunciado.

- *Ovino Mayor (oveja o carnero):* Estos animales superan el año de edad, y por lo general se demandan menos que los ejemplares jóvenes.

La carne de cordero se clasifica en roja o en blanca en función de la edad del animal y de su alimentación. La carne de animales adultos (pascual y ovino mayor) presenta un color rojo más intenso que la de animales jóvenes (cordero lechal o ternasco) que es más rosácea.

La coloración más rojiza de las carnes se debe al contenido en mioglobina, un pigmento que contiene hierro y se encuentra en las fibras musculares.

Sus propiedades nutricionales.

El cordero es uno de los animales que mayor porcentaje de grasa concentra en algunas de sus piezas, principalmente en forma de grasa saturada. En los ejemplares jóvenes, la mayor parte de grasa está alrededor de las vísceras y debajo de la piel, de forma que se puede retirar fácilmente. De esta forma, se reduce el aporte de grasa saturada, colesterol y calorías y se puede seguir disfrutando de esta deliciosa carne.

Esto no ocurre en el caso del ovino mayor, porque gran parte de la grasa está dentro de las fibras musculares y no se puede eliminar. Sin embargo, existe una gran preferencia por la carne de animales jóvenes en nuestro país, en los que sí que es posible retirar la grasa visible. En cuanto a las proteínas, la carne de cordero supone una fuente importante de ellas y además su calidad es muy buena.

De sus vitaminas destacan las del grupo B, especialmente la B2 y la B12, y en menor medida, la B1 y la B3.

La vitamina B2 o riboflavina, interviene en las defensas y en la producción de glóbulos rojos.

La vitamina B12, que sólo se encuentra en alimentos de origen animal, participa en la formación de hemoglobina y su deficiencia puede provocar un tipo de anemia y alteraciones del sistema nervioso.

En cuanto a los minerales, la carne de cordero es buena fuente de hierro *hemo*, un tipo de hierro que se absorbe fácilmente. Este nutriente es necesario para la formación de hemoglobina y un aporte adecuado del mismo previene la anemia ferropénica.

También destacan el aporte de fósforo, sodio y zinc. El fósforo, interviene en el sistema nervioso y en la actividad muscular, y el zinc, tiene acción antioxidante e interviene en el desarrollo de los órganos sexuales, el sentido del gusto y el olfato.

Tabla 9.- Composición de la carne de cordero en gramos por 100 gramos de porción comestible.

	Kcal (n)	Proteína (g)	Grasa (g)	AGS (g)	AGM (g)	AGP (g)	Colesterol (mg)	Hierro (mg)	Vit. B12 (mcg)
Pierna	183	14,6	13,9	6,71	5,7	0,9	77	2,8	1,75
Costilla-chuleta	244	15,6	20,1	9,96	8,05	1,18	79	2,6	1,3
Paletilla	280	16,5	23,8	12	9,5	1,2	76	1,5	2,2
Paletilla *	186	22,3	10,7	5,5	4,2	0,52	72	2	2

AGS= grasas saturadas / AGM= grasas monoinsaturadas / AGP= grasas poliinsaturadas / * Eliminada la grasa.

En relación con la salud.

Su consumo es aconsejable para personas sanas de cualquier edad siempre que la cantidad y la frecuencia con que se tome esta carne sea moderada. La carne de cordero presenta cualidades nutritivas interesantes, sin embargo tiene un contenido elevado de grasa. Es por esta razón que cuando hay exceso de peso, o problemas de colesterol o triglicéridos elevados se ha de controlar su consumo e intentar escoger partes con menos grasa como la pierna. Si se consumen otro tipo de piezas como pueden ser las costillas, es necesario en estos casos retirar la grasa visible y cocinarlas con poca grasa: al horno, a la plancha o a la parrilla.

Debido al exceso de grasa, la carne de cordero suele resultar indigesta para quienes tienen el estómago delicado. En cada caso hay que valorar la tolerancia de este alimento, antes de desaconsejar o no su consumo.

En primavera, la carne de cordero se encuentra en su mejor momento. Esto es así porque las ovejas que amamantan a los corderos lechales se alimentan de pastos frescos.

De esta forma, la carne de los corderos es más suave, tierna y con menos grasa que en otra época del año. Por tanto, se pueden aprovechar los meses de primavera para adquirir mejores piezas a un buen precio y congelar la carne para comerla en otro momento.

A la hora de comprar cordero hay que tener en cuenta que la carne de los ejemplares jóvenes (cordero lechal, ternasco y pascual), es la más apreciada. Esta carne es más tierna y jugosa que la del ovino mayor (oveja y carnero). Además si se compran piezas enteras o mitades resulta más económico que comprarlo por partes. Si se adquiere por piezas porque no se dispone del espacio suficiente, es necesario saber cómo se va a cocinar cada una de ellas para elegir unas partes u otras del animal: la pierna para asar, los filetes para freír, la falda para estofados y menestras, etc." Fin de la cita de **EROSKI Consumer**.

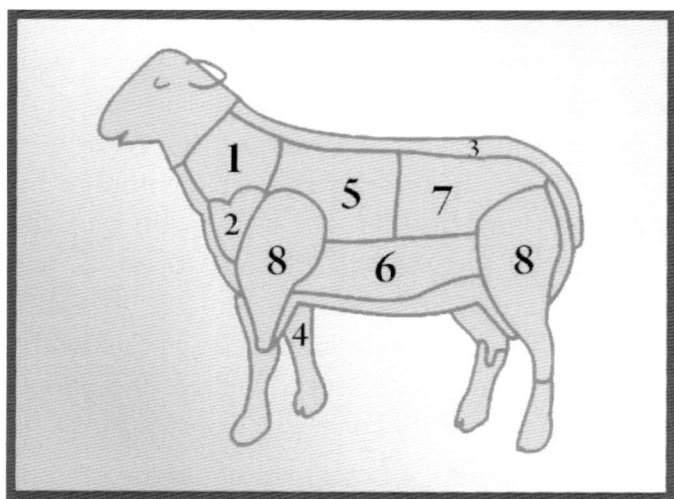

Figura 11.- Cortes de la carne de cordero. Fuente: GRUPO ACA. 1.- Pescuezo. 2.- Pecho. 3.- Espalda. 4.- Garrones. 5.- Chuletas de aguja. 6.- Falda. 7.- Chuletas de riñonada. 8.- Pierna.

Figura 12.- Uno de los cortes más valorados en el cordero son sus chuletas. Fuente: Tiendas COVAP.

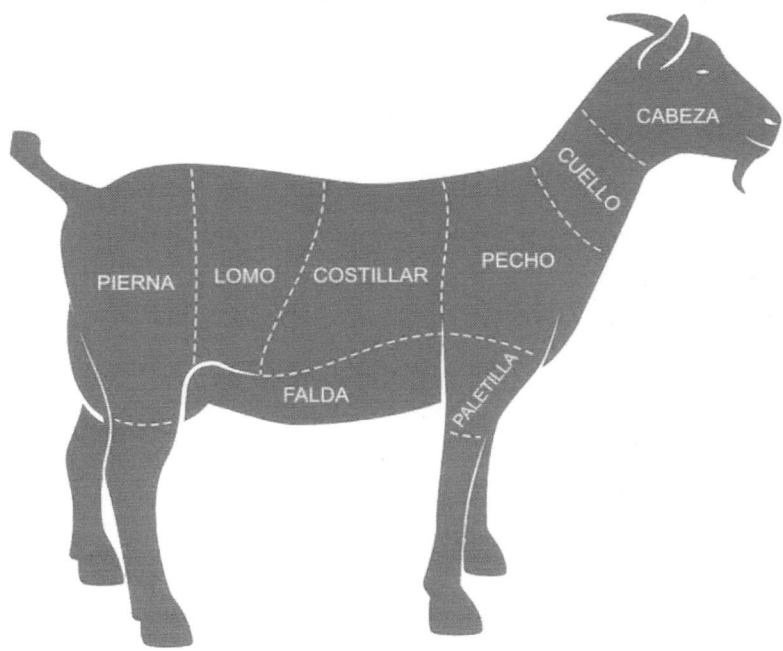

Figura 13.- Cortes de la carne de cabra. Fuente: LOS FILABRES.

11.- Carne de cabra

En cuanto a la carne de cabra, en el sitio de Internet "**Made in Argentina**" nos dicen lo siguiente:

"Las cabras han sido uno de los primeros animales que fueron domesticados y están clasificados como ganado de granja. La carne de cabra es la fuente primaria de proteína en muchas partes del mundo.

A través del todo el mundo, la leche de cabra es más consumida que la leche de vaca. Las cabras son también una fuente importante de fibra y pieles. Por ser un producto natural y tener menos contenido de grasas saturadas que las demás carnes rojas y aún menos que el pollo, ello ha motivado un aumento en el interés por su consumo en los países de mayor ingreso relativo, donde la preocupación por la calidad nutricional es un tema cada vez más relevante.

Las cabras ofrecen múltiples ventajas frente a otras especies, como: gran adaptación a condiciones ambientales variables y a diferentes regímenes, alto potencial reproductor, menor susceptibilidad a contraer enfermedades infecciosas, así como un bajo costo de inversión inicial, construcción y mantenimiento de las granjas, lo que facilita su cría en países en desarrollo, poniéndola al alcance de la población rural y campesina.

La carne de esta especie se obtiene de animales entre 45 y 120 días de edad, con 5 a 7 kg de peso. Su carne es tierna, de color blanco, casi sin grasa y muy jugosa." Fin de la cita.

La Tabla 10 nos da la composición de la carne de cabrito, que como vemos es rica en proteínas (19,2%) y baja en grasa (5%), en comparación con otras carnes.

También hay que destacar su contenido en colesterol (56 mg por cada 100 gramos), más bajo que la carne de cerdo (70), cordero (78) o vacuno (70).

Tabla 10.- Composición de la carne de cabrito. Fuente: Dietas.net

Aporte por ración		Minerales		Vitaminas	
Energía [Kcal]	122,00	Calcio [mg]	9,00	Vit. B1 Tiamina [mg]	0,25
Proteína [g]	19,20	Hierro [mg]	1,00	Vit. B2 Riboflavina [mg]	0,10
Hidratos carbono [g]	0,00	Yodo [mg]	5,00	Eq. niacina [mg]	5,70
Fibra [g]	0,00	Magnesio [mg]	22,00	Vit. B6 Piridoxina [mg]	0,30
Grasa total [g]	5,00	Zinc [mg]	2,00	Ac. Fólico [µg]	5,00
AGS [g]	1,54	Selenio [µg]	1,00	Vit. B12 Cianocobalamina [µg]	2,00
AGM [g]	2,23	Sodio [mg]	82,00	Vit. C Ac. ascórbico [mg]	0,00
AGP [g]	0,39	Potasio [mg]	385,00	Retinol [µg]	0,00
AGP /AGS	0,25	Fósforo [mg]	0,00	Carotenoides (Eq. β carotenos) [µg]	0,00
(AGP + AGM) / AGS	1,70			Vit. A Eq. Retincl [µg]	0,00
Colesterol [mg]	56,00			Vit. D [µg]	0,40
Alcohol [g]	0,00				
Agua [g]	75,80				

12.- Composición de la carne de pollo

En la Tabla 11 vemos una comparativa entre la composición de la carne de pollo, cerdo y vacuno. Como se puede apreciar la carne de pollo es rica en proteínas (20-23%) y baja en grasa (1,2 a 5,5 %) si la comparamos con la carne de cerdo (que puede llegar hasta un 30-40% de grasa según las partes).

Tabla 11.- Comparación entre la composición de las carnes de cerdo, vacuno y pollo. En porcentaje. Fuente: Belitz & Grosch. UNAD (Universidad Nacional Abierta y a Distancia). Colombia.

Composición química aproximada de la carne (% b.h.)					
Animal	Pieza	Agua	Proteína	Grasa	Cenizas
Cerdo	Paleta	74,9	19,5	4,7	1,1
	Pernil	75,3	21,1	2,4	1,2
	Costillas*	54,5	15,2	29,4	0,8
	Jamón	75,0	20,2	3,6	1,1
	Tripa	40,0	11,2	48,2	0,6
Vacuno	Pierna	76,4	21,8	0,7	1,2
	Costillas*	74,6	22,0	2,2	1,2
Pollo	Muslos	73,3	20,0	5,5	1,2
	Pechuga	74,4	23,3	1,2	1,1

En la Tabla 12 vemos una comparativa más amplia entre diversos tipos de carne y otros productos tales como leche, huevos, pan y patatas. Aquí nos vuelven a indicar que la carne de pollo es rica en proteínas (22,8%), baja en grasa (menos del 1%) y baja en calorías (105 KJ).

Si comparamos con los huevos, vemos que la carne de pollo es más rica en proteínas que el huevo (éste contiene un 12%, aproximadamente). El huevo tiene mucha más grasa (un 11%, aproximadamente) que el pollo.

Se recomienda en muchas dietas comer carne de pollo sin la piel, ya que resulta así rica en proteínas y baja en grasas.

Tabla 12.- Composición nutricional de las carnes y otras fuentes de alimento por cada 100 gramos. Fuente: Meat processing technology for small to medium scale products (FAO).

Producto	Agua	Prot.	Grasas	Cenizas	KJ
Carne de vacuno (magra)	75.0	22.3	1.8	1.2	116
Canal de vacuno	54.7	16.5	28.0	0.8	323
Carne de cerdo (magra)	75.1	22.8	1.2	1.0	112
Canal de cerdo	41.1	11.2	47.0	0.6	472
Carne de ternera (magra)	76.4	21.3	0.8	1.2	98
Carne de pollo	75.0	22.8	0.9	1.2	105
Carne de venado (ciervo)	75.7	21.4	1.3	1.2	103
Grasa de vaca (subcutánea)	4.0	1.5	94.0	0.1	854
Grasa de cerdo (tocino dorsal)	7.7	2.9	88.7	0.7	812
Leche (pasteurizada)	87.6	3.2	3.5		63
Huevos (cocidos)	74.6	12.1	11.2		158
Pan (centeno)	38.5	6.4	1.0		239
Patatas (cocidas)	78.0	1.9	0.1		72

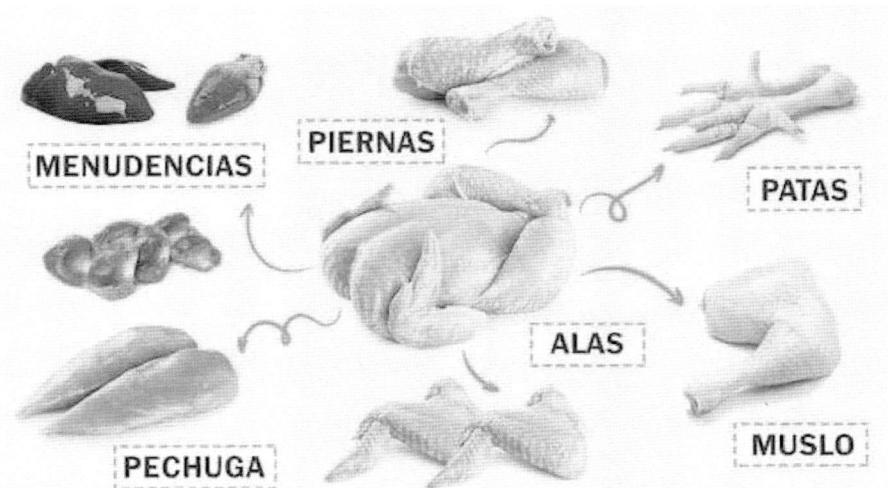

Figura 14.- Despiece del pollo. Fuente: Mercado de Ibiza.

Tabla 13.- Composición de la carne cruda de diversas aves (pollo, pavo, ganso y pato). Fuente: UNAD (Universidad Nacional Abierta y a Distancia). Colombia.

NUTRIENTE	POLLO	PAVO	GANSO	PATO
Agua	66.99	70.50	49.66	48.50
Calorías	215	**160**	371	404
Proteína	18.85	20.60	15.86	11.49
Lípidos	15.36	8.02	33.61	39.33
Carbohidratos	0.00	0.00	0.00	0.00
Fibra	0.00	0.00	0.00	0.00
Cenizas	0.80	0.88	0.87	0.68

Composición aproximada en 100 gramos de carne cruda

Figura 15.- Pechuga de pollo. Fuente: Elpozo.

Tabla 14.- Contenido en vitaminas y sales minerales en diversas carnes de aves (pollo, pavo, pato y ganso).
Fuente: UNAD (Universidad Nacional Abierta y a Distancia).
Colombia.

NUTRIENTES (mg)	POLLO	PAVO	PATO	GANSO	P.D.R
Ácido ascórbico	1.6	0.0	2.8	-	60
Tiamina	0.06	0.064	0.197	0.085	1.5
Riboflavina	0.12	0.115	0.210	0.245	1.7
Niacina	6.80	4.085	3.934	3.608	19
Ácido pantoténico	0.91	0.087	0.951	N.D	-
Vit. B_6	0.35	0.41	0.19	0.39	2.2
Vit. B_{12} (meg/gr)	0.31	0.40	0.25	N.D	3.0
Calcio	11	15	11	12	800
Hierro	0.90	1.43	2.40	2.50	18
Magnesio	20	22	15	18	350
Fósforo	147	178	1.139	234	800
Potasio	189	266	2.09	308	-
Sodio	70	65	63	73	-
Zinc	1.31	220	1.36	N.D	15
Cobre	0.48	0.103	0.236	027	-

13.- Características de la carne de pollo

Como se indica en el sitio de Internet de **UVESA**:

"La carne de pollo es una carne blanca que presenta menos grasa entre sus fibras musculares.
Sus músculos están formados por fibras blancas, denominadas como "fibras de contracción clónica rápida", cuya fuente de energía la extraen del glucógeno y no de las grasas. Por lo tanto, estas fibras tienen un bajo contenido de grasa neutra y escasa densidad capilar (bajos índices de mioglobina), originando que su color en estado crudo sea menos rojo que el de otras carnes, y de ahí su nombre.
La carne de pollo se considera con gran valor nutricional, ya que se digiere más fácilmente que las carnes rojas. Su composición puede variar dependiendo de factores alimentarios y ambientales, pero en general podemos decir que contiene el mismo porcentaje de proteínas que la carne de ternera. Se trata de una carne baja en grasas y no contiene aportes significativos de carbohidratos, aunque destaca mucho su contenido en ácido fólico y vitamina B3, perfectos para el buen funcionamiento del cerebro. Además presenta elevadas cantidades de hierro, zinc, fósforo y potasio, minerales esenciales para cualquier persona y especialmente para los amantes de la actividad física, lo que la convierte en una fuente ideal de energía para deportistas." Fin de la cita de UVESA.

Por otra parte en el sitio de Internet de **CINCAP** (Centro de Información Nutricional de la Carne de Pollo. Argentina) nos dicen:
"Una alimentación saludable es fundamental para proteger la salud y prevenir enfermedades. La carne de pollo forma parte de la misma contando con nutrientes necesarios para el crecimiento, desarrollo y funcionamiento de nuestro organismo. Así tenemos que la carne de pollo tiene:

- *Alto contenido de proteínas de excelente calidad.* Incorporar proteínas cada día es indispensable para todos, y se precisan en mayor cantidad durante las etapas en las cuales los requerimientos de las mismas se encuentran aumentados: niños, adolescentes, mujeres embarazas y madres lactantes, así como también en personas que realizan deportes.
- *Bajo contenido calórico.* Al presentar fácil remoción de la mayor parte de sus grasas, resulta una carne con bajo contenido calórico. La pechuga en particular, es el tejido muscular que se encuentra en mayor proporción en el pollo y es uno de los cortes de carne más magros del mercado.
- *Predominio de grasas saludables.* Las grasas insaturadas presentes en la carne de pollo ayudan a proteger la salud del corazón. Entre ellas está el acido linoleico, un tipo de grasa esencial que no es fabricada en el organismo y por ello es necesario ingerirla a través de los alimentos que la poseen.
- *Amplia variedad de vitaminas y minerales.* Como las vitaminas del complejo B necesarias para llevar a cabo importantes funciones en el cuerpo y minerales como el hierro que ayuda a transportar el oxigeno a todas las células, fundamental para el buen funcionamiento del cerebro y rendimiento físico; el fósforo forma parte de los huesos y dientes y el zinc es esencial para los procesos de crecimiento y defensas del organismo." Fin de la cita de CINCAP.

14.- EROSKI Consumer y la carne de pollo

Por último **EROSKI Consumer** nos dice lo siguiente respecto a la carne de pollo:
"El pollo es el ave gallinácea de cría, macho o hembra, sacrificada con una edad máxima de 20 semanas (5 meses) y un peso que oscila entre 1 y 3 kilos.

En la actualidad, el pollo se cría de manera intensiva en las granjas y en tres meses se consigue 1 kilo de esta ave. Debido a su gran versatilidad en la cocina y a su precio económico, es un alimento muy común en todos los hogares.

El pollo se comenzó a domesticar en el valle del Indo, río de Asia meridional, hace aproximadamente cuatro mil quinientos años, desde donde pasó a Persia (actual Irán) a través de los intercambios comerciales. Durante la Edad Media su consumo disminuyó, ya que se preferían las pulardas, capones y gallinas, para volver a reaparecer hacia el siglo XVI.

El consumo de pollo ha sufrido grandes altibajos a lo largo de la historia. Tras la segunda guerra mundial, su consumo se popularizó en gran medida debido a la cría industrial de los animales. Hasta no hace muchos años, comer un pollo era considerado en España un auténtico lujo que quedaba reservado para los grandes acontecimientos familiares, era un excepcional manjar de domingos y festivos, y estaba asociado tradicional-mente con el festín familiar por excelencia, el de Navidad.

Sin embargo, y dada la gran demanda de esta carne, los pollos alimentados con grano han dado paso a los criados de forma intensiva. Así, su precio ha disminuido de forma considerable, hasta el punto de ser en la actualidad una de las fuentes cárnicas más económicas.

Tipos de pollos

Además del definido como pollo, se pueden diferenciar otros tipos en función del sexo y la edad del ejemplar en el momento del sacrificio, variables que determinan las características organolépticas de la carne.

A.- *El pollo picantón* es el ejemplar que se sacrifica con un mes de edad y 500 gramos de peso. Presenta una carne tierna y con poco sabor, muy adecuada para preparar al grill o a la parrilla.

B.- *El pollo tomatero o coquelet*, se sacrifica con un peso de 500-1000 g, proporcionando una carne firme, delicada y de buen sabor. Se puede cocinar de la misma forma que al pollo picantón.

C.- La pularda es la hembra castrada y sobrealimentada sacrificada a los 6-8 meses de edad, con un peso de 2,5-3 kg. Presenta una carne firme, tierna, sabrosa y de color blanco, y se presta a las mismas preparaciones que el pollo.

D.- El capón es el ejemplar macho castrado y sobrealimentado, sacrificado con un peso de 3-3,5 kg. Presenta gran cantidad de grasa entreverada, de modo que resulta una carne tierna, sabrosa y aromática, muy adecuada para preparar rellena y asada.

E.- La gallina. Con el nombre de gallina se designa a la hembra adulta y sacrificada tras agotar su capacidad de puesta. Se la emplea principalmente en la elaboración de caldos y sopas, ya que proporciona una carne dura, fibrosa, grasa y de intenso sabor.

Figura 16.- Pularda empaquetada. Fuente: COREN.

Por otra parte, se pueden diferenciar dos tipos de pollo en función de la cría:

- El pollo industrial o de granja.
- El pollo rural, de caserío o de grano.

A partir de la década de los años sesenta, estos últimos han sido sustituidos prácticamente en su totalidad por los pollos industriales, ya que el coste productivo de éstos es menor. La diferencia entre ambos estriba en que el pollo rural es alimentado con grano, en espacios libres y sin recibir medicamentos. El tiempo que requiere para alcanzar el peso de sacrificio es mayor, aunque su carne es más sabrosa que la del pollo industrial, tiene menos grasa y resulta más firme. El pollo industrial se cría de forma intensiva y se engorda rápidamente con piensos. De este modo, se ha conseguido abaratar mucho el producto y satisfacer así la gran demanda que existe. La carne, de color más pálido, presenta un sabor y un aroma menos pronunciados.

Propiedades nutritivas

Se pueden apreciar variaciones en la composición de la carne, en función de la edad del animal sacrificado. Los ejemplares más viejos son más grasos. También existen diferencias en la composición de las distintas piezas cárnicas, como en el caso de la pechuga, cuyo contenido en proteínas es mayor que el que presenta el muslo.

El contenido, distribución y composición de la grasa del pollo es similar al del resto de las aves de corral. Tampoco se aprecian grandes diferencias en lo referente al aporte proteico, equiparable al de la carne roja.

Respecto al contenido vitamínico, destaca la presencia de ácido fólico y vitamina B3 o niacina.

Entre los minerales, el nivel de hierro y de zinc es menor que en el caso de la carne roja, aunque supone una fuente más importante de fósforo y potasio.

El valor nutritivo de los menudillos de pollo es muy alto, especialmente el hígado. Éste presenta un contenido en proteínas y lípidos similar al de la carne, aunque destaca su aporte en minerales y vitaminas, principalmente vitamina B12, A, vitamina C y ácido fólico. Por otro lado, los menudillos contienen una gran cantidad de colesterol.

Tabla 15.- Composición nutritiva del pollo con piel y del pollo en filetes (por 100 g de porción comestible). Fuente: EROSKI Consumer.

Alimento	Agua (mL)	Energía (Kcal)	Proteína (g)	Grasas (g)	Cinc (mg)	Sodio (mg)	Vit. B1 (mg)
Pollo con piel	70,3	167,0	20,0	9,7	1,0	64,0	0,10
Pollo en filetes	75,4	112,0	21,8	2,8	0,7	81,0	0,10
Alimento	Vit. B2 (mg)	Niacina (mg)	AGS (g)	AGM (g)	AGP (g)	Colesterol (mg)	
Pollo con piel	0,15	10,4	3,2	4,4	1,5	110,0	
Pollo en filetes	0,15	14,0	0,9	1,3	0,4	69,0	

AGS= grasas saturadas / AGM= grasas monoinsaturadas / AGP= grasas poliinsaturadas.

La carne de pollo es muy fácil de digerir, más incluso que la de pavo. Además, por su versatilidad en el modo de cocinado, es un alimento muy adecuado en dietas de control de peso, siempre y cuando se elijan las piezas del animal más magras como la pechuga, se elimine la piel y se prepare a la plancha o al horno, técnicas culinarias que exigen poca aceite.
Puesto que los menudillos de pollo contienen gran cantidad de colesterol, este aspecto ha de ser tenido en cuenta en caso de padecer hipercolesterolemia o enfermedades cardiovasculares.

La carne de pollo es una de las más bajas en purinas, así que limitando la cantidad a 80 - 100 gramos por ración, puede formar parte de la dieta de personas con hiperuricemia (ácido úrico elevado)." Hasta aquí la cita de **EROSKI Consumer**.

15.- La carne de conejo

A continuación vamos a dar la composición y las propiedades nutritivas de la carne de conejo.
En cuanto a la composición, vemos en la Tabla 16 que la carne de conejo es rica en proteínas (20,72 gramos/100 gramos), con cifras de colesterol no muy elevadas (26,5 mg/100 gramos).

Tabla 16.- Composición media de la carne de conejo (por cada 100 gramos). Fuente: INTERCUN.

Componente	Valor medio/100 gramos
Valor energético (Kcal/KJ)	131/548
Proteínas (g)	20,72
Hidratos de carbono (g)	0
Grasas (g)	5,33
Colesterol (mg)	26,5
Sodio (g)	0,057
Potasio (mg)	403
Calcio (mg)	11
Fósforo (mg)	259
Niacina (mg)	16

16.- INTERCUN y el sector cunícola

En cuanto a las propiedades nutritivas de la carne de conejo, en el sitio de Internet de **INTERCUN** (Organización interprofesional para impulsar el sector cunícola), nos dicen lo siguiente:
"La carne de conejo de granja es un alimento adecuado para incluir en una dieta variada y equilibrada.

Por sus características nutricionales, con un bajo contenido graso, se clasifica dentro del grupo de las carnes magras, junto al pollo, pavo, lomo de cerdo o ternera.

Se recomienda consumir este tipo de carnes con una frecuencia de 2 a 3 veces por semana. La versatilidad de la carne de conejo y sus múltiples posibilidades gastronómicas permiten incluirla en la comida o en la cena, configurando menús variados adecuados para toda la familia.

En cuanto a macronutrientes, en la carne de conejo destacan las proteínas y la grasa. Las proteínas, al igual que otros alimentos de origen animal, son de elevada calidad. Aportan todos los aminoácidos esenciales que el organismo necesita para sintetizar sus proteínas. En la grasa, tanto la cantidad como la calidad son óptimas. El bajo contenido graso, de tan sólo un 5 %, se acompaña de una elevada calidad de ácidos grasos, con un contenido alto en grasa insaturada y bajo en grasa saturada. Además la carne de conejo tiene un contenido bajo de colesterol.

La composición nutricional de la carne de conejo en cuanto a micronutrientes la convierten en un gran aliado para cubrir las necesidades diarias de algunos nutrientes esenciales. Destaca el aporte de vitaminas del grupo B, la carne de conejo es fuente de vitaminas B3, B6 y B12. Una ración de carne de conejo aporta el 100 % de la cantidad diaria recomendada de vitamina B3, casi el 40 % de vitamina B6 y el triple de las necesidades de vitamina B12.

La carne de conejo tiene un alto contenido en fósforo, y es fuente de selenio y potasio. Además contiene hierro, zinc y magnesio en cantidades significativas. Su contenido en sodio es muy bajo, lo que hace a la carne de conejo especialmente recomendable para incluir en las dietas de personas con hipertensión.

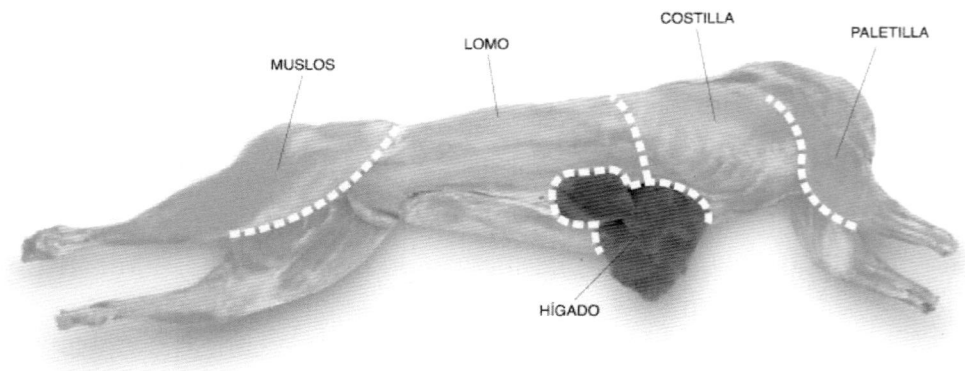

Figura 17.- Cortes de la carne de conejo. Fuente: Blog de cocina. Wordpress.

Los pacientes que tienen niveles elevados de ácido úrico también pueden beneficiarse de todas las ventajas nutricionales de la carne de conejo, ya que su contenido en ácido úrico es nulo y sus niveles de purinas muy bajos.

La carne de conejo tiene unas propiedades nutricionales adecuadas para todas las edades y situaciones fisiológicas, además de ser un alimento idóneo para incluir en las dietas de personas afectadas por distintas patologías como la hipertensión arterial, dislipemias, obesidad y alteraciones cardiovasculares.

Resumiendo, podemos decir que la carne de conejo es un alimento adecuado para incluir en una dieta equilibrada, completa y sana, porque:

- Es una carne magra.
- Es fuente de proteínas de alto valor biológico.
- Tiene un alto contenido en fósforo, es fuente de selenio y potasio.
- Tiene un alto contenido en vitaminas del grupo B (B12, B6 y B3).
- Es una carne muy digestiva por su bajo contenido en colágeno.

- Tiene una gran versatilidad gastronómica, ya que admite una amplia variedad de formas de preparación y cocinado.
- Es una carne sabrosa.
- Es una carne tradicional de nuestra cocina mediterránea.
- Sus preparaciones culinarias suelen incorporar especias y hierbas aromáticas, por lo que se puede prescindir de la sal en su preparación." Fin de la cita de **INTERCUN**.

17.- La carne de pavo

La carne de pavo es muy importante en determinados países (Estados Unidos, México, España, Perú, etc.). Se utiliza en celebraciones especiales (Día de Acción de Gracias en USA, Navidad en España, etc.).

Pero en la actualidad la carne de pavo se utiliza para obtener productos cárnicos saludables (salchichas, hamburguesas, pavo cocido, etc.).

En el sitio de Internet de **RPP** de Perú (escrito por la licenciada **Sarea Abu Sabbah**), nos dicen lo siguiente respecto al pavo:

"El pavo es considerado una carne blanca de la especie *Meleagris gallopavo*, es oriundo de México donde es conocido como guajalote. Mientras que los ingleses le dan el nombre de Turkey (porque lo descubrieron en Turquía). En 1620 el pavo sirvió de sustento a los colonos a su llegada a Massachusetts, en Estados Unidos, desde entonces es tradicional celebrar el Día de Acción de Gracias con el pavo como protagonista.

El pavo es una buena fuente de proteínas no sólo por la cantidad y calidad que concentra (20 gramos por cada 100g de pulpa) sino porque es una carne de fácil digestión y contiene hierro que el cuerpo absorbe muy bien.

Por otro lado es una carne con un aporte moderado de grasa, pero que varía según el corte (el pecho es más magro que el muslo); según las Tablas Peruanas de Composición de Alimentos, la pulpa aporta 8 gramos de grasa (en comparación el pollo 3,1 gramos) y 160 calorías (en comparación el pollo 119 calorías).

Figura 18.- Lonchas finas de pechuga de pavo. Información Nutricional: Energía: 69 kcal. Grasas: 1 g. De las cuales saturadas: 0,3 g. Hidratos de Carbono: 0.5 g. De los cuales azúcares: 0,5 g. Proteínas: 14,5 g. Sal: 1,8 g. Fuente: ElPOZO.

Una ventaja es que parte de la grasa del pavo se encuentra bajo la piel, de tal manera que esta grasa visible se puede retirar. En cuanto al colesterol, la pulpa con piel nos ofrece alrededor de 60 mg por cada 100 gramos de pulpa (se recomienda un consumo de colesterol no mayor a los 200 mg en total al día).

Sobre el rendimiento de la carne de pavo, por 1 kilo de carne se obtiene alrededor de 600 gramos de parte comestible. En las fiestas Navideñas se suele comprar la pechuga de pavo o el pavo entero fresco o congelado. Es recomendable mantenerlo refrigerado en el mismo empaque y cuando se quiera descongelar, no lo coloque directo al medio ambiente sino inicie el proceso pasando del congelador al refrigerador y después a temperatura ambiente." Fin de la cita de RPP.

En el sitio de Internet de **NATURSAN** nos dicen lo siguiente respecto a la carne de pavo:
"El pavo pertenece al grupo de las denominadas carnes blancas, al igual que el pollo o el gallo. Esto significa que son carnes bajas en grasas y poco calóricas, diferenciándose mucho en este sentido de las carnes rojas (poco recomendadas cuando se desea adoptar una vida sana y saludable).
Así tenemos que:
- El pavo es rico en ácidos grasos insaturados, los cuales son cardiosaludables, ayudando a proteger la salud del corazón.
- Tiene un contenido en colesterol muy bajo (100 gramos contienen apenas 45 mg). *Nota:* otros datos indican un colesterol de hasta 60 mg por cada 100 gramos. Hay que tener en cuenta que según alimentación, raza, etc., puede variar la composición de la carne del animal.
- Es una carne que ayuda a prevenir la aparición de enfermedades cardiovasculares, especialmente si se cambian las carnes rojas de la dieta por la de pavo o pollo.
- Cuenta con alto contenido en hierro.
- Rica en vitaminas del grupo B.

100 gramos de pavo aportan:
- Calorías: 160 calorías por 100 gramos.
- Hidratos de carbono: 0 gramos.
- Proteínas: 20 gramos.
- Grasas: 8,5 gramos.
- Colesterol: 45 mg.
- Índice Glucémico: 0. Fin de la cita de NATURSAN.

Tabla 17. Características de la carne procedente de diversos animales. Fuente: CREAVES. México.

TIPO DE CARNE	COLESTEROL (mg)	ENERGÍA (cal)	GRASA (%)	PROTEÍNAS (%)
AVESTRUZ	58	97	2.0	22.0
POLLO	73	140	3.0	27.0
PAVO	59	135	3.0	25.0
RES	77	240	15.0	23.0
CERDO	84	275	19.0	24.0

Con referencia al contenido en colesterol de la carne de pavo las cifras de la Tabla 17 corroboran lo que dijimos anteriormente respecto al contenido en colesterol de la carne de pavo.

en Marchena (Sevilla) está el matadero **PROCAVI,** perteneciente al **Grupo Fuertes.** Está especializado en carne de pavo y su tecnología es la más avanzada a nivel mundial. Por ejemplo, el aturdido de los pavos antes de su matanza se hace con dióxido de carbono (CO_2), con lo que el animal no sufre, se relaja y se obtiene una carne de gran calidad.

18.- Carne de avestruz

En el sitio de Internet de **CREAVES (Creaciones Avestruz, México),** especialista en este tipo de carne, nos dicen lo siguiente:"

"El avestruz es un ave de carne roja muy similar en textura, sabor y apariencia a la carne de res, pero con características de carne blanca, que combina un exquisito y particular sabor; es suave y jugosa, con un bajo contenido en colesterol, grasas, calorías y sodio. Además posee altos valores nutritivos, en especial es muy rica en proteínas de alto valor biológico como calcio, fósforo y hierro.

La carne de avestruz es famosa por ser rica en ácidos grasos Omega 3, 6 y 9, lo que contribuye a estabilizar el metabolismo de las grasas en el organismo, concretamente del colesterol, su cantidad y transporte son corregidos, reduciendo así el riesgo de padecer enfermedades cardiovasculares como hipertensión arterial, ataques al corazón, trombosis, entre otras.

Debido a esto, la carne de avestruz se recomienda para personas con padecimientos cardiacos o que necesitan mantener una dieta baja en sodio.
Al ser contrastada la carne de avestruz con la carne de res se observa el mismo contenido de proteína, pero con menos de la mitad del contenido de calorías, un 25% menos de colesterol y el 87% menos grasa.
Estas cualidades nutritivas colocan la carne de avestruz como la mejor y la carne comercial más sana.

Otras de las propiedades de la carne de avestruz, es que no contiene antibióticos, hormonas ni conservadores, debido al metabolismo del avestruz y su rápido crecimiento, no es necesario pensar en el proceso de engorde ni utilizar hormonas para acelerar su desarrollo.
Lo que es fundamental para el crecimiento de los niños y para mantener una dieta nutritiva, complementando un estilo de vida moderno ya que es de fácil preparación y cocción.

Como ejemplo de las posibilidades de la carne de avestruz, nos dan la fórmula de las *hamburguesas de avestruz:*

Ingredientes:
1/2 de carne molida de avestruz
2 cucharadas de cebolla picada
1 cucharada de ajo picado
1 cucharada de sal
1 cucharada de pimienta molida
2 chorritos de salsa inglesa
4 rebanadas de queso amarillo
4 bollos
Tomate en rebanadas
Cebolla en rodajas
Lechuga en trozos para servir
Pepinillos en rebanadas
Catsup, mostaza y mayonesa

Características:
Alimento base: Avestruz
Dificultad de preparación: Poca
Tiempo preparación: 15 minutos
Comensales: 4
Estacionalidad: Todo el año. Fin de la cita de CREAVES.

19.- Carne de caballo

El consumo de carne de caballo ha disminuido enormemente a nivel mundial debido al auge de otras carnes (vacuno, cerdo, ovino). Hace apenas medio siglo todavía existían carnicerías especializadas en carne de caballo (Francia, España), que han ido desapareciendo poco a poco.
En la Tabla 18 vemos una comparación entre la carne de caballo y otros animales (ternera, conejo, buey y cerdo).

Tabla 18.- Composición de diversos tipos de carnes.
Fuente: www.bing.com

Cuadro 1. Composición química (promedio ± DE) del músculo *Longissimus lumborum* de bovino, llama y caballo

Características	Bovino	Llama	Caballo
Humedad (%)	73.72 ± 0.84	73.34 ± 0.75	72.41 ± 1.51
Grasa (%)	2.27 ± 0.10^{ab}	1.56 ± 0.67^{b}	3.80 ± 1.54^{a}
Proteína (%)	22.46 ± 0.61^{b}	23.88 ± 0.77^{a}	21.41 ± 1.31^{c}
Ceniza (%)	1.19 ± 0.02	1.21 ± 0.11	1.25 ± 0.08
Colesterol (mg/100g)	49.85 ± 1.34^{b}	39.04 ± 1.92^{c}	66.8 ± 2.34^{a}
Colágeno total (mg/g)	3.43 ± 0.52^{c}	6.28 ± 0.35^{a}	4.95 ± 0.12^{b}
Colágeno soluble (mg/g)	0.82 ± 0.14	1.28 ± 0.18	0.60 ± 0.01
Colágenos solubles (%)	23.80 ± 2.49^{a}	20.28 ± 2.53^{b}	12.12 ± 1.73^{c}

[a,b,c] Superíndices diferentes dentro de cada parámetro indican diferencia

Como se parecía en la Tabla 19 la carne de caballo no tiene nada que envidiarle a las demás, ya que:
- Es rica en proteínas (más del 20%).
- Bajo contenido graso (menos del 6%). El caballo es un animal "todo fibra".
- Tiene un ligerísimo contenido en hidratos de carbono (0,4%) que es lo que le permite tener esa capacidad para correr.
- Es una carne muy rica en hierro.

En la actualidad el mayor exportador de carne equina es Estados Unidos. Hay que recordar que el consumo de carne de caballo empezó en Francia cuando las tropas napoleónicas comían carne de sus caballos muertos para poder subsistir. La ciudadanía francesa también acogió la carne de caballo como fuente proteínica, ya que en aquella época era más barata que la carne de vacuno o de cerdo. La Tabla 19 nos da la composición de la carne de caballo.

Tabla 19.- Composición de la carne de caballo.
Fuente: DIETAS.NET.

Aporte por ración		Minerales		Vitaminas	
Energía [Kcal]	108,00	Calcio [mg]	9,20	Vit. B1 Tiamina [mg]	0,11
Proteína [g]	20,62	Hierro [mg]	4,80	Vit. B2 Riboflavina [mg]	0,15
Hidratos carbono [g]	0,40	Yodo [mg]	5,00	Eq. niacina [mg]	6,60
Fibra [g]	0,00	Magnesio [mg]	26,00	Vit. B6 Piridoxina [mg]	0,50
Grasa total [g]	2,70	Zinc [mg]	4,90	Ac. Fólico [µg]	6,00
AGS [g]	0,96	Selenio [µg]	3,00	Vit. B12 Cianocobalamina [µg]	3,00
AGM [g]	1,11	Sodio [mg]	44,00	Vit. C Ac. ascórbico [mg]	1,00
AGP [g]	0,57	Potasio [mg]	377,00	Retinol [µg]	21,00
AGP /AGS	0,59	Fósforo [mg]	0,00	Carotenoides (Eq. β carotenos) [µg]	0,00
(AGP + AGM) / AGS	1,74			Vit. A Eq. Retincl [µg]	21,00
Colesterol [mg]	54,00			Vit. D [µg]	0,00
Alcohol [g]	0,00				
Agua [g]	76,30				

20.- Carne de Kobe

El buey de Kobe es originario de Japón. Se le da un alto valor a su carne que es muy apreciada en Japón y ahora se está empezando a conocer en el resto del mundo. Algunos la consideran la mejor carne del mundo.

En España se puede encontrar esta carne a precios muy altos (150 a 200 euros/kilo) procedente de Australia, Nueva Zelanda y Estados Unidos. Pero ya se empieza a criar este tipo de buey en España (por ejemplo, ya existe una granja en Burgos).

En el sitio de Internet del **Asador Trinkete Borda** nos dicen lo siguiente respecto a la carne de Kobe. Transcribimos:

"La carne de Kobe proviene de la línea de sangre "Tajima" de ganado Japonés Negro, (black wagyu) una de las cuatro razas de ganado Wagyu.

La pureza de sangre Tajima no es el único criterio a tener en cuenta.

Los términos: "carne de Kobe", "Kobe-gyu," "Tajima-gyu" y "Tajima Beef" son marcas comerciales registradas en Japón.

La carne de las vacas Tajima-gyu deben cumplir además, con normas muy estrictas para obtener la certificación "Kobe beef".

Además de ser de pura raza de la línea Tajima el ganado debe:

- Ser nacido y criado en la prefectura de Hyogo.
- Ser sacrificado en mataderos concretos.
- Tener un BMS (índice de marmoleo) del N º 6 o superior (en una escala de 12). *Nota*: el índice de marmoleo nos indica la cantidad de grasa entreverada en la carne.
- Tener un peso en canal bruto de 470 kilogramos o menos.
- Cumplir con una puntuación de rendimiento – un grado basado en la cantidad de porcentaje de cortes comestibles que se pueden obtener a partir de una sola cabeza de ganado – de A o B (que va desde la A a la C).

El ganado se alimenta sólo con el mejor alimento disponible en Japón: paja de arroz, maíz, cebada y otros cereales.

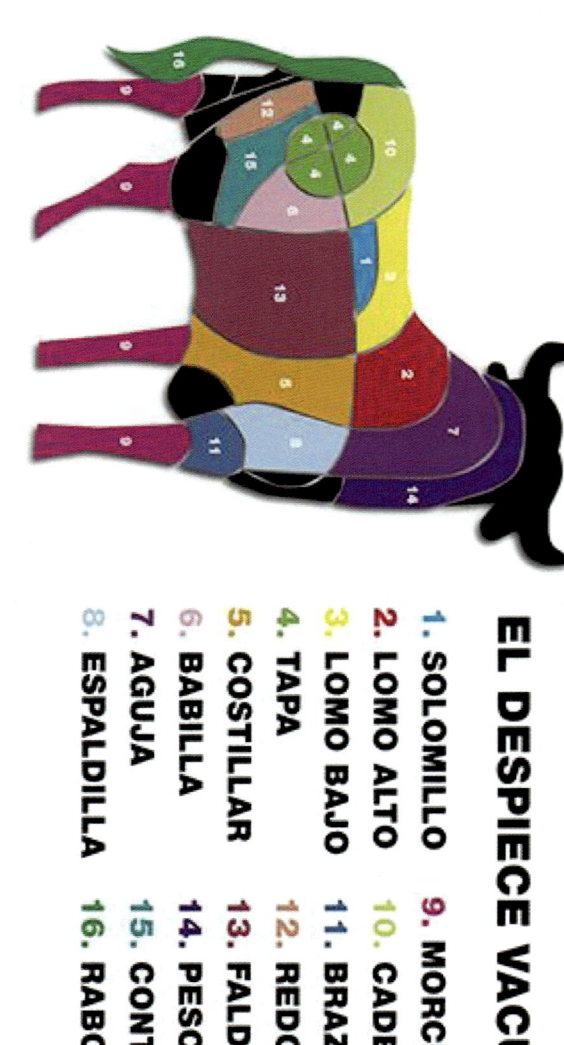

EL DESPIECE VACUNO

1. SOLOMILLO
2. LOMO ALTO
3. LOMO BAJO
4. TAPA
5. COSTILLAR
6. BABILLA
7. AGUJA
8. ESPALDILLA
9. MORCILLO
10. CADERA
11. BRAZUELO
12. REDONDO
13. FALDA
14. PESCUEZO
15. CONTRA
16. RABO

Figura 19.- Despiece de la carne de vacuno. Fuente: super amara.

La carne es muy apreciada por su sabor, ternura y "shimofuri" veteado de grasa, lo que significa que tiene un alto grado de grasa infiltrada que se funde a temperaturas bajas, dando a la carne la característica de que se *deshace en su boca*.

Existen un número limitado (unas 3.000 cabezas) de ganado certificado, y todos están en Japón, según el Kobe Beef Marketing & Distribution Promotion Association.

Es falso que los animales se alimenten con cerveza. Este mito proviene de la labor de marketing realizada hace unos 30 años por un determinado restaurante japonés que aseguraba que sus reses eran alimentadas con cerveza.

Es falso que los animales sean sometidos a masajes. Ni se sabe la procedencia de este mito pero dar masajes diarios de solo 10 minutos al ganado que va a ser sacrificado precisaría un número de empleados absolutamente prohibitivo para una granja media con 100 animales, no digamos para las granjas que existen en Australia con más de 1.000 efectivos.

Conclusión:
- Wagyu es ganado vacuno procedente de Japón que tiene cuatro razas principales.
- Black Wagyu es una de las razas de vacuno japonés.
- Tajima es una zona geográfica y una línea genealógica de ganado Black Wagyu que se caracteriza por criar animales de excelente calidad.
- Kobe Beef es la denominación que obtiene el ganado de Tajima de mejor calidad.

Wagyu → black Wagyu → Tajima → Kobe beef

Nota: Marcas Registradas por Kobe Beef Marketing & Distribution Promotion Association." Fin de la cita de Asador Trinkete Borda.

Figura 20.- Carne de Kobe. Fuente: Japonisimo.

21.- Carne de perdiz y codorniz

Como se indica en el sitio de Internet de **EROSKI Consumer**:

"La codorniz. Esta ave migratoria perteneciente a la familia del faisán, presenta una carne fina, sabrosa y delicada. La codorniz de granja tiene la carne sonrosada, a diferencia de la codorniz silvestre cuya carne es bastante más oscura, compacta y sabrosa; por lo general, ésta última es más apreciada que la primera.

Sin plumas, una pieza alcanza un peso aproximado de 150 gramos, por lo que se han de calcular aproximadamente dos codornices por comensal, dada la cantidad de desperdicio que presentan.

La carne de codorniz es una de las menos calóricas, debido a su menor contenido en grasa, aunque las calorías finales del plato dependen de la preparación culinaria que se le aplique, ya que es frecuente que vaya acompañada de salsas calóricas.

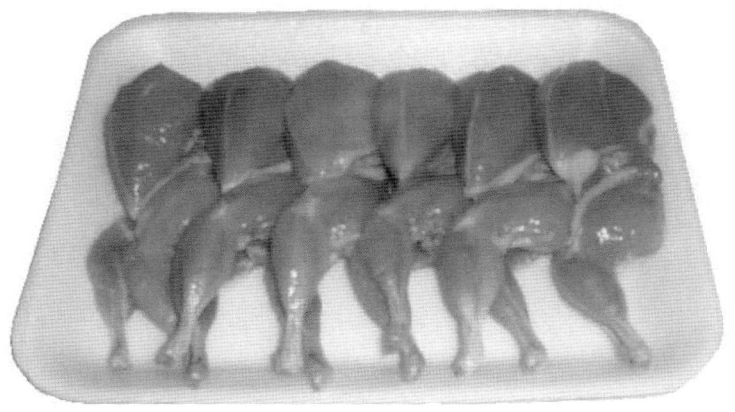

Figura 21.- Presentación típica de codornices en bandeja.

Su carne rica en proteínas, incluso en mayor cantidad que la carne de pollo o de pavo, es pobre en colesterol, por lo que la codorniz puede sustituir a otras carnes más grasas en aquellos casos en los que se esté siguiendo una dieta de adelgazamiento o en dietas de control de lípidos (hipercolesterolemia, hipertrigliceridemia).

Respecto a los minerales, destaca por su elevado contenido en hierro, imprescindible para la formación de glóbulos rojos, encargados de transportar oxígeno desde los pulmones hasta todas las células del organismo.

En comparación con el resto de aves, la carne de codorniz constituye una buena fuente de vitamina B1 o tiamina, B2 o riboflavina y B6 o piridoxina.

Si la codorniz es fresca, se ha de conservar en la parte más fría del frigorífico, y se debe consumir en un plazo máximo de dos días tras su compra o su caza.

Congelada, esta ave se puede conservar aproximadamente durante 6 meses, e incluso se pueden congelar las piezas sin desplumar, siempre y cuando estén recién cazadas, y previamente se hayan lavado y secado bien.

En este caso, cuando se saquen del congelador, se recomienda desplumarlas antes de que terminen de descongelarse por completo." Fin de la cita de **EROSKI Consumer.**

Tabla 20.- Composición de la carne de codorniz. Fuente: DIETAS.NET.

Aporte por ración		Minerales		Vitaminas	
Energía [Kcal]	110,00	Calcio [mg]	15,00	Vit. B1 Tiamina [mg]	0,14
Proteína [g]	22,37	Hierro [mg]	4,00	Vit. B2 Riboflavina [mg]	0,18
Hidratos carbono [g]	0,00	Yodo [mg]	2,00	Eq. niacina [mg]	11,95
				Vit. B6 Piridoxina [mg]	0,67
Fibra [g]	0,00	Magnesio [mg]	31,00	Ac. Fólico [µg]	8,00
Grasa total [g]	2,32	Zinc [mg]	0,10	Vit. B12 Cianocobalamina [µg]	0,43
AGS [g]	0,77	Selenio [µg]	16,60		
AGM [g]	0,60	Sodio [mg]	47,00	Vit. C Ac. ascórbico [mg]	6,10
AGP [g]	0,55				
AGP /AGS	0,71	Potasio [mg]	281,00	Retinol [µg]	73,00
(AGP + AGM) / AGS	1,49	Fósforo [mg]	0,00	Carotenoides (Eq. β carotenos) [µg]	0,00
Colesterol [mg]	76,00			Vit. A Eq. Retincl [µg]	73,00
Alcohol [g]	0,00			Vit. D [µg]	0,00
Agua [g]	75,30				

Figura 22.- La carne de perdiz es muy rica en proteína, baja en grasa y colesterol. Muy apropiada en dietas. Fuente: bing.com

Hablemos ahora de la perdiz. En la Tabla 21 vemos su composición.

En **Salud y Buenos Alimentos** incluyen una información muy interesante sobre la carne de perdiz que transcribimos a continuación:

"La perdiz constituye un alimento de origen animal que forma parte de nuestra dieta, de la familia *phasianidae*, género *perdix* y especie *perdix*. En lo que se refiere al tipo de alimento, pertenece al grupo carnes, y por sus características lo enmarcamos dentro de la rama aves.

En cuanto al aspecto nutricional, es un alimento con un importante aporte de vitamina B6, vitamina B3, proteínas, hierro, selenio, colesterol y agua. El resto de nutrientes presentes en este alimento, ordenados por relevancia de su presencia, son:

Fósforo, potasio, vitamina B, vitamina B2, magnesio, vitamina C, calorías, retinol, ácidos grasos poliinsaturados, vitamina A, grasa, vitamina B12, sodio, ácidos grasos saturados, vitamina B9, yodo, calcio, ácidos grasos monoinsaturados, cinc y vitamina E.

Tabla 21.- Composición de la carne de perdiz por cada 100 gramos.
Fuente: Salud y Buenos Alimentos.
Sitio de internet: www.saludybuenosalimentos.com

Energía: 110,00 Kcal	Potasio: 281,00 mg	Vitamina A: 73,00 µg
Proteínas: 22,37 g	Fósforo: 179,00 mg	Vitamina B1: 0,14 mg
Hidratos: 0,00 g	Fibra: 0,00 g	Vitamina B2: 0,18 mg
Agua: 75,30 g	Grasa: 2,32 g	Vitamina B3: 11,95 mg
Calcio: 15,00 mg	Colesterol: 76,00 mg	Vitamina B6: 0,67 mg
Hierro: 4,00 mg	AGS: 0,77 g	Vitamina B9: 8,00 µg
Yodo: 2,00 µg	AGM: 0,60 g	Vitamina B12: 0,43 µg
Magnesio: 31,00 mg	AGP: 0,55 g	Vitamina C: 6,10 mg
Cinc: 0,10 mg	Carotenoides: 0,00 µg	Vitamina D: 0,00 µg
Selenio: 16,60 µg	Retinol: 73,00 µg	Vitamina E: 0,01 µg
Sodio: 47,00 mg		

Por su relevante aporte de proteínas, la perdiz es idónea para el adecuado crecimiento y desarrollo del organismo, favoreciendo las funciones estructural, inmunológica, enzimática (acelerando las reacciones químicas), homeostática (colaborando al mantenimiento del pH) y por su función protectora defensiva."
Fin de la cita.
La Figura 23 corresponde a codornices en escabeche, en lata.
La codorniz está elaborada de la manera artesanal, a base de perdiz, aceite, cebolla, zanahoria, romero, tomillo, ajo y sal. Sin aditivos ni conservantes. Sencillo y exquisito. Producto saludable, elaborado con la mejor calidad.
Ingredientes: Codorniz, Cebolla, Zanahoria, Romero, Tomillo, Ajo y Sal.

Recomendaciones:

Conservar en lugar fresco y seco.

Vida útil de 6 años a partir de la fecha de fabricación de la codorniz.

Una vez abierta la lata, se recomienda conservar en frigorífico y consumir dentro de las 24 horas siguientes.

Figura 23.- Codornices en escabeche. Fuente: TuMerkaGourmet. Huertas.

22.- Carne de pato

Recurrimos por enésima vez a la interesante información que en su sitio de Internet nos ofrece **EROSKI Consumer**. Transcribimos:

"La carne de pato es uno de los productos que se extraen de este ave, de la que también se obtienen productos de calidad como el jamón y el foie gras. Es a finales de verano cuando comienza la temporada de caza de los patos silvestres, si bien, durante todo el año se puede adquirir el pato de granja, que presenta un sabor más suave que el silvestre y una carne más grasa y jugosa.

Entre las especies de patos que existen, algunas están destinadas a la producción de carne -Pekín y Barbarie- y otras como el pato Mulard, se crían para la obtención de foie gras.

El *pato Pekín* es uno de los más consumidos en todo el mundo, sin embargo, la calidad del pato Barbarie es mayor, su carne es menos grasienta y algo más consistente y gustosa. De la especie *Mulard* -un cruce del pato Pekín y Barbarie- se obtiene el foie gras de mejor calidad.

Además de la carne fresca del *pato Barbarie*, otras especies destacan por la calidad de los subproductos que se obtienen a partir de ellos:

- *Magret:* Así es como se le llama a las pechugas de pato.
- *Jamón de pato*: Se obtiene tras someter al magret a un proceso de sazonado y secado.
- *Confit:* Para su elaboración se parte de los muslos, las alas y las mollejas de pato, que se someten a una larga cocción con la propia grasa del animal.
- *Foie gras*: Es el hígado graso que se obtiene de patos y ocas, sometidas a embuchado. Para conseguirlo, se somete al animal a una alimentación forzada, de forma que el hígado engorde desmesuradamente.

El pato es una de las aves más calóricas si se come con piel, porque en ella se acumula gran cantidad de grasa. Si se retira la piel, su aporte de grasas es mucho menor (en torno al 6 %), muy similar al de las carnes magras.

La carne de pato destaca por su contenido de proteínas de buena calidad y su aporte vitamínico. En la carne de pato sobresalen las vitaminas hidrosolubles, sobre todo tiamina, riboflavina, niacina y vitamina B12.

En cuanto a minerales, esta carne supone una buena fuente de hierro *hemo* de fácil absorción, fósforo y cinc.

Las cualidades nutritivas de la carne de pato la convierten en un alimento recomendable para personas de todas las edades.

Aquellas con exceso de peso, con problemas de colesterol o triglicéridos elevados, deberán retirar la piel y cocinar su carne a la plancha, cocida o al horno.

A la receta se puede añadir puré de manzana, crema de ciruelas, salsa de naranja o incluso una ensalada, para que resulte más apetecible y jugosa si cabe. Si se trata de productos más grasos como el foie gras, el consejo saludable es controlar la cantidad que se consume.

Tabla 22.- Composición media de la carne de pato. Por cada cien gramos.

Componentes	Cantidades
Proteínas	17,7-18,2 gramos
Grasas	17,0-17,4 gramos
Hidratos de carbono	Trazas
Calorías	225-230
Magnesio	20-23 mg
Calcio	13-15 mg
Cloro	83-87 mg
Potasio	265-275 mg
Sodio	37-39 mg
Vitamina A	23-25 µg
Vitamina B1	0,28-032 mg
Vitamina B2	0,18-0,22 mg
Vitamina B3	7,20-7,30 mg
Vitamina E	0,65-0,75 mg

Por lo general, el pato se come en los restaurantes, aunque, comprarlo en la carnicería y cocinarlo en casa es más sencillo de lo que parece. El pato se puede comprar fresco, refrigerado o congelado, en porciones más que entero.

Tabla 23.- Características de la fracción grasa de la carne de varias aves. Fuente: USDA (Estados Unidos de América) y UNAD (Universidad Nacional Abierta y a Distancia de Colombia).

LIPIDO	POLLO	PAVO	PATO	GANSO
Total grasa	15.06	8.02	39.34	33.62
Grasa saturada	29.3	29.5	33.3	27.8
Grasa monosaturada	44.7	42.9	49.4	56.8
Grasa polisaturada	21.0	23.2	13.0	11.0
Colesterol (mg)	75.0	68	76	80

Tabla 24.- Composición de la carne de pato por 100 gramos de porción comestible. Fuente: EROSKI Consumer.

	Kcal (n)	Proteína (g)	Grasa (g)	AGS (g)	AGM (g)	AGP (g)	Colesterol (mg)	Hierro (mg)	Vit. B12 (mcg)
Pato sin piel	132	19,6	6,0	2,30	1,60	0,76	85	2,1	1,30

Hay que asegurarse que su carne sea firme, su olor fresco y agradable, y la grasa blanquecina, sin llegar a un tono amarillo. Si se desea una carne tierna y fina, se han de elegir ejemplares jóvenes de hembras; éstas se reconocen porque su peso es aproximadamente la mitad que el de los machos adultos." Fin de la cita de **EROSKI Consumer.**

La Figura 24 corresponde una lata de foie gras de pato.

Figura 24.- Lata de foie gras de pato. Ingredientes: Foie gras de pato, leche desnatada en polvo reconstituida, grasa de pato, huevo, sal, bebida espirituosa, miel, azúcar, pimienta blanca y conservador (nitrito sódico). Fuente: Patés Zubia. Riko experiencias gastronómicas.

23.- Elaboración del foie gras

Recurrimos como en otras ocasiones a **EROSKI Consumer**, donde nos dicen:
"La definición de foie gras (palabra francesa que significa hígado graso y que está recogida como tal en el diccionario de la RAE), es el hígado de ganso o de pato hipertrofiado a propósito, es decir, deformado como consecuencia de la sobrealimentación a la que se somete al animal. Se consigue así un hígado graso, pero en ningún caso enfermo o insalubre.
Lo primero que debe hacerse al referirnos al foie gras es distinguirlo del paté, un galicismo castellanizado que en francés significa pasta o pastel salado.

El paté se prepara también a base de hígado (generalmente de cerdo) pero con una técnica muy distinta, que pasa por elaborar un puré de carne y especias.

Los ingredientes:
1 hígado de pato fresco (500- 600 gramos). Si es posible encontrarlo cebado, mejor.
½ litro de vino moscatel.
Sal y pimienta negra.

Cómo se elabora:
Se retiran las venas del hígado con una puntilla sin deshacer mucho el hígado. Una vez limpios, los trozos de hígado se ponen a desangrar en agua fría con abundante hielo durante una hora aproximadamente.

Las venas (con algo de hígado que se habrá quedado pegado), las ponemos en un recipiente al baño Maria para que suelten toda la grasa. Esta grasa nos servirá para cubrir la terrina al final de la elaboración.

Se retiran los trozos de hígado del agua con hielo y se ponen a macerar con sal y pimienta negra y el vino (moscatel) durante 2 horas. Se retira del marinado se cocina a fuego suave al baño María los trozos de hígado hasta que suelten su grasa y se cocine ligeramente el hígado (unos 15 minutos, no más). Se separa la grasa resultante y el hígado medio hecho.

Los trozos de hígado se colocan en el molde rectangular de cristal y se añade la grasa recogida con anterioridad de las venas y reservamos la del baño María. Se prensa el hígado de la terrina con un peso durante un día en la nevera. Cuando se haya enfriado se cubre con la grasa reservada del baño María. Para servirlo se corta en rodajas con un cuchillo mojado en agua caliente y acompañado de unos panecillos tostados y una reducción de mermelada de frambuesa con vino tinto". Hasta aquí la interesante cita de EROSKI Consumer.

24.- Carne de llama

En el sitio de Internet de **Llama de Oro**, empresa comercializadora de carne de llama, nos dicen lo siguiente:

"La Llama, el animal de los Andes cuyo origen se remonta a más de 5000 años, fue el principal animal de carga y alimento de los indígenas; actualmente se constituye en la mejor carne con alto contenido proteínico.

La carne de Llama tiene un mayor contenido de proteínas en relación con otras carnes, y el bajo contenido de su grasa no incide en la formación de colesterol que responde a las necesidades y requerimientos del consumidor moderno.

Tabla 25.- Cuadro Comparativo Nutricional. Fuente: Llama de Oro.

Carne	% Proteína	% Grasa
Llama	24.82	3.69
Pollo	21.87	3.76
Vaca	21.01	9.85
Conejo	20.50	7.80
Cerdo	19.37	29.06
Oveja	18.91	6.63

Por otra parte la carne de Llama es sana ya que no tiene ninguna enfermedad contagiosa que pueda poner en peligro la salud de la población. Para contrarrestar ciertas susceptibilidades de las personas se dan a conocer ciertos aspectos sobre la Triquina y la *Sarcosistis* que son simples desconocimientos culturales acerca de la Llama y de sus posibles enfermedades.

La *Sarcosistis* son quistes que presenta la Llama, la cual se contagia por ingerir partes contaminadas con huevos de parásitos que los perros dejan junto a sus heces. Estos parásitos al ser ingeridos por las personas en la carne de llama son destruidos fácilmente en el estómago, por lo que no causa enfermedades en condiciones naturales, es decir carne cruda.

Está comprobado científicamente que se puede tratar la carne para matar a los quistes de *sarcosistis* mediante congelación a -18°C durante tres días o al calentamiento de la carne hasta por lo menos 65°C. También la deshidratación y salado de la carne en la elaboración del "Charque" donde también se eliminan los parásitos.

La Triquina no puede existir en la carne de Llama por la razón de que las Llamas no consumen carne, está enfermedad es propia de los cerdos; a simple vista la triquina no se la puede ver, y se confunde con los quistes o *sarcosistis*." Fin de la cita de la "Llama de Oro".

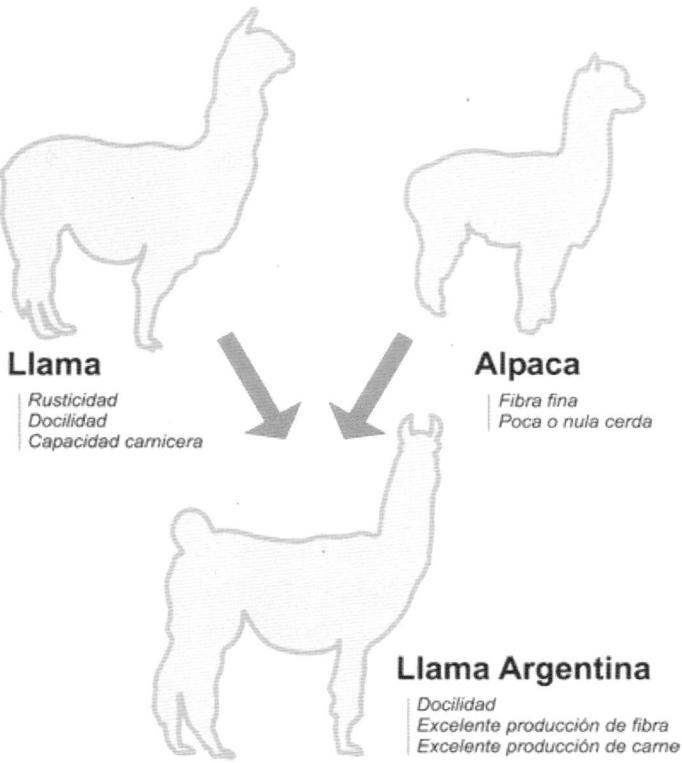

Figura 25.- La Llama y la Alpaca son animales típicos de la Cordillera de los Andes. Fuente: www.bing.com

25.- Ejercicios prácticos. Las soluciones al final del libro.

1.- ¿Cómo define el *Codex Alimentarius* a la carne?

2.- Enumerar algunas de las vitaminas en las que es rica la carne.

3.- El consumo de carne por habitante y año en España es del orden de:
   a) 10 kilos.
   b) 50 kilos.
   c) 15,5 kilos.

4.- El magro de cerdo tiene un contenido en proteínas del orden de:
   a) 5,5 por ciento.
   b) 20 por ciento.
   c) 13,5 por ciento.

5.- Indicar el significado de las siglas FAO.

6.- El contenido en grasa de la carne de conejo es del orden de:
   a) 20,7%.
   b) 26,5%
   c) 5,3%.

7.- El contenido en grasa de los filetes de pollo es del orden de:
   a) 2,8 por ciento.
   b) 9,7 por ciento.
   c) 20,0 por ciento.

8.- El contenido en hidratos de carbono de la carne de caballo es del orden de:
   a) 0,4 por ciento.
   b) 1,8 por ciento.
   c) 6,1 por ciento.

9.- El consumo de carne de caballo comenzó en:
  a) España.
  b) Portugal.
  c) Francia.

10.- La carne de kobe proviene de:
  a) Japón.
  b) España.
  c) Estados Unidos.

11.- ¿Qué es el foie gras?

CAPÍTULO 2 COMPONENTES BÁSICOS DE LA CARNE Y LOS PRODUCTOS CÁRNICOS

1.- Introducción

En el capítulo anterior hemos vito la composición de la carne y los productos cárnicos. Hemos hablado de agua, proteínas, grasas, hidratos de carbono, sales minerales y vitaminas. Estos son los componentes básicos de todos los alimentos. Hay alimentos ricos en proteínas y muy pobres en hidratos de carbono como es el caso de las carnes.
Otros alimentos son ricos en hidratos de carbono y pobres en proteínas como es el caso de los plátanos, naranjas, etc. Vamos a estudiar a continuación los componentes básicos de la carne y los productos cárnicos.

2.- Proteínas

Las proteínas son sustancias formadas por carbono, hidrógeno y nitrógeno, con la presencia de algunos elementos tales como el fósforo, hierro o azufre. Después del agua, las proteínas representan la parte más importante del organismo de los animales.
Las Tablas 1 y 2, nos dan el contenido aproximado en proteínas de diversos tipos de alimentos.
Como vemos en las citadas Tablas 1 y 2, los productos más ricos en proteínas son la leche en polvo, el queso, los embutidos, el jamón, la carne, el pescado, los huevos, etc. Por el contrario las frutas, verduras, patatas, mantequilla, tomates, vino, cerveza, etc., son muy pobres en proteínas.
La palabra proteína viene del griego *protos* que quiere decir "primero", reconociendo ya el importante papel jugado por estas sustancias como componentes esenciales de los organismos vivos.

Figura 1.- Importancia de las proteínas en la alimentación. Fuente: ofertalaboral.uct.cl y otros.

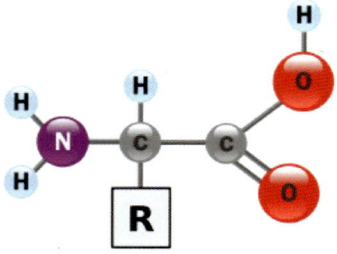

Figura 2.- Los aminoácidos son los componentes de las proteínas. Se unen formando cadenas.

Tabla 1.- Alimentos y sus proteínas. Fuente: CESNUT Nutrición.

Alimento (100g)	Proteínas (en g)	Alimento (100g)	Proteínas (en g)
Soja	35 a 40	Pavo	19
Lentejas secas	24	Pollo sin hueso	20
Garbanzos	22	Bistec de ternera	19
Monchetas secas	21	Jamón serrano	21
Habas secas	23	Huevo	13
Guisantes secos	23	Bacalao fresco	17
Guisantes frescos	7	Bacalao seco	75
Levadura cerveza	35 a 50	Merluza	17
Lomo de cerdo	19	Salmón	20
Codorniz y perdiz	24	Sardinas	21
Conejo	22	Calamares	17
Pato	30	Gambas	21
Leche	3 a 3,5	Almendras	20
Yogur	4	Nueces	18
Queso curado	23 a 40	Piñones	26
Macarrón y fideos	12	Pipas de girasol	27

3.- Estructura de las proteínas

Las proteínas están compuestas por cadenas de **aminoácidos**. En la Figura 2 se ve la fórmula de un aminoácido, compuesto básicamente por hidrógeno (H), oxígeno (O), carbono (C) y nitrógeno (N).

Estos aminoácidos se enrollan en forma de espiral (Figura 3) dando lugar a las proteínas, que son la base de nuestro organismo.

Tabla 2.- Contenido aproximado de proteínas en alimentos.

Alimentos	Porcentaje de proteínas (%)
Leche en polvo	26-28
Queso	15-24
Embutidos	15-30
Carne	15-20
Jamón	32-35
Pescado	12-27
Huevos	12-14
Harina de cereales	10-12
Pan	8-10
Patatas	1,9-2,1
Naranjas	0,9-1,1
Albaricoques	0,8
Mantequilla	0,6
Vino	0,1-0,2

Generalmente, las proteínas son insolubles en el agua, se presentan en estado sólido o en suspensiones y tampoco se disuelven en alcohol, éter, cloroformo o benceno.

Los vegetales son capaces de producir sus propias proteínas a partir de sustancias nitrogenadas orgánicas y de hidratos de carbono, sintetizados con la ayuda de la energía solar en la denominada *función clorofílica.*

Los animales no pueden sintetizar sus propias proteínas, por lo que necesitan obtenerlas de los vegetales, o en el caso de los carnívoros, de otros animales.

Durante la digestión, las proteínas ingeridas se desdoblan por fermentos localizados en el aparato digestivo del individuo, para posteriormente transformarlas en sus propias proteínas.

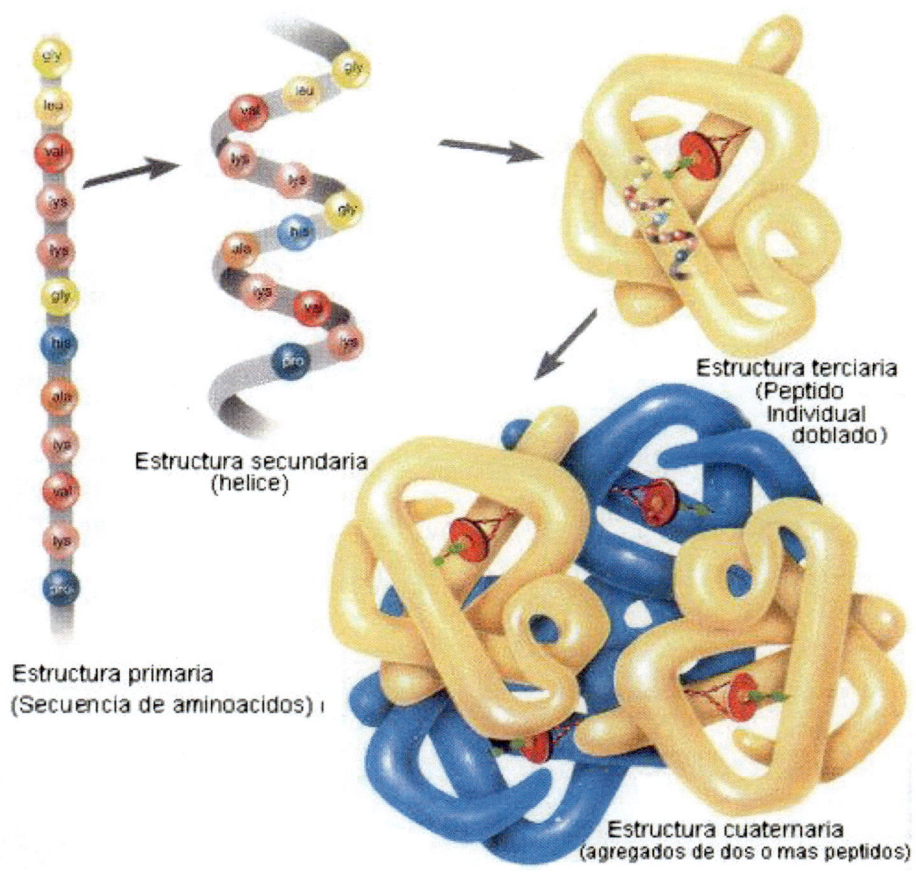

Estructura terciaria
(Peptido
Individual
doblado)

Estructura secundaria
(helice)

Estructura primaria
(Secuencia de aminoacidos)

Estructura cuaternaria
(agregados de dos o mas peptidos)

Figura 3.- Estructura de una proteína formada por cadenas de aminoácidos. Fuente: BIO GEO Dani.

4.- Tipos de proteínas

Hay muchas variantes de proteínas entre las que destacamos:
Albúminas. Se encuentran presentes en la leche (lacto-albúminas), suero de la leche, sangre (seroalbúminas), huevos y algunos vegetales. La albúmina de la sangre tiene propiedades inmunológicas (protección contra enfermedades).
Globulinas. Se encuentran también presentes en la leche (lactoglobulina), en el plasma sanguíneo (seroglobulina) y en los músculos (miosina y miógeno).

Escleroproteínas. Muy abundantes en el reino animal, contribuyen a la formación del esqueleto y a la protección de órganos vitales. Así tenemos el *colágeno*, que es la proteína que forma los tejidos óseo, cartilaginoso y conjuntivo. Su nombre viene del hecho de que al calentarla con agua produce una sustancia conocida como cola o gelatina. Es decir, el colágeno es la fuente de la que se saca la gelatina. Dentro de este grupo de las escleroproteínas tenemos las queratinas, que son proteínas que se encuentran formando parte importante de la epidermis de muchos animales (uñas, pelos, cuernos, plumas, etc.).

Niveles estructurales de las proteínas

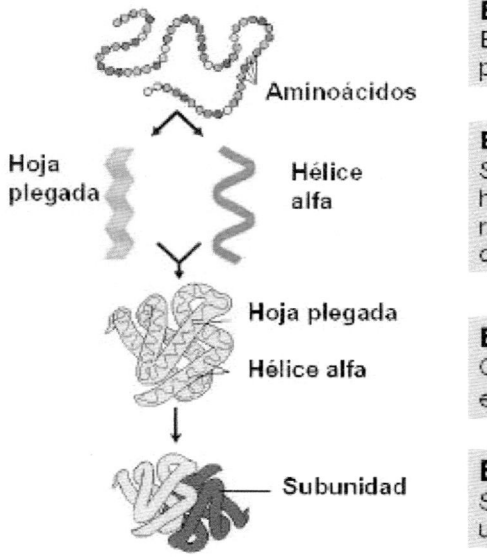

Estructura primaria de las proteínas
Es la secuencia de aminoácidos de la cadena peptídica.

Estructura secundaria de las proteínas
Se debe a la formación de puentes de hidrógeno entre restos amino y carboxilo de residuos de aminoácidos no adyacentes en la cadena.

Estructura terciaria de las proteínas
Ocurre cuando se atraen distintas regiones de estructura secundaria.

Estructura cuaternaria de las proteínas
Se debe a que la proteína consta de más de una cadena polipeptídica.

Figura 4.- Niveles estructurales de las proteínas. Fuente: GENOMASUR.

Glutelinas y gliadinas. Son proteínas que se encuentran en el reino vegetal, principalmente en cereales (trigo, cebada, avena, maíz). Así tenemos por ejemplo, el gluten de trigo y maíz. Hay personas intolerantes al gluten.

Cuando esta sustancia llega al intestino produce su inflamación, llegando a dañarlo. El gluten está presente en el pan normal, y ayuda a conseguir una masa más esponjosa y flexible. La intolerancia al gluten puede aparecer en cualquier momento de nuestra vida y afecta más a las mujeres que a los hombres. En la actualidad se fabrican muchos alimentos sin gluten para las personas que sufren esta enfermedad.

Fosfoproteídos. Son proteínas que contienen ácido fosfórico. Los encontramos en la caseína (proteína de la leche) y en la yema de huevo (vitelina). Los quesos son muy ricos en caseína.

Cromoproteídos. Resultan de la unión de las proteínas con sustancias coloreadas. Así tenemos la hemoglobina de la sangre, que está compuesta por una proteína (globina) y un grupo coloreado (hemo). La hemoglobina tiene por misión llevar a las células de nuestro organismo, el oxígeno que necesitan para su funcionamiento.

🌸ADAM.

Figura 5.- Alimentos ricos en proteínas (carnes, lácteos y pescados. Fuente: A.D.A.M.

5.- Valor biológico de las proteínas

Todos sabemos la importancia de las proteínas en la vida vegetal y animal. Por ello se ha establecido un concepto que se conoce como *valor biológico de las proteínas* que es el tanto por ciento de proteínas absorbidas que son realmente retenidas por el animal.

Los animales toman proteínas en su dieta, que rompen hasta transformarlas en los aminoácidos originales de que están compuestas. Después, estos aminoácidos los usan para formar sus propias cadenas proteínicas.

Cuanto más similar sea la proteína ingerida a la que se quiere formar, mayor será su valor biológico.

Es decir, que este concepto se puede definir también como "el grado de similitud entre proteína ingerida y proteína formada", o *la capacidad que tiene la proteína ingerida para formar las proteínas del animal.*

El valor 100 se daría para aquélla que por gramo de proteína ingerida diese un gramo de proteína del animal.

Lógicamente, la proteína animal es de más alto valor biológico que la vegetal cuando se habla de alimentación de animales. Las proteínas vegetales sirven para mantener el equilibrio nitrogenado en los animales, pero para conseguir el crecimiento de los mismos se requiere un aporte de proteínas animales.

A título informativo, vamos a dar los nombres de los amino-ácidos que se encuentran en los organismos animales. Así tenemos:

alanina, arginina, ácido aspártico, ácido glutámico, cistina, glicina, histidina, hidroxiprolina, ácido hidroxiglutámico, leucina, isoleucina, lisina, metionina, norleucina, fenilalanina, serina, prolina, treonina, tiroxina, triptófano y valina.

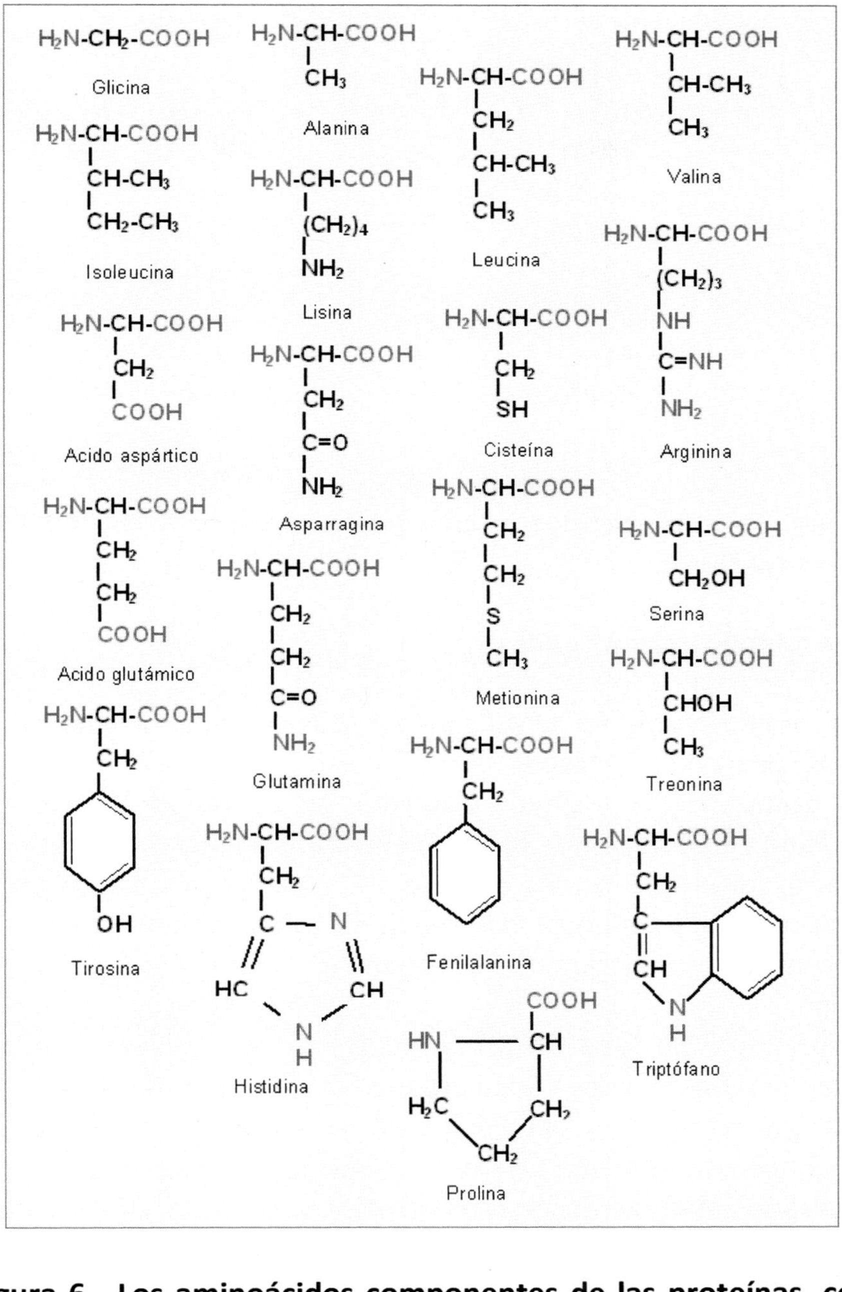

H_2N-CH_2-COOH

Glicina

H_2N-CH-COOH
|
CH-CH_3
|
CH_2-CH_3

Isoleucina

H_2N-CH-COOH
|
CH_2
|
COOH

Acido aspártico

H_2N-CH-COOH
|
CH_2
|
CH_2
|
COOH

Acido glutámico

H_2N-CH-COOH
|
CH_2

Tirosina

H_2N-CH-COOH
|
CH_3

Alanina

H_2N-CH-COOH
|
$(CH_2)_4$
|
NH_2

Lisina

H_2N-CH-COOH
|
CH_2
|
C=O
|
NH_2

Asparragina

H_2N-CH-COOH
|
CH_2
|
CH_2
|
C=O
|
NH_2

Glutamina

H_2N-CH-COOH
|
CH_2
|
C — N
‖   ‖
HC   CH
\   /
N
|
H

Histidina

H_2N-CH-COOH
|
CH_2
|
CH-CH_3
|
CH_3

Leucina

H_2N-CH-COOH
|
CH_2
|
SH

Cisteína

H_2N-CH-COOH
|
CH_2
|
CH_2
|
S
|
CH_3

Metionina

H_2N-CH-COOH
|
CH_2

Fenilalanina

H_2N-CH-COOH
|
CH_3

H_2N-CH-COOH
|
CH-CH_3
|
CH_3

Valina

H_2N-CH-COOH
|
$(CH_2)_3$
|
NH
|
C=NH
|
NH_2

Arginina

H_2N-CH-COOH
|
CH_2OH

Serina

H_2N-CH-COOH
|
CHOH
|
CH_3

Treonina

H_2N-CH-COOH
|
CH_2
|
C
‖
CH
|
N
|
H

Triptófano

COOH
|
HN — CH
| |
H_2C CH_2
\   /
CH_2

Prolina

Figura 6.- Los aminoácidos componentes de las proteínas, con su fórmula correspondiente. Fuente: Universidad de Córdoba. Producción animal y gestión de empresas.

ESENCIALES	NO ESENCIALES
Isoleucina (Ile)	Alanina (Ala)
Leucina (Leu)	Tirosina (Tyr)
Lisina (Lys)	Aspartato (Asp)
Metionina (Met)	Cisteína (Cys)
Fenilalanina (Phe)	Glutamato (Glu)
Treonina (Thr)	Glutamina (Gln)
Triptófano (Trp)	Glicina (Gly)
Valina (Val)	Prolina (Pro)
Histidina (His)	Serina (Ser)
	Asparagina (Asn)
	Arginina (Arg)

Figura 7.- Aminoácidos esenciales y no esenciales. Fuente: Farmacia Diego.

6.- Aminoácidos esenciales

Los aminoácidos se clasifican en dos grupos: aminoácidos esenciales y no esenciales.

Los esenciales son los que no pueden ser sintetizados por el ser humano y que tiene que recibir inexcusablemente en su dieta, ya que de faltar uno o más de ellos se producen trastornos en el desarrollo. Los aminoácidos esenciales son: histidina, isoleucina, leucina, lisina, metionina, fenilalanina, treonina, triptófano y valina.

Por ejemplo, la falta de lisina en el hombre produce anemia, debiendo ingerir unos 40 miligramos de este aminoácido por día y kilogramo de peso para mantener el equilibrio adecuado. La metionina suministra azufre al organismo y la treonina es necesaria para un crecimiento normal.

En el sitio de Internet de **Aminoácidosesenciales.net** nos dicen lo siguiente respecto a los mismos:
"Los aminoácidos son sustancias químicas que contienen carbono, hidrógeno, nitrógeno y oxígeno.

Son las unidades estructurales de las proteínas que el cuerpo sintetiza para cumplir con diversas funciones. Muchos de estos aminoácidos pueden ser producidos por el organismo, pero otros no, y éstos son los denominados aminoácidos esenciales.

Los aminoácidos esenciales y no esenciales son utilizados por el cuerpo para producir proteínas que cumplirán con las siguientes funciones:

- Crecimiento de los tejidos, por ejemplo, aumento de la masa muscular.
- Reparación de diversos tejidos.
- Descomposición de alimentos, producción de hormonas, neurotransmisores y muchas otras importantes funciones.

Los aminoácidos esenciales no pueden ser producidos por el organismo humano, pues las cadenas metabólicas para su producción son largas y tienen un costo energético muy elevado.

Como consecuencia de esto, los aminoácidos esenciales deben ser aportados en la dieta. Incluyendo determinados alimentos en las comidas diarias es posible asegurar un aporte adecuado de aminoácidos esenciales.

Algunos alimentos de origen animal contienen una gran cantidad de proteínas conformadas por diferentes aminoácidos, incluyendo todos los aminoácidos esenciales. Estos alimentos son los siguientes:

- Carnes rojas.
- Carnes blancas, pescados.
- Productos lácteos.
- Clara de huevo.
- Productos de soja.
- Quínoa.

Existen nueve aminoácidos esenciales, cada uno de ellos tiene características distintas y cumplen con diferentes funciones. Los nueve aminoácidos esenciales son:

1.- *Fenilalanina*. Se trata de un aminoácido que tiene una cadena lateral característica que incluye un anillo bencénico, por lo tanto, pertenece al grupo de los aminoácidos esenciales aromáticos. La fenilalanina forma parte de importantes neuro-péptidos, como la hormona adrenocorti-cotrópica (ACTH), la angiotensina y la vasopresina, y también es precur-sora de las catecolaminas.

2.- *Histidina*. Es uno de los aminoácidos esenciales básicos a pH fisiológico, pues su grupo imdazol está cargado positivamente. La histidina puede sufrir un proceso de descarboxilación para transformarse en histamina, una sustancia que interviene en las reacciones alérgicas de las personas. La histidina también es uno de los aminoácidos esenciales que participan en el desarrollo y mantenimiento de diversos tejidos, especialmente la mielina que recubre las neuronas.

3.- *Lisina*. Está en el grupo de los aminoácidos esenciales que se encuentran en mayor concentración en alimentos de origen animal, en comparación con los vegetales, aunque las legumbres pueden contener una buena cantidad de este aminoácido. La lisina, como muchos aminoácidos esenciales, cumple un papel fundamental en la síntesis de todas las proteínas del organismo, participa en el proceso de absorción del calcio, en la construcción de tejido muscular y en la producción de enzimas, hormonas y anticuerpos.

4.- *Triptófano*. Se encuentra entre los aminoácidos esenciales hidrófobos, no polares. Está presente en gran cantidad en alimentos tales como leche, cereales integrales, dátiles, garbanzos, chocolate y maní. Las personas que no incluyen estos alimentos en su dieta habitual podrían sufrir un déficit de triptófano, como sucede con las personas que tienen elevados niveles de estrés.

Para el buen metabolismo de los aminoácidos esenciales se requiere la presencia de ciertas vitaminas y minerales. En el caso del triptófano, la vitamina B6 y el magnesio son necesarios para su metabolización. El triptófano es fundamental para la producción de serotonina, un importante neurotransmisor que favorece el sueño y reduce la ansiedad.

5.- Metionina. La metionina es uno de los aminoácidos esenciales que contienen azufre. Se encuentra en las semillas de sésamo, las nueces brasileñas, carnes, pescados y otras semillas. Cumple una importante función manteniendo las uñas y la piel saludables. Al igual que otros aminoácidos esenciales, la metionina cumple un papel fundamental en el rendimiento muscular.

6.- Isoleucina. Se trata de uno de los aminoácidos esenciales que tienen mayor importancia para los deportistas, pues ayudan en la recuperación del tejido muscular y óseo. Además, la isoleucina interviene en la formación de la hemoglobina, en la coagulación de la sangre y otros procesos vitales.

7.- Leucina. La leucina es uno de los aminoácidos esenciales que participan activamente en los procesos de reparación del tejido muscular, en unión con la isoleucina y la valina. Todos estos aminoácidos esenciales son recomendados para aquellas personas que han sido sometidas a cirugías mayores, para que los tejidos se recuperen más rápidamente.

8.- Treonina. Es uno de los aminoácidos esenciales que mantienen el hígado libre de grasas. También favorece la digestión y ayuda a que el sistema inmunológico funcione mejor. Hay mucha treonina en las carnes rojas y blancas, las lentejas y las semillas de sésamo.

9.- Valina. Muchos aminoácidos esenciales participan en la creación de tejidos nuevos, incluyendo la valina, que favorece la recuperación muscular después de una jornada de ejercicio o trabajo intenso. Si bien es uno de los aminoácidos más comunes en la naturaleza, el cuerpo humano es incapaz de producirla en cantidades suficientes, por eso la valina es clasificada como uno de los aminoácidos esenciales que deben estar presentes en los alimentos que se ingieren diariamente.

Se podría decir que la *arginina* es también un aminoácido esencial en niños, aunque en los adultos sería semi-esencial. Algunos autores clasifican a la arginina como uno más de los aminoácidos esenciales, pues si bien el organismo humano es capaz de sintetizarla, este proceso es costoso desde el punto de vista energético y sería difícil obtener una cantidad suficiente de este modo.
La arginina se halla en alimentos tales como mariscos, pescados, crustáceos y otros productos del mar y es uno de los aminoácidos esenciales más importantes para el crecimiento de los tejidos." Fin de la cita de **Aminoacidosesenciales.net**

7.- Aminoácidos no esenciales

Estos aminoácidos los puede sintetizar el propio individuo sin necesidad de que estén presentes en los alimentos que ingiere. Aquí tenemos: alanina, tirosina, aspartato, cisteína, glutamato, glutamina, glicina, prolina, serina y asparragina.

Una proteína se la considera completa cuando es capaz de suministrar todos los aminoácidos esenciales, e incompleta si le faltan uno o más de dichos aminoácidos. Esta falta se puede compensar, si se conoce, con el aporte de otras proteínas ricas en aminoácidos, resultando la mezcla de ambas proteínas en otra de mayor biológico.

Por supuesto, hay aminoácidos que son esenciales para el hombre pero no para otros animales. Y viceversa.

Así por ejemplo, tenemos la arginina que no es necesaria para el pollo pero sí para el hombre.

Tabla 3.- Necesidades diarias en proteínas de las personas según las etapas de la vida.

Sexo	Edad (en años)	Peso (en Kg)	Necesidades proteínicas (gramos/día)
V-H	Bebés (0-1)	3-8	Peso x 2,5
V-H	Niños (1-9)	8-30	30-55
V	Adolescentes (9-18)	30-65	60-100
H	Adolescentes (9-18)	30-70	55-80
V	Adultos (18-85)	70-85	70-85
H	Adultos (18-85)	60-75	60-75
H	En gestación	60-70	80
H	Periodo de lactancia	60-70	100

V: varón. H: hembra.

Las proteínas del suero la leche son las de más alto valor biológico, seguidas de las procedentes de los huevos (95) y de la carne (80). De hecho, la leche materna se suele tomar como patrón de medida del valor biológico de las proteínas.

La Tabla 2.3 nos da las necesidades de proteínas (en gramos/día) que requieren el hombre y la mujer, según las distintas etapas de su vida. Por supuesto que las cifras que se dan son medias para organismos normales, ya que las necesidades reales para cada individuo pueden variar hacia arriba o abajo.

En general se dice que los individuos adultos necesitan un gramo de proteína al día por cada kilogramo de peso.

El 30-60 por ciento de las proteínas ingeridas deben ser de procedencia animal. Para el caso de los individuos en fase de crecimiento se recomiendan cifras superiores (1,5 a3 gramos de proteína al día por kilogramo de peso).

8.- Funciones de las proteínas

En cuanto a las funciones que las proteínas realizan en los organismos animales, tenemos:

- *Función plástica.* Formando la mayor parte del organismo humano y de los animales en general (músculos, órganos, huesos, etc.), reponiendo los desgastes naturales y asegurando el crecimiento.
- *Funciones de defensa.* Formando anticuerpos (gamma-globulinas y otras) para la defensa contra infecciones.
- *Formación de enzimas.* Las enzimas son sustancias muy importantes, ya que ayudan al desarrollo de las reacciones vitales que tienen lugar en los organismos animales.
- *Regulación del equilibrio ácido-base en la sangre.* Neutralizan los excesos ácidos o básicos en la sangre.

9.- Las proteínas y la FAO y la OMS

Recurrimos con mucha frecuencia a la información que la *FAO (Food and Agricultural Organization, Organización de las Naciones Unidas para la Agriculturay la alimentación),* ofrece en su sitio de Internet. En este caso, reproducimos lo que indica sobre las proteínas, nutriente tan importante para los seres humanos. Así dice:

"**Las proteínas**, como los carbohidratos y las grasas, contienen carbono, hidrógeno y oxígeno, pero también contienen nitrógeno y a menudo azufre. Son muy importantes como sustancias nitrogenadas necesarias para el crecimiento y la reparación de los tejidos corporales.

Las proteínas son el principal componente estructural de las células y los tejidos, y constituyen la mayor porción de sustancia de los músculos y órganos (aparte del agua). Las proteínas no son exactamente iguales en los diferentes tejidos corporales. Las proteínas en el hígado, en la sangre y en ciertas hormonas específicas, por ejemplo, son todas distintas.

Las proteínas son necesarias por varias razones:

- Para el crecimiento y el desarrollo corporal.
- Para el mantenimiento y la reparación del cuerpo, y para el reemplazo de tejidos desgastados o dañados.
- Para producir enzimas metabólicas y digestivas.
- Como constituyente esencial de ciertas hormonas, por ejemplo, tiroxina e insulina.

Aunque las proteínas liberan energía, su importancia principal radica más bien en que son un constituyente esencial de las células. Todas las células pueden necesitar reemplazarse de tiempo en tiempo, y para este reemplazo es indispensable el aporte de proteínas.

Cualquier proteína que se consuma en exceso de la cantidad requerida para el crecimiento, reposición celular y de líquidos, y varias otras funciones metabólicas, se utiliza como fuente de energía, lo que se logra mediante la transformación de proteína en carbohidrato. Si los carbohidratos y la grasa en la dieta no suministran una cantidad de energía adecuada, entonces se utiliza la proteína para suministrar energía; como resultado hay menos proteína disponible para el crecimiento, reposición celular y otras necesidades metabólicas.

Este punto es esencialmente importante para los niños, que necesitan proteínas adicionales para el crecimiento. Si reciben muy poca cantidad de alimento para sus necesidades energéticas, la proteína se utiliza para las necesidades diarias de energía y no para el crecimiento.

**Oganización
Mundial de la Salud**

Figura 8.- Logotipo de la Organización Mundial de la Salud.

Aminoácidos. Las proteínas son moléculas formadas por aminoácidos. Los aminoácidos de cualquier proteína se unen mediante las llamadas uniones peptídicas para formar cadenas. Las proteínas se estructuran por diferentes aminoácidos que se unen en varias cadenas. Debido a que hay tantos y diversos aminoácidos, existen múltiples configuraciones y por lo tanto muchas proteínas diferentes.

Durante la digestión las proteínas se dividen en aminoácidos, en la misma forma en que los carbohidratos más complejos, como los almidones, se dividen en monosacáridos simples, y las grasas se dividen en ácidos grasos. En el estómago y en el intestino, diversas *enzimas proteolíticas* hidrolizan la proteína, y liberan aminoácidos y péptidos.

Las plantas tienen la capacidad de sintetizar los aminoácidos a partir de sustancias químicas inorgánicas simples. Los animales, que no tienen esta habilidad, derivan todos los aminoácidos necesarios para desarrollar su proteína del consumo de plantas o animales.

Dado que los seres humanos consumen animales que inicialmente derivaron su proteína de las plantas, todos los aminoácidos en las dietas humanas se originan de esta fuente.

Los animales tienen distinta capacidad para convertir un aminoácido en otro. En el ser humano esta capacidad es limitada. La conversión ocurre principalmente en el hígado. Si la capacidad para convertir un aminoácido en otro fuese ilimitada, la discusión sobre el contenido de proteína en las dietas y la prevención de la carencia de proteína, sería un asunto simple. Sólo sería necesario suministrar suficiente proteína, sin importar la calidad o el contenido de aminoácidos de ella.

Organización de las Naciones
Unidas para la Agricultura
y la Alimentación - FAO

Figura 9.- Logotipo de la FAO.

Del gran número de aminoácidos existentes, 20 son comunes a plantas y animales. De ellos, se ha demostrado que ocho son esenciales para el adulto humano y tienen, por lo tanto, la denominación de «aminoácidos esenciales» o «aminoácidos indispensables», a saber: fenilalanina, triptófano, metionina, lisina, leucina, isoleucina, valina y treonina. Un noveno aminoácido, la histidina, se requiere para el crecimiento y es esencial para bebés y niños; quizás también se necesita para la reparación tisular. Otros aminoácidos incluyen, glicina, alanina, serina, cistina, tirosina, ácido aspártico, ácido glutámico, prolina, hidroxiprolina, citrulina y arginina.

Cada proteína en un alimento está compuesta de una mezcla particular de aminoácidos y puede o no contener la totalidad de los ocho aminoácidos esenciales.

Calidad y cantidad de proteína. Para analizar el valor de una proteína en cualquier alimento, conviene saber cuánta proteína total posee, qué tipo de aminoácidos tiene, cuántos aminoácidos esenciales están presentes y en qué proporción. Mucho se sabe ahora sobre las proteínas individuales que se hallan en diversos alimentos, su contenido de aminoácidos y por lo tanto, su cantidad y calidad. Algunos tienen una mejor mezcla de aminoácidos que otros, y por esto se dice que son de un valor biológico más alto. Por ejemplo, las proteínas de la albúmina en el huevo y caseína en la leche, contienen todos los aminoácidos esenciales en buenas proporciones y nutricionalmente son superiores a otras proteínas como:

- La zeína en el maíz, que contiene poco triptófano o lisina.
- La proteína del trigo, que contiene sólo pequeñas cantidades de lisina.

Sin embargo, sostener que las proteínas del maíz y del trigo son menos buenas no es cierto. Aunque tienen menos cantidad de algunos aminoácidos, poseen cierta cantidad de los otros aminoácidos esenciales, lo mismo que otros importantes. La relativa carencia de las proteínas del maíz y del trigo se puede superar al consumir otros alimentos que contengan más cantidad de aminoácidos limitantes. Por lo tanto, es posible tener dos alimentos de bajo valor proteico y complementarlos entre sí, para formar una buena mezcla de proteína cuando se consumen simultáneamente.

Los seres humanos, sobre todo los niños, con una alimentación pobre en proteína animal, requieren una variedad de alimentos de origen vegetal, y no sólo un alimento básico.

En muchas dietas, las legumbres como maní, fríjoles y garbanzos, aunque bajos en aminoácidos azufrados, suplementan las proteínas de los cereales que con frecuencia tienen poca lisina. Una mezcla de alimentos de origen vegetal, especialmente si se consumen en la misma comida, puede servir como reemplazo de la proteína animal.

La FAO ha producido cuadros que muestran el contenido de aminoácidos esenciales en diversos alimentos y se puede ver qué alimentos se complementan mejor con otros. También es necesario, por supuesto, averiguar la cantidad total de proteína y aminoácidos en un determinado alimento.

El aminoácido limitante. La calidad de la proteína depende en gran parte de la composición de sus aminoácidos y su digestibilidad. Si una proteína es deficiente en uno o más aminoácidos esenciales, su calidad es más baja. El más deficiente de los aminoácidos esenciales de una proteína se denomina aminoácido limitante.

Determina la eficiencia de utilización de la proteína presente en un alimento o en combinación de alimentos. Los seres humanos por lo general comen alimentos que contienen muchas proteínas; rara vez consumen sólo una proteína. Por lo tanto, los nutricionistas se interesan en la calidad de la proteína de la dieta de una persona o de sus comidas, más que de un solo alimento. Si un aminoácido esencial es insuficiente en la dieta, éste limita la utilización de otros aminoácidos para formar proteína.

Los lectores que deseen familiarizarse con los métodos que se utilizan para determinar la calidad de la proteína, pueden consultar libros especializados de nutrición, que describen en detalle este tema. Uno de los métodos experimenta el crecimiento y retención de nitrógeno en ratas jóvenes. Otro implica la determinación del aminoácido o su calificación química, y, por lo general, examina la utilización eficiente de las proteínas en los alimentos consumidos, compara su composición de aminoácidos con la de la proteína que se sabe es de alta calidad, como la contenida en los huevos enteros.

Por lo tanto, la *calificación química* se puede definir como la eficiencia en el empleo de una proteína alimentaria, comparada con la proteína de huevo entero.

La utilización neta de proteína (UNP). Es una medida de la cantidad o porcentaje de proteína que se retiene en relación con la consumida. Como ejemplo, la Tabla 2.5, ilustra el valor químico y la UNP en cinco alimentos.

No es usual o fácil obtener valores UNP en las personas, y la mayoría de los estudios utilizan las ratas. La Tabla 2.4 sugiere que hay una buena correlación entre los valores en ratas y en los niños, y que la calificación química suministra un cálculo razonable de la calidad de la proteína.

Para el profesional comprometido en actividades de nutrición y en ayudar a la gente, ya sea como dietista en una entidad de salud, como trabajador de extensión agrícola o educador en nutrición, lo que importa es que el valor de la proteína varíe entre los alimentos y que la mezcla de alimentos mejore la calidad de la proteína en una comida o en la alimentación.

Digestión y absorción de proteína. Las proteínas que se consumen en la dieta sufren una serie de cambios químicos en el tracto gastrointestinal.

La fisiología de la digestión proteica es compleja; la pepsina y la renina del estómago, la tripsina del páncreas y la erepsina de los intestinos, hidrolizan las proteínas en sus componentes, los aminoácidos. La mayoría de los aminoácidos se absorben en el torrente circulatorio del intestino delgado y por lo tanto se desplazan al hígado y de allí a todo el cuerpo.

Cualquier excedente de aminoácidos se despoja del grupo amino (NH_2), que va a formar urea en la orina, y deja el resto de la molécula para ser transformada en glucosa. Existe ahora alguna evidencia de que una proteína casi intacta entra a ciertas células que tapizan el lumen intestinal. Algo de esta proteína en el niño menor de un año puede tener un papel en la inmunidad pasiva que la madre le transfiere a su hijo recién nacido.

Una parte de la proteína y de los aminoácidos liberados en los intestinos no se absorbe. Estos aminoácidos no absorbidos, más las células descamadas de las vellosidades intestinales y sobre las que actúan las bacterias, junto con organismos del intestino, contribuyen al nitrógeno que se encuentra en la materia fecal.

Tabla 4.- Valor químico y utilización neta de proteína en alimentos seleccionados. Fuente: FAO/OMS.
UNP: Utilización Neta de Proteína.

Alimento	Valor químico	UNP determinado en niños	UNP determinado en ratas
Huevos (enteros)	100	87	94
Leche (humana)	100	94	87
Arroz	67	63	59
Maíz	49	36	52
Trigo	53	48	48

Gran parte de la proteína del cuerpo humano se encuentra en los músculos. No existe un verdadero almacenamiento de proteínas en el cuerpo, como sucede con la grasa y, hasta cierto punto, con el glicógeno. Sin embargo, ahora se sabe que una persona bien nutrida tiene suficiente proteína acumulada y está capacitado para durar varios días sin reposición y permanecer en buena salud.

Necesidades de proteína. Los niños necesitan más proteína que los adultos debido a que deben crecer. Durante los primeros meses de vida los niños requieren aproximadamente 2,5 gramos de proteína por kilogramo de peso corporal. Estas necesidades disminuyen a aproximadamente unos 1,5 gramos/kilo de los 9 a los 12 meses de edad. Sin embargo, a menos que el consumo de energía sea adecuado, no toda la proteína se utiliza para el crecimiento.

Una mujer embarazada necesita un suministro adicional de proteína para desarrollar el feto que lleva. De modo semejante, una mujer que amamanta necesita proteínas adicionales, debido a que la leche que secreta contiene proteína. En algunas sociedades es común que las mujeres lacten a sus bebés durante un período de hasta dos años. Por lo tanto, algunas mujeres necesitan proteínas adicionales por un lapso de dos años y nueve meses por cada niño que tengan.

Mucho se ha investigado sobre las necesidades de proteína y las cantidades recomendadas, y en este tema ha habido gran cantidad de debates y desacuerdos en los últimos 50 años.

La **FAO** y la **Organización Mundial de la Salud (OMS),** periódicamente reúnen a expertos para revisar el estado actual del conocimiento y dar orientaciones Así tenemos:

- El nivel adecuado de consumo para un niño de un año de edad se estableció en 1,5 gramos por kilogramo de peso corporal.
- La cantidad luego disminuye a 1 gramo/kilo a la edad de seis años. En los Estados Unidos, la ración dietética recomendada (**RDR**) es un poco mayor, o sea 1,75 gramos/kilo a la edad de un año y 1,2 gramos/kilo a la edad de seis años.

- En los adultos, la FAO/OMS/UNU consideran que el consumo adecuado de proteína es de 0,8 gramos/kilo para mujeres y de 0,85 gramos/kilo para varones.

La Tabla 5 indica los niveles seguros de consumo de proteína por edad y sexo, e incluye los de las mujeres embarazadas y de los lactantes. Los valores se dan tanto para una dieta alta en fibra, donde hay sobre todo cereales, raíces y legumbres, con poco alimento de origen animal y para una dieta balanceada mixta con menos fibra y cantidad suficiente de proteína completa.

Como ejemplo, una mujer adulta no embarazada que pese 55 kg necesita 49 gramos de proteína por día para la primera dieta y 41 gramos por día para la segunda. La fibra reduce la utilización de proteína.

Consumo inadecuado de proteínas. El consumo inadecuado de proteína altera el crecimiento y la reparación del organismo. La carencia de proteína es sobre todo peligrosa para los niños debido a que están creciendo y además debido al riesgo de infección que es mayor durante la infancia que en casi todas las otras épocas de la vida. En los niños, un inadecuado consumo de energía también tiene un impacto en la proteína.
Como ya se mencionó, ante la ausencia de un nivel adecuado de energía, se necesita desviar alguna proteína y, por lo tanto, no se utilizará para el crecimiento.
En muchos países en desarrollo (aunque no en todos), el consumo de proteína es relativamente bajo y con frecuencia es de origen vegetal. La escasez de alimentos de origen animal en la dieta no es siempre una cuestión de elección. Por ejemplo, a muchos africanos y latinoamericanos de bajos ingresos económicos les gustan los productos animales pero ellos no se encuentran fácilmente disponibles, son más difíciles de producir, de almacenar y más costosos que la mayoría de los productos vegetales.

Tabla 5.-Necesidades individuales de energía y niveles seguros de ingesta para proteína y hierro. Fuentes: FAO y OMS.

Grupo por sexo y edad	Peso (kg)	Energía(kcal)	Proteína Dieta A (g)	Proteína Dieta B (g)	Grasa (g)	Hierro Dieta 1 (mg)	Hierro Dieta 2 (mg)
Niños							
6 a 12 meses	8,5	950	14	14	-	21	11
1 a 3 años	11,5	1350	22	13	23-52	13	7
3 a 5 años	15,5	1600	26	16	27-62	14	7
5 a 7 anos	19,0	1820	30	19	30-71	19	10
7 a 10 años	25,0	1900	34	25	32-74	23	12
Varones							
10 a 12 años	32,5	2120	48	33	35-82	23	12
12 a 14 años	41,0	2250	59	41	38-88	36	18
14 a 16 años	52,5	2650	70	49	44-103	36	18
16 a 18 años	61,5	2770	81	55	46-108	23	11
Niñas							
10 a 12 años	33,5	1905	49	34	32-74	23	11
12 a 14 años	42,0	1955	59	40	33-76	40	20
14 a 16 años	49,5	2030	64	45	34-79	40	20
16 a 18 años	52,5	2060	63	44	34-80	48	24
Varones activos							
18 a 60 años	63,0	2895	55	47	48-113	23	11
>60 años	63,0	2020	55	47	34-79	23	11
Mujeres activas							
No embarazada o amamantando	55,0	2210	49	41	37-86	48	24
Embarazada	55,0	2410	56	47	40-94	(76)	(38)
Amamantando	55,0	2710	69	59	45-105	26	13
>60 años	55,0	1835	49	41	31-71	19	9

Las dietas bajas en carne y pescado y productos lácteos son muy comunes en países donde la mayoría de las personas son pobres. Las infecciones llevan a una mayor pérdida de nitrógeno del cuerpo, y se debe reemplazar por las proteínas de la dieta. Por lo tanto, los niños que tienen infecciones frecuentes tendrán mayores necesidades de proteína que las personas sanas.

Se debe tener en cuenta este hecho en los países en desarrollo, ya que muchos niños sufren una casi continua serie de enfermedades infecciosas; no es raro que puedan padecer de diarrea y además tener parásitos intestinales." Hasta aquí la interesante información de la **FAO** y de la **OMS**.

10.- Lípidos

Hemos repetido varias veces que las proteínas son el principal componente de las carnes. Le sigue en importancia el grupo de las grasas o lípidos.

Más conocidos como grasas, son sustancias compuestas por carbono, hidrógeno y oxígeno (con predominio del hidrógeno), que forman parte del organismo animal. Las grasas, al quemarlas producen muchas calorías.

Todos sabemos que cuando ingerimos grasas en abundancia estamos incorporando a nuestro organismo calorías también en gran cantidad. Y si nuestro organismo no consume esas calorías, las grasas se acumulan en nuestro cuerpo produciendo *obesidad*.

Los lípidos los podemos clasificar de la manera siguiente:

- *Ceras.* Estas sustancias que todos conocemos por ser la base de las velas, son el resultado de la reacción de ácidos grasos con alcoholes de alto peso molecular. Las ceras las podemos encontrar de forma natural en la piel de los animales, en las plumas, en los frutos y tallos de las plantas, etc. Evitan la evaporación o sequedad de la piel.
- *Grasas neutras.* Son el resultado de la reacción de la glicerina con ácidos grasos. Las encontramos en los animales.

- **Lipoides.** Son un grupo más o menos complejo, de propiedades físicas y químicas similares, donde se incluyen sustancias tan conocidas como el colesterol. Dentro de este grupo hay otras sustancias no tan conocidas. Así tenemos: (A). Lecitinas compuestas por glicerina, ácido fosfórico, ácidos grasos y colina. Se encuentran presentes en el corazón, hígado, bilis, sistema nervioso, etc. (B). Cefalinas, compuestas por glicerina, ácido fosfórico, ácidos grasos y colamina. (C). Cerebrósidos, compuestos por glicerina, hidratos de carbono y esfingosina. Como su propio nombre indica, se encuentran en el cerebro, así como en el bazo y en las fibras nerviosas.

Las grasas neutras son el grupo más importante, por lo que las vamos a estudiar más detalladamente.

11.- Grasas y aceites

Los aceites y grasas pueden ser de origen animal y vegetal. Los de origen vegetal son muy abundantes y juegan un papel de primer orden en la alimentación humana. Se encuentran en semillas y frutos diversos tales como el olivo, soja, girasol, cacahuete, maíz, algodón, colza, palma, etc.
Los aceites vegetales suelen ser líquidos a temperatura ambiente. Las grasas de origen animal se utilizan mucho en alimentación y suelen ir unidas a las proteínas en la carne y en los productos cárnicos que comemos.
Los aceites y las grasas realizan varias funciones de importancia en el organismo humano y de los animales vivos en general. Por ello, es importante saber que:
- *Función energética.* Al quemarse producen 9 calorías por gramo, cantidad superior a la de hidratos de carbono (4 calorías por gramo) y proteínas (otras 4 calorías por gramo).

- *Son vehículo para las importantes vitaminas liposolubles* (solubles en grasas y aceites), tales como la A, D, K y E.
- *Favorecen la absorción del calcio.*
- *Su ingestión en cantidades excesivas produce obesidad*, como consecuencia de su acumulación en diversos tejidos y órganos.

Tabla 6.- Contenido graso de diversos alimentos (%).

Leche	3,2-3,6
Nata	12-32
Yogur	1,5-4,0
Queso	20-35
Mantequilla	75-80
Huevos	11-12
Pescado	2-28
Carne de vaca	11-13
Carne de cerdo	25-30
Carne de cordero	24-30
Embutidos	20-57
Germen de trigo	9,5-10,5
Germen de maíz	21-22
Pan	1,2-2,0
Galletas	8-11
Pasteles variados	9-12
Espárragos	0,2
Zanahorias	0,2
Tomates	0,3
Patatas	0,1

Se aconseja que las necesidades calóricas diarias de un individuo se deben satisfacer en un 20 por ciento de procedencia grasa. La Tabla 6, nos da ejemplos del contenido graso de algunos alimentos.

Los productos lácteos, los cárnicos y los huevos son ricos en grasas, mientras que las verduras y frutas en general son bastante pobres. Las semillas (maíz, trigo, cebada) son ricas en grasas, sobre todo las llamadas semillas oleaginosas (girasol, cacahuete, colza, soja).

Se llaman oleaginosas por ser ricas en sustancias oleícolas (aceites).

Nota
Las necesidades calóricas diarias de un individuo se deben satisfacer en un 20 por ciento de procedencia grasa.

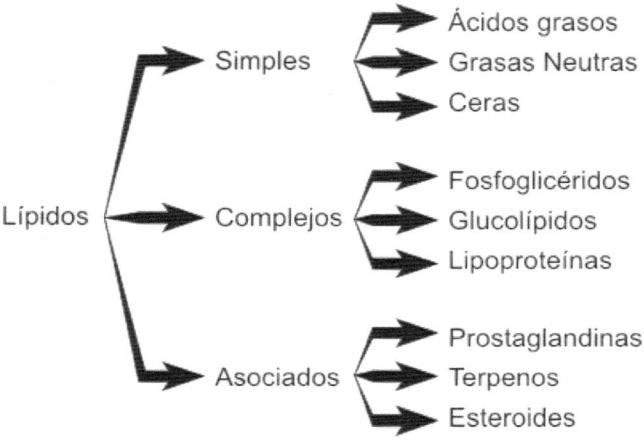

Figura 10.- División de los lípidos. Fuente: trigliceridosygrasasenergeticas.blogspot.com

12.- Composición de los aceites y grasas

Las grasas y aceites están compuestos casi en su totalidad por los denominados triglicéridos, que son una combinación de la glicerina con diversos ácidos grasos, principalmente con los ácidos oleico, esteárico y palmítico. Veamos qué es la glicerina y qué son los ácidos grasos.

La glicerina (Figura 11) es un alcohol líquido a temperatura ambiente, de alta viscosidad y sabor dulce. Está compuesta por carbono, hidrógeno y oxígeno. Los grupos —OH que aparecen en la Figura 11, son los que le dan su carácter alcohólico. Se utiliza mucho en la fabricación de cosméticos (jabones de tocador por ejemplo, donde hay presente un 8-12 por ciento de glicerina) y de medicamentos (los supositorios de glicerina, por ejemplo). La glicerina suaviza y da blancura a la piel.

Los ácidos grasos son sustancias compuestas de carbono, hidrógeno y oxígeno.

Son cadenas de átomos de carbono (C), unidos entre sí por enlaces simples (-CH2 —CH2-) o dobles (-CH=CH-).

Al final de la cadena hay un grupo carboxilo (-COOH) que le confiere el carácter ácido. Se les suele representar con la fórmula abreviada R-COOH.

Los ácidos grasos saturados son los que sólo tienen enlaces simples, y los ácidos grasos insaturados son los que tienen enlaces simples y algún que otro enlace doble.

La combinación de la glicerina con los ácidos grasos da origen a los triglicéridos (Figura 12).

Veamos algunos de esos ácidos grasos que con tanta frecuencia mencionamos.

Entre los ácidos grasos saturados tenemos:

- *Ácido acético*. Sólo tiene dos carbonos unidos por un enlace simple (CH3-COOH), es decir, es de cadena corta. El vinagre contiene ácido acético (3-5 %), que se obtiene por la fermentación del vino por bacterias acéticas. Da un sabor agrio a los alimentos y bebidas que lo contienen.
- *Ácido butírico*. Tiene una cadena de cuatro carbonos y se encuentra en la leche y en la mantequilla.
- *Ácido palmítico*. Tiene una cadena larga (16 átomos de carbono unidos por enlaces simples), y se encuentra presente en el tejido adiposo de los animales.

- **Ácido esteárico**. También es de cadena larga (18 carbonos unidos por enlaces simples) y se encuentra en el tejido adiposo de los animales.

Los ácidos grasos saturados son sólidos a temperatura ambiente.

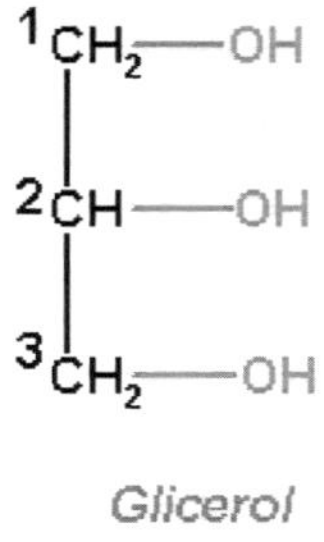

Glicerol

Figura 11.- Fórmula de la glicerina o glicerol. Fuente: biomoleculas-organicas.blogspot.com

Entre los ácidos grasos no saturados (con enlaces simples y uno o más enlaces dobles), también llamados insaturados, tenemos los siguientes:

1. **Ácido oleico**. Tiene un único doble enlace en una cadena de 18 átomos de carbono. Este ácido es muy abundante en la naturaleza, encontrándose tanto en las plantas (aceitunas, aguacates, semillas de uva) como en los animales (formando parte de las grasas de reserva). El aceite de oliva se encuentra compuesto en un 55-80 por ciento por ácido oleico, lo que le confiere unas propiedades muy saludables (beneficioso para los vasos sanguíneos, con lo que se reduce el riesgo de enfermedades cardiovasculares). Este es un dato funda-mental dentro de la famosa dieta mediterránea.

2. **Ácidos con más de un doble enlace**. Entre ellos tenemos el ácido linoleico con dos dobles enlaces, el ácido trinoleico con tres, el ácido araquidónico con 4, etc. Dentro de esta serie merecen mención especial los **ácidos grasos omega-3**, que por su importancia en la alimentación humana, les vamos a dedicar un espacio aparte.

Las grasas animales están compuestas casi en su totalidad por los mencionados triglicéridos (Figura 12), resultado de la unión de la glicerina con los ácidos oleico, esteárico y palmítico. Salvo el oleico que tiene un doble enlace, los otros dos (palmítico y esteárico) no contienen dobles enlaces. Los sebos y mantecas de origen animal son sólidos a temperatura ambiente, ya que contienen una alta proporción de ácidos grasos saturados.

Cuando las grasas se calientan a temperaturas superiores a 200 ºC se descomponen, dando lugar a una sustancia de olor penetrante y picante que produce tos. Esta sustancia se llama acroleína.

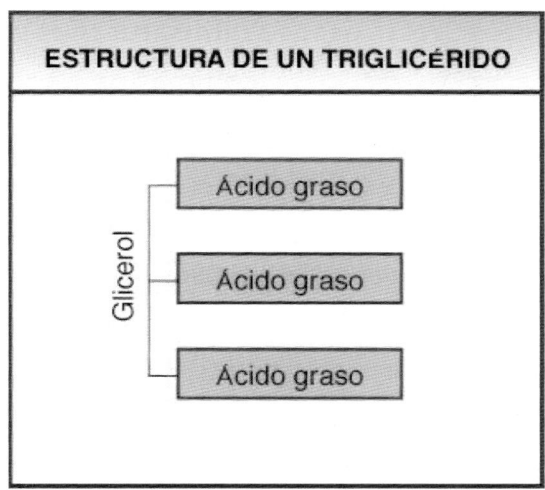

Figura 12.- Triglicéridos (glicerol, también llamado glicerina, con tres ácidos grasos). Fuente: EUFIC. European Union Food Information Council.

13.- Ácidos grasos Omega-3 y Omega-6

Los ácidos grasos omega-3 son poliinsaturados (con más de un doble enlace, como ya hemos visto en este capítulo) y son esenciales para las personas. Se encuentran presentes en diversos alimentos tales como el pescado azul (sardinas, salmón), frutas (nueces, cañamones), aceite de linaza, etc.

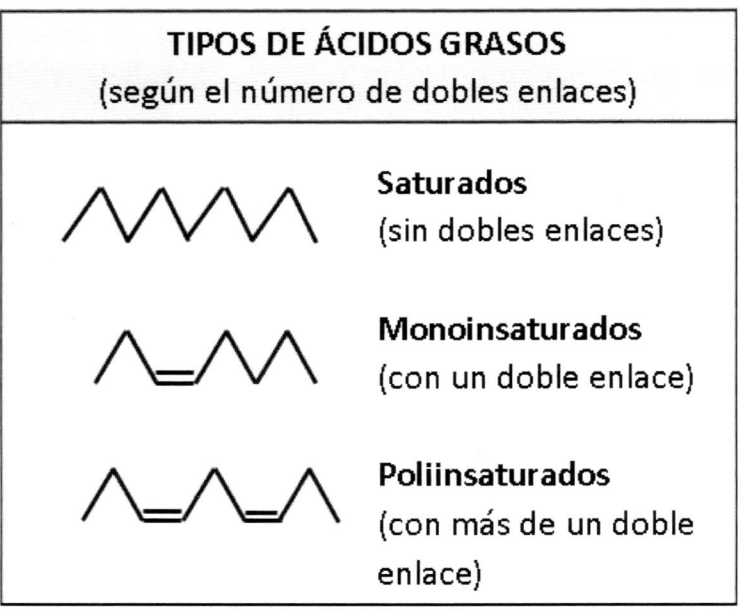

Figura 13.- Tipos de ácidos grasos según el número de dobles enlaces. Fuente: EUFIC.

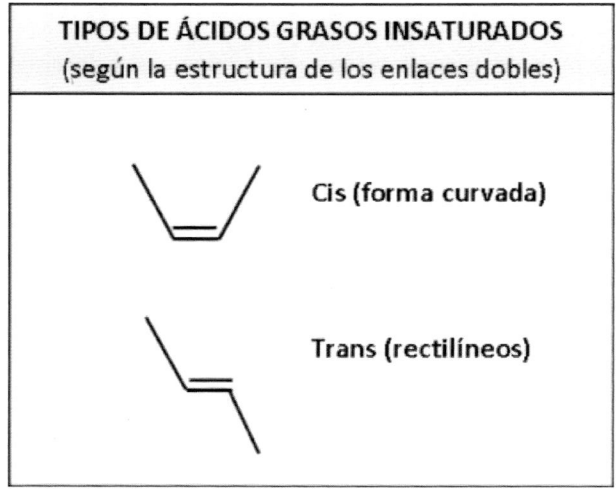

Figura 14.- Tipos de ácidos grasos insaturados según la estructura de los enlaces dobles. Fuente: EUFIC.

Se dice que **son "ácidos grasos esenciales", porque no los puede sintetizar el organismo humano y deben ser tomados en su dieta.** Desde muy antiguo se vio que ciertos pueblos (Japón por ejemplo) que consumen mucho pescado apenas padecen problemas cardiovasculares. Eso era debido a la presencia de los omega-3.

Se les llama omega-3, porque tienen el primer doble enlace en el carbono 3 de la cadena, como se aprecia en la Figura 15. Así mismo, los ácidos grasos omega-6 se llaman así por tener el doble enlace en el carbono 6 de la cadena.

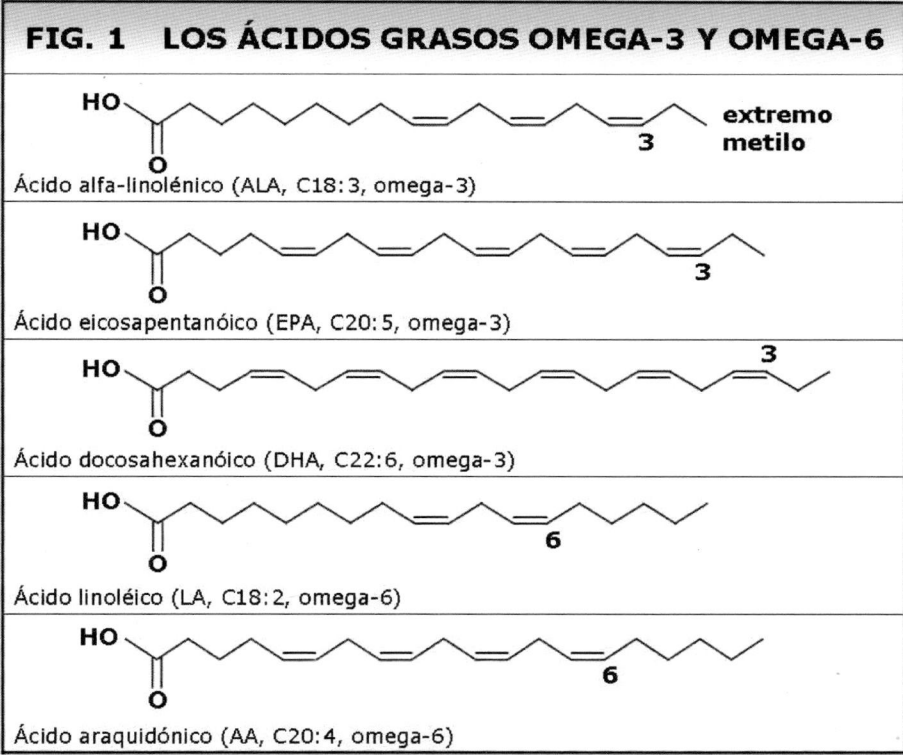

FIG. 1   LOS ÁCIDOS GRASOS OMEGA-3 Y OMEGA-6

Ácido alfa-linolénico (ALA, C18:3, omega-3)

Ácido eicosapentanóico (EPA, C20:5, omega-3)

Ácido docosahexanóico (DHA, C22:6, omega-3)

Ácido linoléico (LA, C18:2, omega-6)

Ácido araquidónico (AA, C20:4, omega-6)

Figura 15.- Los ácidos grasos omega-3 tienen el doble enlace en el carbono 3, y los ácidos grasos omega-6 lo tienen en el carbono 6 de la cadena. Fuente: EUFIC (European Union Food Information Council).

Son muchas las ventajas que tiene una alimentación rica en ácidos grasos omega-3. Así tenemos:

- Reducción de la presión arterial con lo que se evitan trombos y arritmias. Se produce también una vasodilatación muy conveniente para la circulación sanguínea.
- Aumento del llamado "colesterol bueno", con la correspondiente reducción del "colesterol malo".
- Reducción de la movilidad de las células, lo que previene y ayuda a curar el cáncer, ya que se evita la dispersión por el cuerpo (metástasis) de las células cancerígenas.
- Aumentan las defensas del organismo (sistema inmunológico).
- Tienen también efectos beneficiosos sobre el cerebro, ya que ayudan a disminuir la intensidad de las depresiones.
- Se ha visto que cuando se suministra a los niños en edad escolar aceite de hígado de bacalao (rico en ácidos grasos omega-3) aumenta su rendimiento.
- Tienen propiedades antiinflamatorias, ayudando a combatir enfermedades como la psoriasis, asma, rinitis, alergias, etc.
- Es apropiado su consumo durante el embarazo, ya que ayuda a la formación de las células.
- Los hombres que consumen pocos ácidos grasos omega-3 pueden tener pérdidas de cabello.
- La falta en la dieta de los omega-3 puede resecar la piel.

En la actualidad se habla mucho de los **alimentos funcionales**, que son alimentos elaborados a los que se le añaden ciertas sustancias que pueden ayudar a mejorar la salud o a prevenir y curar enfermedades. Estos alimentos no son medicamentos, pero se ha visto que pueden ser muy beneficiosos. Entre estos alimentos funcionales tenemos los enriquecidos en ácidos grasos omega-3.

Así, hay compañías que comercializan leche donde la totalidad o parte de la grasa láctea se sustituye por ácidos grasos omega-3 mucho más saludables.

Aunque son muy beneficiosos estos ácidos omega-3, tampoco es conveniente ingerir cantidades excesivas. Por ejemplo, si se toma una cantidad excesiva de pescado azul, podemos ingerir también sustancias tóxicas tales como el mercurio.

Hay fuentes muy buenas de ácidos grasos omega-3, aparte de las que hemos citado. Por ejemplo, hay una variedad de "maní" en la selva amazónica muy rico en omega-3, lo que puede explicar la longevidad de algunas tribus de la zona. Las semillas de cáñamo también son muy ricas en omega-3.

Según algunas investigaciones, el omega-3 de las nueces es muy efectivo para reducir el colesterol malo en sangre.

Figura 16.- Beneficios de los ácidos grasos omega-3.
Fuente: Pharmaton

Además de como suplemento contenido en los alimentos, el omega-3 se puede ingerir en pastillas.

Todo el mundo habla de los ácidos grasos Omega-3, pero no se conocen otros llamados Omega-6, muy importantes en la alimentación por otros motivos, como vamos a ver a continuación.

El tecnólogo de alimentos debe conocer los omega-6, para demostrar que está un paso por delante en cultura dietética y nutricional.

Los ácidos grasos omega-6 son también insaturados (más de un doble enlace), con la particularidad de tener el primer doble enlace en el carbono 6 de la cadena (los omega-3 tienen el primer enlace en el carbono 3 de la cadena).

Los ácidos grasos omega-6 se encuentran en los alimentos muy ricos en grasas y en la piel de los animales. Tiene que existir un equilibrio entre la ingesta de omega-6 y omega-3.

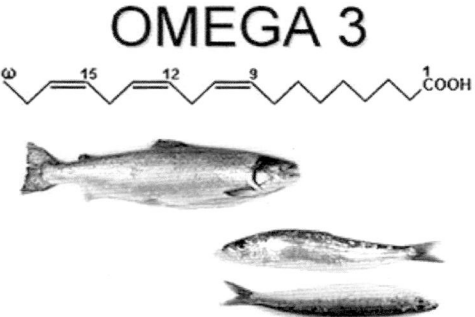

Figura 17.- El pescado azul como el salmón o la sardina, contiene una cantidad importante de ácidos grasos omega-3, que ayudan a prevenir las enfermedades cardiovasculares.

La relación ideal entre los omega-6 y los omega-3 es de:

4 partes de omega-6 : 1 parte de omega-3

Pero en la alimentación moderna, esa relación está desequilibrada en favor de los omega-6, llegando a ser:

10 partes de omega-6 : 1 parte de omega-3

Este desequilibrio es fatal, ya que el exceso de ácidos grasos omega-6 puede producir problemas cardiacos, osteoporosis, depresiones, obesidad, cáncer, artritis, etc. Por todo ello debemos ir a una relación 4:1, a base de consumir menos carnes, embutidos, etc., y más pescado azul, verduras, etc.

En el sitio de Internet de **EUFIC (European Food Information Council)**, dan una información muy interesante referente al papel de los ácidos grasos omega-3 y omega-6 en la alimentación humana. Transcribimos:

"Los efectos beneficiosos derivados del consumo de ácidos grasos omega-3 son bien conocidos; sin embargo, no se habla tanto de los ácidos grasos omega-6. ¿Qué son esos ácidos grasos y por qué es importante consumir ambos tipos?

Los ácidos omega-3 y omega-6 en el organismo.

Los ácidos grasos omega-3 (ω-3) y omega-6 (ω-6) son componentes importantes de las membranas de las células y los precursores de muchas otras sustancias del organismo, como las que regulan la presión arterial y la respuesta inflamatoria.

Cada vez hay más pruebas que indican que los ácidos grasos omega-3 nos protegen de las enfermedades cardíacas, y también se conoce su efecto antiinflamatorio, importante para estas enfermedades y muchas otras.

También hay un interés creciente en el papel que pueden desempeñar los ácidos grasos omega-3 en la prevención de la diabetes y ciertos tipos de cáncer.

El cuerpo humano es capaz de producir todos los ácidos grasos que necesita, excepto dos:

- *El ácido linoléico* (LA), un ácido graso omega-6.
- *El ácido alfa-linolénico* (ALA), un ácido graso omega-3.

Ambos deben ingerirse a través de la alimentación y por ello se conocen como "ácidos grasos esenciales". Ambos son necesarios para el crecimiento y la reparación de las células, y además pueden utilizarse para producir otros ácidos grasos como el ácido araquidónico (AA) que se obtiene del LA. Sin embargo, como la conversión en ciertos ácidos grasos es limitada, se recomienda incluir fuentes de ácido eicosapentanoico (EPA) y ácido docosahexanoico (DHA). El LA y el ALA se encuentran en los aceites vegetales y de semillas.

Aunque en general la cantidad de LA sea muy superior a la de ALA, el aceite de colza y el de nuez son excelentes fuentes de este último.

El EPA y el DHA se encuentran en el pescado graso (por ejemplo: salmón, caballa, arenque). *El ácido araquidónico puede obtenerse de fuentes animales como la carne y la yema de huevo.*

La proporción indicada de omega-6/omega-3.

En el organismo, el LA y el ALA compiten por el metabolismo de la enzima Δ6-desaturasa. Se ha sugerido que esto es importante para la salud ya que un consumo demasiado elevado de LA puede reducir la cantidad de Δ6-desaturasa disponible para el metabolismo del ALA, lo que podría incrementar el riesgo de sufrir enfermedades cardíacas.

Esta hipótesis viene respaldada por datos que muestran que en los últimos 150 años el consumo de omega-6 ha aumentado y disminuido el de omega-3 en paralelo con el aumento de enfermedades cardíacas.

Por esta razón, se intenta buscar una proporción "ideal" de ácidos grasos omega-6 y omega-3 en la dieta.

Sin embargo, aún no se ha identificado la proporción asociada con un menor riesgo de padecer enfermedades cardíacas, y hoy en día algunos expertos sugieren que esta proporción no es tan importante como los niveles absolutos de consumo.

Los datos derivados de un taller realizado en este área concluyen que basta con aumentar la cantidad de ALA, EPA y DHA consumida en la dieta para lograr el aumento deseado de los niveles de estos ácidos grasos en los tejidos corporales, y que no es necesario reducir el consumo de LA y ALA.

Además, el método de la proporción no diferencia entre las dietas con una cantidad adecuada tanto de omega-6 como de omega-3 y las dietas deficitarias en ambos tipos de ácidos grasos.

Consumo.

El consumo recomendado de omega-3 varía entre países, situándose entre el 0,5 y el 2% de la energía total, mientras que el consumo recomendado de ALA está entre el 0,6 y el 1,2% de la energía, o 1-2 gramos/día. Un estudio realizado sobre el consumo alimentario de varios tipos de grasas halló que el consumo real de ALA varía desde los 0,6 g/d (Francia y Grecia) hasta los 2,5 g/d (Islandia) entre la población masculina y de 0,5 g/d (Francia) a 2,1 g/d (Dinamarca) entre la femenina.

En la mayoría de los casos el consumo es demasiado bajo, por lo que aumentar el consumo de alimentos ricos en omega-3 sería beneficioso para casi todas las dietas. Esto puede lograrse, por ejemplo, consumiendo pescado azul una o dos veces por semana, y sustituyendo el aceite de girasol por aceite de colza.

La estructura de los ácidos grasos omega-3 y omega-6.

Cerca del 90% de las grasas presentes en nuestra alimentación son triglicéridos, compuestos por ácidos grasos y glicerol. Los ácidos grasos están formados por una cadena de átomos de carbono, con un grupo metilo en un extremo y un grupo ácido en el otro. Cada átomo de carbono tiene un cierto número de átomos de hidrógeno unido a él. El número exacto de átomos de hidrógeno por cada uno de carbono depende de si la grasa es saturada o insaturada.

Los ácidos grasos saturados contienen la máxima cantidad de átomos de hidrógeno posible, mientras que en los ácidos grasos insaturados los átomos de hidrógeno han sido sustituidos por enlaces dobles entre los átomos de carbono.

Las grasas monoinsaturadas son las que tienen un doble enlace y las poliinsaturadas las que tienen dos o más dobles enlaces. Los ácidos grasos omega-3 y omega-6 son grasas poliinsaturadas (Figura 2.11), pero su diferencia radica en el lugar donde ocurre el primer doble enlace. En los ácidos grasos omega-3, el primer enlace doble aparece en el tercer átomo de carbono, mientras que en los omega-6 el primer doble enlace se da en el sexto átomo de carbono contando desde el extremo metilo (denominado omega)."

Hasta aquí la interesante información tomada de **EUFIC (European Food Information Council**).

14.- El colesterol

El colesterol es una sustancia grasa producida por el hígado que interviene en la formación de las paredes de las células, hormonas, sales biliares, etc. Está presente en todas las partes del cuerpo humano (hígado, corazón, sistema nervioso, intestinos, músculos, piel, etc.).

Es necesario para el funcionamiento normal del organismo humano (producción de vitamina D, hormonas, sales biliares, etc.); siempre que esté en niveles adecuados no presenta ningún problema. Pero si hay cantidades excesivas de colesterol circulando por el torrente sanguíneo, se pueden formar placas de esta sustancia sobre la pared interior de las arterias, llegando a taponarlas (Figuras 2.14 y 2.15). Esto dificulta que la sangre llegue a los diferentes tejidos y órganos, con un aumento muy peligroso de la presión arterial. Es decir, que el corazón tiene que trabajar mucho más para bombear la sangre.

El colesterol suele aumentar en los humanos cuando comemos alimentos muy ricos en esta sustancia (carnes, embutidos, huevos, productos lácteos y grasas saturadas en general). Sin embargo, existen otros alimentos muy bajos en colesterol que pueden ayudarnos a bajar los niveles del mismo en el torrente sanguíneo. Estos son sobre todo las frutas y verduras. Es decir debemos combinar alimentos.

Existen dos tipos de colesterol:

- *Colesterol bueno (HDL)* que limpia las arterias, removiendo las placas de colesterol presentes en las paredes internas y lo conduce hacia el hígado para su posterior eliminación.
- *Colesterol malo (LDL)* que se dirige a las arterias y se deposita sobre sus paredes internas.

Veamos los niveles adecuados de colesterol, tanto los totales como los de HDL y LDL.

Niveles de colesterol total:
- Nivel deseable: menos de 200 miligramos/decilitro.
- Nivel alto: entre 200 y 239 mg/dl.
- Nivel de riesgo: más de 240 mg/dl.

Niveles de colesterol bueno (HDL):
- Nivel deseable: más de 45 mg/dl.
- Nivel de alto riesgo: menos de 35 mg/dl.

Niveles de colesterol malo (LDL):
- Nivel deseable: menos de 130 mg/dl.
- Nivel alto: entre 130 y 159 mg/dl.
- Nivel de alto riesgo: más de 160 mg/dl.

El riesgo de padecer una enfermedad cardiaca o aterosclerosis se incrementa con el aumento del nivel de colesterol en nuestro organismo. Como hemos dicho anteriormente, para evitar esta circunstancia hay que ingerir alimentos tales como frutas y verduras para contrarrestar los aportes de la carne y los embutidos.

Como decíamos anteriormente, hay que combinar alimentos para conseguir el efecto deseado. Para una mejor guía, damos en la Tabla 7 algunos alimentos que tienen un alto contenido en colesterol.

Como vemos el contenido máximo en colesterol lo encontramos en los sesos, seguidos de la yema de huevo. Los riñones y el hígado también tienen un contenido alto de colesterol.

Por otro lado, entre los alimentos de muy bajo o nulo contenido en colesterol tenemos: frutas frescas, verduras, arroz hervido, legumbres, frutos secos, patatas, aceite de oliva, aceite de girasol, aceite de soja, leguminosas, legumbres, etc.

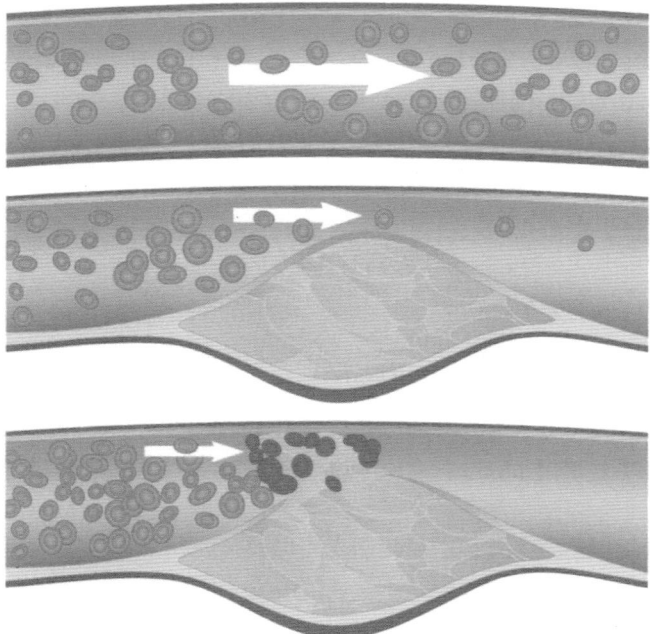

Figura 18.- La acumulación de colesterol en las paredes interiores de las arterias es un gran peligro para la salud, ya que entorpece el flujo sanguíneo y hace que el corazón tenga que trabajar más para bombear la sangre. Fuente: GENESIS-CARES. Clínica de la Mujer.

Tabla 7.- Alimentos con un alto contenido de colesterol. Dicho contenido viene expresado en miligramos por cada 100 gramos de alimento. Fuente: elaboración propia.

Alimentos	Colesterol (mg/100 gramos de alimento)
Yema de huevo	1.450-1.500
Huevo entero	500-505
Hígado	300
Riñones	370-380
Sesos	**2.200**
Carnes	50-100
Manteca de cerdo	105-110
Jamón serrano	125
Jamón York	70
Leche entera	14-15
Mantequilla	250
Margarina vegetal	0
Pescado	25-80
Quesos	125-140
Mariscos	125-200

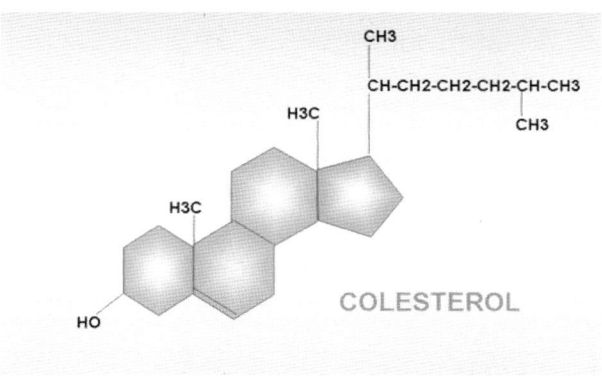

Figura 19.- Fórmula del colesterol.

Tabla 8.- Ácidos grasos componentes de los alimentos. FAO.

Nombre común	Nombre sistemático	Abreviatura	Familia de ácido graso
Cáprico	decanoico	10:0	
Láurico	dodecanoico	12:0	
Mirístico	tetradecanoico	14:0	
Palmítico	hexadecanoico	16:0	
Esteárico	octadecanoico	18:0	
Araquídico	eicosanoico	20:0	
Behénico	docosanoico	22:0	
Lignocérico	tetracosanoico	24:0	
Palmitoleico	9-hexadecenoico	16:1	n-7
Oleico	9-octadecenoico	18:1	n-9
Gadoleico	11-eicosaenoico	20:1	n-9
Cetoleico	11-docasaenoico	22:1	n-11
Erúcico	13-docasaenoico	22:1	n-9
Nervónico	15-tetracosaenoico	24:1	n-9
Linoleico	9,12-octadecadienoico	18:2	n-6
a -linolénico	9,12,15-octadecatrienoico	18:3	n-3
g -linolénico	6,9,12-octadecatrienoico	18:3	n-6
Dihomo-g -linolénico	8,11,14-eicosatrienoico	20:3	n-6
	5,8,11-eicosatrienoico	20:3	n-9
Araquidónico	5,8,11,14-eicosatetraenoico	20:4	n-6
AEP	5,8,11,14,17-eicosapentaenoico	20:5	n-3
Adrénico	7,10,13,16-docosatetraenoico	22:4	n-6
	7,10,13,16,19-docosapentaenoico	22:5	n-3
ADP	4,7,10,13,16-docosapentaenoico	22:5	n-6
ADH	4,7,10,13,16,19-docosahexaenoico	22:6	n-3

En la Tabla 9 vemos el contenido en colesterol de diversos tipos de carnes.

Tabla 9.- Contenido aproximado en colesterol de varios productos cárnicos. Fuente: Programa DIAL. UCM (Universidad Complutense de Madrid).

Producto	Colesterol (en mg por cada 100 gramos)
Carne de caballo	54
Cerdo magro	64
Lomo de ternera	63
Carne de conejo	72
Chuleta de cordero	80
Pechuga de pollo	62

Todos los alimentos de origen animal suelen tener un contenido mayor o menor de colesterol, pero esto no quiere decir que debamos suprimirlos de nuestra alimentación. Al contrario, ya hemos visto que el colesterol tiene funciones importantes en nuestro organismo. Como siempre, existe un punto de equilibrio en la alimentación, a base de combinar alimentos. No olvidemos que el ser humano subió el escalón más importante en su proceso evolutivo cuando empezó a comer carne.

15.- Hidratos de carbono

Los hidratos de carbono son la fuente de energía de los organismos vivos, los que suministran el combustible necesario para los movimientos. Se les llama así por estar compuestos por carbono, hidrógeno y oxígeno; estos dos últimos están en la misma proporción que tienen en el agua. Es decir su fórmula es $C_n H_{2n} O_n$. Los hidratos de carbono son sintetizados por las plantas gracias a la función clorofílica (Figura 20).

Con la ayuda de la energía solar, los vegetales verdes toman el anhídrido carbónico de la atmósfera (CO_2) y el agua del suelo y producen hidratos de carbono.

En los vegetales con clorofila (pigmento verde), la energía solar incide sobre el CO_2 de la atmósfera separando el oxígeno del carbono.

Tabla 10. Clasificación de los hidratos de carbono con ejemplos ilustrativos. Fuente: EUFIC.

CLASE	EJEMPLOS
Monosacáridos	Glucosa, fructosa, galactosa
Disacáridos	Sacarosa, lactosa, maltosa
Polioles	Isomaltol, maltitol, sorbitol, xilitol, eritritol
Oligosacáridos	Fructooligosacáridos, maltooligosacáridos
Polisacáridos tipo almidón	Amilosa, amilopectina, maltodextrinas
Polisacáridos no semejantes al almidón (fibra alimenticia)	Celulosa, pectinas, hemicelulosas, gomas, inulina

Entonces, el carbono se combina con el agua tomada de la tierra para formar hidratos de carbono (Figura 20). Durante estas reacciones se produce el desprendimiento del oxígeno sobrante a la atmósfera.

A partir de los hidratos de carbono y con la absorción de otros elementos presentes en el suelo (nitrógeno, fósforo, potasio), las plantas pueden formar grasas y proteínas.

Los animales (vacas, cerdos, ovejas, caballos, conejos, etc.) ingieren posteriormente esas proteínas, grasas e hidratos de carbono de origen vegetal, y las transforman en las suyas propias. *Esta es la cadena alimenticia.*

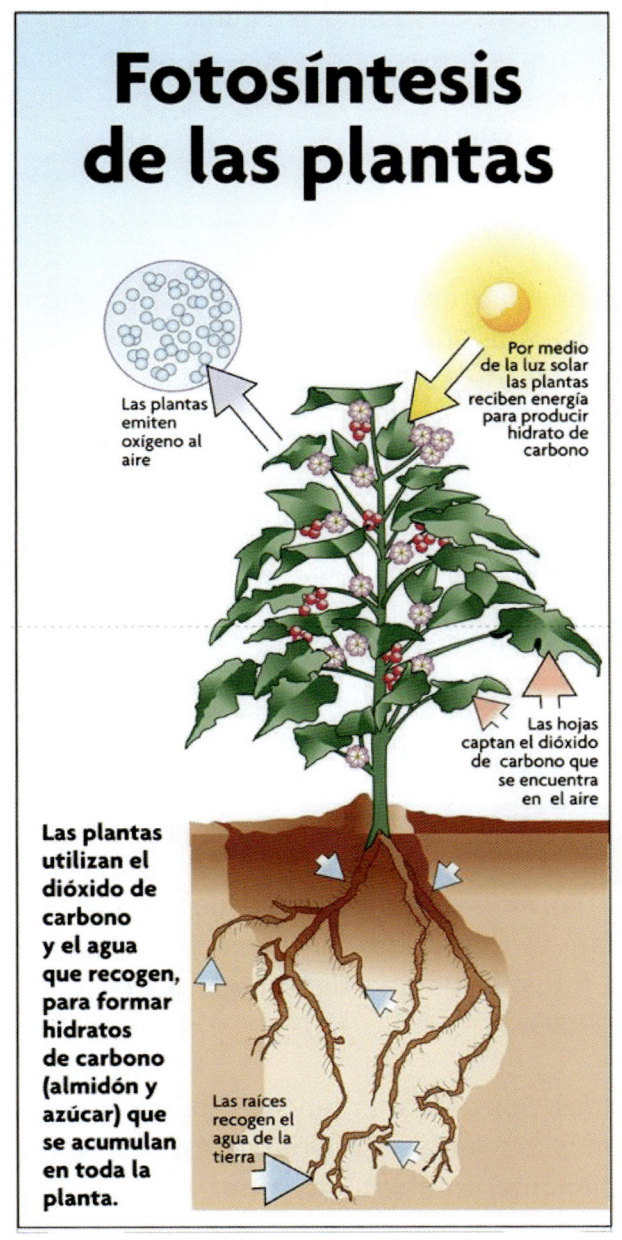

Figura 20.- Fotosíntesis que tiene lugar en los vegetales verdes para producir hidratos de carbono. Fuente: fullblog.com.ar

Hay hidratos de carbono como la lignina y la celulosa que dan una estructura más o menos rígida a las plantas, haciendo que éstas se sostengan. Es decir, realizan la misma función que los huesos en los animales

A los hidratos de carbono también se les suele llamar *glúcidos*, ya que incluyen compuestos como la glucosa y sacarosa de sabor dulce.

El contenido de hidratos de carbono en los animales es muy bajo (menos del 1%) o casi inexistente.

Según el número de carbonos que tengan en su fórmula, los hidratos de carbono se clasifican como:

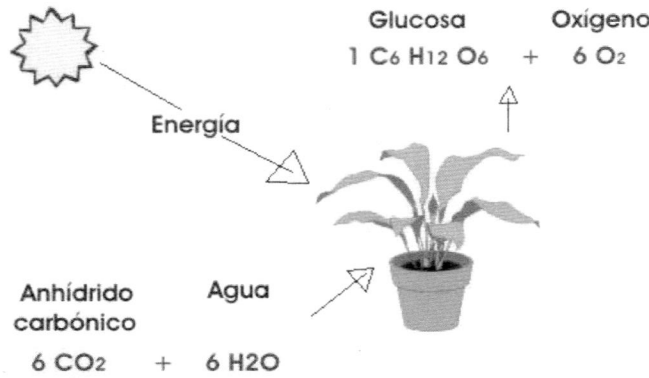

Glucosa   Oxígeno

$1\ C_6\ H_{12}\ O_6\ +\ 6\ O_2$

Energía

Anhídrido   Agua
carbónico

$6\ CO_2\ +\ 6\ H2O$

Figura 21.- Fórmulas simplificadas de la conversión de la energía solar, el anhídrido carbónico y el agua en glucosa, gracias a la fotosíntesis que tiene lugar en las plantas verdes. Fuente: ELICRISO.

Monosacáridos. Son azúcares sencillos formados por cadenas de 3 a 7 carbonos. Suelen ser sólidos, de aspecto cristalino, sabor dulce y fácilmente solubles en agua. Dentro de este grupo tenemos la glucosa, fructosa y galactosa. La *glucosa* se encuentra en la sangre (0,8 % aproximadamente), pero en casos de hiperglucemia dicho porcentaje de glucosa en la sangre puede ser mucho mayor.

La uva es rica en glucosa. La fructosa es el azúcar de los frutos. La **galactosa** resulta del desdoblamiento de la lactosa (azúcar de la leche) y es un glúcido importante ya que es parte constituyente del cerebro.

Disacáridos. Por reacción de dos monosacáridos se forman los disacáridos. Así tenemos que la **sacarosa (azúcar común)** resulta de la unión de la fructosa y la glucosa. La sacarosa se extrae de la caña de azúcar, remolacha y frutos maduros. Tenemos también en este grupo la **lactosa o azúcar de la leche**, donde se encuentra en una proporción del 4 al 5 por ciento. Hay muchas personas intolerantes a la lactosa, no la pueden metabolizar y le produce trastornos digestivos. Esta intolerancia a la lactosa se da más en los países de poco consumo de leche (África, América, Asia) y mucho menos en los países acostumbrados al consumo de productos lácteos (Europa y especialmente los pueblos escandinavos).

Polisacáridos. Están compuestos por tres o más moléculas de mono-sacáridos. Son sólidos e insolubles en agua. Entre los más importantes tenemos el almidón, celulosa, glucógeno, dextrina e insulina.

El almidón se encuentra principalmente en el reino vegetal (trigo, cebada, maíz, centeno, patata) y está formado por moléculas de glucosa.

El **glucógeno** también está formado por moléculas de glucosa y se le llama "almidón animal", ya que se encuentra en los animales, formándose en el hígado y en los músculos.

En la sangre se encuentra en un 0,8 % y en los músculos en un 0,1-0,18 %. Cuando se realiza un esfuerzo físico, el glucógeno de la sangre y de los músculos pasa nuevamente a glucosa, que suministra energía para realizar dicho esfuerzo, resultando como producto derivado de la quema de glucosa, el ácido láctico.

El glucógeno del hígado se moviliza para restablecer los niveles del mismo en sangre y músculos. El caballo tiene un mayor porcentaje de glucógeno en sus músculos (hasta el 1%), de ahí su gran capacidad para correr.

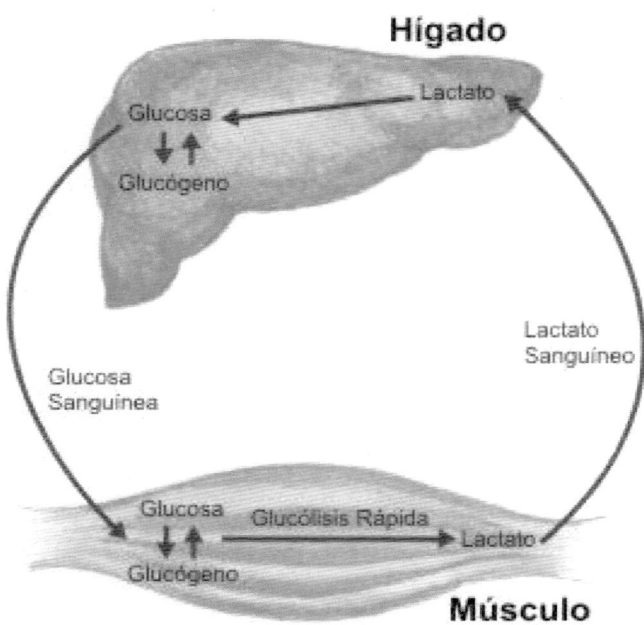

Figura 22.- Ciclo del glucógeno para suministrar energía al músculo. Fuente: Ismael Camarero. Esoesciencia.lsdata.es

La *celulosa* es muy importante ya que es el tejido que sirve de sostén estructural a las plantas. La celulosa tiene una fuerte pared protectora por lo que es muy difícil de descomponer en sus moléculas de glucosa. Sólo lo consiguen los rumiantes (vacas, cabras), que tienen en su sistema digestivo ciertos micro-organismos que son capaces de romper las cadenas de celulosa. De todas formas, la presencia de celulosa en la dieta de las personas es importante para exaltar los llamados movimientos peristálticos, lo que evita el estreñimiento.

Tabla 11.- Composición de la carne de caballo. Datos en 100 gramos. Fuente: *DIETAS.NET*

Aporte por ración		Minerales		Vitaminas	
Energía [Kcal]	108,00	Calcio [mg]	9,20	Vit. B1 Tiamina [mg]	0,11
Proteína [g]	20,62	Hierro [mg]	4,80	Vit. B2 Riboflavina [mg]	0,15
Hidratos carbono [g]	0,40	Yodo [mg]	5,00	Eq. niacina [mg]	6,60
Fibra [g]	0,00	Magnesio [mg]	26,00	Vit. B6 Piridoxina [mg]	0,50
Grasa total [g]	2,70	Zinc [mg]	4,90	Ac. Fólico [µg]	6,00
AGS [g]	0,96	Selenio [µg]	3,00	Vit. B12 Cianocobalamina [µg]	3,00
AGM [g]	1,11	Sodio [mg]	44,00	Vit. C Ac. ascórbico [mg]	1,00
AGP [g]	0,57	Potasio [mg]	377,00	Retinol [µg]	21,00
AGP /AGS	0,59	Fósforo [mg]	0,00	Carotenoides (Eq. β carotenos) [µg]	0,00
(AGP + AGM) / AGS	1,74			Vit. A Eq. Retincl [µg]	21,00
Colesterol [mg]	54,00			Vit. D [µg]	0,00
Alcohol [g]	0,00				
Agua [g]	76,30				

16.- La fibra

El contenido en fibra de la carne también es nulo, pero nos interesa su estudio ya que es importante su consumo para tener una alimentación sana, si se combina con carnes, embutidos, etc. Las carnes se suelen servir con guarnición de verduras ricas en fibra con el objetivo básico de ofrecer una dieta equilibrada.

Dentro del grupo de los hidratos de carbono, más concretamente en el apartado de los polisacáridos, tenemos la fibra.

La fibra es un conjunto de componentes de origen vegetal que se caracterizan porque al ingerirlos resisten la acción de las enzimas presentes en el tracto gastrointestinal, por lo que no pueden ser utilizados energéticamente.

Los componentes de la fibra son los siguientes: celulosa, hemicelulosa, pectinas, gomas y mucílagos, principalmente.

Los alimentos ricos en fibra son los cereales, frutas, verduras y legumbres, siempre que en su procesamiento no se retire una parte o la totalidad de la fibra, como ocurre en la elaboración del pan blanco. La fibra la podemos clasificar como sigue:

- **Fibra soluble.** Incluye a las pectinas, gomas y mucílagos, que se caracterizan por su capacidad de absorber y retener el agua. Esta propiedad hace que se empleen en la fabricación de alimentos como espesantes y gelificantes naturales. Se encuentran presentes en frutas, verduras y legumbres, entre otros vegetales.
- **Fibra insoluble.** Incluye a la celulosa, hemicelulosa y lignina. Son sustancias que forman las paredes de las células vegetales para darles rigidez (tallos, cáscaras de frutos, etc.).Se encuentran presentes en cereales, frutas, verduras, legumbres, etc.

La presencia de fibra en los alimentos que ingerimos es de vital importancia. Aunque no la digerimos, sus beneficios son muchos:

- *Ayuda al buen funcionamiento del aparato gastrointestinal*, ya que se produce una fermentación parcial de la fibra que resulta muy beneficiosa. En esa fermentación se producen gases (hidrógeno, dióxido de carbono, metano) y ácidos grasos, que facilitan el tránsito intestinal.

- *Los alimentos ricos en fibra hay que masticarlos más*, lo que conlleva una mayor salivación que ayuda a mejorar la digestión posterior, y mejora la higiene bucal. Esto también hace que sea más lenta la ingesta de alimentos, que es muy bueno para comer menos y no engordar.
- *Combate el estreñimiento*, ya que la fibra hace que aumente el volumen de la ingesta, facilitando su tránsito intestinal y su posterior evacuación. Si la fibra es del tipo insoluble mucho mejor. Un ejemplo es el salvado de trigo.
- *Favorece el mantenimiento y desarrollo de la flora microbiana* intestinal.
- *Ayuda a bajar el colesterol en sangre*. Esto es así porque la fibra es capaz de absorber parte del colesterol que tomamos y eliminarlo por las heces.
- *Beneficia a los enfermos de diabetes* ya que retarda la absorción de los azúcares (glucosa por ejemplo).
- *La fibra da sensación de saciedad* por lo que es buena para hacer dietas con vista a la pérdida de peso.

El consumo de fibra (soluble e insoluble) recomendado es de 25 a 30 gramos/día. No es conveniente excederse en su consumo, ya que un exceso de fibra empeora la absorción de nutrientes y sales minerales (calcio, hierro, cobre, zinc), además de producir diarreas y flatulencia.

La Tabla 12 nos da el contenido en fibra de diversos alimentos. Como se aprecia, el salvado de trigo tiene un contenido muy alto en fibra, sobre todo insoluble.

Y como hemos repetido varias veces, el secreto de una buena alimentación es la variedad (carne, jamón, pescado, verduras, frutas, etc.).

Tabla 12.- Contenido en fibra de diversos alimentos (en gramos por cada 100 gramos de alimento). Fuente: Innatia.

Alimento	Fibra Soluble	Fibra Insoluble	Fibra Total
Almendra	3.30	6.50	9.80
Apio	0.55	3.68	4.23
Avellana	2.50	4.00	6.50
Cebada	1.70	8.10	9.80
Centeno	4.70	8.45	13.15
Ciruela, orejón	4.90	4.10	9.00
Espinaca	0.53	1.31	1.84
Frambuesa	0.98	3.70	4.68
Garbanzos cocidos	1.60	3.20	4.80
Germen de Trigo	6.09	18.63	24.72
Harina de Soja	5.20	6.00	11.20
Higo, orejón	1.90	7.70	9.60
Kiwi	1.50	2.40	3.90
Lentejas	3.90	6.70	10.60
Manzana	0.90	1.40	2.30
Naranja	1.30	0.90	2.20
Nuez	2.10	2.50	4.60
Pepino	0.60	0.60	1.20
Pera	0.60	2.20	2.80
Salvado de trigo	2.05	40.30	42.35
Tomate	0.14	1.69	1.83
Uva	0.42	1.20	1.62
Zanahoria	1.51	1.92	3.43

17.- Funciones de los hidratos de carbono

Por todo lo dicho en el punto anterior sobre los hidratos de carbono, podemos decir que sus funciones principales en la alimentación de las personas, son:

- *Son el combustible energético* de fácil disposición que necesitan los animales para desarrollar sus movimientos.
- *Contribuyen a un eficaz metabolismo de las grasas*, que los necesitan para poder ser quemadas.
- *Son antiacidósicos*, es decir, que su presencia en el organismo evita la producción de ácidos grasos.
- *La flora microbiana* productora de algunas vitaminas, necesita hidratos de carbono para su crecimiento y multiplicación.

Aunque el contenido de las carnes es bajo en hidratos de carbono, no ocurre así con los productos cárnicos donde se agregan harinas vegetales, azúcares, etc. Por ello es muy importante el estudio de los carbohidratos.

18.- Sales minerales

Las sales minerales (calcio, fósforo, potasio, hierro, sodio, etc.) son necesarias para los seres superiores por varias razones:

- *Función constituyente*. Forman parte muy importante de huesos y dientes, dándoles rigidez.
- Forman parte de otros compuestos (vitaminas y hormonas).
- Forman parte de algunos tejidos blandos, como es el caso del fósforo que se encuentra en el cerebro.
- Mantienen el equilibrio osmótico en los líquidos corporales.

Las sales minerales las encontramos en mayor o menor cantidad en todos los organismos animales, donde por término medio, un 5 por ciento de su peso son sales, como se aprecia en la Tabla 13.

Las sales son el residuo que queda después de quemar un alimento. Los hidratos de carbono, grasas y proteínas se queman y quedan solo las sales minerales.

Las sales deben suministrarse a los seres humanos para que su organismo funcione correctamente, por las razones que hemos dado.

Las sales que encontramos en los seres vivos son: calcio, fósforo, hierro, cloro, iodo, sodio, potasio, magnesio, azufre, molibdeno, manganeso, cobalto, cobre, flúor y zinc.

Tabla 13.- Contenido en sales minerales (%) de diversos alimentos.

Leche	0,7-1,0
Cereales	2,2-2,3
Huesos	16-17
Carne	1,0-2,0
Carne+huesos	5-6

El calcio es una de las sales más abundantes en los seremos humanos, que deben tomar entre 0,8 y 1,2 gramos diarios.

Se encuentra presente en todos los tejidos, y en particular en los huesos, por lo que su ingestión debe ser mayor en las etapas de crecimiento

El calcio también es importante para que se lleve a cabo el proceso de coagulación en la sangre.

La leche, los productos lácteos, algunos pescados y los mariscos en general son ricos en calcio.

El calcio es fundamental durante toda la vida de los individuos pero en especial en las épocas de embarazo, lactancia y crecimiento.

El *fósforo* es una sal que como el calcio también entra a formar parte de los huesos. Es necesario para el metabolismo de los hidratos de carbono.

Se encuentra en el cerebro. Las necesidades diarias de fósforo están comprendidas entre 1 y 2 gramos. La carne y la leche se consideran alimentos ricos en fósforo.

El *hierro* se encuentra presente en la hemoglobina de la sangre, pero también en la médula ósea, riñones, hígado y bazo. Su falta ocasiona anemia. Las necesidades diarias de hierro en las personas son de 8-12 miligramos.
Entre los alimentos ricos en hierro tenemos: judías blancas, lentejas, soja, maíz, levadura de cerveza, garbanzos, almendras, acelgas, ostras, mejillones, sardinas e hígados.

El *potasio* también es muy importante por las funciones que realiza en el cuerpo tales como ayudar a la formación de los huesos, metabolismo de los alimentos, mantenimiento del equilibro ácido-base, etc. Las necesidades diarias de potasio se estiman en unos 0,5 a 2 gramos.

El estudio de las necesidades de sal (cloruro sódico) en las personas, tema siempre de gran interés, lo veremos en el siguiente epígrafe.

Además, existen otros elementos tales como el zinc, iodo, cobalto, manganeso, etc., conocidos como *oligoelementos*, que se encuentran también en los seres humanos y animales en general en cantidades muy pequeñas, pero que son necesarios también.
Por ejemplo, en el caso del zinc basta con ingerir unos 5-12 miligramos diarios. En el caso del iodo se necesitan sólo 0,15 a 0,25 miligramos al día. A veces es difícil cubrir las necesidades de iodo con los alimentos que ingerimos, por lo que se recomienda consumir sal iodada. Como se ha visto con el accidente nuclear japonés, se recomendaba a la población tomar iodo, que evita que las radiaciones se fijen en el tiroides.

El calcio es esencial para la formación
y mantenimiento de los huesos y dientes,
la coagulación sanguínea, el latido cardíaco
normal y la secreción de hormonas

Figura 23.- El calcio ayuda a formar los huesos, por ello es muy importante tomarlo en la dieta alimenticia, especialmente en las etapas de crecimiento, durante el embarazo y en la tercera edad (para evitar la descalcificación).
Fuente: isslapampa.gov.ar

19.- El cloruro sódico (sal común) y la alimentación

La tan denostada sal (cloruro sódico, NaCl) es necesaria para el metabolismo de los alimentos que ingerimos. Pero como siempre, sin pasarse. El sodio ayuda al transporte de los nutrientes hacia el interior de las células. También facilita la excreción de los residuos del metabolismo de las células. Las necesidades en sal diarias dependen de varios factores. Citemos algunos de ellos:

- *El clima*. En los sitios calurosos, se suda y se pierde sal, por lo que se debe reponer.
- *La forma de vida*. Si se hace un trabajo corporal diario, se pierde sal por el sudor. Sin embargo, si se lleva una vida sedentaria disminuyen las necesidades de sal.

La Organización Mundial de la Salud recomienda tomar como mínimo 0,5 gramos de sal al día, y un máximo de 2 gramos. Los alimentos que ingerimos llevan sal, sin necesidad de añadirla. Pero el problema es que para mejorar su sabor, muchas veces añadimos sal en exceso. Y son muchos los problemas que se presentan cuando se ingiere demasiada sal:

- *Hipertensión*. Cuanto mayor sea la ingesta de sal mayores son las posibilidades de que se presente este problema.
- *Osteoporosis*. Al ingerir mucha sal, se elimina calcio necesario.

Por ello es bueno tomar frutas y verduras que ayudan a bajar el nivel de sal.

Tampoco debemos de abusar de la sal añadida a las carnes.

Así tenemos como alimentos pobres en sal: manzanas, cerezas, naranjas, melocotones, peras, yogur, leche, lechuga, coles, etc. En cuanto alimentos ricos en sal tenemos: patatas fritas (por la cantidad de sal añadida), almendras saladas, embutidos, quesos curados, etc.

La gran fuente de sal son los mares y océanos que contienen una media del 3 por ciento de sal. En el mar muerto es del 5 por ciento. También hay minas de sal.

20.- Las vitaminas

La palabra vitamina es compuesta y viene de *vita* que significa vida y *amina* que es una sustancia química. El investigador y científico Funk fue el que bautizó así a un grupo de sustancias que, **aunque su proporción en los seres vivos es muy pequeña, su importancia es muy grande por las misiones biológicas que realizan.**

Su descubrimiento partió de la necesidad de curar determinadas enfermedades tales como el escorbuto y la pelagra.

Los alimentos que ingerimos nos suministran las vitaminas que necesitamos, aunque algunas de ellas (B, D, K) se pueden sintetizar en el propio organismo.

Los seres vivos necesitan vitaminas durante toda su vida, pero con mayor énfasis durante los periodos de crecimiento. En la Tabla 14 se dan las necesidades aproximadas de vitaminas para hombres, mujeres y mujeres en periodo de gestación y lactancia.

Tabla 14.- Necesidades aproximadas de algunas vitaminas en hombres, mujeres y mujeres en periodo de gestación o lactancia.

	Vit. A (µg)*	Vit.B1 (mg)	Vit. B12 (µg)	Vit. B2 (mg)	Vit. C (µg)	Vit. D (µg)
Hombres y mujeres	400-750	0,8-1,2	1,6-2,0	0,8-1,8	55-66	4-6
Mujeres (gestación,lactancia)	1000-1200	1,0-1,2	2,6-3,1	1,7-1,8	80-90	9-12

*1 µ = 0,001 miligramos.

Las vitaminas las podemos clasificar en dos grandes grupos:
- *Vitaminas hidrosolubles.* Se disuelven en agua y son las vitaminas B, PP, C y H.
- *Vitaminas liposolubles.* Se disuelven en aceites y grasas y son las vitaminas A, D, E y K.

Empecemos estudiando las vitaminas liposolubles.

La *vitamina A* se la conoce como antiinfecciosa y antixeroftálmica, por sus propiedades para luchar contra las infecciones y las enfermedades de los ojos. Se la conoce también como axeroftol o retinol. Es sensible a la luz, produciéndose pérdidas de la misma cuando el alimento se expone a la acción de luces naturales o artificiales de cierta intensidad.

Por ello, *los alimentos y bebidas se deben conservar al abrigo de la luz*. Sin embargo, la vitamina A es resistente al calor. Es abundante en el hígado, leche y huevos.

Los carotenoides alfa y beta son precursores de la vitamina A. Son sustancias antioxidantes.

La vitamina A junto con la E son potentes antioxidantes que nos ayudan a luchar contra los radicales libres.

La *vitamina D* o calciferol se encuentra en alimentos tales como la leche, pescados y carnes. Tiene propiedades antirraquíticas ya que previene y cura el reblandecimiento de los huesos, favoreciendo la absorción y el depósito de calcio y fósforo en los mismos.

La provitamina D, gracias a los rayos ultravioletas procedentes del sol, pasa a vitamina D. Esto se puede comprobar porque sometiendo dos lotes de animales a la misma dieta, pero uno sin estar sometido a radiaciones solares y el otro sí, se vio que en el primer grupo se producían casos de raquitismo, cosa que no ocurría en los animales que recibían radiaciones solares.

La *vitamina E* o tocoferol, también se la conoce como antiestéril, ya que sometiendo a un lote de ratas a una dieta a base de leche (pobre en vitamina E) producía esterilidad en los animales. Las gallinas alimentadas con una dieta pobre en vitamina E, dan huevos estériles. La carencia de esta vitamina provoca esterilidad pasajera en las hembras pero permanente en los machos.

En los mamíferos superiores (incluidas las personas), la vitamina E potencia la acción de las hormonas del sexo. Tiene acción tónica y estimulante del apetito y se encuentra en los aceites de germen de cereales, lechuga, hojas verdes, etc.

La *vitamina K* o antihemorrágica se la llama así porque su carencia provoca hemorragias. Se encuentra en grasas animales, aceites vegetales, tomates, verduras, etc.

En general, todas las vitaminas liposolubles que acabamos de estudiar (A, D, E y K) son sensibles a la luz y resistentes al calor.

Pasemos ahora al estudio de las vitaminas hidrosolubles.

La *vitamina B1* o tiamina se encuentra en carnes, cereales, patatas, leguminosas, etc. Se la denomina también anti beri-beri. El beri-beri es una enfermedad carencial (fatiga, debilidad, calambres, vómitos, diarreas) que aparecía en China y Japón, en comunidades alimentadas a bases de arroz sin cáscara, mientras que en las comunidades alimentadas con arroz con su cáscara no se presentaba síntoma alguno. La administración de esta vitamina a enfermos mentales tiene efectos beneficiosos.

La *vitamina B2* (riboflavina) se encuentra libre o asociada a proteínas y ácido fosfórico. Su síntesis la realizan los microorganismos presentes en el rumen de animales rumiantes (cabras, vacas) y es un factor importante de crecimiento. Es muy sensible a la luz pero resistente al calor. Su carencia provoca problemas oculares, de la piel y cicatrización lenta. Como ocurre con otras vitaminas, el exceso de la B2 se elimina por la orina. La carne, leche, huevos y vegetales verdes son ricos en esta vitamina.

La *vitamina B12* o antianémica es la cobalamina, que lleva cobalto en su fórmula. Estimula el crecimiento y el apetito, siendo abundante en el hígado, riñones, carne de pollo, etc. No se encuentra presente en los alimentos vegetales, por lo que los vegetarianos corren el riesgo de ser muy deficientes en esta vitamina con las consecuencias que ello puede traer. Su carencia provoca anemia y debilitamiento general. Esta vitamina es sintetizada por los animales, por lo que hay que comer carne para obtenerla.

La **vitamina B3** o niacina, también llamada factor PP en algunos países, interviene en la síntesis de los hidratos de carbono, grasas y proteínas. Se la conoce también como vitamina antipelagrosa, ya que combate la aparición de la pelagra (úlceras bocales, problemas en la piel, diarrea, alteraciones psíquicas) en los seres humanos. El hígado, riñón, la carne, los huevos, los cereales integrales y los productos lácteos, son alimentos ricos en esta vitamina.

La **vitamina B6** o piridoxina colabora activamente en la síntesis de los hidratos de carbono, grasas y proteínas (sobre todo en la formación de sus aminoácidos). También es importante en la formación de los glóbulos rojos. Su carencia provoca enfermedades cutáneas, caída del pelo y disminución del peso. El hígado, riñón, la yema del huevo, leche, pescado y las frutas secas son ricos en B6. También es importante en las etapas de crecimiento, para la piel y el sistema nervioso.

21.- La vitamina C

Dedicamos un apartado completo a esta vitamina porque es muy importante. Es el ácido ascórbico. Es muy sensible al calor y a la luz, y casi todos los seres vivos la pueden generar internamente sin ingerirla en su dieta, salvo los seres humanos, de ahí su importancia.
Se la conoce también como *antiescorbútica*. La carencia de esta vitamina que se encuentra presente en los alimentos frescos (naranjas, limones, tomates, carnes, etc.) produjo muchas víctimas entre la marinería de épocas anteriores, en cuyos barcos se comían carnes saladas y otras conservas.
El médico de la marina británica James Lind la atajó a base de llevar cítricos frescos en los barcos. El escorbuto se caracterizaba por la aparición de hemorragias en las encías, músculos, etc.

También se producía la caída del cabello, mala cicatrización de las heridas y problemas emocionales.

La vitamina C se debe obtener a base de alimentos frescos. Durante mucho tiempo han estado de moda los suplementos de esta vitamina, pero numerosos estudios cuestionan la ingesta excesiva de estos suplementos, que no ayudan para nada.

Se ha comprobado que las personas que toman una dosis correcta de esta vitamina C de origen natural, son más sanas y menos propensas a padecer enfermedades crónicas.

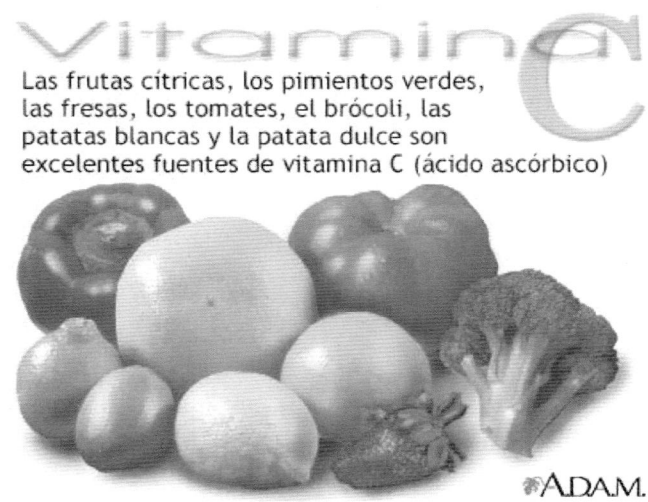

Las frutas cítricas, los pimientos verdes, las fresas, los tomates, el brócoli, las patatas blancas y la patata dulce son excelentes fuentes de vitamina C (ácido ascórbico)

Figura 24.- La vitamina C es una de las más importantes para los humanos ya que no pueden sintetizarla y deben obtenerla de alimentos frescos tales como naranjas, limones, kiwis, carnes,etc. Fuente: A.D.A.M.

22.- El agua en los alimentos

Hemos estudiado en este capítulo las proteínas, grasas, hidratos de carbono, sales minerales y vitaminas. Pero en los alimentos hay otro componente esencial para la vida: el agua.

A propósito hemos dejado su estudio para el final del presente capítulo. El agua es un nutriente más, absolutamente necesario para el mantenimiento de nuestro organismo.

¿Por qué estudiar el agua en este libro?

Hay que tener en cuenta que cuando se refrigeran o congelan las carnes el agua puede pasar al estado sólido en forma de pequeños cristales que pueden afectar a la estructura y calidad del producto. También se debe tener en cuenta que en la formulación de productos cárnicos se utiliza el agua como ingrediente muy importante, por lo que debe ser de buena calidad.

Sabemos que según las etapas de nuestra vida (infancia, adolescencia, edad adulta, vejez), el agua representa entre el 65 y el 75 por ciento de nuestro organismo. Hay que ingerir varios litros de agua al día para mantener nuestra actividad corporal. Esa agua la podemos tomar de dos formas:

- Agua que tomamos con los alimentos (frutas, zumos, carnes, pescados, embutidos, verduras, etc.).
- Agua tomada en su forma líquida.

El agua está compuesta por dos moléculas de hidrógeno y una de oxígeno (ver la Figura 2.21). Es decir, su fórmula molecular es H_2O. Esta palabra viene del latín *aqua*, y es el líquido de la vida. Es incolora, inodora e insípida.

El agua, como todas las sustancias, se puede presentar en tres estados:

- *Estado líquido*, es cuando se encuentra a una temperatura superior a los 0 grados centígrados e inferior a los 100 grados centígrados. Si hablamos de **agua**, siempre nos referimos al estado líquido.
- *Estado sólido*. Cuando la temperatura es inferior a 0ºC, el agua se convierte en **hielo**.
- *Estado gaseoso*. Cuando el agua se vapora por la acción del calor, alcanzando temperaturas superiores a los 100ºC, se le llama **vapor**.

El agua cubre el 71 por ciento de la superficie terrestre. Vista desde el espacio, la tierra tiene un color azul debido al agua. Aunque antes hemos dicho que es incolora, esto es cierto en pequeñas cantidades (un vaso de agua), pero cuando está en grandes cantidades, como ocurre en la naturaleza, puede tomar colores diversos (azul, azul turquesa, marrón). En muchos casos, el color del agua depende de los elementos y sales que lleve disueltos o en suspensión, del color del fondo, de posibles reflejos, etc.

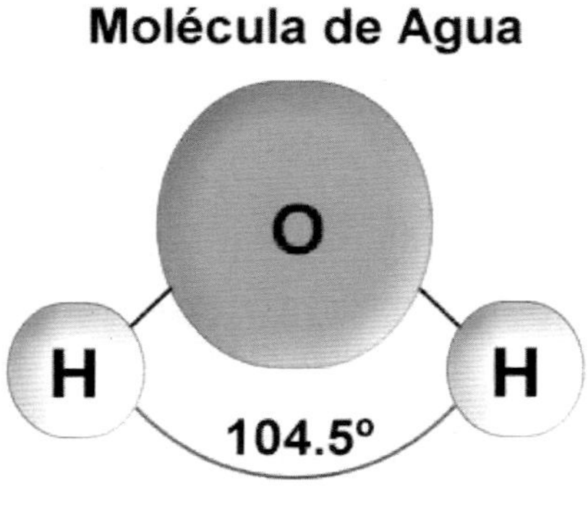

Molécula de Agua

Figura 25.- Fórmula de la molécula de agua. Fuente: educarchile.cl

En cuanto a la utilización del agua por parte de los seres humanos, tenemos la siguiente clasificación general.

- *Agua utilizada en la agricultura*. Es el uso más fuerte que se hace del agua dulce, representando el 70 por ciento del total.
- *Agua para usos industriales*. El agua se utiliza en muchas etapas de los procesos industriales: como refrigerante, en las industrias agro-alimentarias para lavar alimentos, etc. A este uso se dedica el 20 por ciento del total del agua dulce.
- **Para consumo humano**. El restante 10 por ciento lo utiliza directamente el hombre para beber, lavarse, etc.

El agua en el cuerpo humano.

El ser humano, al igual que la superficie terrestre, está compuesto por agua. Su contenido varía en función de la edad, sexo, actividad física, órganos, etc. En los niños el contenido suele ser del 75 por ciento, y en la edad adulta es del 60 por ciento. Según el órgano de que se trate, el contenido en agua puede variar. Así por ejemplo, en los huesos hay menos agua (24 al 31 por ciento).El agua en los seres vivos se encuentra de dos formas:

- Agua intracelular, que es la que está contenida en el interior de las células.
- Agua extracelular, o agua libre, que está fuera de las células.

23.- Propiedades del agua

Veamos algunas de las propiedades más importantes del agua:

1.- Propiedades organolépticas. El agua es inodora, insípida e incolora. Esto es lo que siempre se ha dicho de las características órgano-lépticas del líquido de la vida. Si tomamos un vaso de agua veremos que efectivamente es incolora (y ligerísimamente azulada), pero el agua en los mares, lagos, ríos, etc., puede tomar diversos colores en función de su contenido en sales, del color del cielo, de la iluminación, turbidez, color del fondo, etc. Por ejemplo, el agua de las playas caribeñas es de color azul turquesa.

2.- Enlaces por puentes de hidrógeno. Las moléculas de agua están unidas entre sí por el llamado "enlace de hidrógeno" (ver la Figura 26). Este tipo de enlace se da entre moléculas cuando existen cargas eléctricas que se pueden compensar entre sí.

Por ejemplo, en el caso del agua, el oxígeno es ligeramente positivo y el de hidrógeno ligeramente negativo, por lo que estos enlaces se dan entre un átomo de oxígeno de una molécula de agua con un átomo de hidrógeno de otra molécula de agua. Como estos enlaces de hidrógeno son difíciles de romper, para que el agua pase del estado líquido al gaseoso, es preciso suministrarle mucho calor (hervir hasta 100 ºC).

3.- El agua hierve a 100 ºC a nivel del mar (presión atmosférica igual a uno), pero según ascendemos, al disminuir la presión que soporta, hierve a menos temperatura. Por ejemplo en las cimas de la cordillera del Himalaya hierve a 68/70ºC. En estas montañas, como la presión es menor, las moléculas de agua necesitan menos energía para pasar del estado líquido al gaseoso.

4.- Las moléculas de agua tienen una naturaleza polar, es decir que se atraen entre ellas creando una tensión superficial, de forma que un pequeño insecto puede flotar sobre su superficie. La tensión superficial se puede definir como el aumento de energía necesaria para aumentar su superficie en una unidad. Es decir, el agua se resiste a aumentar su superficie. También la podemos definir como la fuerza tangencial que actúa por unidad de longitud en el borde del agua, que tiende a contraer la citada superficie.

5.- El agua deja penetrar gran parte de los rayos ultravioleta procedentes del sol, con lo que las plantas y seres marinos reciben energía de esas radiaciones UV.

6.- La capilaridad es una propiedad del agua derivada de la tensión superficial, y es la capacidad que tiene el agua de ascender por un tubo. La ascensión es mayor cuanto más estrecho es el tubo (ver la Figura 27).

Esta es la propiedad que aprovechan los árboles para que los líquidos vitales asciendan por su tronco y ramas.

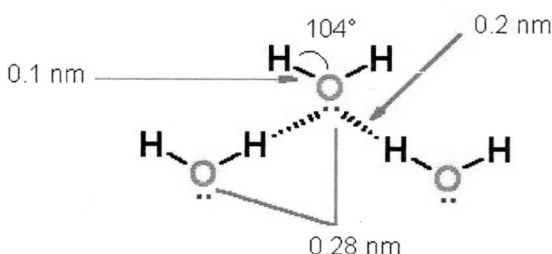

Figura 26.- Enlaces de hidrógeno entre las moléculas de agua.
Fuente: laguna.fmedic.com.mx

7.- El agua está considerada como el disolvente universal. En ella se disuelven metales (hierro, cobre), sales (cloruro sódico o sal común, por ejemplo), azúcares (glucosa, sacarosa), gases (oxígeno disuelto en agua), etanol, etc. Gracias a esta propiedad existe la vida en el agua. Sin embargo, las grasas no son miscibles con el agua (aceite y agua forman una emulsión pero no una disolución).

8.- La densidad del agua se toma como referencia. Se dice que la densidad del agua es la unidad, es decir, que un litro de agua tiene una densidad de 1 kg/litro, a una atmósfera de presión y a una temperatura de 3,8 ºC. Cuando calentamos el agua se produce un descenso de la densidad, siendo de 0,965 a 90 ºC y 0,958 kg/litro a 100 ºC.

Hay que notar que cuando la temperatura baja de 3,8 ºC (punto de inflexión), la densidad del agua, en vez de seguir aumentando (parece lo lógico) empieza a disminuir, de forma que a unos 0 ºC es de 0,9999 kg/litro. Como vemos el descenso es casi inapreciable, pero suficiente para que el hielo flote en el agua. Otra propiedad que asegura la vida en el agua. Si el hielo fuese más pesado que el agua se hundiría y mataría la vida en el fondo.

Se podrían ir depositando sucesivas capas de hielo hasta acabar con todo el sistema vital acuoso.

9.- *Por electrolisis*, el agua se puede descomponer en sus dos componentes (hidrógeno y oxígeno). Por el paso de una corriente eléctrica a través del agua (ver la Figura 28), se desprenden gases de oxígeno y de hidrógeno. Lógicamente, la cantidad de hidrógeno desprendida es el doble de la de oxígeno (la molécula de agua tiene dos átomos de hidrógeno y uno de oxígeno). Cuanto mayor sea la carga eléctrica más fuerte será el desprendimiento de gases. Los electrodos deben ser de un metal inerte (acero inoxidable, platino), para evitar que el oxígeno reaccione con el metal en vez de desprenderse en forma de gas.

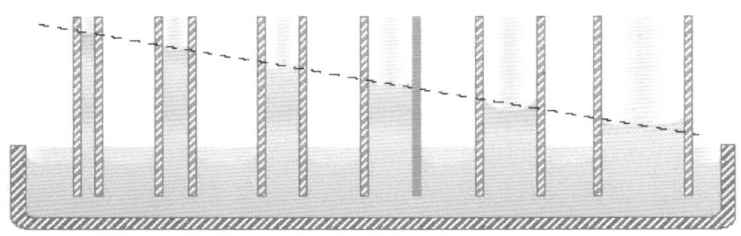

Figura 27.- La capilaridad es la propiedad del agua de ascender por un tubo (cuanto más estrecho mejor). Esta es la propiedad que aprovechan los árboles para que asciendan los líquidos vitales. Fuente: planetateleco.com

10.- *El agua es realmente un óxido de hidrógeno* (H_2O), es decir que para su formación se requiere que reaccione el hidrógeno (o un compuesto rico en hidrógeno) con el oxígeno. El agua no es combustible. Por otra parte, la energía que se necesita en la electrolisis para descomponer el agua en sus dos componentes (hidrógeno y oxígeno), es superior a la necesaria para su formación. Por ello, a pesar de lo que se dice sobre el famoso motor de agua, este líquido no es una fuente rentable de energía.

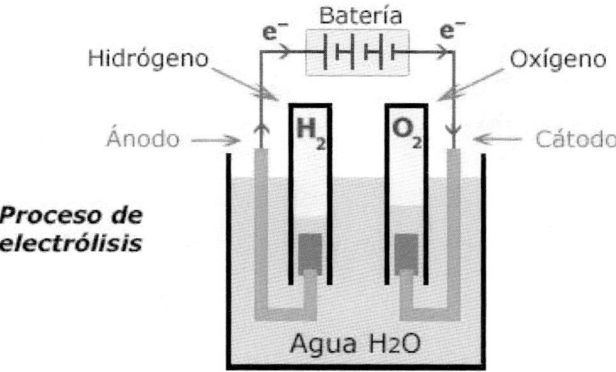

Figura 28.- Electrolisis del agua con desprendimiento de gases de oxígeno e hidrógeno. Fuente: albercampi.me

11.- El agua tiene la capacidad de moderar la temperatura de la tierra. Eso es debido a su calor específico. Se define el calor específico como la cantidad de calor que se necesita para elevar la temperatura de un gramo de agua en un grado centígrado. El agua se toma como unidad y es de 1 caloría/por gramo de agua y grado centígrado. En el Sistema Internacional de medidas se expresa en Julios/Kg K.

24.- Agua blanda y agua dura

Se dice que el agua es blanda cuando su contenido en sales disueltas es bajo (inferior a 0,5 partes por mil). Suele contener pequeñas cantidades de iones de cloro y sodio, calcio y magnesio. Por el contrario **el agua destilada es la que no contiene ninguna sal.** En la Figura 29, vemos cómo se obtiene agua destilada para su uso en laboratorios. Se toma un matraz con agua normal y se calienta hasta que el agua hierva. El agua en forma de vapor asciendo por el matraz y pasa al condensador. En este aparato se hace circular agua fría por una camisa, de forma que el vapor se enfría y adquiere otra vez el estado de líquido, pero sin sales. Las sales se quedan en el matraz.

Es muy importante utilizar agua blanda en muchos casos. Por ejemplo, en las calderas de producción de vapor que se instalan en muchas industrias. Si el agua contuviese muchas sales disueltas, con el tiempo se irían sedimentando en las paredes de la caldera produciendo un aumento de la presión de trabajo, que podría ser peligrosa. Por ello, aunque se utilice agua blanda, se recomienda inspeccionar y limpiar las calderas cada cierto tiempo.

El agua dura se caracteriza por contener un alto nivel de sales disueltas (magnesio, calcio, sodio). Se dice que un agua es dura cuando contiene más de 120 mg/litro de carbonato cálcico. Se distinguen dos tipos de agua dura:

- *Agua de dureza temporal*, rica en carbonatos que se pueden eliminar hirviendo el agua o añadiendo cal para su precipitación.
- *Agua de dureza permanente*, que contiene sulfato cálcico, sulfato de magnesio o cloruros. No contiene carbonatos. La dureza no se elimina hirviendo el agua, siendo preciso su tratamiento por filtración fina.

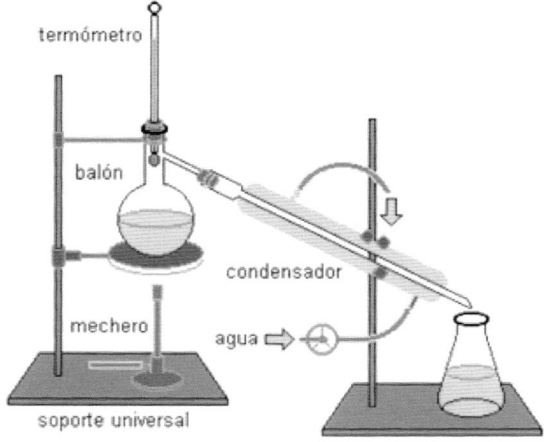

Figura 29.- Equipo para la obtención de agua destilada en el laboratorio. Fuente: Escuelapedia.com

25.- El agua potable

Todos los días mueren en el mundo miles de personas por no disponer de agua potable. Por ello, si hay un proceso importante para los seres humanos, ése es la potabilización del agua. La potabilización la podríamos definir como los pasos que hay que dar para convertir el agua de un río, lago, torrente, acuífero subterráneo, agua salobre, agua de mar, etc., en agua que pueda ser bebida por los seres humanos con toda seguridad.

Además, como hemos dicho anteriormente, el agua se utiliza constantemente en las industrias cárnicas como ingrediente principal en la elaboración de diversos productos cárnicos, por lo que debe ser potable.

Ya hemos dicho que el agua es la mayor fuente de enfermedades e infecciones que puede sufrir el ser humano por la presencia de bacterias, protozoos, virus, metales pesados, etc.

Es necesario eliminar todos esos elementos patógenos del agua antes de poder beberla.

La potabilización incluye una serie de etapas básicas tales como:

- Coagulación mediante la adición de productos químicos que hacen que se formen coágulos o grumos con las impurezas.
- Sedimentación de los coágulos formados.
- Ozonización del agua. Técnica novedosa que consiste en el tratamiento del agua con ozono (O3) que es un gas formado por tres átomos de oxígeno y que al ser muy inestable tiene una gran capacidad de oxidación, inactivando las bacterias y virus presentes en el agua.
- Cloración del agua, que estudiaremos más adelante, y que tiene como objetivo desinfectar el agua. En la cloración se suele trabajar a concentraciones muy bajas (0,6-0,9 partes por millón), que resulta suficiente para eliminar los microorganismos presentes en el agua
- Adsorción y filtración del agua.

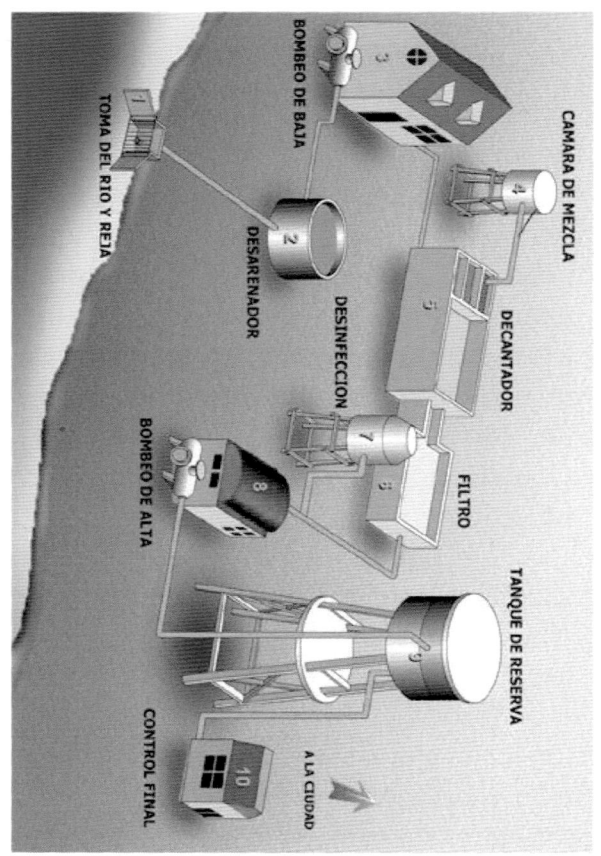

Figura 30.- Potabilización del agua. Fuente: educasitios.educ.ar

26.- Conclusiones

El capítulo que se acaba ahora es fundamental para el profesional del sector cárnico, ya que hemos estudiado la composición de las carnes, con las funciones que realiza cada compuesto nutritivo (proteínas, grasas, hidratos de carbono, vitaminas, sales minerales y agua.

Debemos tener una alimentación, variada, apropiada en cantidad y equilibrada para disfrutar de una salud nutricional correcta. Como ya dijimos anteriormente **somos lo que comemos.**

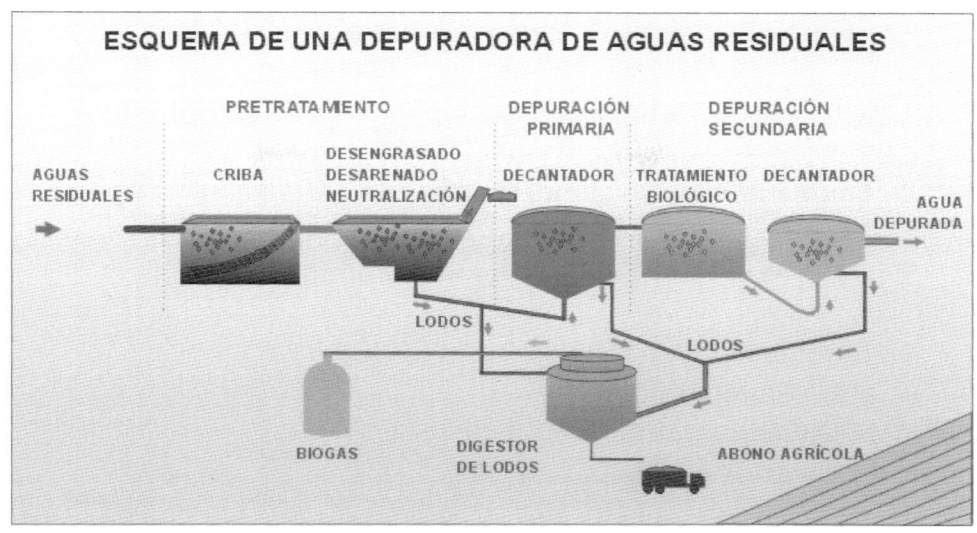

Figura 31.- Esquema de una instalación de depuración de aguas residuales. Fuente: Biología y Geología.

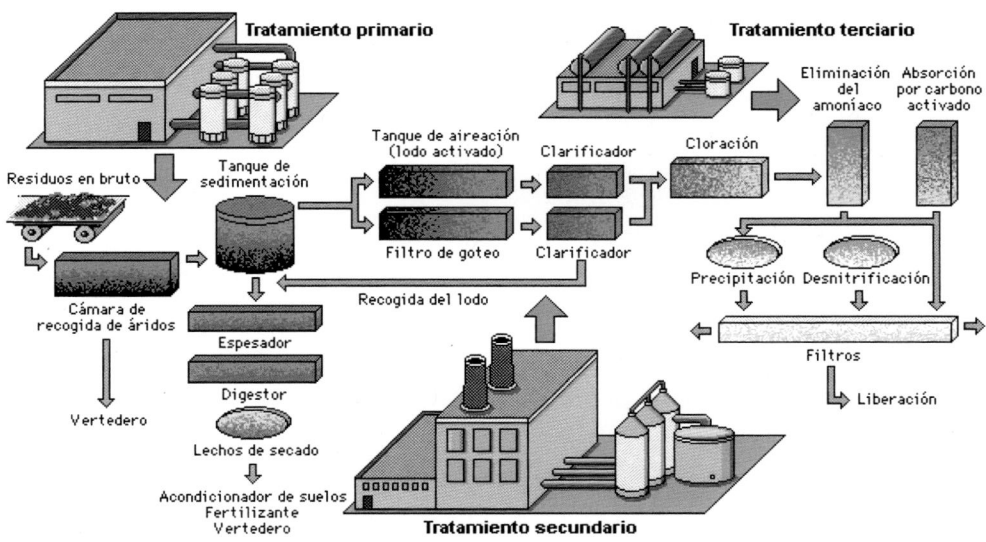

Figura 32.- Tratamientos primario, secundario y terciario del agua.

27.- Ejercicios prácticos. Las soluciones al final del libro.

1.- ¿cuáles son los principales componentes de las proteínas?

2.- Enumerar algunos alimentos ricos en proteínas

3.- ¿Qué es el Valor Biológico de una proteína?

4.- La lisina es:
   a) Un aminoácido.
   b) Un hidrato de carbono.
   c) Un ácido graso.

5.- ¿Qué significan las siglas UNP?

6.- ¿Qué son las grasas neutras?

7.- Enumerar alimentos ricos en grasas

8.- El ácido oleico tiene:
   a) 5 dobles enlaces.
   b) Un solo doble enlace.
   c) 3 dobles enlaces.

9.- Enumerar algunos alimentos ricos en omega-3

10.- El colesterol es producido por:
   a) Los riñones.
   b) El corazón.
   c) El hígado.

11.- Enumerar los principales componentes de los hidratos de carbono

12.- Enumerar algunos alimentos ricos en almidón

13.- Enumerar algunas de las sales minerales presentes en el organismo humano

14.- Enumerar algunos alimentos ricos en calcio

15.- Enumerar los dos grandes grupos en que se clasifican las proteínas

16.- El agua destilada:
   a) Es rica en sales minerales.
   b) No contiene sales minerales.
   c) Sólo contiene fósforo.

Capítulo 3 PROPIEDADES FUNCIONALES DE LAS PROTEÍNAS CÁRNICAS

1.- Introducción

El estudio del músculo cárnico es fundamental para la producción de carne y productos cárnicos. En nuestro anterior libro de título "Tecnología de la carne y de los productos cárnicos", de **G. López de Torre, B.M. Carballo y A. Madrid Vicente** (AMV Ediciones), se hace una presentación muy completa sobre este tema. Por ello, nos vamos a apoyar en ella a lo largo de todo este capítulo, pero actualizándola y presentándola con nuevas tablas, figuras, etc.

2.- El músculo cárnico (mitocondrias y mioglobinas)

El músculo constituye un tejido muy bien organizado, cuya función es producir energía química para después convertirla en movimiento mecánico y trabajo.

Al nacer, parece que solo existe un tipo de músculo, pero en las personas adultas, según el color, se distinguen dos tipos de músculo:

- **Músculo rojo**: rico en mitocondrias y mioglobina, con metabolismo aerobio, oxidativo y con abundante irrigación sanguínea.
- **Músculo blanco**: con poco contenido en mitocondrias y mioglobina, con metabolismo anaerobio y poco riego sanguíneo.

Las definiciones anteriores incluyen las palabras mitocondrias y mioglobina. Veamos su significado.

Las **mitocondrias** son pequeños orgánulos que se encuentra en el citoplasma de las células. Tienen solo unas micras de longitud (5 o algo más) y forma alargada u oval.

Son las encargadas de producir energía para la célula. Para ello descomponen los alimentos utilizando el oxígeno y produciendo energía con desprendimiento de CO_2. Es un proceso muy similar a la respiración pulmonar. Es un proceso aerobio (en presencia de oxígeno). Sin mitocondrias, los animales no podrían utilizar el oxígeno para quemar los alimentos y obtener energía para sus movimientos y reproducción. Tienen una membrana interna y otra externa (Figura 2). La externa es lisa y uniforme y la interna forma pliegues que se introducen en la estructura de la mitocondria, formando las llamadas "crestas mito-condriales". Entre ambas membranas hay un espacio llamado cámara externa.

Las mitocondrias se suelen distribuir de una forma uniforme dentro de la célula. También pueden desplazarse por el interior de la misma.

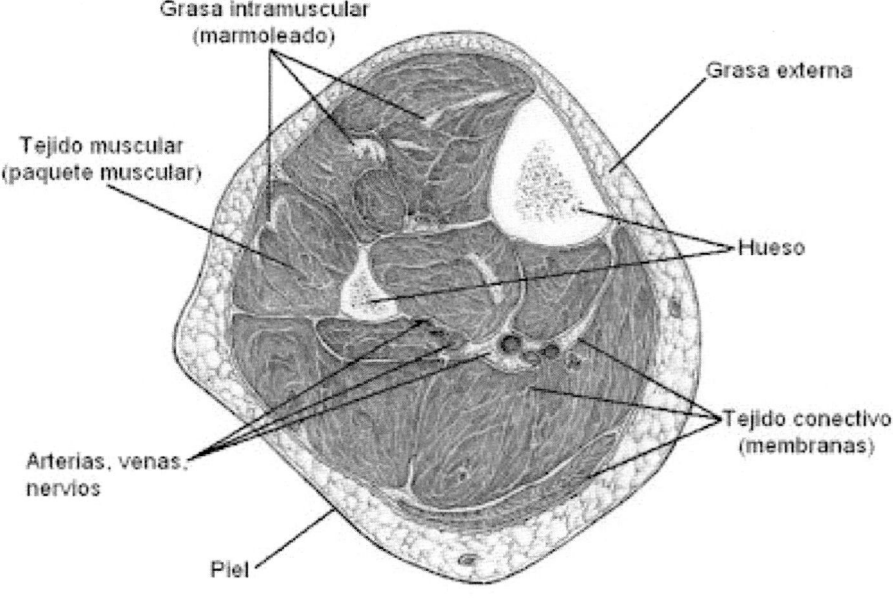

Figura 1.- Estructura del músculo cárnico. Fuente: Alberto Miguel Pastor. Manipulación e higiene de alimentos.

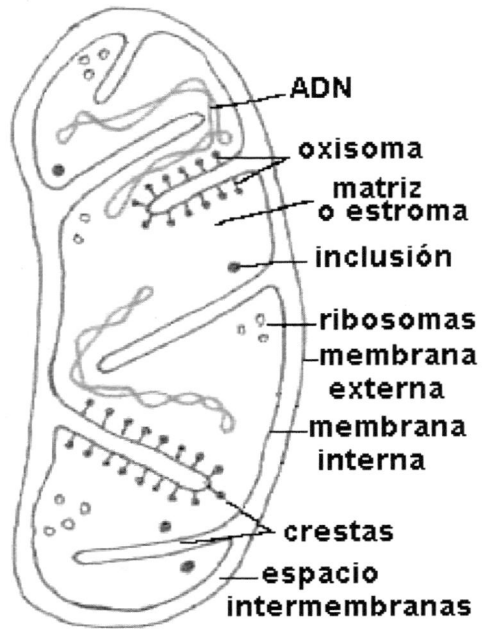

Figura 2.- Estructura de una mitocondria.
Fuente: Universidad Javeriana. Colombia.

Veamos ahora la función de la *mioglobina.* Es una molécula proteica que se encarga de transportar y almacenar el oxígeno en los músculos.

Es más conocida *la hemoglobina*, que es otra proteína que está presente en los glóbulos rojos y que tiene por misión transportar y almacenar el oxígeno en la sangre. Ambas están compuestas por aminoácidos y por un grupo que contiene hierro.

El hierro es capaz de unirse al oxígeno de forma reversible, es decir, que puede tomarlo y después soltarlo donde sea necesario. Como vemos existe un paralelismo muy fuerte entre hemoglobina y mioglobina.

Además, de todo lo dicho se deduce lo importante que es tomar hierro en la dieta. Su falta produce anemia.

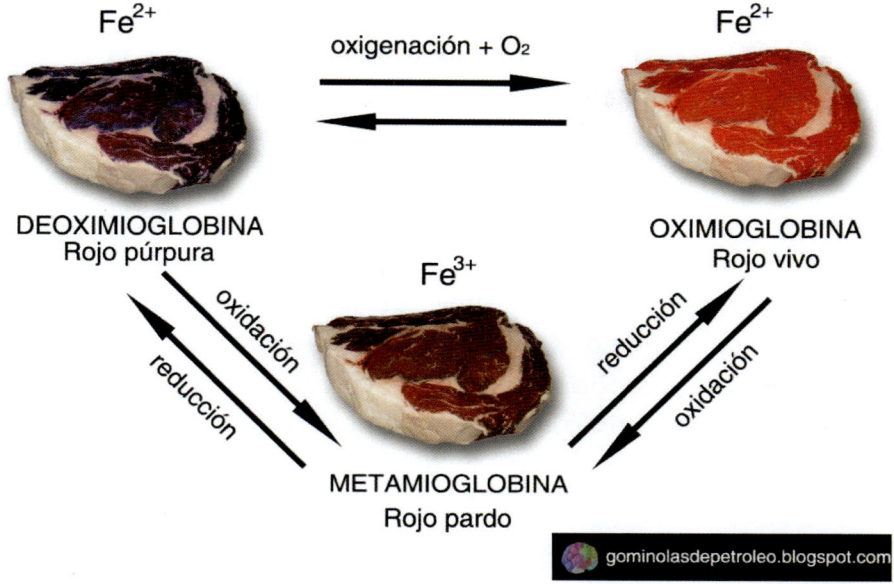

Fe^{2+} oxigenación + O_2 Fe^{2+}

DEOXIMIOGLOBINA
Rojo púrpura

Fe^{3+}

OXIMIOGLOBINA
Rojo vivo

oxidación   reducción   reducción   oxidación

METAMIOGLOBINA
Rojo pardo

gominolasdepetroleo.blogspot.com

Figura 3.- Proceso de oxidación y reducción de la carne y sus efectos sobre el color de la misma. Todos estos cambios en el color son debidos a la acción del oxígeno sobre la mioglobina. Fuente: Gominolas de petróleo.

3.- Músculos de contracción rápida y de contracción lenta

Pero volvamos al músculo cárnico. Los músculos blancos (B) son generalmente de contracción rápida (alfa), y los músculos rojos (R) pueden ser de contracción rápida (alfa) o de contracción lenta (beta).

Los músculos de contracción lenta queman (en presencia de oxígeno) los ácidos grasos (aportados por la sangre) y los glúcidos. Estos músculos de contracción lenta están, por lo general, bien irrigados, al contrario de los de contracción rápida, que suelen estar pobremente irrigados.

En definitiva, en un animal adulto se encuentra tres tipos de músculos:

- *Músculo rojo de contracción lenta*: βR, generalmente de pequeño diámetro.
- *Músculo rojo de contracción rápida*: αR, de diámetro mayor que el anterior.
- *Músculo blanco de contracción rápida*: αB, de gran diámetro.

Se sabe que en el hombre, cuando se trata de corredores de fondo, favorece el predomino de fibras rojas adaptadas al esfuerzo continuado gracias a su buen aporte de oxígeno, mientras que cuando se trata de corredores de velocidad es favorable el desarrollo de fibras blancas, de contracción rápida, capaces de aportar grandes cantidades de energía en cortos periodos de tiempo, resultado de una glucólisis intensa.

**Nota*:* la glucólisis es la oxidación de la glucosa para producir energía.

4.- Enervación de los músculos

El músculo cárnico se puede clasificar también según su enervación. Así tenemos:

- *Músculos lisos* de contracción involuntaria.
- *Músculos estriados* de contracción voluntaria (Figura 4). Cuando se observan al microscopio óptico se ven claramente sus estrías.

Los músculos estriados son los que constituyen lo que se conoce como "carne", después de la muerte del animal. Generalmente son los responsables del movimiento y se fijan al tejido óseo mediante aponeurosis y tendones. Estos músculos estriados están formados por grupos de elementos asociados en haces, rodeados de tejido conjuntivo, presentando infiltraciones mayores o menores de grasa.

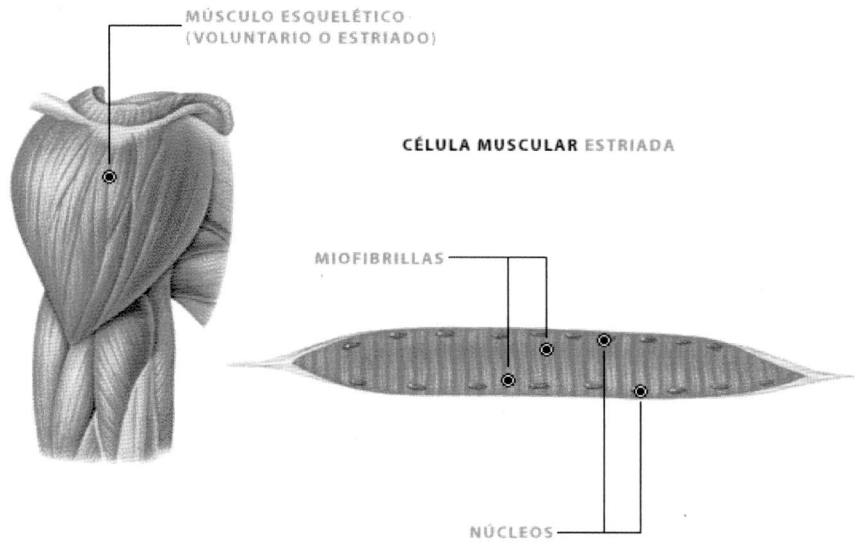

MÚSCULO ESQUELÉTICO
(VOLUNTARIO O ESTRIADO)

CÉLULA MUSCULAR ESTRIADA

MIOFIBRILLAS

NÚCLEOS

Figura 4.- Músculo estriado. Fuente: Tu cuerpo y tú.

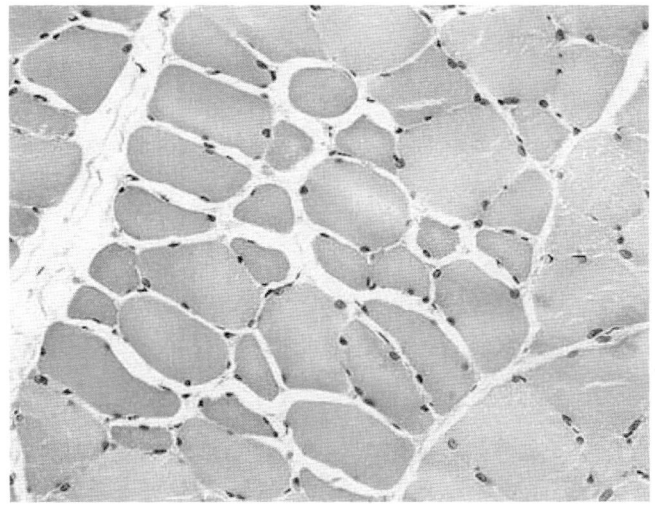

**Figura 5.- Corte transversal del músculo estriado.
Fuente: Universidad de los Andes. Venezuela.**

En el corte transversal de un músculo estriado se puede observar la siguiente estructura (Figura 6):

- Capa exterior de colágeno que rodea a todo el músculo y se denomina *epimisio*, y que lo protege y prolonga para formar las aponeurosis y los tendones.
- El epimisio también se prolonga hacia el interior rodeando a cada haz de fibras denominándose entonces *perimisio*.
- A su vez, cada fibra está rodeada por una capa de colágeno, elastina y reticulina llamada *endomisio*.

Nota: El **colágeno** es una proteína muy abundante en los animales. Es secretada por las células del tejido conjuntivo. Es un componente esencial de los huesos, ligamentos, tendones, cartílagos y piel. El colágeno está constituido por largas cadenas de aminoácidos, formando fibras que aportan resistencia y flexibilidad a los tejidos (por ejemplo, a los músculos).

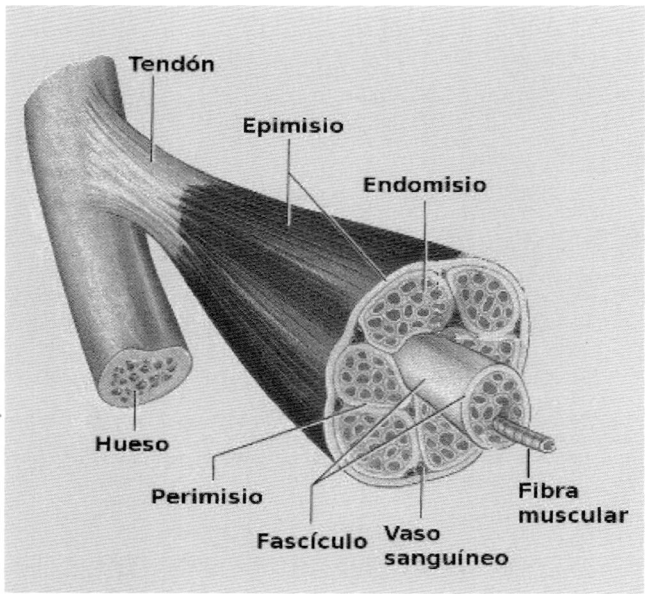

Figura 6.- Corte transversal de un músculo estriado.
Fuente: sabelotodo.org

En la Tabla 1 vemos las composición del músculo estriado de vacunos, ovinos, porcinos y aves.

Tabla 1.- Composición del músculo estriado en tanto por ciento. Fuente: AMV Ediciones. Tecnología de la carne y de los productos cárnicos.

Componente (%)	Vacuno (%)	Ovino (%)	Porcino (%)	Aviar
Agua	70-75	70-75	68-72	70-75
Proteínas	20-25	20-22	18-20	20-25
Grasas	4-8	5-10	8-12	4-6
SNNP*	Del orden de 1,5			
Carbohidratos y SNN**	Del orden de 1,0			
Cenizas	Del orden de 1,0			

*SNNP: Sustancias nitrogenadas no proteica. **SNN: sustancias no nitrogenadas.

Como se aprecia en la Tabla 1, la mayor proporción corresponde al agua. La relación agua/proteína se mantiene bastante constante y es un parámetro indicativo de la calidad de la carne.
Las grasas varían mucho según la procedencia del músculo, siendo más abundantes en el porcino.
Entre las materias nitrogenadas no proteicas están la *creatina* y la *creatinina,* cuya proporción en la carne es bastante constante y constituyen parámetros de calidad que permiten conocer el contenido en carne de embutidos y conservas.

Nota: la *creatina* es un ácido orgánico con contenido de nitrógeno, que se encuentra presente en los músculos y que sirve para suministrar energía a las células musculares. La utilizan los deportistas como suplemento dietético ya que ayuda a una recuperación rápida.

La *creatinina* es un compuesto orgánico procedente de la descomposición de la creatina, siendo un nutriente útil para los músculos. Se filtra por los riñones y se expulsa por la orina. Su medición sirve para conocer el estado de los riñones.

5.- Clasificación de las proteínas cárnicas

Aunque ya estudiamos las proteínas en el capítulo anterior, ahora vamos a profundizar más sobre las proteínas cárnicas y su importancia en el músculo cárnico.

Las proteínas constituyen el componente mayoritario de la materia del músculo estriado. Existen numerosas clasificaciones de las proteínas. Por ejemplo, atendiendo a su forma, las proteínas cárnicas se clasifican en globulares y fibrosas. También se pueden clasificar según su localización en el músculo.

Así tenemos:

- Proteínas extracelulares, que están fuera del sarcolema (colágeno, elastina).
- Proteínas intracelulares o sarcoplastóricas que incluyen a la mioglobina y enzimas glucolíticas.
- Proteínas miofibrilares, que forman el sistema contráctil.
- Proteínas reguladoras.

Otra clasificación interesante de las proteínas del músculo es aquélla que las divide, de acuerdo con su solubilidad, en:

- *Sarcoplásmicas*: solubles en agua, están disueltas en el líquido que empapa la fibra muscular (sarcoplasma). Funcionalmente son enzimas.
- *Miofibrilares*: fundamentalmente miosina y actina. Comprenden aproximadamente el 50-60% de todas las proteínas cárnicas. Son insolubles en agua, pero solubles en soluciones salinas.
- *Conectivas:* totalmente insolubles en agua y en soluciones salinas. Son el colágeno y la elastina, y forman las membranas musculares (epimisio, perimisio y endomisio).

6.- Miosina, actina, mioglobina y colágeno

A continuación vamos a estudiar estas proteínas cárnicas que hemos nombrado en los epígrafes anteriores.

Miosina. Es una proteína grande con un peso molecular aproximado de 500.000.
Está formada por dos cadenas proteicas enrolladas entre sí, que presentan hacia una de sus extremidades varias zonas en α-hélice y hacia otra varios grupos sulfidrilos (-SH), que constituyen la parte más voluminosa de la molécula, y la más activa, ya que es la que se relaciona con la actina. Un filamento de miosina mide alrededor de 10 nm de diámetro y 1,5 μm de longitud.
Nota: 1 nm es un nanómetro que es una unidad de longitud y que equivale a 10 elevado a -9 metros (la mil millonésima parte de un metro). 1 μm es un micrómetro o micra, y es la millonésima parte de un metro.

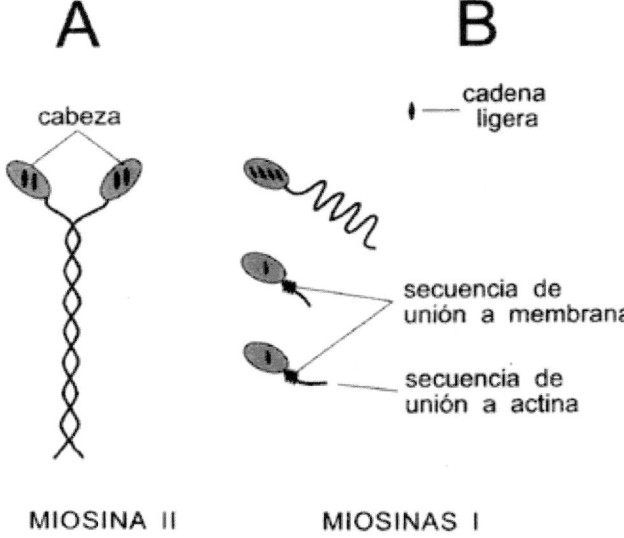

Figura 7.- Cadenas de miosina. Fuente: Biblioteca Digital ILCE (Instituto Latinoamericano de la Comunicación Educativa). México.

La miosina es la proteína del músculo que tiene mayor capacidad de retención de agua, emulsión y gelificación, propiedades fundamentales en tecnología de alimentos.

Actina. Los filamentos delgados están formados principalmente por moléculas de actina, que presentan dos formas:
- Actina G, con un peso molecular aproximado de 50.000.
- Actina F o fibrosa que tiene un peso molecular aproximado de 14.000.000.

La actina es portadora de una molécula de ATP que es desdoblada por la miosina, transformando la energía química en mecánica.
Tiene un valor biológico alto porque contiene tritófano y cistina. En la actina se halla un aminoácido, la 3-metil-histidina, que no se encuentra en ninguna otra proteína. Un análisis del contenido en este aminoácido nos da idea del contenido en carne de los productos.

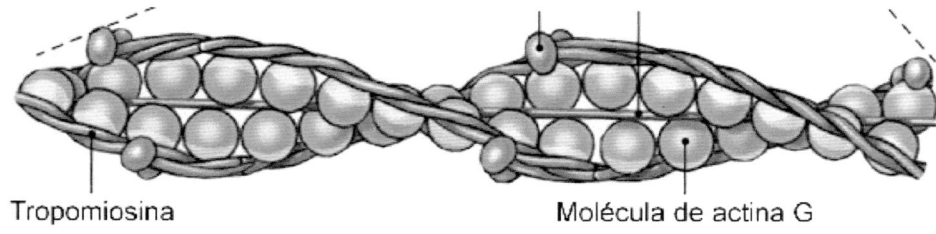

Tropomiosina   Molécula de actina G

Cadena de actina

Figura 8.- Cadena de actina. Fuente: 4Shared.

Mioglobina. Es la principal responsable del color de la carne. Consta de una proteína compuesta por unos 150 aminoácidos, la globina y un grupo prostético HEMO, que tiene un átomo de hierro y un anillo de porfirina.
La mioglobina se presenta en tres formas diferentes:

- Mioglobina-Fe2+, de color rojo púrpura.
- Miglobina oxigenada-Fe2+, de color rojo brillante
- Mioglobina oxigenada-Fe3+, de color pardo (metamio-globina).

En la carne están presentes las tres formas. La mioglobina Fe2+ es el almacén de oxígeno del músculo, y su contenido en el músculo en un momento dado depende de sus necesidades. Los aminoácidos más abundantes son lisina e isoleucina.

En las carnes frescas coexisten los pigmentos de las tres formas y se intercambian constantemente. Así, la mioglobina púrpura, en presencia de oxígeno, se puede oxigenar a oxihemoglobina (pigmento rojo brillante que produce el familiar frescor de las carnes) o a metamioglobina (que comunica el color marrón, menos deseado).

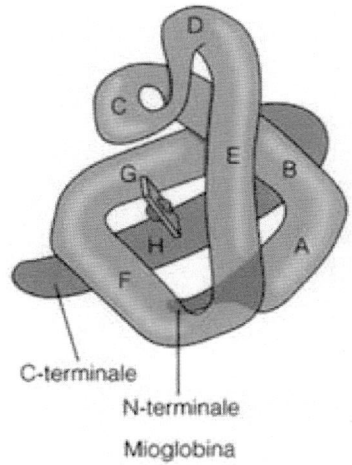

C-terminale

N-terminale

Mioglobina

Figura 9.- Molécula de mioglobina formada por una cadena de unos 150 aminoácidos. Esta molécula almacena el oxígeno de los músculos.

Colágeno. Por microscopía electrónica, rayos X, etc., se ha comprobado que la unidad fundamental del colágeno, el tropocolágeno, está formado por tres cadenas polipeptídicas en hélice, unidas por enlaces muy fuertes que aumentan con la edad del animal; de ahí que sea una proteína difícilmente atacable por enzimas digestivas, y por lo tanto, no deseable en productos cárnicos. Al calentarse se transforma en gelatina de bajo valor biológico.

El colágeno contiene un 30% de glicina y un 25% de prolina e hidroxiprolina. Cuanto más abunden estos aminoácidos, más rígido y resistente será el colágeno.

El colágeno tiene una estructura cristalina, con rigidez y resistencia a la masticación. Es la proteína más abundante de los mamíferos.

La castración disminuye el contenido en colágeno (mejora la calidad del producto terminado).

En cuanto a sus propiedades funcionales, es la proteína de peores cualidades. No solo tiene baja capacidad de retención de agua, sino que además al calentarse se encoge dejando escapar el agua, lo que exige que en la formulación de los productos cárnicos se tenga esto en cuenta. Su capacidad de emulsión es nula.

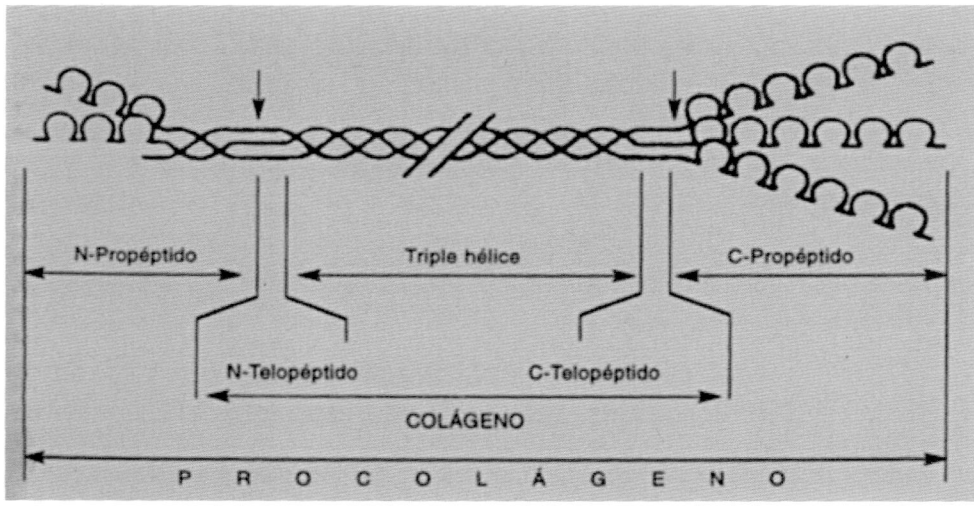

Figura 10.- Colágeno y procolágeno.
Fuente: Interpretación de la Información Bioquímica.

La gelatina se obtiene por calentamiento a temperaturas superiores a 60ºC del colágeno. Carece de triptófano y cisteína, pero es de fácil digestión y se empezó a preparar como alimento para los ejércitos de Napoleón, por su fácil obtención a partir del colágeno.

7.- Propiedades funcionales de las proteínas cárnicas

Seguimos basándonos en el libro de AMV Ediciones de título "Tecnología de la carne y los productos cárnicos".
Las propiedades funcionales de las proteínas cárnicas se deben generalmente a las proteínas miofibrilares y tienen mucha importancia, tanto en el proceso de elaboración de productos cárnicos como en su calidad final. Entre estas propiedades destacan:

- Capacidad de gelificación.
- Capacidad de emulsión.
- Capacidad de formación de espuma.
- Capacidad de retención de agua.
- Viscosidad.

No existe ninguna proteína cárnica que reúna todas estas propiedades en la medida adecuada que requiere un producto cárnico elaborado, por lo que se mejoran o introducen estas propiedades mediante tratamientos físicos, químicos o enzimáticos.
Así por ejemplo, se añaden a los productos cárnicos proteínas vegetales y muy particularmente las de soja, que además de tener un alto valor biológico y mejorar las propiedades funcionales, abarata el coste de estos productos.

8.- Capacidad de retención de agua (CRA)

Es la propiedad más estudiada y de ella dependen el color, la terneza y jugosidad de los productos cárnicos.

Es importante en cualquier producto cárnico ya que determina dos importantes parámetros económicos:

- Las pérdidas de peso en los procesos de transformación.
- La calidad de los productos obtenidos.

Las pérdidas de peso se producen en toda la cadena de transformación y distribución (por ejemplo, desde el oreo hasta el cocido del producto), y suponen pérdidas económicas que pueden alcanzar el 4-5% del peso inicial, siendo corrientes en la actualidad pérdidas del 1,5 al 2%.

La calidad de los elaborados crudos también está en relación muy estrecha con el poder de retención de agua de la carne, que condiciona su mayor o menor aceptación de la sal.

Las carnes exudativas dan productos más salados, más duros y más pálidos, que los apartan de sus caracteres normalizados, depreciándolos comercialmente. El problema se presenta también en los elaborados cocidos, aunque tiene menor importancia.

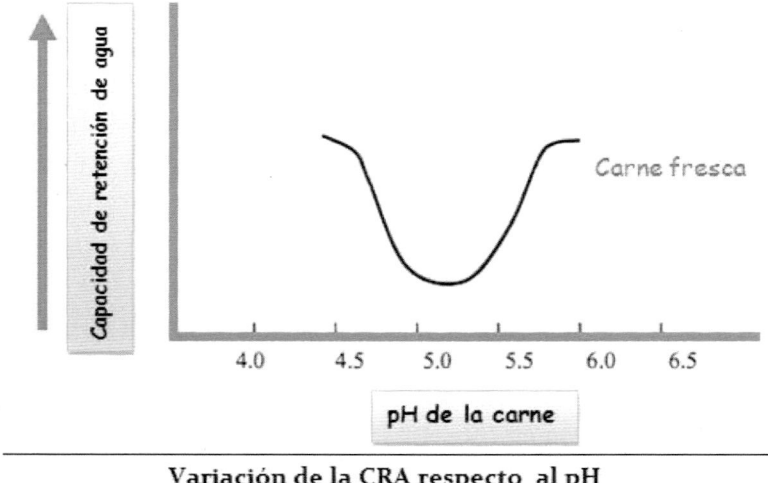

Variación de la CRA respecto al pH

Figura 11.- Capacidad de retención de agua en función del pH de la carne. Fuente: OTC (Obtención y Transformación de la Carne).

Por ejemplo, en un jamón curado español interesa que la CRA sea relativamente baja, pues durante el curado se debe perder una gran cantidad de grasa. Por el contrario, en productos cocidos tipo jamón de York interesa que la materia prima tenga una gran CRA.

El agua del músculo se encuentra en proporción de un 70% en las proteínas miofibrilares, 20% en las sarcoplásmicas y 10% en el tejido conectivo.

Para Hamm el término CRA se define como "la propiedad de una proteína cárnica para retener el agua tanto propia como añadida, cuando se somete a un proceso de elaboración (tratamiento térmico, extrusión, etc.)".

En los años 1970, Fennema lanzó una teoría (la más aceptada) que supone que el agua está unida al músculo de tres formas:

A.- *Agua de constitución*: 5% del total. Forma parte de la misma carne y no hay forma de extraerla.

B.- *Agua de interfase*: está unida a la interfase proteína-agua. Esta agua de interfase se subdivide en agua vecinal, más cercana a la proteína (formando dos, tres o cuatro capas), y agua multicapas que está más alejada de las proteínas.

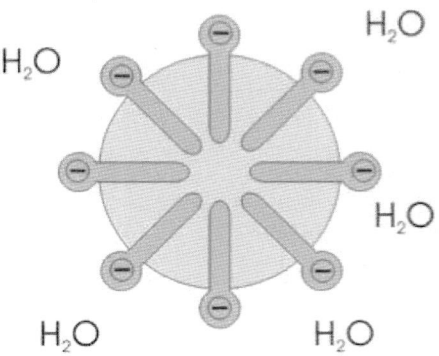

Figura 11.- Interface proteína-agua. Fuente: bio-loge.de.

C.- Agua normal: que se subdivide en dos modalidades: agua ocluida, que esta retenida en el músculo envuelta en las proteínas gel, y agua libre, que es la que se libera cuando se somete a tratamiento térmico externo.

9.- Factores que influyen en la CRA de la carne

La CRA depende de dos factores fundamentales:
- El tamaño de la zona H, que es el espacio libre donde se retiene el agua.
- La existencia de moléculas que aporten cargas y permitan establecer enlaces dipolo-dipolo con las moléculas de agua.

Existen diversos condicionantes que influyen en estos factores. Así tenemos:

1.- pH. A pH 5 (ver la Figura 11), punto isoeléctrico de la mayoría de las proteínas cárnicas, no existen cargas eléctricas netas y no hay por lo tanto, atracción por las moléculas de agua (polares), ni repulsión entre las moléculas de proteínas entre sí.

A medida que aumentamos el pH, por un lado aumenta la carga y la atracción dipolo-dipolo, y por otro lado hay repulsión entre las moléculas de proteínas cargadas de igual signo, aumentando el tamaño de la zona H. Igualmente se comporta al disminuir el pH. Luego la mínima CRA coincide con el pH 5, aumentando a medida que se aleja del mismo.

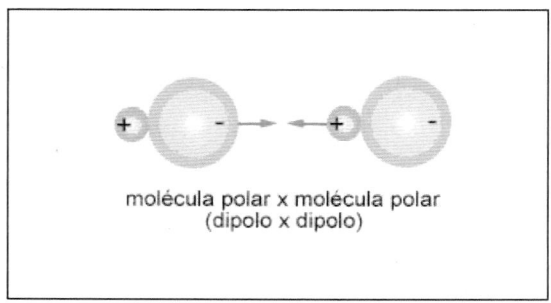

Figura 12.- Atracción dipolo-dipolo. Fuente: La Guía. Química.

2.- Cambios post-morten. Después del sacrificio, la CRA es muy grande, debido a que el pH es de aproximadamente 7, ya que no se ha formado el complejo de actomiosina. A medida que nos acercamos al *rigor mortis*, el glucógeno se transforma en ácido láctico (por glucólisis anaerobia), que baja el pH hasta el punto isoeléctrico de las proteínas, lo que implica que CRA sea mínima. Con el tiempo se produce una degradación de proteínas miofibrilares que elevan el pH.

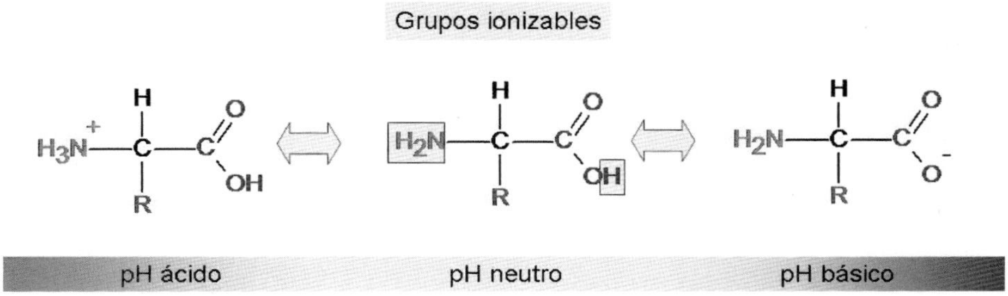

Figura 13.- Según el pH del medio, un determinado aminoácido puede tener carga positiva, negativa o neutra. El valor de pH del medio que hace que un aminoácido tenga carga neutra se denomina punto isoeléctrico. Fuente: Francisco Luis Alda.

Se puede hablar de carnes DFD y PSE. Veamos:

- *Carnes DFD*. Cuando el animal se somete a estrés, consume el glucógeno y no hay glucólisis anaerobia, por lo que las carnes se presentan secas (Dry), externamente firmes (Firm) y oscuras (Dark). Son muy apreciadas por los fabricantes de productos cárnicos.

- *Carnes PSE*. Cuando las reservas de glucógeno son muy grandes, el pH baja más de lo normal, quedando una carne de color pálido (Pale), blanda (Soft) y exudativa (exhudative). Son rechazadas por los fabricantes de productos cárnicos.

La mayoría de las carnes se encuentran entre DFD y PSE.

3.- Adición de sales (cloruro sódico y fosfatos). La CRA en una carne a la que se ha añadido cloruro sódico depende del pH alcanzado.

Si el pH es mayor que 5, la CRA mejora notablemente. Si el pH es menor de 5, la CRA disminuye al agregar cloruro sódico.

Los fosfatos también mejoran la CRA cuando el pH es mayor que el punto isoeléctrico. Se puede explicar porque el fosfato *per se* eleva el pH.

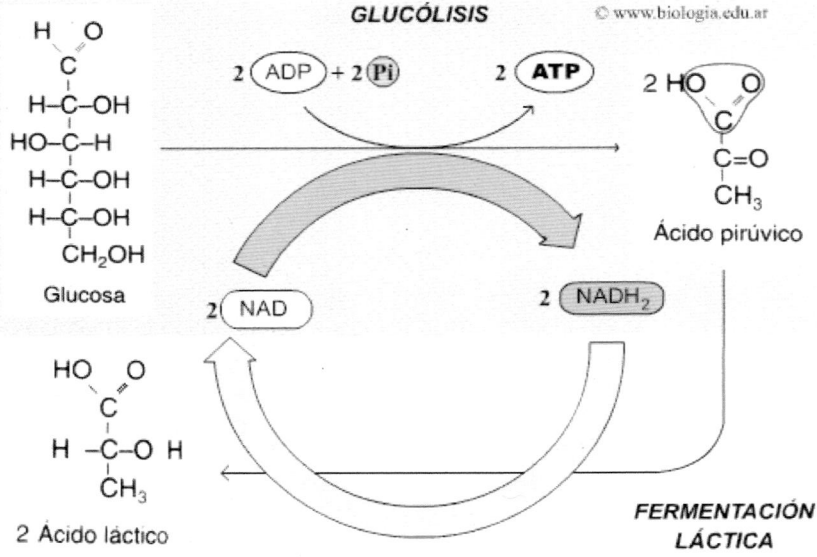

Figura 14.- Glucólisis. La glucosa se transforma en ácido láctico. Fuente: La Respiración Celular.

10.- Métodos de medición de la CRA

Existen varios métodos para evaluar la capacidad de retención de agua, pero el Graw-Ham y el del volúmetro capilar son los más empleados.

A.- Graw-Ham. Un trozo de carne de medidas estandarizadas se somete a una presión determinada entre dos papeles de filtro.

Midiendo el aumento de peso de los mismos se puede calcular la CRA (inversamente proporcional).

B.- Volúmetro capilar. Se emplea para medir directamente la CRA sobre el cuerpo del animal sacrificado. Consta de un tubo capilar graduado con líquido coloreado. Se presiona sobre la carne con el volúmetro y por capilaridad se absorbe el exudado, que se mide por diferencia de volumen de líquido coloreado.

11.- Capacidad de emulsión de las proteínas cárnicas

Una emulsión es una dispersión de dos líquidos no miscibles como por ejemplo, el aceite y el agua. Uno de ello, la *fase discontinua*, se encuentra en forma de pequeñas partículas en el seno del otro medio (*fase continua*).

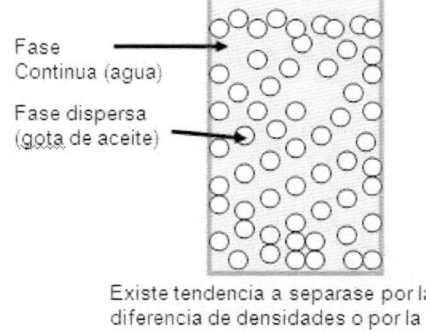

Fase Continua (agua)

Fase dispersa (gota de aceite)

Existe tendencia a separase por la diferencia de densidades o por la aglomeración. (Aceite)

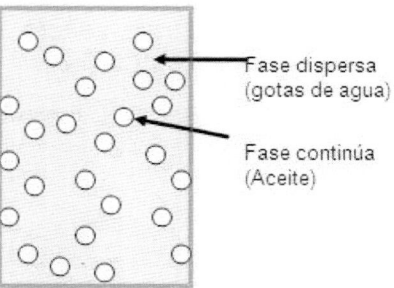

Fase dispersa (gotas de agua)

Fase continúa (Aceite)

La mayor densidad del agua hace que las fases sean inestables, al menos que se usen emulsionantes.

Figura 15.- Izquierda: emulsión de aceite en agua. Derecha: emulsión de agua en aceite. Fuente: UNAD (Universidad Nacional Abierta y a Distancia). Colombia

Una de las características exigibles a un embutido tratado por calor es que el corte resulte ligeramente untoso y claro, lo que contribuye a la mejor conservación del producto acabado y evita parcialmente la desecación. En este tipo de producto, la grasa juega un papel importante y para conseguir todo esto, suele añadirse grasa de dos formas diferentes:

- Una parte de la grasa se incorpora a la masa del embutido en forma de dados de distintos tamaños que dan el aspecto de mosaico al corte.
- Otra parte finamente picada, formando una masa casi impalpable. Esta grasa exige un emulsionado previo para evitar problemas en el cocido (separaciones), y para lograr que los glóbulos grasos (fase discontinua) se repartan homogéneamente por toda la masa (fase continua) del embutido.

En una emulsión se producen una serie de fenómenos que pueden romperla, como son:

- El *desplazamiento* de las partículas de la fase discontinua hacia el fondo o la superficie.
- La *floculación*, que es el agrupamiento de partículas que permanecen intactas.
- La *coalescencia*, que es el agrupamiento de partículas que se unen para formar partículas más grandes.
- La *inversión* de la emulsión.

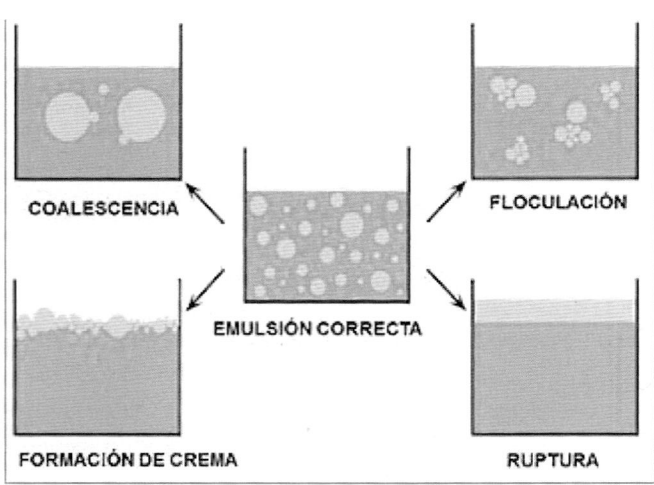

Figura 16.- Fenómenos que pueden ocurrir con una emulsión.
Fuente: Pregón Agropecuario. Pedro Daniel Leiva.

Son varios los factores que deben concurrir para conseguir una buena emulsión. Para estabilizar dicha emulsión, interesa que el diámetro de las partículas de fase discontinua sea el más pequeño posible. De igual forma, es conveniente que las densidades sean lo más próximas o iguales posibles y que la viscosidad del sistema sea la mayor posible.

El contenido en colágeno en la grasa contribuye en cierta manera a conseguir este aumento de viscosidad, pero como su concentración no suele ser elevada en las grasas, no es suficiente para conseguir una viscosidad alta. Por ello se recurre al empleo de productos capaces de proporcionar la viscosidad necesaria para la emulsión, entre los que destacan:

- Agar-agar.
- Carragenatos.
- Carboximetilcelulosa (CMC).
- Proteínas lácteas (caseína).
- Almidones.
- Suero de sangre.

Los emulgentes son sustancias que se añaden a una emulsión (o que ya existen en la misma) que favorecen la estabilidad de la misma. Entre los emulgentes destacan los fosfatos, polifosfatos alcalinos, citratos, glicéridos y proteínas.

Figura 17.- Emulsión cárnica. Fuente: Bossert-Bauernhof. Alemania.

En la elaboración de productos cárnicos, la pasta fina es una emulsión del tipo aceite en agua, donde las proteínas son los emulgentes. En una emulsión cárnica, las gotas de grasa están recubiertas de proteína, que le dan estabilidad a la emulsión.

Generalmente, cuando un producto mejora la capacidad de retención de agua, tiene también capacidad emulgente.

Tres fenómenos fisicoquímicos concurren en la formación de las emulsiones cárnicas:

- Interacción agua-proteína.
- Interacción proteína-grasa.
- Agregación proteína-proteína, que son las responsables de la capacidad de retención de agua, formación de emulsión y gelificación.

Dentro de las proteínas cárnicas son las miofibrilares las que tienen mayor capacidad de emulsión.

La miosina es una proteína muy grande y quizás por ese gran tamaño (peso molecular de alrededor de 500.000), es más fácil que *envuelva* la gota de grasa.

Como ya indicamos anteriormente, después del sacrificio del animal el músculo tiene una gran CRA, que va disminuyendo a medida que disminuye el pH y se aproxima al punto isoeléctrico, para después volver a aumentar dicha CRA y el pH por descarboxilación enzimática de las proteínas.

12.- Otros factores que afectan a la CRA

Veamos otros factores que afectan a la **CRA** (capacidad de retención de agua) y a la **CE (capacidad de emulsión):**

- Las condiciones de tratamiento en el *cutter* (amasadora donde se prepara la pasta fina), tales como el tiempo de trabajo y velocidad de la máquina influyen notablemente en la CE.
-

- Proteínas miofibrilares (mejoran la CRA y la CE).
- Relación proteína grasa. Si se usa carne magra se mejora la CE hasta cierto punto.
- Adición de grasas. Si en una fórmula de pasta fina se aumenta la cantidad de grasa, a una concentración determinada, se alcanza un máximo de CE a partir del cual ésta disminuye.
- Adición de agua fría o hielo. Mejora la CE hasta un máximo, a partir del cual cae rápidamente.
- Fosfatos y carragenatos. Aumentan la CE, pero no aumentan la CRA.
- Derivados de la soja. Mejoran la CRA y la CE.

13.- Capacidad de gelificación

Un gel es un sistema semisólido (mantiene su forma pero los líquidos se desplazan por el gel), que se forma por la unión de cadenas polipeptídicas que forman una red tridimensional que retiene y atrapa el agua.
El gel se forma en dos etapas:
1º Hay una desorganización de las cadenas polipeptídicas.
2º Ordenación de las cadenas y formación de una red mediante puentes de hidrógeno y enlaces disulfuro. De estos enlaces dependen las propiedades del gel (viscosidad, elasticidad, etc.).
Los geles pueden ser:
- *Reversibles*: que al calentarse se transforman en solución y al enfriarse gelifican.
- *Irreversibles*: al calentarse continúan como geles. Este es el caso de los geles cárnicos.

Los parámetros que caracterizan a los geles son la rigidez, la claridad y la turbidez.
La rigidez se mide mediante la deformación del gel por aplicación de una fuerza externa.

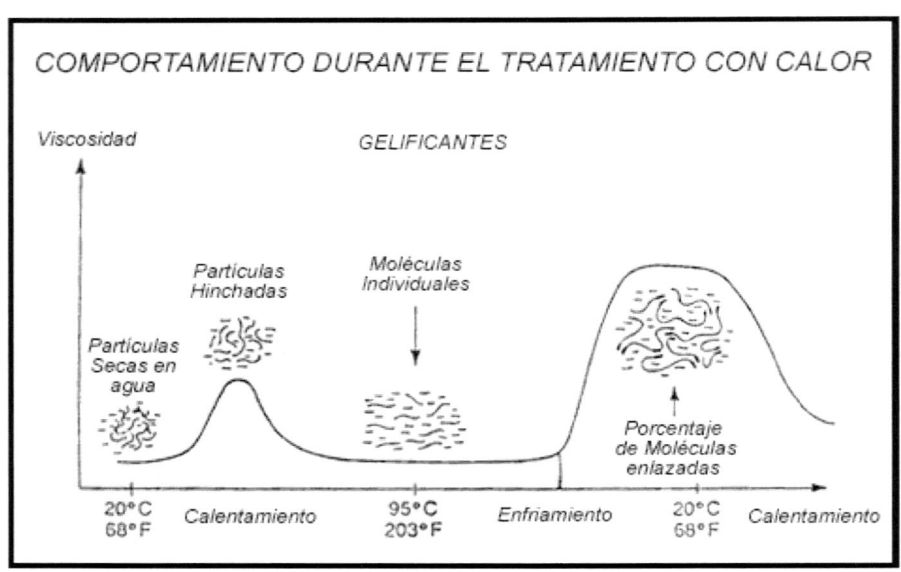

Figura 18.- Comportamiento de los gelificantes durante el calen-tamiento y el enfriamiento. Fuente: Universidad Nacional de Colombia. Dirección Nacional de Innovación Académica.

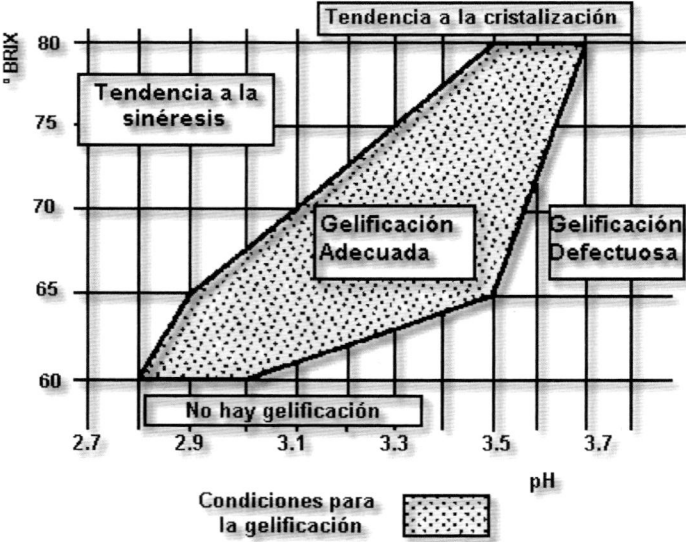

Figura 19.- Zonas de gelificación en frutas, en función del grado Brix y del pH. Fuente: Universidad de Nacional de Colombia. Dirección Nacional de Innovación Académica.

Algunos autores afirman que la gelificación es la propiedad más importante para la formación de la pasta fina.

14.- Los lípidos en la carne y productos cárnicos

Ya hemos estudiado en el capítulo anterior los lípidos. En la carne predominan los ácidos grasos (libres y esterificados). Los ácidos grasos que se presentan son de 2 a 30 carbonos, saturados y no saturados. Pueden estar esterificados con glicerina formando triglicéridos (los más abundantes en las carnes), diglicéridos y monoglicéridos.

Entre los lípidos compuestos presentes en la carne tenemos:

- *Fosfolípidos*, que como su nombre indican incorporan fósforo en su molécula.
- *Esfingomielinas,* conjunto formado por esfingosina, ácido fosfórico, ácidos grasos y base nitrogenada.

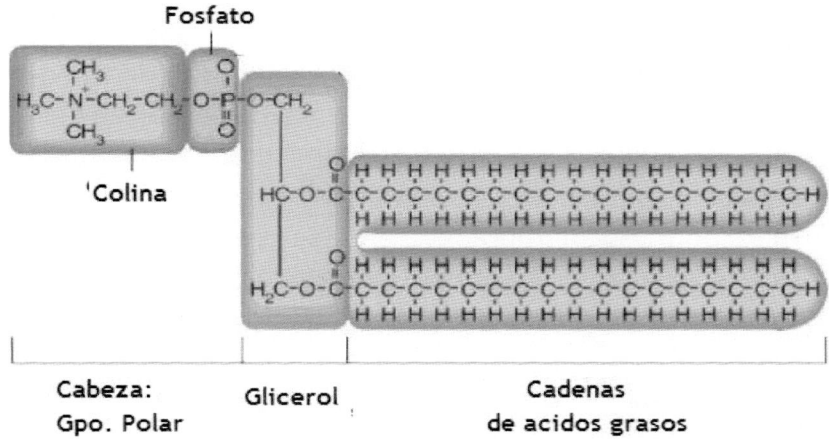

Figura 20.- Componentes de los fosfolípidos.

Después de las proteínas, los lípidos son los componentes más importantes presentes en la carne y los productos cárnicos.

Tienen gran importancia por las transformaciones bioquímicas que sufren durante la elaboración de los productos cárnicos.

En la carne, los lípidos se encuentran localizados en el tejido adiposo (subcutáneo e intermuscular, que separan haces de músculos), y en el tejido muscular.

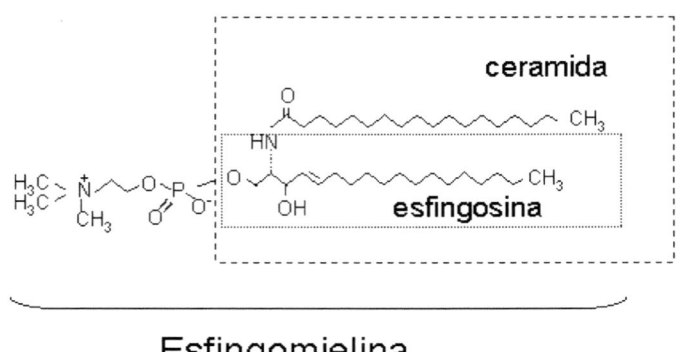

Esfingomielina

Figura 21.- Estructura de la esfingomielina. Fuente: Ana M. Sánchez e Inés Díaz-Laviada. Universidad de Alcalá de Henares.

Los lípidos del tejido muscular se subdividen en:
- Lípidos intramusculares, que forman parte de las fibras musculares. Les dan aspecto marmóreo y representan del 16 al 35% de la masa muscular. Dan jugosidad a la carne.
- Lípidos intracelulares, que forman parte de las mitocondrias, membranas, etc. Se componen principal-mente de fosfoglicéridos y lipoproteínas.

Dependiendo de la especie, podemos decir que el cerdo tiene una grasa más saturada que el cordero y éste que la del vacuno. El animal que más insaturación de grasa presenta es el pollo.

15.- Factores que pueden alterar las grasas de la carne

Se presentan dos formas de alteración de las grasas de la carne:

- *Alteración hidrolítica.* Consiste en la liberación de ácidos grasos por la acción de enzimas (lipasas y fosfolipasas) procedentes de micro-organismos y de la propia carne. Esta alteración apenas influye sobre el sabor, pero si se produce, se observa durante la cocción y fritura un mayor desprendimiento de humos, proporcional a la cantidad de ácidos grasos libres presentes.
- *Alteración oxidativa.* Produce grandes pérdidas económicas, aunque a veces es deseable en ciertos productos curados, siempre que esté controlada. Esta alteración oxidativa se puede presentar de dos formas: A.- Autooxidación, preferentemente en ácidos grasos libres. B.- Oxidación catalítica. Exige un hidroperóxido previo y la inter-vención de los grupos HEMO.

Los peróxidos e hidroperóxidos formados en los procesos de oxidación, proporcionan aromas. Hay que tener en cuenta que pueden ser aromas agradables o desagradables.

16.- Las enzimas presentes en el músculo. Su importancia en la maduración de la carne

Las enzimas son sustancias proteínicas que en pequeñas cantidades, aceleran las reacciones sin modificar su equilibrio, gracias a que disminuyen la energía de activación del proceso.
Una vez finalizado el proceso, la enzima se recupera y puede volver a actuar en sucesivas reacciones.
Las enzimas se caracterizan por ser muy específicas, es decir, intervienen únicamente en un determinado sustrato y en una determinada reacción.
Son muchas las enzimas que participan en todas las reacciones que tienen lugar en el músculo. Por ejemplo, las mitocondrias intervienen en reacciones del ciclo de Krebs para obtención de energía, oxidación de ácidos grasos, síntesis de ácidos grasos, concentración de sustancias, etc.

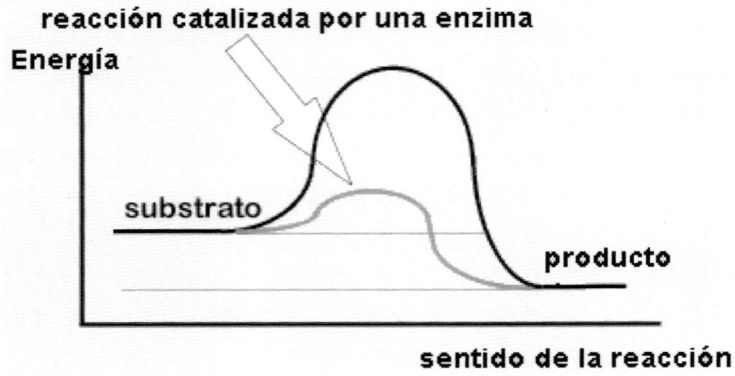

Figura 22.- Las enzimas disminuyen la energía necesaria para la activación de una reacción o proceso. Fuente: Junta de Andalucía.

Figura 23.- Forma de actuación de una enzima. Fuente: Wikipedia. España.

Veamos cómo nos pueden ayudar las enzimas. Por ejemplo, las enzimas aconitasa y fumarasa se emplean para saber si la carne ha sido congelada. Al congelar la carne se rompen las mitocondrias y vierten las enzimas al líquido sarcoplásmico. Buscando la posible actividad de estas enzimas en los exudados de carne se puede conocer su historial anterior respecto a la congelación.

Hay que tener presente que la carne previamente congelada es de peor calidad con vistas a su industrialización.

Otro ejemplo. La fosfatasa es una enzima que se destruye a 70ºC y se emplea como índice de una buena pasterización de las conservas cárnicas, tomando muestras del centro crítico del bote y buscándola existencia de actividad fosfatásica.

Veamos también lo importantes que son las enzimas en la maduración de la carne.

Cuando el animal muere, ocurre una liberación de sus propias enzimas. Así por ejemplo, las proteinasas comienzan la digestión de las proteínas de la carne, fragmentándolas, lo que se traduce en un lento ablandamiento.

En países del norte de Europa, se suele madurar la carne durante dos semanas, en cámaras refrigeradas, porque se consigue que sean más tiernas en el momento de su consumo.

También se ha comprobado que sometiendo al animal muerto a una descarga eléctrica de 25.000 a 30.000 voltios, se favorece la rotura de membranas y de lisosomas, lo que permite la acción acelerada de las enzimas proteolíticas, y por lo tanto se favorece el ablandamiento.

17.- Importancia de la contracción muscular en la maduración de la carne

La contracción muscular está controlada por el ión calcio (Figura 24).

Los nervios se acoplan al músculo por la placa motora terminal, a donde llega la orden de contracción y se libera acetilcolina, provocando la despolarización de la membrana del retículo sarcoplásmico que cede calcio.

Cuando el calcio alcanza un determinado nivel de concentración, se liga a la troponina C, que está en los filamentos de actina (Figura 25), y se adhiere también a la cabeza de la miosina cambiando la conformación de la cola de la miosina.

Y permitiendo la interacción de la actina y la miosina, que forman el complejo de actomiosina, provocando la contracción muscular.

La relajación muscular se produce cuando vuelven a bajar los niveles de calcio en el líquido sarcoplásmico, y los filamentos de actina y miosina se separan.

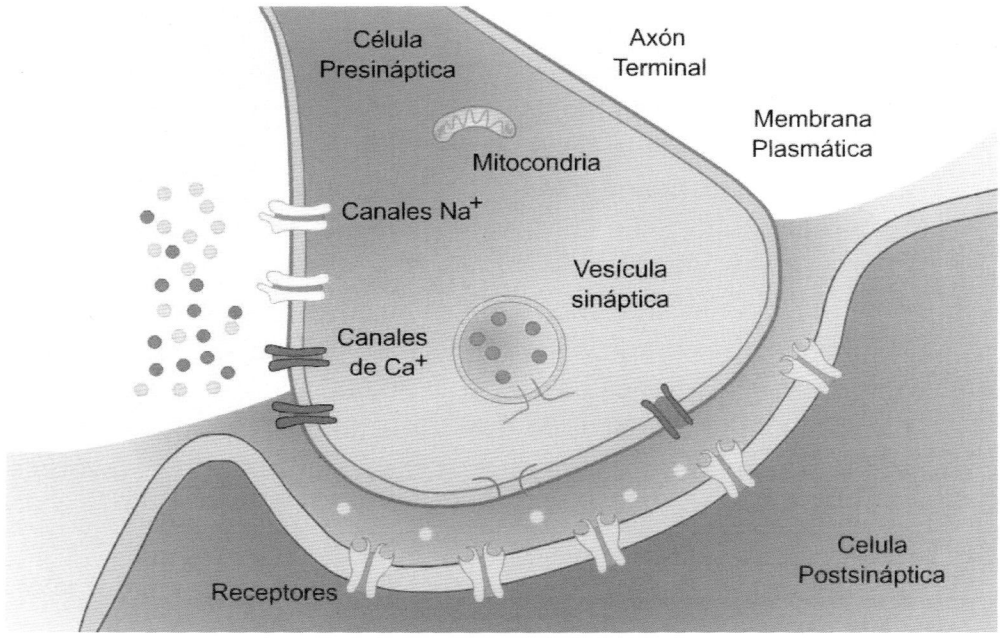

Figura 24.- La contracción muscular está controlada por el ión calcio. Fuente Claudia Rodríguez.

Cuando la situación es estresante para el animal, llega un momento en que le falta oxígeno al músculo.

Se produce entonces una respiración anaerobia (en ausencia de O2), produciéndose ácido láctico, que se acumula en forma de cristales dando lugar a lo que llamamos "agujetas".

El *rigor mortis* varía según el animal y el músculo. El tiempo que dura depende la temperatura (ver la Tabla 2).

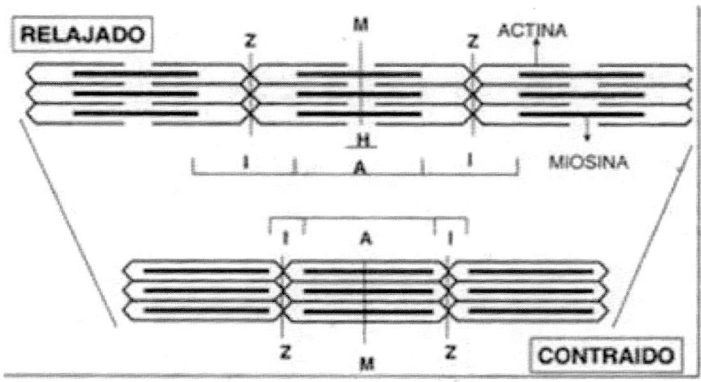

Figura 25.- Músculo relajado y músculo contraído.
Fuente: Tu Universidad Virtual.

Tabla 2.- Tiempo que dura el rigor mortis en función de la temperatura. Fuente: AMV Ediciones.

Temperatura	Tiempo
-1,5ºC	3.4 semanas
0ºC	15 días
20ºC	2 días
43ºC	1 día

Un toro de lidia después de la corrida o un caballo después de una carrera no tienen reservas de glucógeno, y por lo tanto no hay producción de ácido láctico ni caída del pH. Dan una carne **DFD** (dark, firm, dry). Es decir oscura, firme y seca. Esta carne, por tener un pH prácticamente neutro, tiene un alto riesgo de contaminación microbiana.

En el otro extremo tenemos animales en reposo sacrificados en zonas de alta temperatura que aceleran la glucólisis y dan como resultado una carne **PSE** (pale, soft, exhudative. Es decir pálida, blanda y exudativa).

Veamos también dos casos que se suelen presentar:

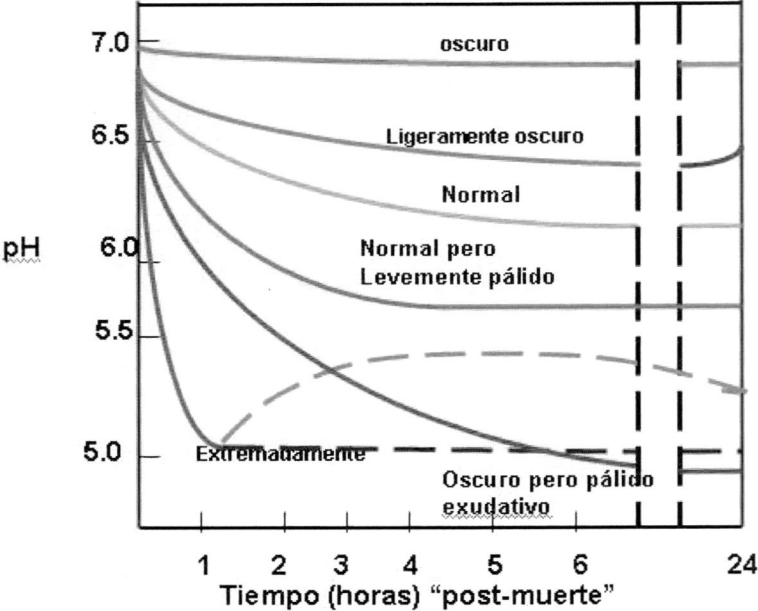

Figura 26.- Variación del pH *postmorten* para carnes normales, DFP y PSE. Fuente: Carballo, Bertha. Tecnología de la carne y de los productos cárnicos. AMV Ediciones.

A.- Cold shortening. Una vez sacrificado el animal y ya en el túnel de refrigeración puede aparecer este fenómeno, que consiste en la liberación de todos los iones calcio del retículo sarcoplásmico a temperaturas inferiores a 15-16ºC, provocando una contracción mayor y un acortamiento superior al normal. A temperaturas superiores a 15-16ºC se acelera el *rigor mortis*, llegando incluso a aparecer durante el procesado de la carne. Por todo eso, la temperatura ideal es de 15-16ºC.

B.- Thaw-rigor. Aparece este fenómeno en carnes que han sido congeladas previas al *rigor*. Cuando se descongelan se acentúa el *rigor*, ocurriendo una gran pérdida de jugos. Por eso se aconseja congelar pasado el *rigor*.

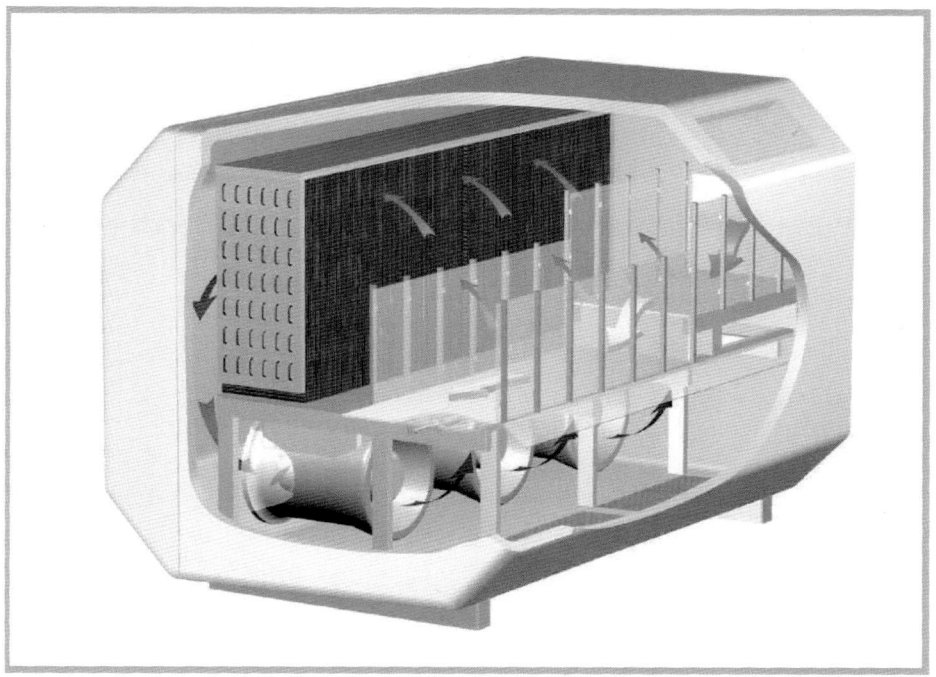

**Figura 27.- Túnel de congelación para carne.
Fuente Grupo Mondial-Frigo.**

18.- Ejercicios prácticos. Las soluciones al final del libro.

1.- Enumerar los dos tipos de músculos en las personas adultas

2.- Las mitocondrias son:
   a) Las encargadas de producir energía para las células.
   b) Las encargadas de la división celular.
   c) Las generadoras de citoplasma.

3.- La función de la hemoglobina es:
   a) Transportar el hierro en la sangre.
   b) Transportar el oxígeno en la sangre.
   c) Transportar el nitrógeno en la sangre.

4.- ¿Qué son los músculos estriados ¿

5.- El colágeno es:
   a) Un lipoide.
   b) Un hidrato de carbono.
   c) Una proteína.

6.- El componente mayoritario de los músculos estriados es:
   a) Las proteínas.
   b) Las sales minerales.
   c) Las vitaminas.

7.- La principal responsable del color rojo de la carne es:
   a) La miosina.
   b) La actina.
   c) La mioglobina.

8.- ¿Qué significan las siglas CRA?

9.- ¿Qué son las carnes DFD?

10.- ¿Qué es una emulsión?

11.- ¿Qué son los emulgentes?

12.- Enumerar algunos emulgentes

13.- ¿Qué es un gel?

14.- ¿Qué son las enzimas?

15.- La contracción muscular está controlada por:
   a) El ión calcio.
   b) La clorofila.
   c) El almidón.

Capítulo 4 FUNCIONAMIENTO DE UN MATADERO

1.- Sacrificio de los animales en los mataderos

Las unidades de producción en el sector cárnico son tres: el matadero, la sala de despiece y la industria cárnica.

Los centros de producción de carne propiamente dichos son los mataderos. Estos difieren según la especie animal.

Los animales más comúnmente sacrificados en los mataderos son vacunos, cerdos y ovejas. También se sacrifican cabras, caballos, camellos, etc., dependiendo de las circunstancias locales. Además, está el sacrificio de aves, que ha alcanzado una gran importancia (pollos, codornices, patos, perdices, etc.).

En cuanto al ganado vacuno, los animales sacrificados son bueyes, vacas, novillos y terneros. La Tabla 1 nos da el peso aproximado de estos animales en el momento de la matanza, aunque estas cifras pueden variar mucho de un país a otro.

Tabla 1.- Peso del ganado vacuno en el momento del sacrificio.

Especie	Kilos en el momento del sacrificio
Bueyes	400-600
Vacas	350-450
Novillos	250-300
Terneros	50-70
Terneros de leche	18-23

En el caso de los cerdos, su matanza tiene lugar cuando su peso oscila entre 80 y 120 kilos. En las ovejas el peso es de 40 a 50 Kg, y en los corderos es de 10 a 30 Kg.

El sacrificio de cerdos cuando pesan más de 80 kilos se hace pensando en la producción de beicon.

Una vez sacrificado el animal, se divide en varias porciones, siendo la canal la pieza fundamental, que después se puede despiezar. La canal suele corresponder al 61-64 por ciento del peso del animal en vivo. Otros productos son las vísceras, partes grasas, sangre, tripas, pieles, etc. En el caso de los cerdos, la canal y otros productos comestibles, pueden llegar a representar el 75-80 % del peso en vivo del animal.

La sangre puede utilizarse para la producción de morcillas, plasma o harina de sangre.

El sebo o la manteca son fundidos y purificados, siendo posteriormente utilizados en muchas aplicaciones (alimentación, jabones, farmacia, etc.).

La Tabla 2 nos da porcentajes de aprovechamiento de ovejas y corderos. Como se ve, la canal y otros productos comestibles vienen a representar un 61-64% del peso en vivo del animal. La sangre representa un 3,5-4% del peso en vivo del animal.

Tabla 2.- Aprovechamiento de los animales sacrificados (ovejas y corderos).

Porción	Ovejas	Corderos
Canal y otros productos	61-63	62-64
Grasa comestible	4-5	5-6
Sangre	4-4,5	3,5-4
Productos no comestibles	7-8	6-7
Mermas	1-1,5	0,5-1
Estómago e intestinos	9,5	5,5
Piel y lana	11	15

Estas cifras (Tablas 1 y 2) son de carácter general y varían con las razas, alimentación, etc.

Así por ejemplo, hay razas mucho más ricas en grasa debido a la alimentación a que han estado sometidas. Como ya dijimos antes, en el caso de los cerdos, la canal y los productos comestibles pueden llegar a representar el 75-80% del peso en vivo del animal, en comparación con el 62-64% que hemos visto para el vacuno y lanar.

2.- Líneas de sacrificio de vacuno, cerdo y lanar

Antes del sacrificio propiamente dicho, los animales deben ser transportados hasta el matadero, donde a su llegada pasan a unos corrales de espera. El transporte debe efectuarse en las debidas condiciones para preservar el bienestar de los animales, y que no lleguen exhaustos. En la actualidad se cuida mucho este aspecto para evitar un sufrimiento innecesario a los animales. Además, un cansancio exagerado del animal hace que éste consuma el glicógeno que acumula en sus músculos, con lo que no tendrá lugar la formación de ácido láctico una vez sacrificado. Esa formación de ácido láctico es fundamental para que baje el pH de la carne de 7,2 hasta 5,7-5,8, con lo cual se podrá conservar fresca. Lo mismo ocurre cuando se sacrifica al animal hambriento y sin haber descansado debidamente.

En los establos se reciben los animales y se mantienen en condiciones especiales de reposo llamadas "en capillas", que influirán en la calidad de la carne. Sin embargo, se ha observado que este reposo muchas veces no tiene el efecto deseado. Los animales se encuentran en condiciones no familiares, a las cuales no están acostumbrados, que desembocan en peleas y estrés, con un aumento de las carnes DFD. Así en Dinamarca, el descanso de los cerdos se reduce de 2 a 4 horas.

En Nueva Zelanda y Australia se considera que la carne de vacuno de mejor calidad se obtiene sacrificando al animal tan pronto como llega al matadero. Claro está que todo depende de la carne que se quiera obtener y la finalidad a la que va destinada.

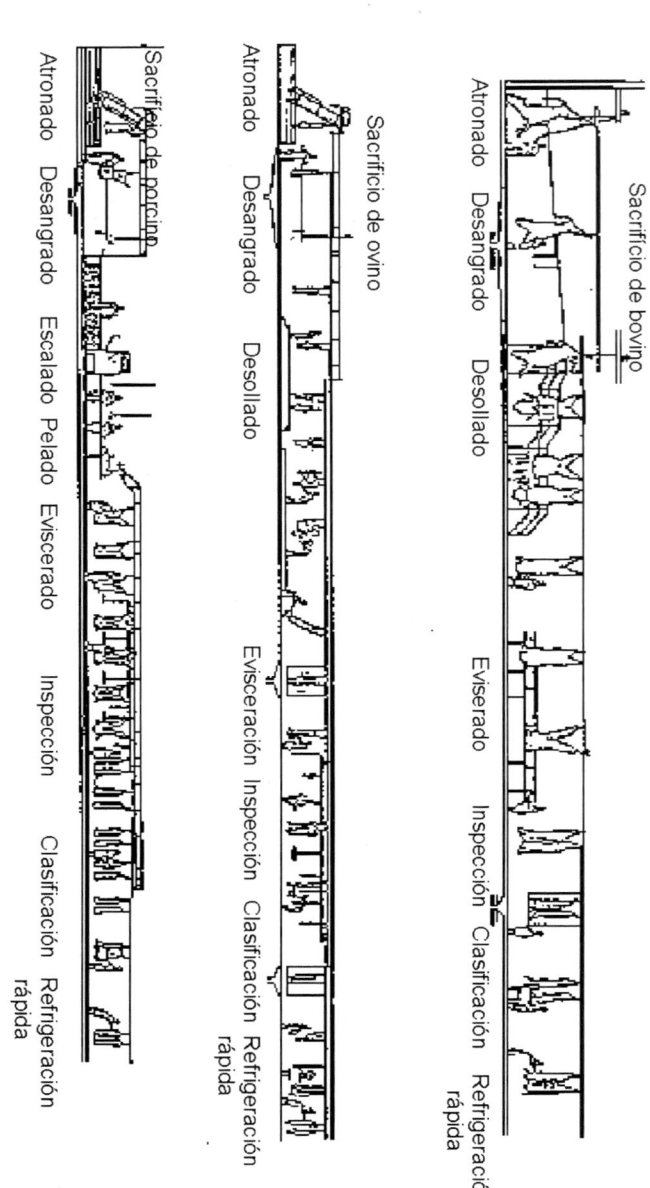

Figura 2
Esquema del faenado

**Figura 1.- Líneas de sacrificio de vacunos, ovinos y cerdos.
Fuente: The New Zealand Digital Library.**

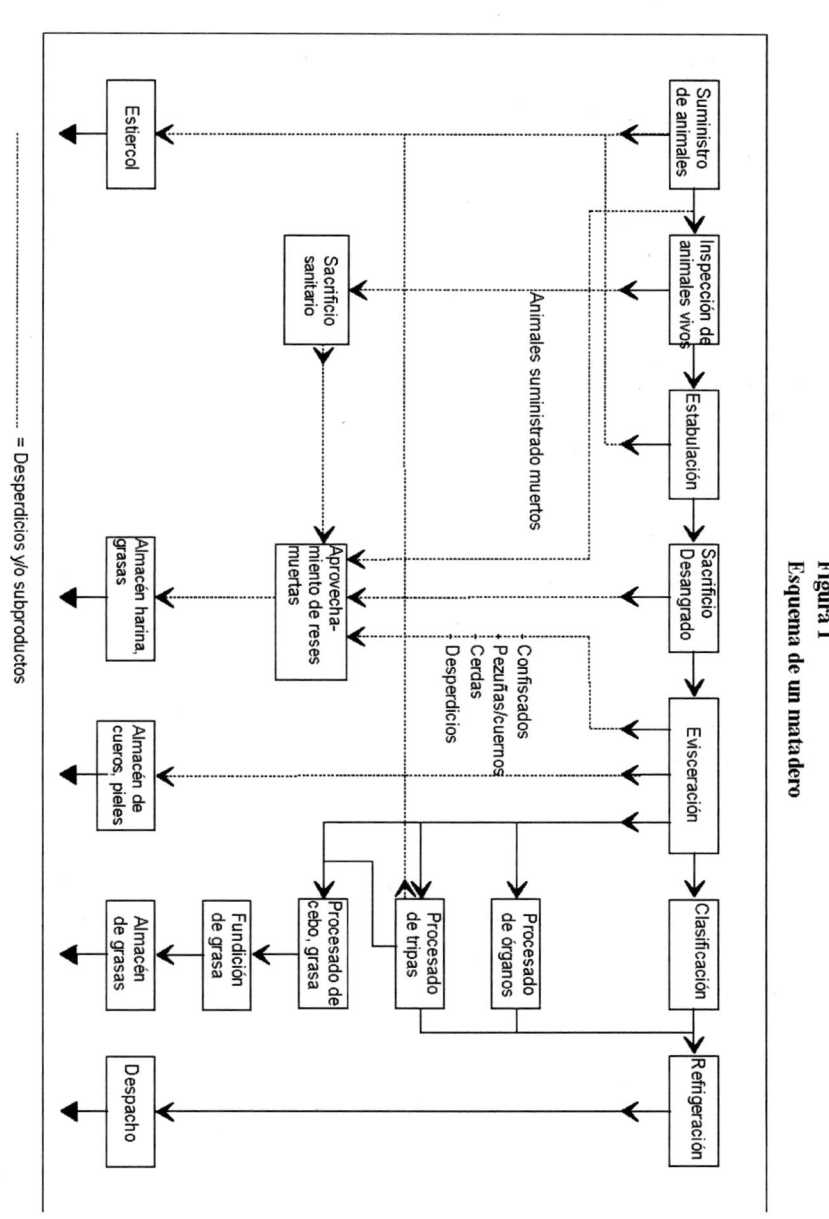

Figura 2.- Esquema del funcionamiento de un matadero.
Fuente: The New Zealand Digital Library.

Las salas de matanza y evisceración constituyen la parte "sucia" del matadero.

La canal es el cuerpo del animal listo y dispuesto para su venta directa como carne. Depende de la especie animal que lleve cabeza o no.

Después de preparadas las canales se refrigeran y pasan a la sala de despiece, donde hay una línea continua de descuartizado, que produce las partes normalizadas.

3.- Subproductos de mataderos

Los subproductos de las salas de matanza y evisceración son:

A.- Sangre.

Que se puede secar para emplearla como pienso o bien se separa en plasma y fracción globular. El plasma se emplea en la industria de charcutería, adicionándolo en hamburguesas, salchichas, etc. El plasma tiene unas excelentes cualidades funcionales por su contenido en proteínas (capacidad de retención del agua, emulsionante de la grasa, coloración, valor nutritivo, etc.). La sangre se utiliza en la fabricación de morcillas, en la industria farmacéutica, etc. Conviene que el desangrado sea exhaustivo ya que la sangre es un excelente medio de cultivo para los microorganismos. Si la sangre va a utilizarse industrialmente hay que impedir que coagule, para lo cual se añaden citratos, oxalatos y fosfatos.

B.- Vísceras.

Que pueden dedicarse a consumo humano directo (riñones, hígados, sesos) o bien para la extracción de productos farmacéuticos (por ejemplo, insulina a partir del páncreas). Los intestinos se dedican a la industria de tripería y a la elaboración de callos.

C.- Desechos de recortes. Se pueden destinar a la fabricación de harinas y grasas.

D.- Pieles. Se dedican a la tenería.

E.- Grasas. Se obtienen por fusión del tejido adiposo y se pueden emplear en consumo humano (pastelería, shortening, etc.) o como grasas industriales.

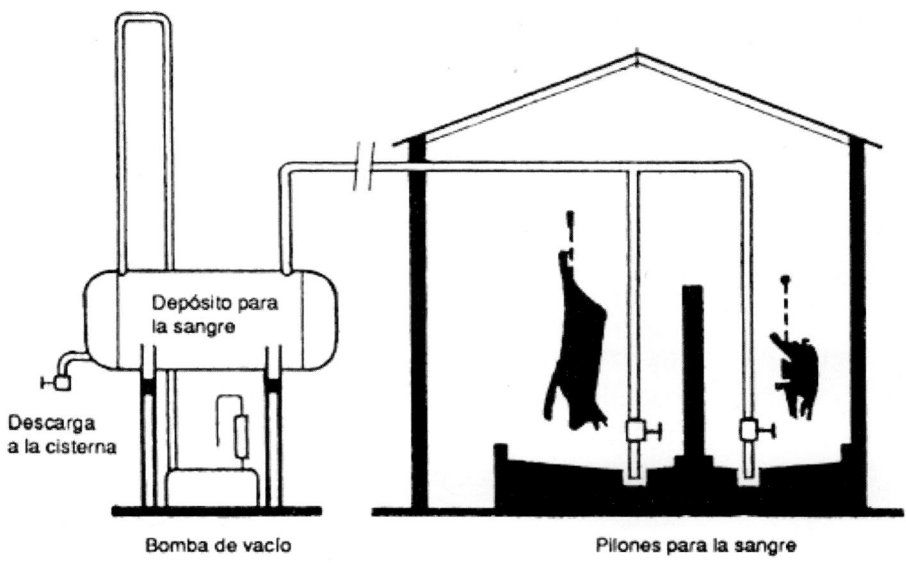

Figura 3.- Recogida de sangre en un matadero. Fuente: FAO.

F.- Huesos.
Se pueden emplear en la fabricación de harinas junto con los desechos de recortes o bien en la fabricación de gelatinas o colas comestibles. La rapidez con que actualmente se realiza el despiece, exige una recuperación de la carne que queda adherida a los huesos. Así tenemos la llamada carne MDM (Mechanical deboned meat), que es la carne recuperada mecánicamente adherida a los huesos.

Estas carnes se obtienen triturando los huesos y tamizándoles después. En cualquier caso hay que tener cuidado con esta carne ya que es un producto de baja calidad y alto riesgo sanitario.

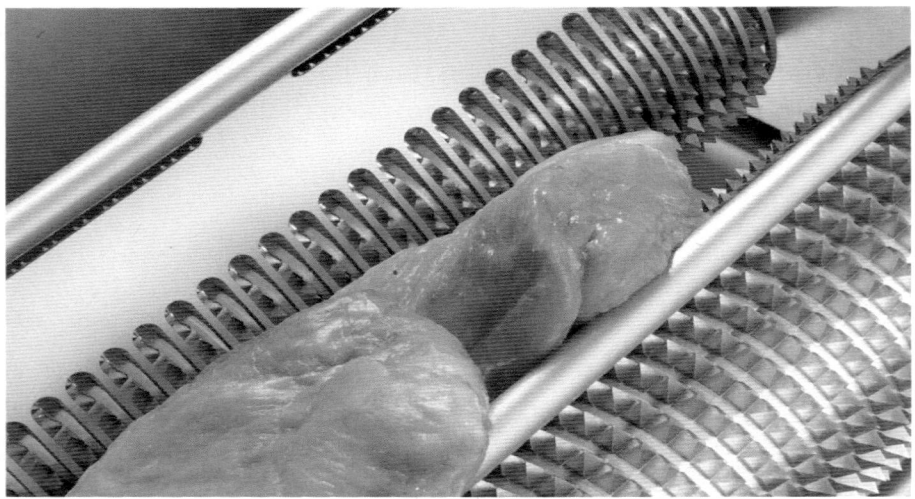

Figura 4.- Tenderización de la carne. Equipo con rodillos de cuchillas rotativos. Fuente: GEA.

4.- Estimulación eléctrica de la canal

Como ya dijimos anteriormente, cuando la canal se somete a la acción de una corriente eléctrica, se produce un ablandamiento de la carne (*tenderización).*

La estimulación eléctrica es una práctica habitual en muchos países, porque los consumidores exigen una carne muy blanda. La estimulación eléctrica ha sustituido con ventajas de tiempo y coste a la maduración en cámaras refrigeradas (2 a 3 días a unos 0 a 4ºC).

Las canales se colocan en una cinta transportadora donde reciben hasta 5 impulsos o choques eléctricos de alto voltaje.

Como acabamos de decir, el consumidor es cada vez más exigente con la calidad de la carne, incluido el que no sea dura.

5.- Refrigeración de la carne

Una vez preparada la carne hay que refrigerarla lo antes posible para reducir la contaminación bacteriana. Pero si la carne se refrigera en estado *pre rigor*, a temperaturas inferiores a 10ºC, se provoca una salida brusca de todos los iones calcio del retículo sarcoplásmico, produciéndose una contracción brusca que da lugar a una carne muy dura. Este es el fenómeno que ya estudiamos llamado *Cold shortening*.

Figura 5.- Sala de refrigeración de canales.
Fuente: MPS-Group. Holanda.

Generalmente las salas de refrigeración tienen dos partes:
1.- *Túnel para un enfriamiento rápido* hasta temperaturas de 10 a 15ºC. El gradiente de temperatura en el túnel es muy elevado (la temperatura del aire suele ser de hasta -5ºC). Desde ahí pueden pasar al despiece o bien, a la segunda parte.
2.- *Cámara frigorífica* de almacenamiento.
Cuando las canales se destinan a congelación pasan directamente a la cámara o túnel correspondiente. Esta operación también debe ser rápida.

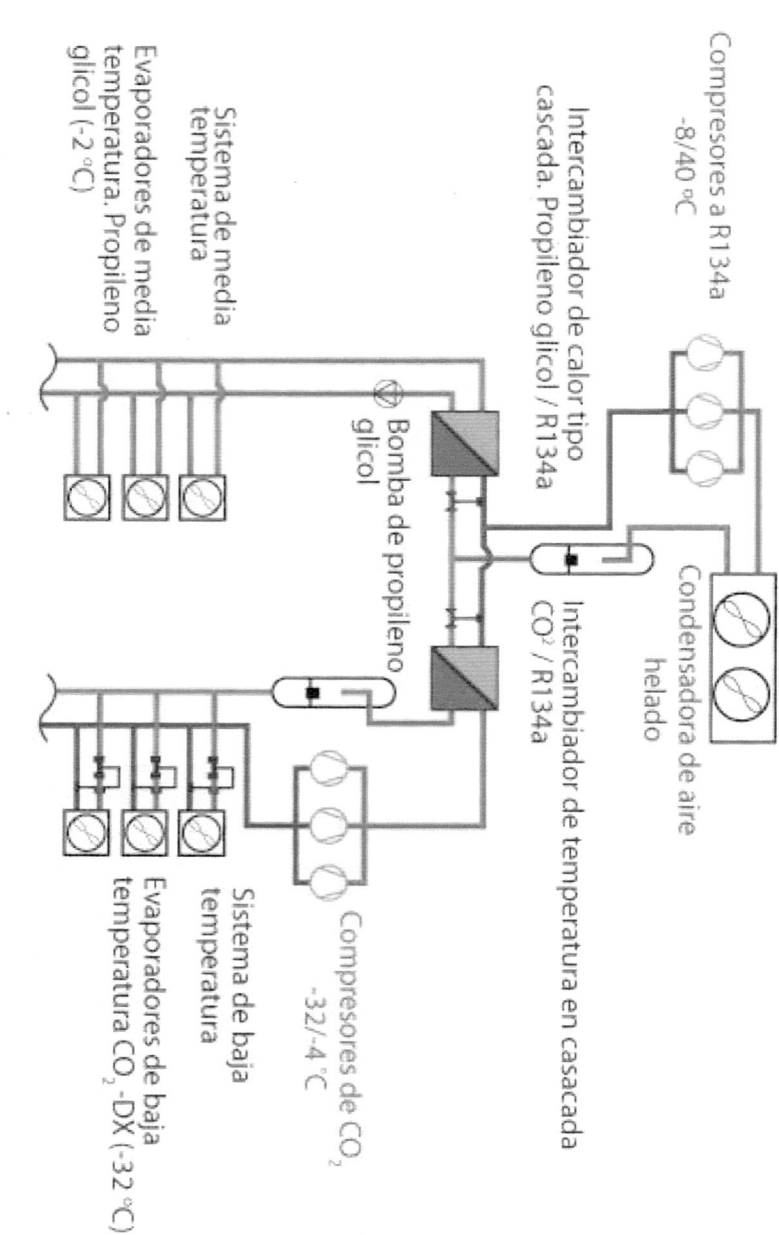

**Figura 6.- Diagrama de un sistema de refrigeración en cascada.
Fuente: Mundo HVACR.**

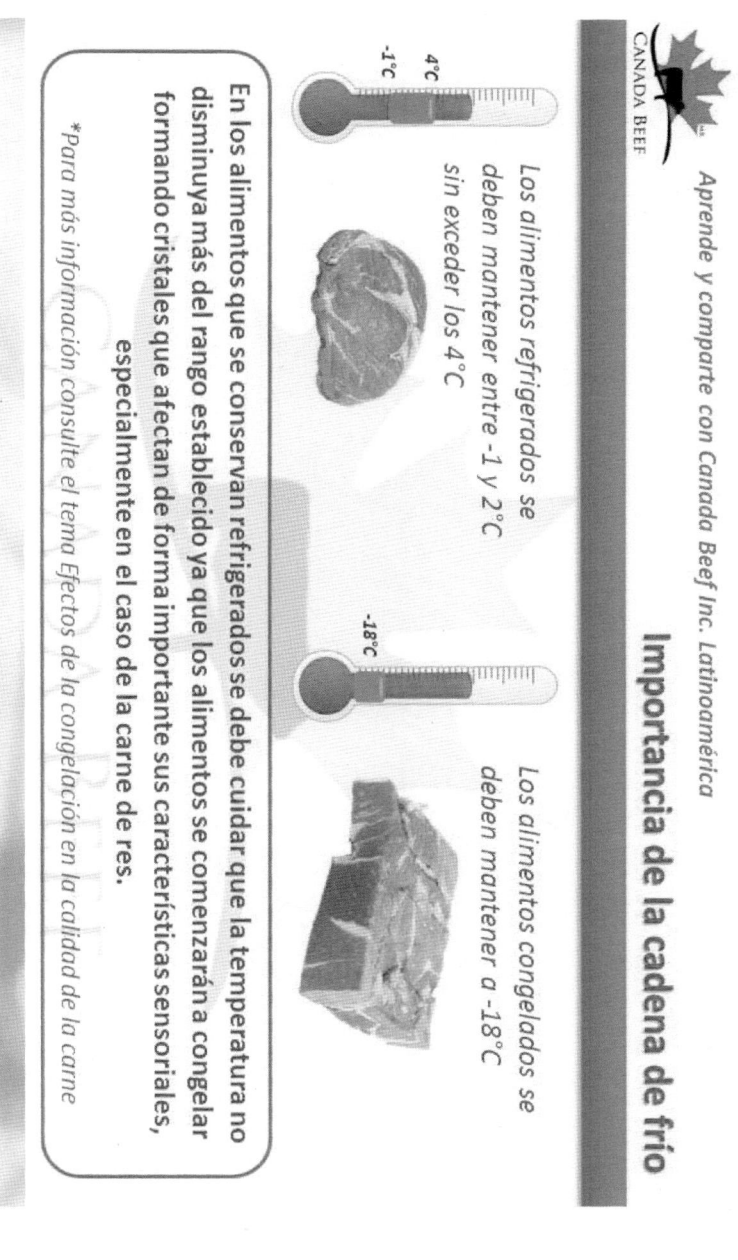

Figura 7.- Importancia de la cadena de frío en la conservación de la carne. Fuente: Canadian Beef.

6.- Características organolépticas de la carne

Los parámetros de calidad de la carne, que son evaluados de forma consciente e inconsciente por el consumidor, constituyen las características organolépticas.

Las características organolépticas son el conjunto de propiedades perceptibles por nuestros sentidos: color, la blandura o ternura, el aroma y sabor, la textura y el aspecto. Veamos cada una de ellas.

Figura 8.- El color de la carne varía según se trate de pollo, cerdo o ternera. Fuente: Damma.

1.- *Color*. Depende de la cantidad de pigmento mioglobina del músculo. No solo depende de su concentración sino del estado de oxidorreducción (ya visto anteriormente). También depende de la CRA (capacidad de retención de agua), porque cuando tiene agua ligada absorbe más radiaciones y refleja menos, dando la impresión de carnes mucho más oscuras.

Pero cuando el agua está libre, se refleja una mayor proporción de la radiación, dando apariencia mucho más clara.

El color del músculo también es una indicación de la historia del animal del que procede. Así, los músculos más oscuros contienen más hemoglobina y corresponden a los que se han ejercitado más vigorosamente.

Efectivamente, los músculos de animales salvajes (caza, en general) tienden a ser más oscuros que los de los domésticos, que llevan una vida más sedentaria.

Las terneras jóvenes y todo el ganado confinado mientras engorda tienen músculos más pálidos.

Otro aspecto es el color de la grasa, que puede indicar la edad y el tipo de alimentación del animal. Así, de la grasa oscura de una vaca se puede deducir que el pigmento naranja (carotenoides) del pasto que ha comido se ha acumulado en ella.

Generalmente, la grasa de las vacas y animales viejos es mucho más oscura que la de los animales jóvenes que han sido engordados expresamente para carne.

2.- *Blandura*. Aunque no tiene apenas significado desde el punto de vista nutritivo, es fundamental para juzgar la calidad. Define la facilidad con la que la carne se mastica. Su antagónico es la dureza. También aquí influye decisivamente la actividad fisiológica del animal. La carne es más dura cuanto más abundante es en colágeno. Por el contrario, a mayor contenido en grasa más tierna es la carne. Por último, existe una relación inversa entre la blandura y la cantidad de proteína del músculo y de ciertos iones como zinc y manganeso.

3.- *Jugosidad*. Viene dada por el grado de infiltración de la grasa o *marbling (marmoleo)*, que evitan la sequedad de la carne. La falta de grasa de infiltración da como resultado carnes más fibrosas, menos jugosas y de peor sabor. La jugosidad también está fuertemente ligada al pH de la carne, correspondiendo la peor jugosidad a las carnes PSE.

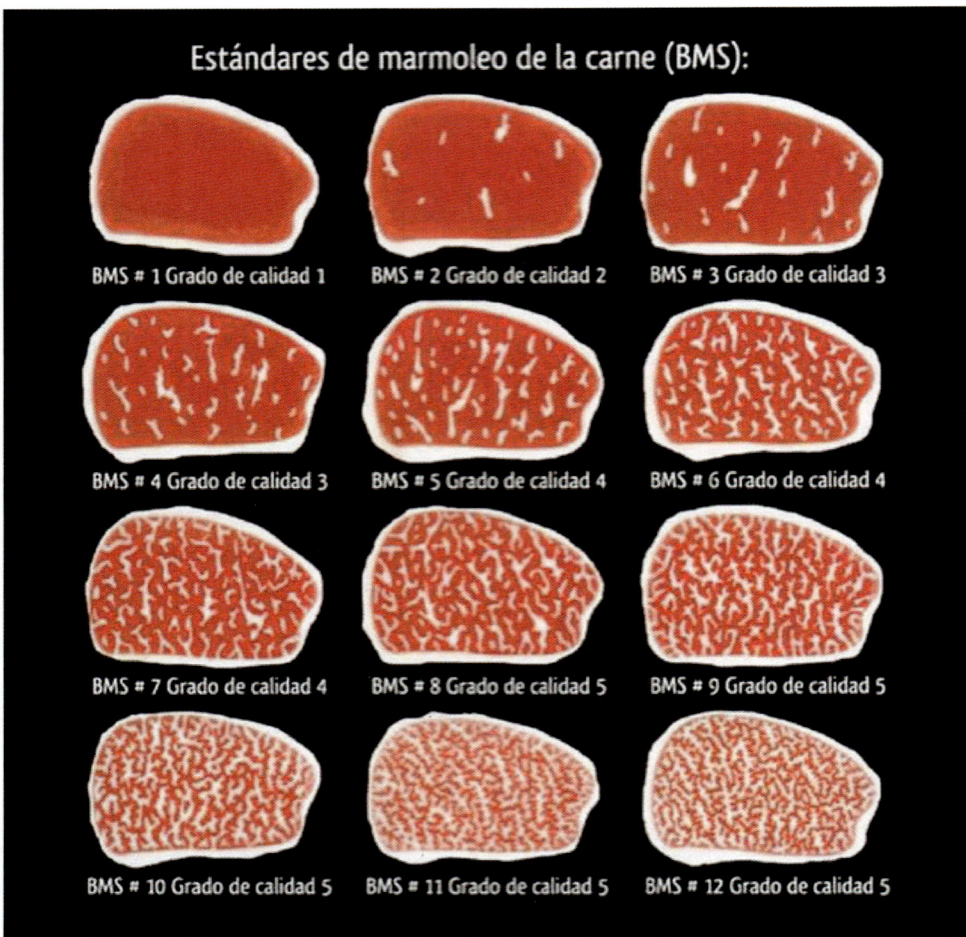

Figura 9.- Grados de infiltración de la grasa en la carne. Fuente: Twitter. X. Garbancita.

4.- *Textura.* La jugosidad, junto con la terneza o ternura, determinan la textura de la carne.

5.- *Aroma y sabor*. Vienen determinados por una amplia gama de productos químicos presentes en concentraciones muy pequeñas, que no afectan al valor nutritivo, pero sí a la aceptación por el consumidor.

Así tenemos que el sabor depende de la carnosina, nucleótidos, ciertos aminoácidos libres, acción de los microorganismos y presencia de ácidos grasos libres y del grado de lipólisis de la carne.

CARNOSINA

Figura 10.- Fórmula de la carnosita, sustancia que influye en el sabor de la carne. Fuente: Pontificia Universidad Javeriana. Bogotá.

6.- *Aspecto*. Depende de la relación magro/grasa, de la capacidad de retención de agua y de la consistencia. La consistencia viene definida por el entramado de colágeno de sostén y sobre todo, por la composición en ácidos grasos de los lípidos musculares. Los niveles de ácido esteárico aumentan la consistencia y los de ácido linoléico la disminuyen.

7.- Calidad sanitaria de la carne

Una carne sana ha de considerarse desde varios puntos de vista:
- Parasitológico.
- Microbiológico.
- Toxicológico.

Los dos primeros aspectos siempre han sido inspeccionados por los veterinarios. El aspecto toxicológico también es muy importante en la actualidad, como consecuencia de los fármacos utilizados para tratar las enfermedades del ganado.

Desde el punto de vista microbiológico, la carga microbiana inicial de la carne depende de varios factores:
- El animal *per se* (especie, proporción de grasas, etc.).
- El estado del animal (ayuno, reposo, etc.).

- Hábitat del animal (si el animal estaba estabulado habrá gran cantidad de bacterias entéricas).
- Las sales de curado y las especias añadidas.
- El tipo de troceado. Cuanto mayor sea la relación superficie-volumen más se facilita el desarrollo de micro-organismos.
- La adición de conservantes que Inhiben el desarrollo microbiano.
- El escaldado. Destruye todos los microorganismos. Hay que evitar posteriores contaminaciones.

La carne como tal es inicialmente estéril (si el animal está sano). Los microorganismos se encuentran en los ganglios linfáticos, en el intestino y sobre la piel.

La flora microbiana predominante está compuesta por:

Lactobacillus, Mycobacterium, Pseudomonas, Acinetobacter, Micrococcus y entero-bacteriace. Las más importantes son las dos primeras.

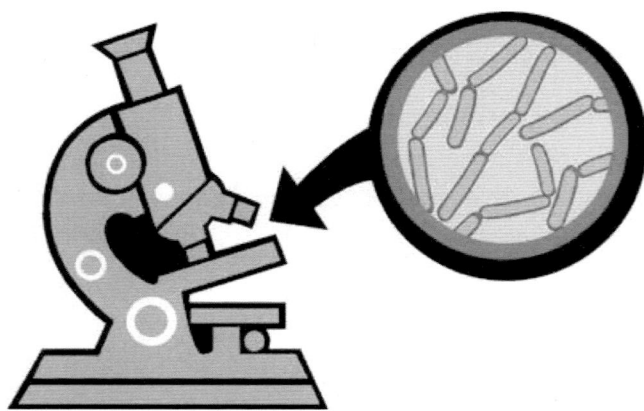

Figura 11.- Lactobacilos vistos al microscopio. Fuente: Erica Castro, Magaly Encina, Javier Ferrer y Magaly Sánchez. Gobierno de Chile. CONICYT.

Los microorganismos llegan al interior del músculo por el corte y el sangrado.

El cuchillo es generalmente el vehículo que contamina y propaga los microbios de una res a otra, o de distintas partes de una misma res. Sería necesario hacer una descontaminación continua de los cuchillos en la cadena del matadero.

También contaminan la piel del animal, los paños de limpieza, las canales, las cintas transportadoras, las paredes, los suelos, los operarios, etc.

Por todo ello se pueden dar las siguientes recomendaciones:

- Ayuno de 24 horas y reposo antes del sacrificio. Con el ayuno conseguimos que el tracto intestinal este más vacío de microbios.
- Lavado del animal con agua clorada a 60-70ºC.
- Sangría rápida.
- Empleo de duchas y evitar el uso de paños.
- Inspección veterinaria.

8.- Inspección de los animales sacrificados

Se realiza siguiendo el orden que se expone a continuación:

1º Sangre. Comprobándose la intensidad de color, la coagulación y si en ella se presentan cuerpos extraños.

2º Cabeza, ganglios linfáticos, faríngeos y del canal maxilar, amígdalas y lengua. Buscando la posible existencia de micosis, glosopeda y lesiones tuberculosas.

3º Pulmones, tráquea y ganglios linfáticos del hilio pulmonar y mediastino, para observar la posible presencia de cisticercos, larvas de hipodermas y sarcosporidios. Además de inflamaciones, focos neumónicos, lesiones, etc.

4º Pericarpio y corazón. Se busca la presencia de posibles cisticercos, pericarditis traumáticas, tuberculosis de la serosa, equinococos, etc.

5º Diafragma. Para detectar posibles cisticercos.

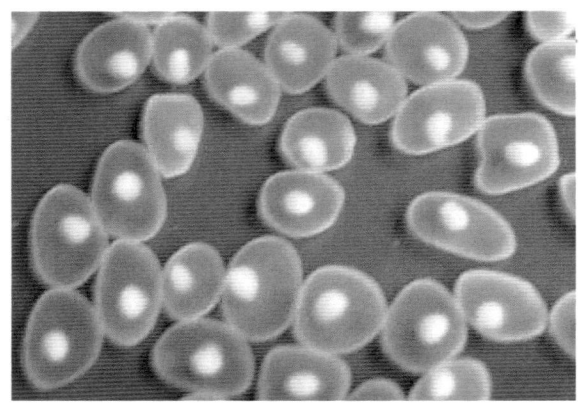

Figura 12.- Cisticercos extraídos de carne de cerdo. Fuente: Doctora I. de Haro Arteaga. Facultad de Medicina. UNAM. Universidad Nacional Autónoma de México.

6º Hígado, ganglios linfáticos de la porta y vesícula biliar. Atendiendo al tamaño del hígado: hepatitis, adherencias, focos parasitarios, fasciola hepática, lesiones inflamatorias y engrosamiento de las paredes de la vesícula, así como análisis bacteriológico total.

7º Canal gastro-intestinal, ganglios mesentéricos y epiplones. Buscando lesiones inflamatorias y parasitosis.

8º Bazo. Examinando por inspección visual y palpación, comprobando coloración y consistencia.

9º Riñones con sus ganglios linfáticos y vejiga. Cuando se tiene sospecha de tuberculosis, se extraen de la canal para análisis más exhaustivos.

10º Matriz, vulva y vagina. La matriz mediante palpación por si existe presencia de algún contenido anormal.

11º Ubre y ganglios linfáticos mamarios. Comprobando si existe secreción fluyente y estado inflamatorio.

La inspección veterinaria es un paso muy importante para garantizar la calidad de la carne y de sus derivados.

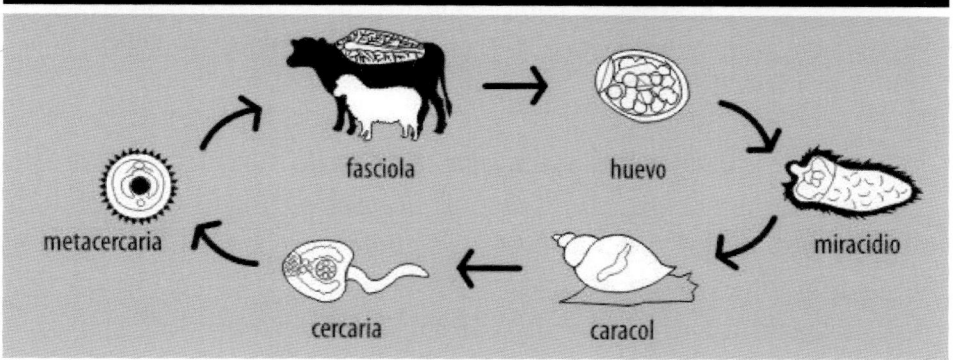

Figura 13.- Ciclo de la Fasciola hepática. Fuente: OVER. Argentina.

Figura 14.- Pericarditis traumática en ganado vacuno. Fuente: Dr. Rony Renato Guinet Cabral. PROSEGAN. Productos & Servicios Ganaderos.

En caso de sospecha de tuberculosis generalizada hay que reconocer los grupos de ganglios linfáticos o linfocentros.

9.- Sacrificio de cerdos

En primer lugar vamos a estudiar la línea de sacrificio de cerdos. En el momento del sacrificio, el animal es insensibilizado por cualquiera de los procedimientos siguientes:

- *Choque eléctrico*. Se somete al animal a la acción de una corriente eléctrica de voltaje y amperaje determinados (normalmente es de 75-87 voltios), que permiten la insensibilización del animal sin provocar su muerte. Este aturdimiento produce un relax muscular que dura unos dos minutos. Pasado ese tiempo el animal comienza a despertarse, por lo que la matanza debe seguir inmediatamente al aturdimiento.
- *Dióxido de carbono*. Se utiliza dentro de una cámara especial, dotada de los aparatos de seguridad necesarios para garantizar presión y dosis constantes del gas. El aturdimiento del animal se consigue con una atmósfera del 60-70% de CO_2, por un periodo de dos minutos, acabado el cual el animal comienza a reanimarse.
- Otros procedimientos que respeten al animal para que no sufra.

Después de la insensibilización, el cerdo es izado por sus patas traseras a la red de suspensión aérea.

Se sitúa entonces sobre la piscina de sangría y se hacen las incisiones adecuadas (se procede a cortar la vena cervical y una de las arterias) para que sangre el animal.

Dicha piscina debe ser construida con material impermeable, de fácil limpieza y desinfección, disponiendo de doble desagüe en el caso de que la sangre sea recogida para su aprovechamiento.

La sangre destinada al consumo humano debe ser recogida y manipulada de forma higiénica, inmediatamente después del sangrado.

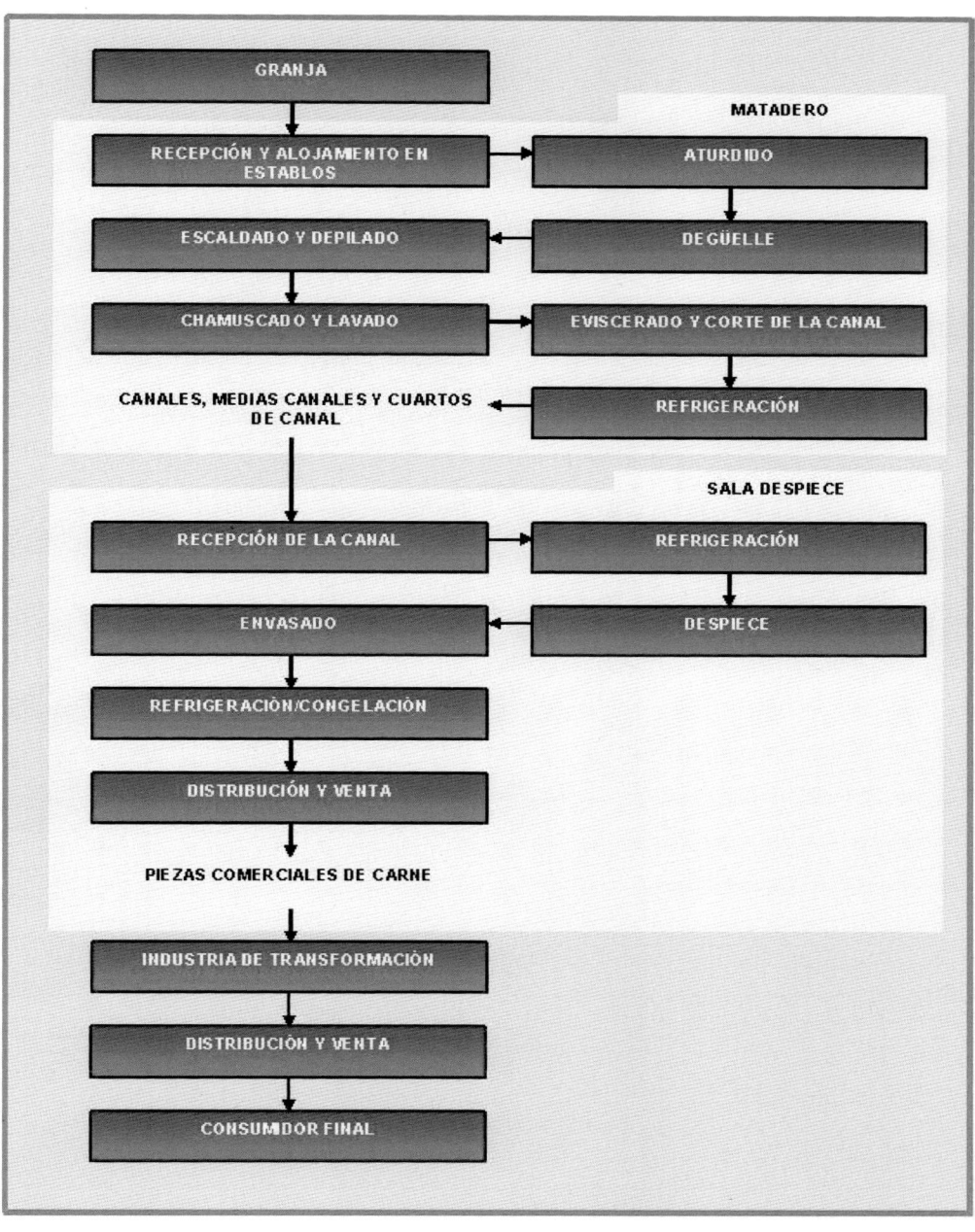

Figura 15.- Diagrama de flujo de un matadero de cerdos.
Fuente: UPC. Universitat Politècnica de Catalunya.

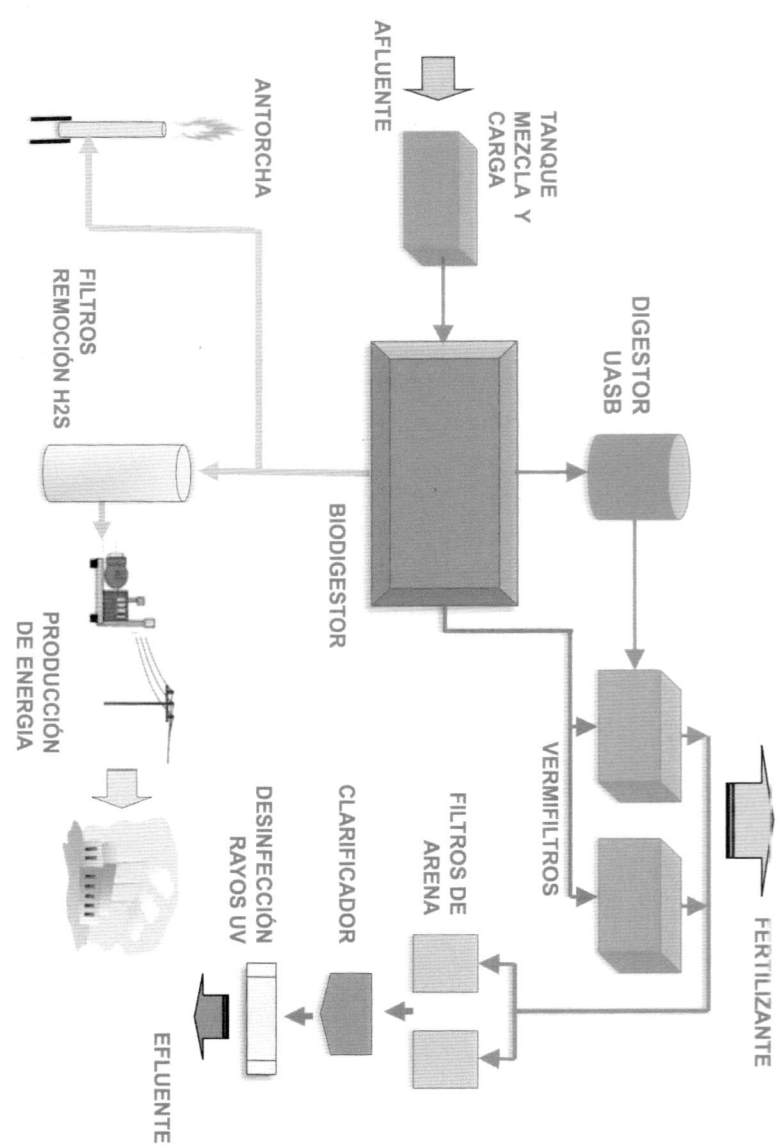

**Figura 16.- Biodigestor en un matadero de cerdos y reses.
Fuente: Aqualimpia.**

Para una mayor seguridad se debe disponer de un sistema de desangrado cerrado, de forma que con un cuchillo especial provisto de un sistema para hacer el vacío, la sangre pase directamente del animal a un depósito cerrado. El periodo de sangrado suele ser de unos 6 minutos.

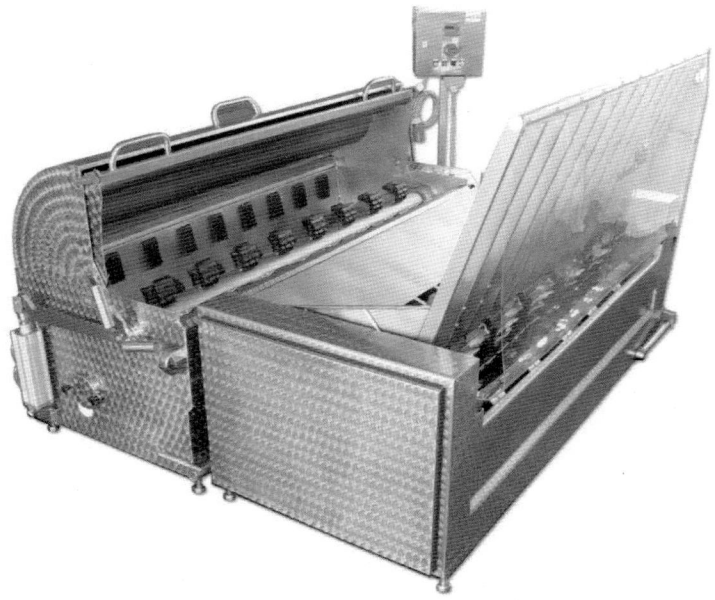

Figura 17.- Máquina para escaldar y depilar cerdos.
Fuente: Hubert Haas.

Después viene las operaciones de escaldado y depilado, a la vez que se elimina suciedad superficial y se matan bacterias presentes en la piel del animal.

El escaldado se hace a una temperatura de unos 60ºC durante unos 3 a 6 minutos. Si se eleva más la temperatura se puede dañar la piel del animal.

Existen máquinas combinadas para escaldar y depilar (Figura 17). Los cerdos entran de dos en dos por un plano inclinado al túnel donde se realizan las operaciones citadas.

Los animales se rocían continuamente con agua caliente a 60-62ºC y al mismo tiempo se depilan con bastidores especiales. El tiempo de paso del cerdo es de unos 3 minutos aproximadamente.

Una vez acabado el tratamiento, se abre automáticamente una trampilla de expulsión y el cuerpo del animal pasa a una mesa desde donde será nuevamente colgado para pasar a la siguiente fase de faenado.

Las máquinas llevan un bastidor de protección en acero inoxidable, plano inclinado de introducción, túnel continuo, cilindros depiladores, transportador, recipiente de agua de escaldado, dispositivo regulador de la temperatura y panel de control.

Estas líneas se fabrican para velocidades diversas (30 a 300 cerdos por hora, e incluso más).

Figura 18.- Horno chamuscador para cerdos.
Fuente: Tecno Meat.

La etapa siguiente es el chamuscado (Figura 18), que se hace en un horno a una temperatura de unos 900-1000ºC, eliminando así residuos y cerdas superficiales y destruyendo las bacterias presentes.

Como indica el fabricante (**Hubert Hass**):

El horno chamuscador quema toda la superficie del animal, eliminando los restos de pelo existentes después de las operaciones anteriores, particularmente la de depilación.

Esta máquina consta de cuatro columnas y 10 inyectores que funcionan de manera coordinada con el fin de cubrir toda la superficie del animal. El equipo funciona automáticamente sin necesidad de intervención humana, garantizando de esta forma un elevado nivel de calidad y seguridad.

El horno está construido en acero ST 44.2 metalizado y acero inoxidable AISI 304 y está diseñado para funcionar con gas natural. Todos los materiales utilizados en su fabricación son resistentes a la corrosión y son de fácil limpieza y desinfección.

Los cerdos son introducidos colgando en el horno. Cuando se llega al lugar de contacto, se encienden los quemadores y el cuerpo del animal es flameado. Se puede instalar un sistema de recuperación de calor para disminuir el consumo energético.

Al acabar el chamuscado, los cuerpos de los animales pasan a una sección de limpieza. Se rocían los animales con agua fría y los puntos negros formados sobre su superficie por el chamuscado, son eliminados mediante cepillos.

10.- Despiece del animal

El animal no ha sido aún despiezado. El primer corte que se le da es por el abdomen, procediéndose a sacar los intestinos para inspección veterinaria. Se continúa el corte hacia arriba y se extraen también los riñones, hígado, pulmones, corazón, lengua, etc.

Se corta después el animal en dos por el centro de la columna vertebral o a ambos lados. Así tenemos las dos canales.

Los intestinos pasan a otro departamento para su limpieza. Los productos grasos (grasa intestinal, grasa del lomo, etc.) pasan al departamento de fundido y purificación de grasas para consumo humano u otras posibles aplicaciones.

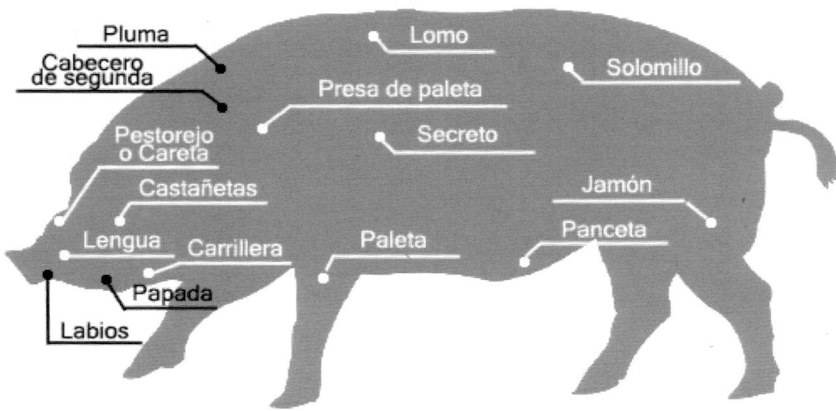

Figura 19.- Despiece de un cerdo (carrillera, secreto, presa, aguja, paleta, lomo, costilla, panceta, etc.). Fuente: Encina de Jabugo.

Las partes que no se consideran aptas para el consumo humano, pasan a la sección de subproductos, donde se esterilizan y transforman en harina y grasa purificada para usos industriales.

Las canales limpias se pesan y clasifican siendo transportadas por redes aéreas a una primera sala de preenfriamiento donde permanecen un corto periodo de tiempo para que la temperatura descienda unos pocos grados por debajo de la temperatura normal del cuerpo.

Pasan después las canales a una cámara donde se enfrían rápidamente hasta 0ºC por circulación de aire forzado con una humedad relativa del 85-90% (para no resecar la canal).

Después de este enfriamiento, las canales están listas para su transporte o para su despiece.

En las Figuras 19 y 20 vemos unos posibles despieces de un cerdo, que puede variar según costumbres o países.

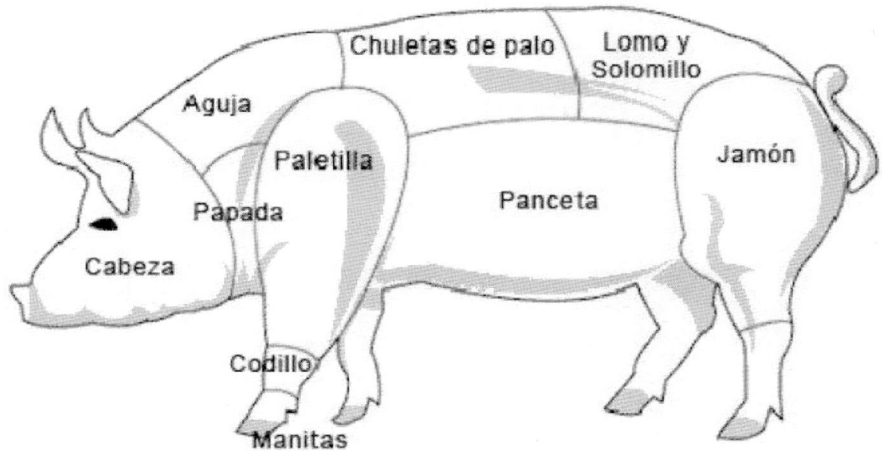

Figura 20.- Despiece de un cerdo. Fuente: Carnicería Rodera.

11.- Línea de sacrificio de ganado vacuno

Las fases de sacrificio y preparación en una línea de ganado vacuno son las siguientes:

- Aturdimiento y muerte del animal de forma que no sufra.
- Elevación mediante polipasto y transferencia a la vía de sangrado.
- Corte de cuernos y patas delanteras.
- Corte de patas traseras e inicio del despellejado por las patas traseras y transferencia de la línea de sangrado a la línea de faenado.
- Corte de la cabeza y preparación de la misma.
- Preparación para el despellejado automático.
- Preparación de las patas delanteras para el despellejado automático.
- Despellejado automático.
- Corte ventral para la evisceración.

- Evisceración.
- Corte en canal (manual o mecanizado).
- Inspección y ducha.

Las canales desolladas y cortadas son lavadas superficialmente y se envían a una sala de refrigeración, donde la temperatura se baja rápidamente durante las 6 primeras horas para evitar el desarrollo bacteriano. En las siguientes 10-12 horas se continúa el descenso térmico hasta llegar a 4ºC.

Figura 21.- Desollado de vacunos en un matadero.
Fuente: BANSS.

En la carne de vacuno, la maduración de la misma se consigue en unos 17 días a una temperatura de 0 a 1,5ºC. A temperaturas superiores se acorta el proceso. En las Figuras 22 y 23, tenemos el despiece de una vaca. Como siempre, este despiece puede variar según costumbres locales, países, etc.

Hablando de la carne de vacuno, todo el mundo está de acuerdo en que no se debe consumir en exceso. La carne roja se debe consumir una vez a la semana, en esto coinciden la mayoría de los nutricionistas.

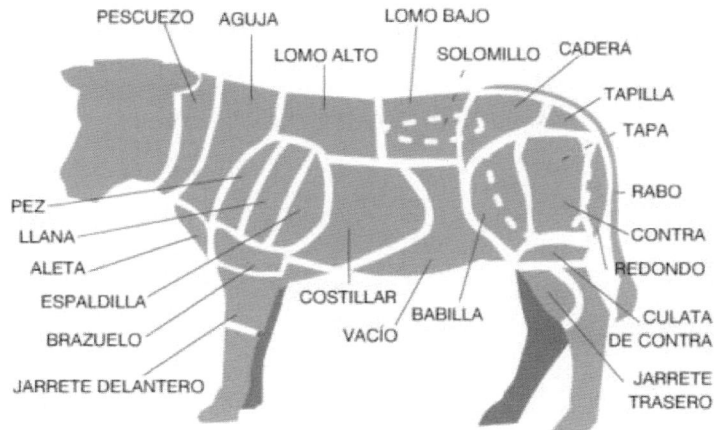

Figura 22.- Despiece de una vaca (pescuezo, morcillo, lomo alto, costillar, lomo bajo, etc.). El despiece puede variar de una región a otra. Fuente: viteval.com

EL DESPIECE VACUNO

1. SOLOMILLO
2. LOMO ALTO
3. LOMO BAJO
4. TAPA
5. COSTILLAR
6. BABILLA
7. AGUJA
8. ESPALDILLA
9. MORCILLO
10. CADERA
11. BRAZUELO
12. REDONDO
13. FALDA
14. PESCUEZO
15. CONTRA
16. RABO

Figura 23.- Despiece de vacuno. Fuente: super amara.

12.- Línea de sacrificio de ganado ovino

En las cadenas de matanza de ganado ovino las fases de faenado son:

- Anestesiado y fijación de la res.
- Sacrificio y sangrado del animal.
- Corte de manos.
- Desuelle, corte de la primera pata y transferencia.
- Desuelle, corte de la segunda pata y corte de las entrepiernas.
- Despellejado.
- Corte de la cabeza y corte abdominal.
- Evisceración abdominal y torácica.
- Ducha e inspección veterinaria.
- Preparación de las patas traseras para colgar.
- Transferencia.

En la Figura 24 vemos el posible despiece de una oveja, aunque puede variar según costumbres, regiones, países, etc.

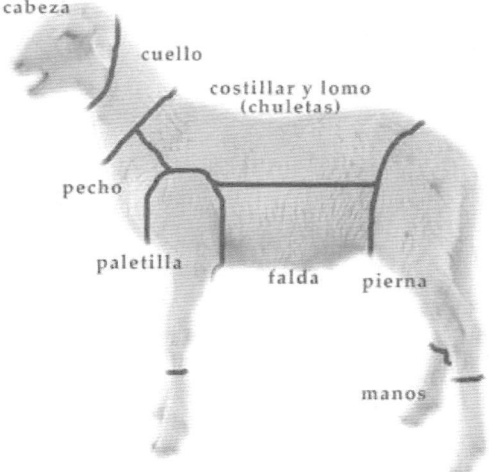

Figura 24.- Posible despiece de una oveja (silla, pierna, paleta, chuletas, costillar, falda, pecho, etc.). Fuente: OVIMANCHA.

En el sitio de Internet de **OVIMANCHA (Grupo Mota)** nos dan las características del cordero manchego, que por su interés, reproducimos a continuación:

"La carne de cordero destaca por su fácil digestibilidad, motivada por el equilibrio de sus componentes químicos esenciales. Es menos grasa que las demás, pero su contenido en proteínas es similar. Se trata, en definitiva, de un alimento sin problemas en su conservación y cocinado, muy recomendable en una buena dieta y que proporciona grandes satisfacciones al consumidor.

Precisamente, por tratarse de animales jóvenes, los corderos proporcionan carne de elevada jugosidad. Al aumentar la edad, la carne se hace más seca. En la carne de cordero es alta la concentración de grasa intramuscular, y esta circunstancia favorece la jugosidad y la terneza (ambos conceptos van siempre unidos, como es lógico). La grasa, repartida en forma de veteado uniforme, proporciona el grado óptimo de jugosidad.

Refiriéndonos ya a su composición química, hay que decir que la de la carne de cordero no difiere en absoluto de la de otras especies. Por ese motivo, su valor nutritivo no difiere tampoco. La edad, como en el resto de las especies, tiene más importancia si cabe sobre la composición de la carne, en el cordero. Hay que tener en cuenta, pues, que al aumentar la edad de un animal, también lo hace la concentración de mioglobina y la de grasa, disminuyendo el contenido acuoso del músculo.

Estas modificaciones confieren a la carne un valor nutritivo más elevado, a la vez que la convierten en más sabrosa; de esta forma, el cordero pascual aventaja al lechal en lo que se refiere a valor nutritivo y sabor. Y a esto hay que añadir su más fácil digestibilidad.

La carne de cordero es una excelente fuente de proteínas de alta calidad, porque contiene todos los aminoácidos esenciales. Bastan 100 gramos de carne magra de cordero para satisfacer la mitad de las necesidades proteicas de un día; y esos 100 gramos sólo contienen 200 calorías.

Al analizar la composición en grasas, debemos considerar la pieza de que se trate: las chuletas denominadas "de palo" son las porciones más grasas; la paletilla y las chuletas de riñonada contienen valores intermedios, y en la pierna hallamos la mitad de grasa que en las chuletas "de palo".

Como sucede con todos los tipos de carne, cuanto mayor es el contenido en grasa de una pieza, mayor es su valor energético y en su digestión, más tiempo permanecerá en el estómago.

Las porciones grasas de cualquier tipo de carne son de digestión más lenta, permanecen más tiempo en el estómago y, consecuentemente, sacian más.

La carne de cordero es una muy buena fuente de vitaminas del grupo B. Las variaciones con respeto a otras especies no son significativas, excepto en vitamina B1 y ácido pantoténico, que en la carne de cerdo es sensiblemente superior.

Sin embargo, el aporte de vitamina C es prácticamente nulo: la que existe en origen -muy poca- queda destruida por el proceso de cocinado. El resto de vitaminas -A, D, E y K- se encuentran principalmente en la grasa y en cantidades suficientes para satisfacer las necesidades del organismo.

La carne de cordero es también una buena fuente de minerales como el fósforo y hierro. Se puede afirmar que cuanto más intenso sea el color rojo de la pieza, más rica es en hierro. Así, la carne de cordero pascual es más rica en hierro que la de lechal, porque es más roja.

También posee el ganado ovino cantidades significativas de calcio, magnesio, sodio y potasio, pero no en proporción suficiente para satisfacer la demanda diaria de la dieta. Igualmente resulta insuficiente el aporte en cobre, magnesio, iodo, cobalto y cinc.

El músculo del animal vivo contiene también una cantidad pequeña de hidratos de carbono -glucógeno y glucosa-; pero durante la maduración se metabolizan, desapareciendo prácticamente: su concentración no alcanza al 1 por ciento en los músculos, aunque algunos despojos, como el hígado, pueden llegar a contener, tras su cocinado, el 3 por ciento."

Hasta aquí la información de **OVIMANCHA**.

13.- Mataderos de aves

Para nuestro caso, consideramos como aves a todos los animales volátiles sanos, en sus distintas especies y clases domésticas y silvestres, que se emplean en la alimentación.

Para su sacrificio, a nivel comercial, se distinguen:
- Gallo, gallina, capón y pollo.
- Pavo, pato, ganso, gallina de Guinea y paloma.
- Faisán, perdiz, codorniz, tórtola, zorzal y otros.

Dentro de estas aves se distinguen varios tipos comerciales según peso, edad y estado de las carnes.

Las fases del sacrificio de las aves son las siguientes:
- Sacrificio del ave y recogida de la sangre.
- Desplumado en frío o en caliente.
- Evisceración.
- Lavado del ave entera con agua potable y eliminación de residuos, sustancias extrañas y posibles manchas de sangre.
- Oreo natural o refrigerado durante el tiempo preciso hasta que las carnes adquieran la maduración necesaria.
- Troceado para separar cuello, tarsos y alas, y dividir el cuerpo del ave en mitades, cuartos o piezas, según tipos de presentación al público.
- Recogida de plumas, intestinos, residuos no comestibles y decomisados.

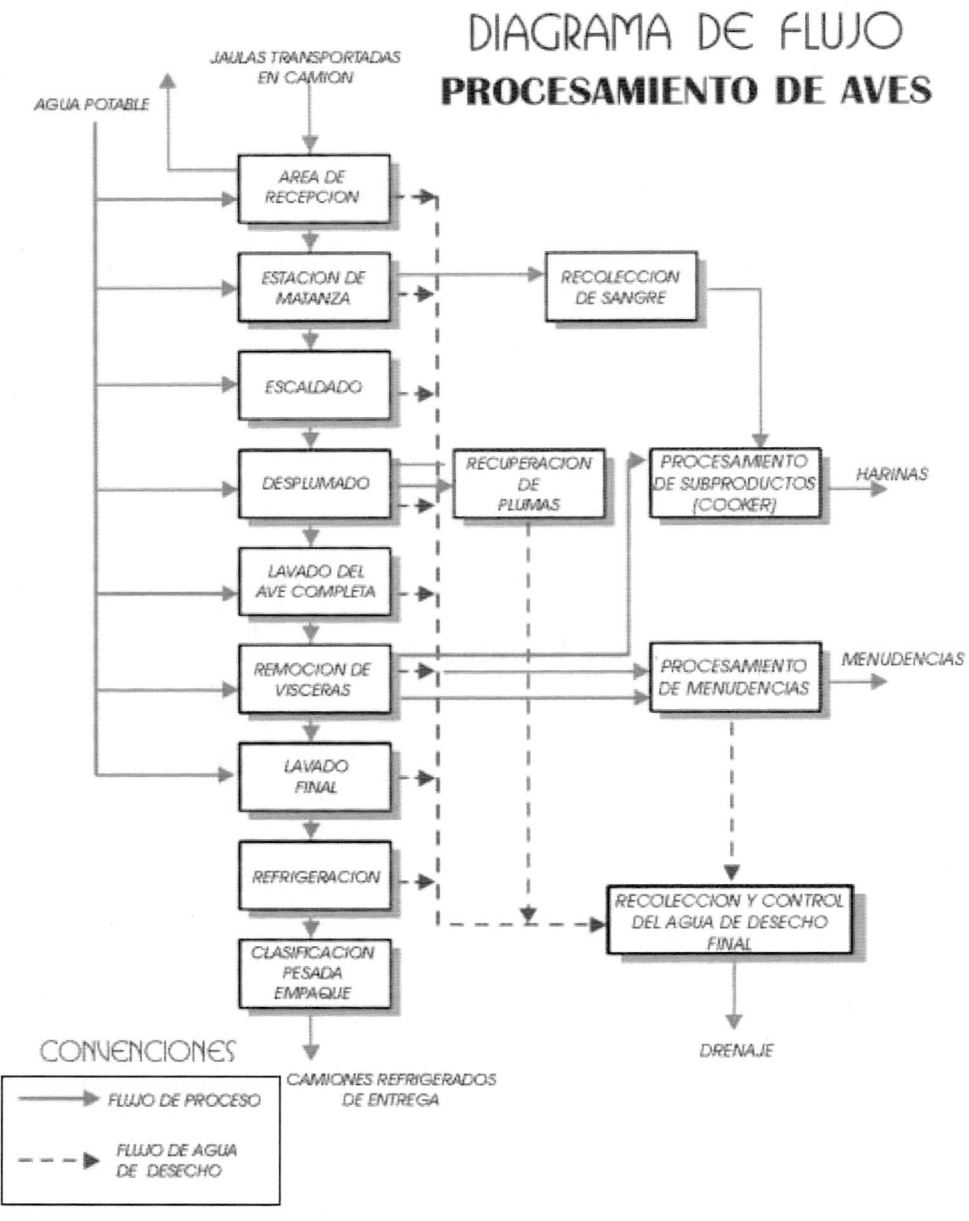

DIAGRAMA DE FLUJO
PROCESAMIENTO DE AVES

Figura 25.- Diagrama de un matadero de aves.
Fuente: Tecnologías Limpias.

Las aves sacrificadas, deben presentarse al consumidor debidamente desplumadas, sin huesos rotos, sin heridas, sin cortes, sin arañazos.

La piel será de rosa claro y los músculos de consistencia firme y olor y sabor característicos. Las aves de caza podrán presentar heridas y las lesiones propias de los proyectiles usados para su captura. Se pueden presentar a la venta con las plumas, parcialmente desplumadas y evisceradas o no.

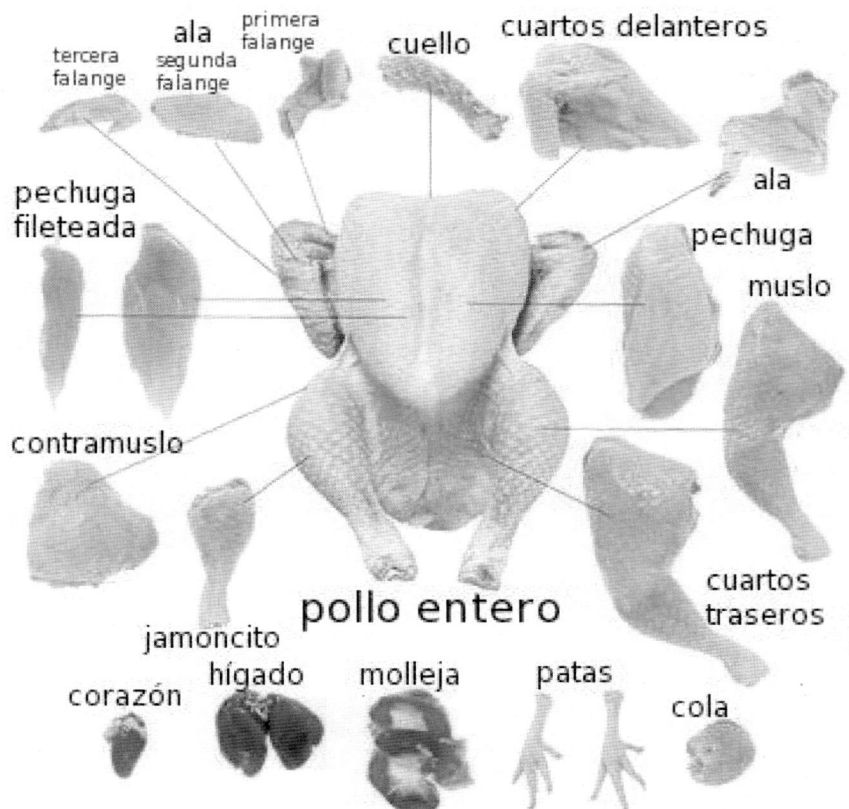

Figura 26.- Despiece completo de un pollo.
Fuente: Gastronomía. Materias primas.

Las canales de las aves se pueden presentar de las siguientes formas:

- *Canales frescas*. Son las que han sufrido únicamente el proceso de oreo natural o una ligera refrigeración.
- *Canales refrigeradas*. Son las que han sido sometidas a la acción del frío hasta alcanzar en la parte más profunda de su masa muscular una temperatura máxima de 0ºC en un tiempo inferior a 24 horas y un grado de humedad del 85% en el aire frío de circulación por la cámara.
- *Canales congeladas*. Son aquellas que son sometidas a la acción del frío hasta alcanzar en la parte más profunda de su masa muscular la temperatura de -18ºC.

Las canales frescas deben ser consumidas en la localidad en que han sido sacrificadas. Las refrigeradas y congeladas pueden comercializarse fuera del punto de su sacrificio.

Los despojos de las aves también pueden presentarse frescos, refrigerados y congelados.

Los despojos de las aves se clasifican en dos grupos:

1. *Despojos internos*. Que son las partes comestibles (pulmón, corazón, hígado, bazo, molleja o ventrículo subcenturiado e intestino o gallinejas), que se extraen de las cavidades pulmonar y abdominal de las aves comestibles. Son también conocidos con la denominación *menudillos de aves.*
2. *Despojos externos*. Son las partes comestibles procedentes de la preparación del cuerpo de las aves, que comprenden cabeza, cuello, alas y tarso.

El envasado de las canales de aves se puede hacer de diversas formas:

- En bolsas de papel parafinado o aceitado.
- En bolsa de celofán o polietileno.
- En envases de clorulo de vinilo con vacío, con cierre automático y posterior inmersión en agua a 100ºC durante un máximo de 2 segundos.

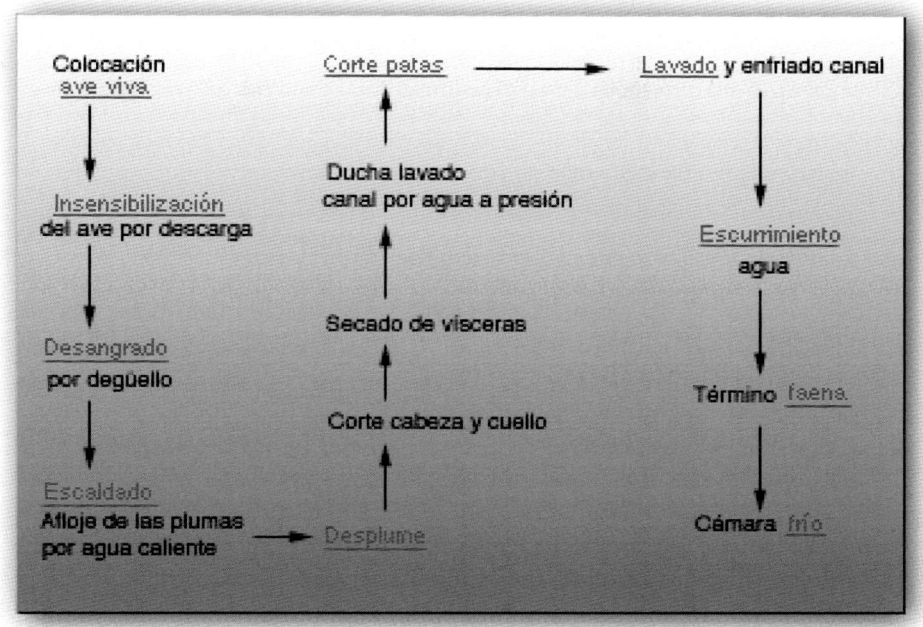

Figura 27.- Esquema del proceso del sacrificio de pollos broilers en un matadero. Fuente: Pontificia Universidad Católica de Chile.

14.- Ejercicios prácticos. Las soluciones al final del libro.

1.- Enumerar las unidades de producción en el sector cárnico

2.- ¿Cuáles son los animales más comúnmente sacrificados en los mataderos?

3.- Los cerdos se suelen sacrificar cuando pesan:
    a) 20 a 25 kilos.
    b) 80 a 120 kilos.
    c) 10 a 12 kilos.

4.- Enumerar algunos de los subproductos de mataderos

5.- ¿Qué significan las siglas MDM?

6.- ¿En qué consiste la tenderización?

7.- ¿Qué es el marmoleo?

8.- El aturdimiento del animal para su sacrificio se hace con:
   a) Dióxido de carbono.
   b) Amoniaco.
   c) Monóxido de carbono.

9.- La maduración de la carne de vacuno se suele realizar a:
   a) 20ºC.
   b) 12 a 13ºC.
   c) 0 a 1,5ºC.

10.- ¿Cómo se suelen presentar las canales de las aves?

CAPÍTULO 5 ELFRÍO EN LAS INDUSTRIAS CÁRNICAS

1.- Instalaciones frigoríficas

Antes de entrar en el estudio de la refrigeración de la carne, vamos a estudiar cómo funciona una instalación frigorífica.

Las cámaras frigoríficas y de congelación, así como los túneles de refrigeración, llevan un equipo productor de frío. En la Figura 1, vemos el principio de funcionamiento de una instalación de refrigeración por compresión.

La producción de frío está basada en un hecho muy simple. Un líquido, para pasar al estado gaseoso necesita consumir calor, con lo que tiene que "robar" ese calor a otro cuerpo, que quedará más "frío" de lo que estaba antes de producirse el fenómeno en cuestión.

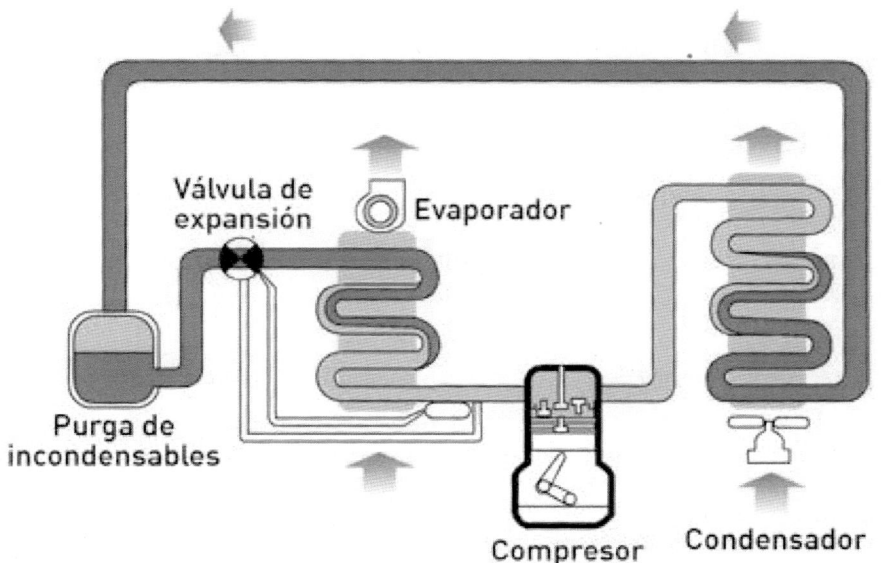

Figura 1.- Principio de funcionamiento de una instalación frigorífica por compresión. Fuente: Gas Natural Fenosa. Empresa Eficiente.

Por ello, en la instalación que vemos en la Figura 1, el fluido que actuará como refrigerante pasa del estado líquido al gaseoso robando calor.

Por ejemplo, le roba calor al aire, que a su vez se enfría y que se utiliza para enfriar la carne. Después es necesario volverlo a comprimir y enfriar para reanudar el ciclo.

2.- Componentes de una instalación frigorífica

Los componentes principales de una instalación frigorífica son:

- Evaporador.
- Compresor.
- Condensador.
- Válvula de expansión.

Hay un lado de alta presión y otro de baja presión, separados por la válvula de expansión. El compresor extrae el fluido frigorífico del evaporador y lo comprime a una presión más alta que la que tenía a su entrada.

Desde el compresor va al condensador, donde es enfriado hasta pasar del estado gaseoso al líquido. En la válvula de expansión se produce una bajada de la presión y el fluido refrigerante pasa al estado gaseoso en el evaporador.

Como ya dijimos, para conseguir ese cambio de estado (de líquido a gas), necesita robar calor a otro fluido (aire o agua por ejemplo), que se enfriará.

Así que, si por el vaporizador circula aire o agua, se enfriará a temperaturas que pueden oscilar entre 5 y -40ºC, según el programa frigorífico. Como el agua se congela a 0ºC, si queremos obtener temperaturas inferiores (hasta -40ºC), debemos recurrir a líquidos como las salmueras, agua glicolada, etc., que tienen un punto de congelación más bajo que el agua.

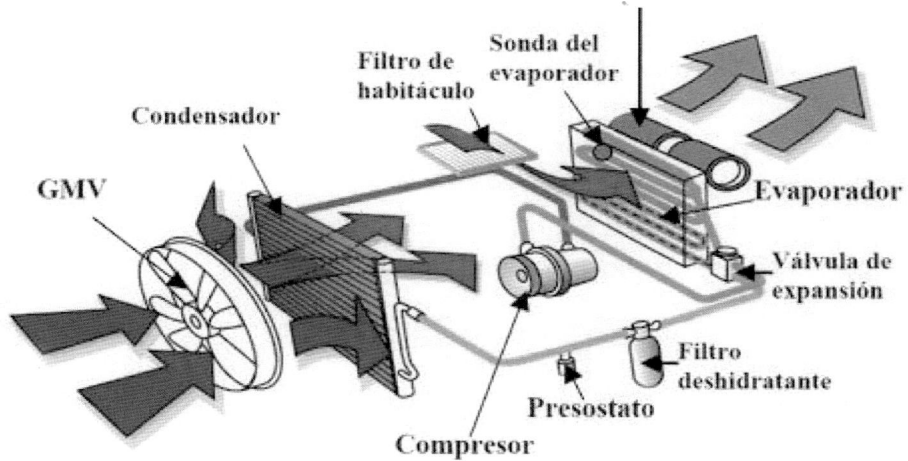

Figura 2.- Instalación frigorífica con un evaporador

Veamos ahora cada uno de los componentes de una instalación frigorífica:

3.- El evaporador

Es la parte de la instalación donde se produce el cambio de estado de líquido a gas, del fluido refrigerante (aire, agua, freón, amoniaco, etc.). Los hay de varios tipos:

A.- Evaporadores con circulación de aire.
B.- Evaporadores tubulares.
C.- Evaporadores de inmersión.

En el tipo A el refrigerante circula por aletas, alrededor de las cuales pasa el aire que de este modo es enfriado. El evaporador tubular se utiliza cuando se quiere enfriar agua, agua glicolada, salmuera, etc. El refrigerante circula por el interior de los tubos, mientras que el producto que queremos enfriar (agua, salmuera) baña estos tubos. El agua se puede enfriar de esta forma hasta 2/3ºC.

241

Pero si se le añade sal, etanol o glicol, su punto de congelación pasa de 0ºC a temperaturas más bajas (por ejemplo -21/-25ºC), pudiendo entonces ser enfriada por debajo de esos 0ºC, sin miedo a su congelación.

En el evaporador por inmersión se deja que el agua se convierta en hielo durante la noche, y luego se le deja fundir nuevamente, con lo que tendremos agua fría a 1/2ºC.

4.- El compresor

Es donde se aumenta la presión del refrigerante que viene del evaporador, lo que produce también una subida de temperatura de dicho refrigerante. El tipo más común es el de pistones (Figura 3), aunque también son muy populares los de tornillos (Figura 4). Como se aprecia en la Figura 4, el fluido refrigerante entre en el compresor procedente del evaporador, siendo succionado. Entonces se encuentra con los tornillos que giran y entre cuyos dientes se va comprimiendo el fluido, ya que el volumen disponible entre las ranuras que dejan los tornillos va disminuyendo gradualmente.

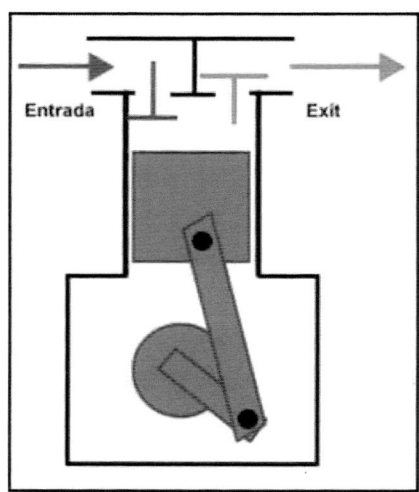

Figura 3.- Compresor de pistón. Fuente: Neumática Niche.

Esto hace que suba la presión del fluido, hasta que sale por el otro extremo hacia el condensador.

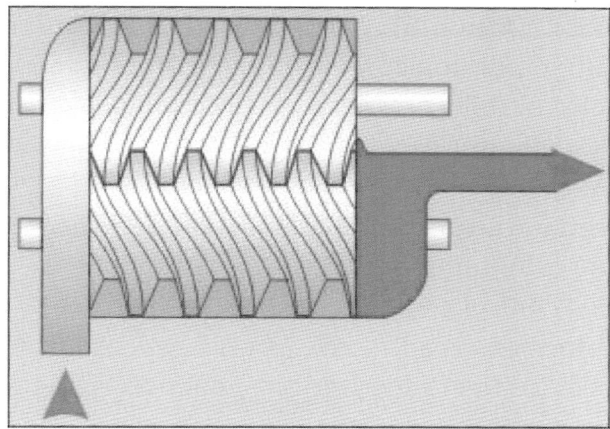

Figura 4.- Principio de funcionamiento de un compresor de tornillo. Fuente: Centro Universitario Quantum. México.

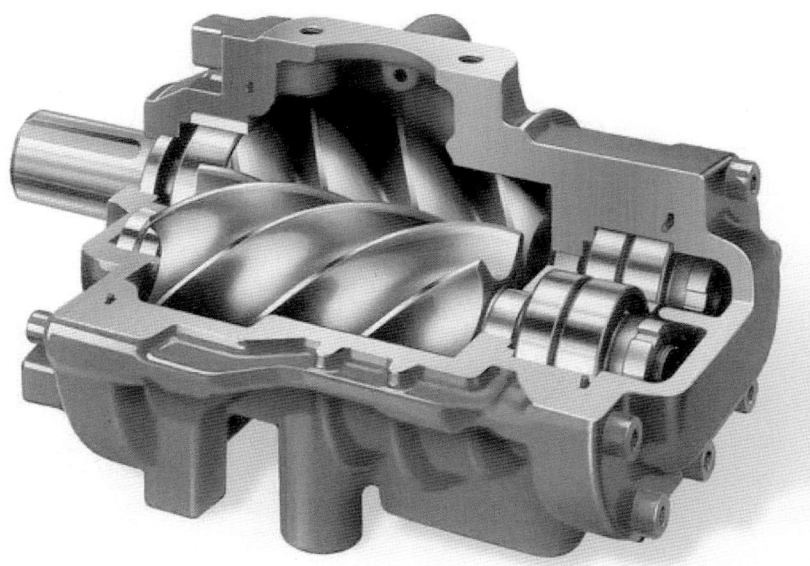

Figura.5.- Compresor de tornillos. Fuente: TUBRIVALCO.

5.- El condensador

El fluido comprimido y caliente pero aún en estado gaseoso pasa al condensador (Figura 6). El condensador está refrigerado por agua o por aire o por una combinación de ambos.
De este modo, el fluido refrigerante (amoniaco, freón, etc.) es enfriado y licuado, quedando así dispuesto para iniciar un nuevo ciclo.
Cuando la refrigeración del condensador se hace por agua, se produce un calentamiento de la misma, pero puede ser reutilizada si se enfría en una torre (ver la Figura 7).
De todas formas, cada vez más se están empleando condensadores refrigerados por aire, cuando no se dispone de un suministro aceptable de agua.

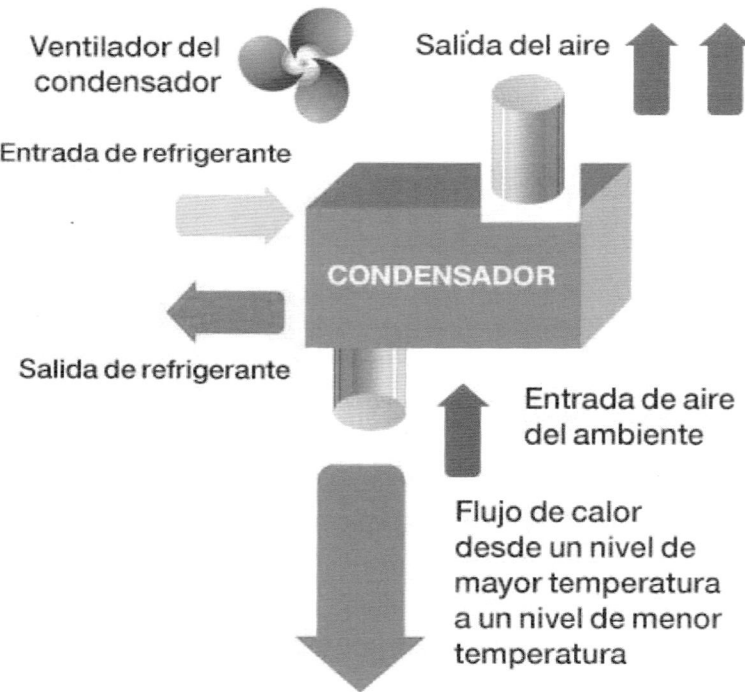

**Figura 6.- Condensador en una instalación frigorífica.
Fuente: Cero Grados Celsius.**

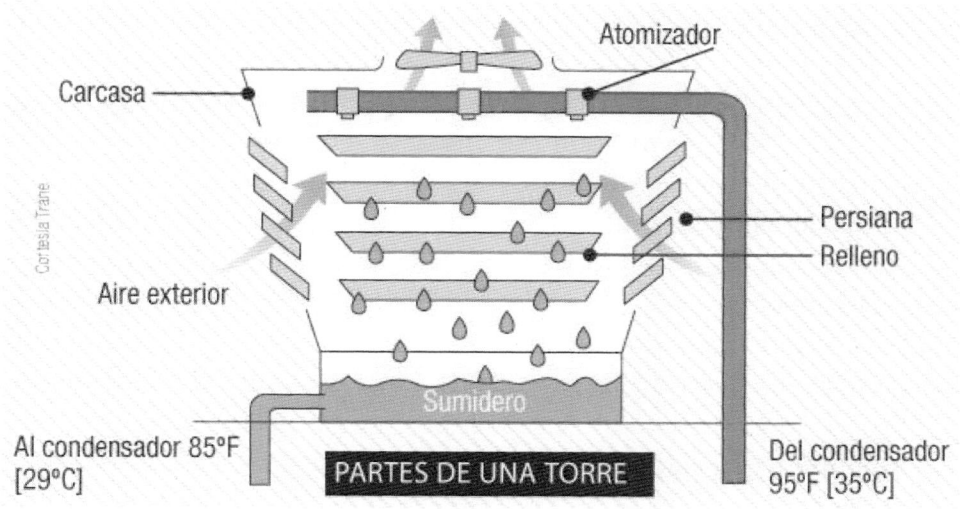

Figura 7.- Torre de enfriamiento de agua.
Fuente: TRANE. CERO GRADOS CELSIUS.

6.- Torres de enfriamiento de agua

En la Figura 7 vemos el principio de funcionamiento de una torre de enfriamiento de agua.
Como se indica en el sitio de Internet de **LENNTECH**:

"Una torre de refrigeración es una instalación que extrae calor del agua mediante evaporación o conducción.
Las industrias utilizan agua de refrigeración para varios procesos. Como resultado, existen distintos tipos de torres de enfriamiento. Existen torres de enfriamiento para la producción de agua de proceso que solo se puede utilizar una vez, antes de su descarga. También hay torres de enfriamiento de agua que puede reutilizarse en el proceso.
Cuando el agua es reutilizada, se bombea a través de la instalación en la torre de enfriamiento. Después de que el agua se enfría, se reintroduce como agua de proceso. El agua que tiene que enfriarse generalmente tiene temperaturas entre 40 y 60 °C.

El agua se bombea a la parte superior de la torre de enfriamiento y de ahí fluye hacia abajo a través de tubos de plástico o madera. Esto genera la formación de gotas. Cuando el agua fluye hacia abajo, emite calor que se mezcla con el aire de arriba, provocando un enfriamiento de 10 a 20°C.

Parte del agua se evapora, causando la emisión de más calor. Por eso se puede observar vapor de agua encima de las torres de refrigeración.

Para crear flujo hacia arriba, algunas torres de enfriamiento contienen aspas en la parte superior, las cuales son similares a las de un ventilador. Estas aspas generan un flujo de aire ascendente hacia la parte interior de la torre de enfriamiento. El agua cae en un recipiente y se retraerá desde ahí para el proceso de producción.

Existen sistemas de enfriamiento abiertos y cerrados. Cuando un sistema es cerrado, el agua no entra en contacto con el aire de fuera. Como consecuencia la contaminación del agua de las torres de enfriamiento por los contaminantes del aire y microorganismos es insignificante. Además, los microorganismos presentes en las torres de enfriamiento no son eliminados a la atmósfera." Fin de la cita de LENNTECH.

7.- Cámaras frigoríficas industriales

En el sitio de Internet de **Gas Natural Fenosa** (Empresa Eficiente), viene una descripción muy completa de las instalaciones frigoríficas industriales, que transcribimos a continuación:

"Las cámaras frigoríficas industriales son recintos refrigerados por ciclos de compresión de vapor y cuya baja temperatura se mantiene gracias a su revestimiento con materiales aislantes.

El espesor del aislante depende de factores como la diferencia de tempera-turas exterior e interior, o el máximo flujo de calor permitido.

Aplicaciones industriales.

Las cámaras frigoríficas tienen una importante aplicación en diversas industrias, destacando entre ellas la industria alimentaria: Su uso es muy extendido y toma especial importancia en los subsectores cárnico, pesquero, lácteo y conservero.

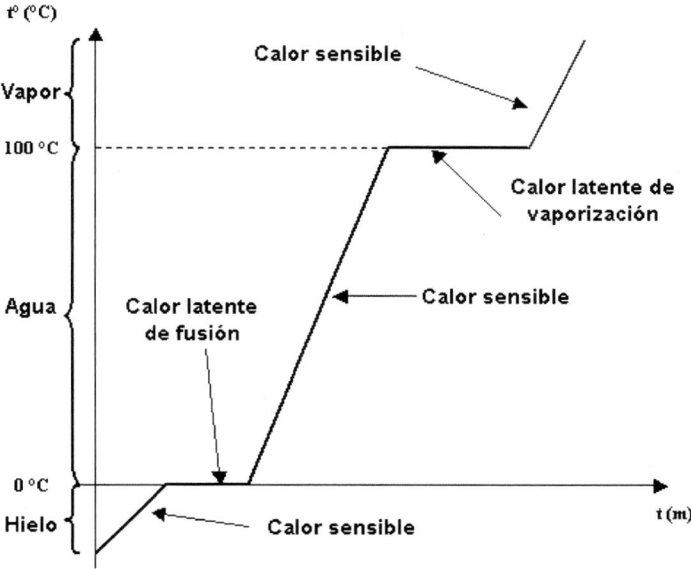

Figura 8.- Calor sensible y calor latente del agua. El calor latente de vaporización del agua (100ºC) es 539 Kcal/Kg. El calor latente de fusión del agua (0ºC) es 80 Kcal/Kg. Fuente: *FISICANET*.

Conceptos básicos.

- *Calor sensible*: es el calor que se emplea en variar la temperatura de un cuerpo, en este caso agua o fluido térmico. Está relacionado con el calor específico, que en caso del agua líquida es de 1 kcal/kg ºC.
- *Calor latente*: es el calor empleado en producir un cambio de estado en un cuerpo, como por ejemplo la vaporización del agua, cuyo calor latente de vaporización es de 540 kcal/kg (a 100 ºC).

Ciclo de compresión mecánica de vapor. Figura 1.

El ciclo de compresión de vapor permite transferir calor desde un foco frío a uno caliente mediante la utilización de trabajo mecánico de compresión.

Se divide en 4 fases:

- Compresión de vapor sobrecalentado.
- Condensación del vapor.
- Expansión del líquido hasta cierto subenfriamiento.
- Evaporación y sobrecalentamiento del líquido subenfriado.

Rendimiento del ciclo de refrigeración por absorción.

Es la medida de la eficiencia en la transformación de la energía eléctrica (suministrada al compresor) en capacidad refrigerante de la máquina (o de extracción de calor del evaporador).

Se denomina **COP, coeficiente de operación**, y viene dado por la relación:

COP = (Efecto refrigerante) / (Trabajo neto en el compresor)

Los aspectos fundamentales que influyen en el valor de este parámetro son:

- Pérdidas de calor en el compresor: reducen el COP.
- Caídas de presión en el sistema: reducen el COP.
- Temperaturas en el condensador y en el evaporador: a menor diferencia entre ellas, menor COP.
- Existencia o no de intercambiadores de calor entre el líquido a la salida de la válvula de expansión y el vapor que sale del evaporador. La diferencia de temperaturas después del intercambio no es grande (2ºC ó 3 ºC) pero reduce sensiblemente el trabajo de compresión y, por tanto, aumenta el COP.

Materiales aislantes.

Los materiales aislantes deben su efecto a la oclusión de burbujas de gas en reposo, con una muy baja conductividad térmica.

Deben tener la menor tendencia posible a la absorción de agua (es lo que se llama higroscopicidad) para evitar condensaciones, pero aun así deben ser protegidos ante el vapor de agua ya que, al condensar, éste reduce la capacidad aislante del material, pudiendo incluso romper la estructura al congelarse.

Otras características de un buen material aislante son:

- Imputrescible.
- Inatacable por los roedores.
- Inodoro y ausencia de fijación de olores.
- Incombustible.
- Neutro químicamente frente a otros materiales utilizados en la construcción de la cámara y frente a fluidos con los que deba estar en contacto.
- Plástico, adaptándose a las deformaciones de la estructura de la cámara.
- Facilidad de colocación.
- Resistencia a la compresión y a la tracción.

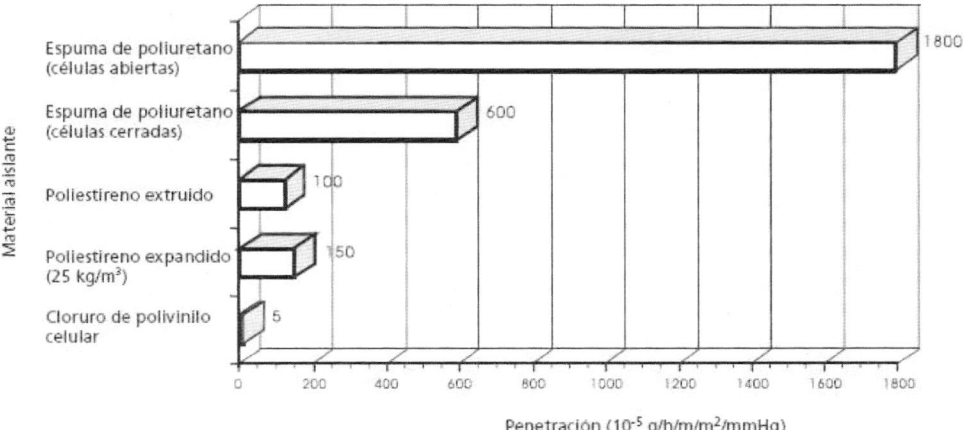

Figura 9.- Comparación de la permeabilidad al agua y al vapor de agua de diferentes materiales aislantes a 20ºC y con una humedad relativa (HR) del 65 por ciento. Fuente: FAO (Organización de las Naciones Unidas para la Agricultura y la Alimentación).

Tabla 1.- Temperaturas máximas y rango de temperaturas de operación de aislantes aplicados en cámaras frigoríficas. Fuente: Gas Natural Fenosa. Empresa Eficiente.

Aislante	Máxima temperatura (ºC)
Corcho	65
Poliestireno expandido	70
Poliuretano	85
Espuma elastomérica	140
Cubretuberías	-40 a 105
	120

Los tipos de aislantes más utilizados en cámaras frigoríficas son los que figuran en la Tabla 1.

El corcho no se utiliza en la actualidad para cámaras frigoríficas, pero numerosas cámaras antiguas lo tienen como aislante.

Los aislantes orgánicos como el poliuretano o el poliestireno son los más aptos para el aislamiento frigorífico.

Componentes de una instalación frigorífica.

- *Compresor.* Su función es aumentar la presión del refrigerante en estado de vapor e impulsarlo desde el evaporador al condensador.
- *Condensador.* Extrae el calor del fluido refrigerante en estado de vapor hasta llevarlo a líquido saturado. Este calor es transferido a otro fluido que puede ser aire o agua (ésta puede absorber un calor latente de vaporización de 600 kcal/kg, por lo que su capacidad es mucho mayor que la del aire).
- *Evaporador.* En este componente, el fluido refrigerante extrae calor de la cámara frigorífica, absorbiendo calor sensible y calor latente de vaporización hasta llegar al estado de vapor sobrecalentado.

- *Dispositivos y válvulas de expansión*. Ejercen una doble función: Reducción de la presión en el refrigerante líquido saturado, provocando un subenfriamiento. Regulación del caudal de paso de refrigerante.

Cámara frigorífica. Sus elementos constitutivos básicos son tres:
- Aislamiento.
- Barrera antivapor.
- Revestimientos.

Aislamiento. Suele ser de poliuretano, poliestireno expandido o poliestireno extrusionado. El aislamiento de la cámara se puede conseguir con dos tipos de construcciones:
1. Aislamiento de cerramientos constituidos por elementos de fábrica. Los cerramientos verticales se construyen con ladrillos o bloques de hormigón de fábrica y protegidos por un bordillo o murete.
El interior se chapa con piezas cerámicas o de fácil limpieza como las metálicas o de poliéster.
Los techos se construyen en materiales ligeros si no han de soportar carga.
Los suelos deben ser protegidos contra la congelación, en el caso de cámaras con temperatura negativa.
2. Aislamiento con paneles prefabricados. Son los más utilizados actual-mente. Los paneles de poliestireno tienen un espesor de 50 mm a 250 mm y los de poliuretano de 30 mm a 180 mm.
Se caracterizan por su fácil instalación, gran rapidez de montaje, fácil mantenimiento y precio económico.
Barreras antivapor. Son necesarias para:
- Mantener el valor de la conductividad térmica del aislante
- Evitar deterioros en el aislante y en los paramentos verticales y horizontales.
- Reducir el consumo energético.
- Alargar la vida útil de los cerramientos, de los materiales aislantes y de la maquinaria frigorífica.

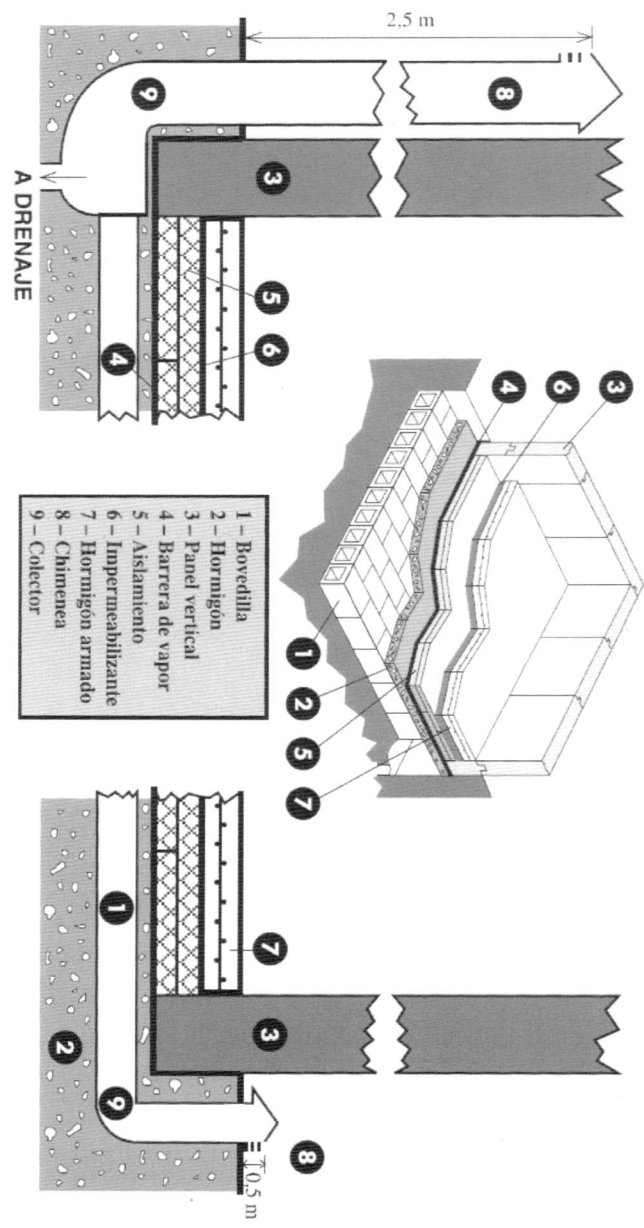

Figura 10.- Aislamiento en suelos y paredes de una cámara frigorífica. Fuente: ISOTERMIA.

Deben cumplir:

- Estar situadas en la cara caliente del aislamiento.
- No dejar discontinuidades en ningún punto del perímetro aislado.
- Estar constituidas por materiales muy impermeables al vapor de agua. El uso de cada material se recomienda para algunas aplicaciones, desaconsejándose para otras.
-

Revestimientos.

Se hacen necesarios por varias razones:

- Razones mecánicas. Las protecciones evitan la rotura accidental del material aislante.
- Son una protección contra la penetración del agua, acción de un posible fuego y evitan el crecimiento de micro-organismos en el aislante.
- Presentan superficies lisas que facilitan su limpieza y permiten cumplir con las reglamentaciones técnico-sanitarias.

Tabla 2.- Materiales empleados como aislantes y barreras antivapor en función del tipo de cámara frigorífica. Fuente: Gas Natural Fenosa. Empresa Eficiente.

Material de barrera	Tipo de cámara	Tipo de aislamiento
Emulsión bituminosa en frío. Láminas asfálticas con o sin aluminio. Láminas de polietileno. Chapa metálica.	Refrigeración Refrigeración Conservación de congelados	Poliuretano proyectado Placas de poliuretano Otros Como elemento de paneles

Medidas de eficiencia.

Ingeniería de diseño de la industria

La *sala de máquinas* ha de estar lo más cerca posible a la zona de demanda de frío para evitar pérdidas y disminuir la inversión inicial.

Si hay *varias cámaras*, se deben instalar en bloque, para conseguir el máximo de paredes comunes para ahorrar en aislamiento y en gastos de funcionamiento por pérdidas de calor.

Optimizar la *orientación* respecto de los puntos cardinales de las cámaras.

En cerramientos y falsos techos, evitar o minimizar las pérdidas por transmisión mediante el pintado con color blanco y una buena ventilación que contrarreste la radiación.

Diseño y ejecución del aislamiento de las cámaras.

Utilizar materiales con un *coeficiente de transmisión de calor* (K) lo más pequeño posible, como el poliuretano o poliestireno.

Utilizar *espesores de aislante* que permitan una transmisión de calor cifrado entre 7 W/m^2 y 9 W/m^2, ya que mayores espesores aumentan el aislamiento pero suponen mayor coste inicial.

Asegurar que no haya huecos entre paneles y que no estén dañados.

Escoger las puertas y cerramientos más adecuados para el tipo de producto que se va a almacenar, para evitar pérdidas de frío en aperturas innecesarias.

Selección y diseño de la instalación frigorífica.

Estudiar el *tamaño idóneo* de las unidades compresoras y siempre hacer funcionar a plena capacidad la unidad que esté trabajando en cada momento, ya que no trabajar a plena carga supone un menor COP.

Estudiar la relación de compresión Pcondensador Pevaporador (Tc/Te) a la que va a trabajar cada compresor puesto que cuanto menor sea, más eficientemente trabajará.

Hay que llegar a un compromiso entre inversión inicial y costes de mantenimiento.

Elegir la temperatura de condensación y establecer un ΔT de 10K.

Si el refrigerante se condensa con evaporativo y, de 15 K si lo hace con agua de torre o por aire seco para que los compresores consuman menos energía.

ΔT = Tcond – Tfluido

Usar ventiladores de doble velocidad para momentos en que no sea necesaria toda la capacidad de condensación (invierno) porque consumen menos.

Tabla 3.- Influencia de la temperatura de condensación en el COP para un sistema determinado de NH3 como refrigerante. Fuente: Gas Natural Fenosa. Empresa Eficiente.

Nota: Te: Temperatura de evaporación.

Tc : Temperatura de condensación.

Te (ºC)	Tc (ºC)	Potencia frigorífica (kW)	Potencia absorbida (kW eléctricos)	COP (Coeficiente de operación)
-32	35	356	182	1,96
-32	36	355	185	1,92
-32	37	354	189	1,87
-32	38	353	192	1,83
-32	39	353	196	1,80
-32	40	352	200	1,76

Instalar purgador de incondensables. El aire entra y se acumula en el condensador impidiendo un intercambio de calor eficiente y disminuye el COP. Sólo en las instalaciones frigoríficas cuya temperatura en el evaporador corresponda a una presión de saturación menor que la atmosférica.

Utilizar una elevada superficie de transmisión de calor en los evaporadores y condensadores porque reduce la relación de compresión y aumenta el COP.

Establecer una separación diferencial de las aletas del evaporador. El aire húmedo proveniente del producto a refrigerar se encuentra primero con una separación grande donde descarga la humedad que es rápidamente escarchada, llegando luego más seco a la zona de separación estrecha donde el coeficiente de transmisión es mucho mayor. Especialmente indicada para cámaras con gran humedad: cámaras de oreo, antecámaras, etc.

Calcular un buen dimensionado de las líneas de instalación, para no perder presión que reduzcan el COP.

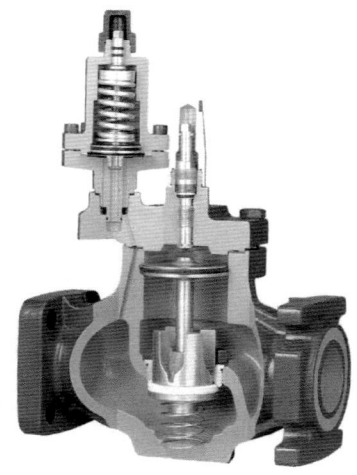

Figura 11.- Purgador de incondensables.
Fuente: RYC. Registros y Controles.

Mantenimiento de la instalación.

Para asegurar que la eficiencia energética se mantiene constante es necesario realizar periódicamente:

- Limpieza de filtros.
- Cambio de aceite de compresores.
- Control de incondensables.

- Purga de aire.
- Limpieza de condensadores.
- Control del sistema de desescarche.

Ejemplo: Ahorro de energía en el sistema por la instalación de una termofrigobomba

Una empresa cárnica instala una *termofrigobomba* para enfriar las cámaras frigoríficas y reutilizar la energía térmica en calentar cámaras de maduración de salchichón.

El sobreconsumo eléctrico debido al aumento de la Tcondensador es de 60 kW eléctricos, aproximadamente, mientras que la producción de calor en la zona caliente de la termofrigobomba es de 800 kW térmicos.

Por lo tanto: 800/60 = 13,3

Es decir, por cada kW adicional invertido en el compresor debido a la termofrigobomba obtenemos 13,3 kW térmicos para las cámaras de maduración.

Termofrigobombas.

El principio de la termofrigobomba es usar el evaporador como productor de frío y el condensador como productor de calor, aprovechándose el calor de condensación.

La idea es subir la temperatura del aire o del agua del condensador hasta unos 45 -55ºC de modo que pueda ser aprovechada, aunque se reduzca el COP. Así, para una misma producción de frío, se consume más potencia eléctrica en el compresor, pero se obtiene fluido caliente a bajo costo.

Sus ventajas frente a una bomba de calor son:
- El sobreconsumo eléctrico corresponde únicamente al debido a la elevación de Tcondensador, y no todo el consumo eléctrico del compresor.
- El coste de mantenimiento no se incrementa.
- El sobrecoste de inversión respecto de una máquina frigorífica convencional es poco elevado, sobre un 20 % o menos.

No obstante, para justificar su instalación se requiere una demanda de frío y de agua o aire poco caliente simultáneas, en un mismo lugar." Fin de la interesante cita de **Gas Natural Fenosa. Empresa Eficiente.**

Figura 12.- Túnel de enfriamiento rápido.
Fuente: Ingeniería Frigorífica SA.

8.- Túneles de enfriamiento rápido

Podemos considerar dos tipos de túneles de refrigeración y congelación de alimentos:
A.- Túneles de tipo mecánico.
Este tipo de túneles incorpora instalaciones frigoríficas por compresión como la que vimos en la Figura 1. Se pueden usar para refrigerar (1ºC a 8ºC) o congelar productos (-18/-35ºC).
El aire frío procedente de la instalación frigorífica se hace circular entre el producto por medio de ventiladores.
A su vez, el producto va sobre una cinta transportadora que se va desplazando por el interior del túnel.

En el caso de túnel que se muestra en la Figura 13, se incorpora un sistema de transporte en espiral, de forma que aumente el recorrido del producto por el túnel, con lo que permanece más tiempo en su interior y da tiempo a su refrigeración o congelación. En estos túneles mecánicos, la congelación suele producirse en un tiempo de 20 a 120 minutos.

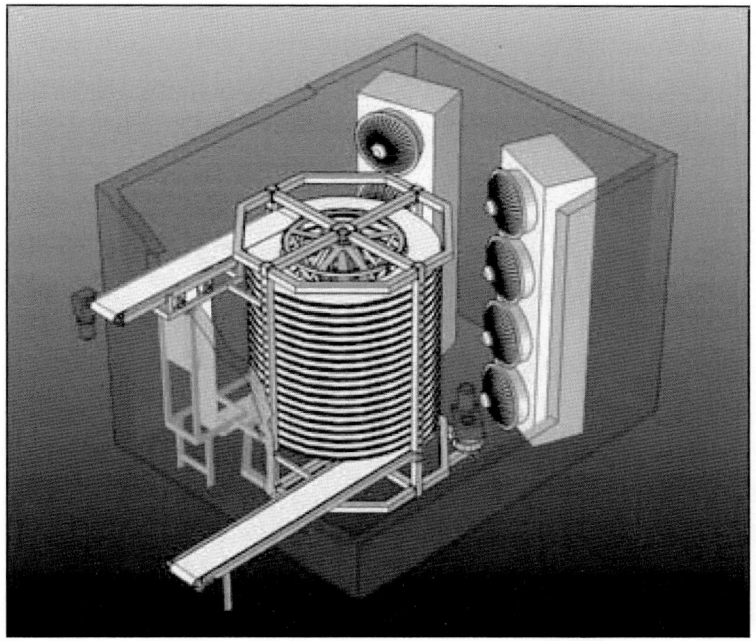

Figura 13.- Túnel de enfriamiento rápido con circulación del producto en forma de espiral. Fuente: PALINOX. Ingeniería y Proyectos. EUROCARNE.

B.- Túneles de enfriamiento rápido mediante gases criogénicos. En este caso se utiliza nitrógeno líquido a -196ºC o CO_2 a -80ºC como fluidos para la refrigeración o congelación. Estos fluidos se pulverizan sobre los productos colocados en la cinta transportadora del túnel, con lo que se consigue su congelación en unos minutos (de 1 a 15), y a bajas temperaturas.

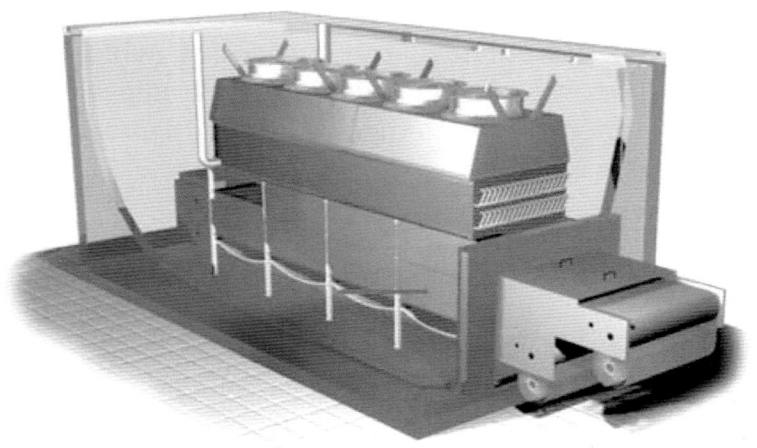

**Figura 14.- Túnel de congelación de tipo mecánico.
Fuente: Indumontajes SAS.**

Los túneles de este tipo (Figuras 15 y 16) consisten en un recinto aislado a través del cual circulan los productos mediante un sistema de transporte a velocidad regulable. Mediante dispositivos de pulverización se dispersa sobre el producto el nitrógeno líquido (-196ºC) en finísimas gotas. El gas frío resultante de la vaporización del N2 se dirige por acción de unos ventiladores, en contracorriente con el producto, lo que propicia un excelente rendimiento térmico en la instalación. El funcionamiento y regulación de este tipo de túneles de N2 o de CO_2, es muy sencillo, bastando con controlar dos parámetros:

- *La velocidad de transporte del producto en el interior del túnel*, que será función de las dimensiones y características del alimento. En general, basta con un paso de 3 a 5 minutos para conseguir su refrigeración o congelación.
- *El caudal de nitrógeno líquido* suministrado, que también será función de la masa de producto y de su temperatura a la entrada y salida del túnel.

La pulverización de nitrógeno líquido se realiza por medio de boquillas dispuestas en rampa. Su situación se puede variar con objeto de conseguir el perfil térmico más adecuado en el interior del túnel.

La regulación automática del caudal de nitrógeno líquido es función de la temperatura que marque la sonda colocada en el interior del túnel.

Estos túneles son muy flexibles y pueden tratar todo tipo de productos tales como hamburguesas, salchichas, carnes troceadas, filetes, etc.

**Figura 15.- Túnel de enfriamiento rápido ZIP FREEZE.
Fuente: Air Liquide España.**

La firma **Air Liquide España** tiene el modelo Zip-Frezee. Figura 15. Se trata de un túnel monotapiz de congelación criogénica muy flexible en su funcionamiento y que permite la congelación, endurecimiento o enfriamiento de una amplia gama de productos: carne despiezada o picada, charcutería, pescados, mariscos, pastelería, etc.

Gracias a su gran potencia frigorífica, las pérdidas de peso por deshidratación y las deformaciones de los productos son prácticamente inexistentes. Asimismo, las estructuras celulares quedan preservadas y los fenómenos de alteración enzimática o bacteriana son mínimos.

Los túneles **Zip-Freeze** están constituidos por un recinto aislado, atravesado por una cinta transportadora. Este recinto es una caja en forma de "U" invertida que reposa sobre una base fija y aislada con espuma de poliuretano recubierta de poliéster armado de calidad alimentaria. La caja puede levantarse con gatos hidráulicos, consiguiendo un pleno y fácil acceso al interior del túnel. Todos los materiales en contacto con el producto a tratar son de acero inoxidable. Este tipo de túneles no requieren instalación especial previa, pudiendo colocarse directamente sobre el suelo y una sola jornada es suficiente para su instalación y puesta en marcha.

Toda la gama monotapiz se compone de 2 versiones, una utilizando el *nitrógeno líquido*, y la otra *anhídrido carbónico*.

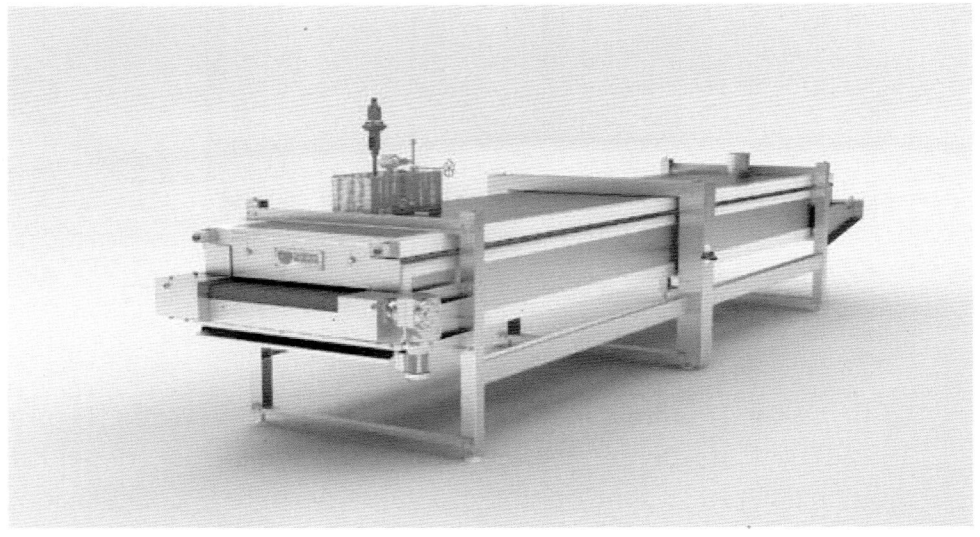

Figura 16.- Túnel de congelación con gases criogénicos.
Fuente: Carburos Metálicos.

Veamos a continuación cómo tiene lugar el intercambio térmico entre el producto y el nitrógeno líquido dentro del túnel. Podemos distinguir tres zonas:

1ª Zona. *Intercambio frigorífico gas-producto*. Esta zona constituye el tramo más largo del túnel. Cerca de la entrada del producto, el nitrógeno gaseoso circula en contracorriente gracias a un sistema de ventilación. La extracción y salida al exterior del nitrógeno gaseoso se hace mediante una chimenea colocada en la zona de entrada del producto.

2ª Zona. *Pulverización*. Aquí es donde tiene lugar la inyección de nitrógeno líquido sobre el producto, para lo que se dispone de un dispositivo de pulverización de gran capacidad. La regulación del caudal de nitrógeno líquido que se debe inyectar, se puede efectuar mediante dos electro-válvulas colocadas en paralelo y mandadas por una sonda de medida de temperatura o bien con una válvula proporcional.

Nota: una *electroválvula* es una válvula diseñada para controlar el flujo de un fluido a través de un conducto o tubería. Una *válvula proporcional* regula la presión y el caudal de un fluido que circula por una tubería por medio de una señal eléctrica.

3ª Zona. *Estabilización*. Esta parte es muy corta. La estabilización rápida de la temperatura del producto se consigue con la ayuda de ventiladores. A continuación se produce la salida del producto.

Como se indica en el sitio de Internet de **BURKET**:
"La Figura 17 muestra el principio de funcionamiento de este tipo de válvula proporcional. Cuando está cerrada, el medio tiene en el lado de entrada una presión P1, el núcleo del émbolo (3) ha descendido y presiona contra el asiento de pilotaje (4). Como resultado de ello y de la fuerza del muelle del pistón, que actúa sobre éste (2), el asiento principal está cerrado (5). Un puerto limitador (6) permite que el medio entre en la cámara de control (1) y presione desde arriba la membrana o junta plana con una presión Px.

Si el puerto limitador, el asiento de pilotaje y las proporciones entre superficies están correctamente dimensionadas, las fuerzas de compresión sobre el pistón alcanzan un equilibrio cuando el asiento se abre en una cierta proporción.

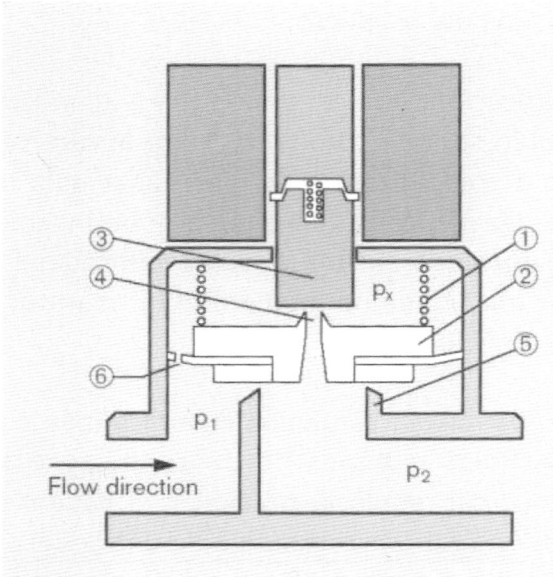

Figura 17.- Diagrama de una válvula de caudal proporcional servo-asistida. Flow direction: dirección del flujo. Fuente: BURKET. España.

Con un control de pilotaje proporcional, en condiciones ideales el pistón sigue el movimiento axial continuo del émbolo precisamente a la distancia a la que se genera ese equilibrio." Fin de la cita.

9.- El nitrógeno como fluido criogénico

Hemos visto en este capítulo que el nitrógeno líquido se utiliza como fluido para la refrigeración y congelación de alimentos en los túneles continuos, por ello es importante estudiar sus características.

El nitrógeno (N2) en condiciones normales (a unos 20ºC de temperatura y a 1 Kg/cm² de presión) es un gas incoloro, inodoro e insípido.

Es el principal componente del aire, donde se encuentra presente en una proporción del 78 por ciento en volumen.

A presión atmosférica y a temperaturas por debajo de -196ºC es un líquido incoloro, inodoro y caracterizado principalmente por su inercia química (no ataca o reacciona con otros productos), lo que favorece enormemente su utilización en la elaboración, envasado y conservación de los productos alimenticios.

A presión y temperatura normales es un gas inerte y no inflamable. No es posible la respiración de los seres vivos en una atmósfera constituida solo por nitrógeno. Tampoco es posible la combustión de los cuerpos en este tipo de gas. Por otra parte, el nitrógeno es un elemento esencial para la vida, ya que forma parte de la estructura proteínica de los animales y las plantas.

El nitrógeno presenta muy poca solubilidad en agua y otros líquidos.

Tabla 4.- Propiedades físicas del nitrógeno (N2).

Parámetros	Cifras
Símbolo químico	N2
Peso específico	0,996 (aire = 1)
Peso molecular	28,0134
Volumen de expansión	696,5 (líquido a gas)
Temperatura de ebullición	-196ºC (a 1 Kg/cm²)
Densidad en estado líquido	808,60 Kg/m³
Calor latente de vaporización	47,74 Kcal/Kg
Punto triple	(-210, 0,1253 Bar)

En la Tabla 4 aparecen sus características más importantes. Como vemos, el nitrógeno se expansiona al pasar de líquido a gas hasta 696,5 veces su volumen, cediendo su calor latente (47,74 Kcal/Kg) en el proceso.

En cuanto a la obtención del nitrógeno líquido de forma industrial, se hace licuando aire a base de comprimirlo y enfriarlo en etapas sucesivas, por debajo de la temperatura crítica que es de -141ºC y de su presión crítica (38 Kg/cm²).

Una vez que tenemos el aire en estado líquido, se separan sus tres componentes principales (nitrógeno, oxígeno y argón) por destilación fraccionada.

El primero que se separa es el nitrógeno, ya que tiene el punto de ebullición más bajo (-196ºC), a continuación el argón (-186ºC) y por último lo hace el oxígeno (-183ºC).

Cuatro son sus cualidades principales que han hecho del nitrógeno licuado, el fluido criogénico por excelencia para los procesos de refrigeración, congelación y ultracongelación. Y son:

- Su inercia química (no ataca ni reacciona con otros cuerpos).
- Su alta potencia frigorífica.
- No es tóxico.
- Su bajo precio (se obtiene a partir del aire).

Por otra parte, si el nitrógeno es utilizado en su forma líquida en los procesos de refrigeración y congelación de carnes y otros alimentos, en forma gaseosa se puede emplear en la conservación y acondicionamiento de todo tipo de productos. Se pueden poner muchos ejemplos:

- Conservación de carnes y pescados en atmósferas de nitrógeno.
- Protección de vinos y otras bebidas desde la elaboración al embotellado. Etc.
- Envasado de alimentos en atmósfera inerte de nitrógeno.

10.- El dióxido de carbono como fluido criogénico

Al igual que el nitrógeno, el dióxido de carbono (CO_2) se utiliza como fluido criogénico en la refrigeración y congelación de carnes y otros alimentos.

El CO_2 se encuentra en estado gaseoso en condiciones normales (20ºC de temperatura y 1 Kg/cm² de presión). Se encuentra presente en la atmósfera en una proporción variable, comprendida entre el 0,03 y el 0,06 por ciento en volumen. Es incoloro e inodoro con sabor ácido. No es tóxico ni tampoco inflamable. Solo es tóxico en concentraciones elevadas.

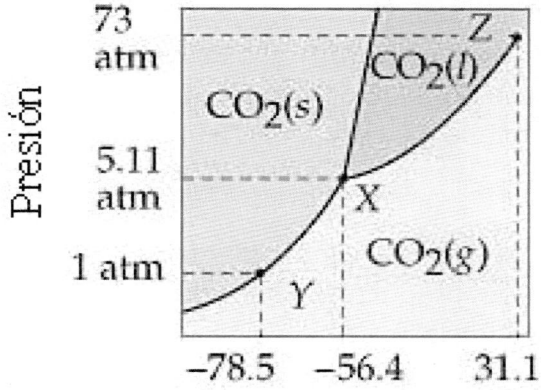

Figura 18.- Punto triple del dióxido de carbono.
Fuente: CWX. Prenhall.

Para usos industriales se suministra licuado en botellas de acero a temperatura ambiental. También se puede entregar en cisternas, en estado líquido y a baja temperatura (-14/-27ºC).
En alimentación se empleó por primera vez para la carbonatación de bebidas.
Comercialmente se presenta también como nieve carbónica o hielo seco, a una temperatura de -78ºC y a la presión atmosférica, teniendo entonces una alta capacidad frigorífica.
En la Figura 18 se ve el punto triple del CO_2 (-56,4ºC, 5,11 atmósferas). La Tabla 5 nos da las principales características físicas del dióxido de carbono.

Tabla 5.- Propiedades físicas del dióxido de carbono.

Parámetros	Cifras
Símbolo químico	CO_2
Peso específico	1,53 (aire = 1)
Peso molecular	44,01
Temperatura crítica	31ºC
Temperatura de ebullición	-78,5ºC (a 1 Kg/cm^2)
Calor latente de vaporización	136,7 Kcal/Kg
Densidad en estado líquido	1.562 Kg/m^3 (a 1 atm)
Densidad en estado gaseoso	2,814 Kg/m^3 (a 1 atm)
Punto triple	-56,4ºC, 5,11 atm

Por ser un gas inerte y antioxidante, se puede utilizar en la conservación de productos alimenticios cuyo contacto con el oxígeno es perjudicial (carnes, ciertos vinos, pescados, etc.).

El CO_2 se produce de forma natural en la fermentación de gran cantidad de alimentos (mostos de uva, zumos, mosto cervecero, melazas, etc.) por la acción de levaduras sobre los azúcares, dando lugar a diversas sustancias tales como: alcoholes, desprendimiento de CO_2, ácido acético, ésteres, etc.
La reacción es de carácter exotérmico (con desprendimiento de energía).
Existen algunas diferencias entre el CO_2 y el N_2:

- El nitrógeno es menos denso que el aire, mientras que el CO_2 es más pesado y se puede acumular en el fondo de depósitos o en las partes bajas de una instalación cerrada.
- El nitrógeno tiene una temperatura de ebullición muy por debajo de los -100ºC, mientras que el CO_2 la tiene por encima (-78,5ºC).
- El nitrógeno es insípido y el dióxido de carbono tiene un sabor ácido.

11.- Ejercicios prácticos. Las soluciones al final del libro.

1.- Enumerar los componentes principales de una instalación frigorífica

2.- Enumerar los tipos de evaporadores de una instalación frigorífica

3.- Indicar los tipos de compresores utilizados en una instalación frigorífica

4.- La función de una torre de refrigeración es:
   a) Extraer calor del agua mediante evaporación.
   b) Añadir calor al agua.
   c) Descomponer el agua.

5.- ¿Qué es el calor latente?

6.- Cuál es el significado de las siglas COP?

7.- Enumerar algunos materiales aislantes utilizados en las cámaras frigoríficas

8.- Enumerar los tipos de túneles de enfriamiento rápido

9.- Enumerar algunos de los gases criogénicos utilizados en los túneles de enfriamiento rápido

10.- La temperatura de ebullición del nitrógeno es:
   a) 100ºC.
   b) -196ºC.
   c) 136ºC.

CAPÍTULO 6 REFRIGERACIÓN Y CONGELACIÓN DE LAS CARNES Y PRODUCTOS CÁRNICOS

1.- Cambios en la carne fresca

En el capítulo anterior hemos visto lo importante que es el frío para el manejo y conservación de la carne y de los productos cárnicos. En todos los mataderos e industrias cárnicas se dispone siempre de cámaras o túneles frigoríficos para la refrigeración y/o congelación de los productos (canales, carnes frescas, jamón York, filetes envasados, carnes congeladas, etc.).

Figura 1.- Canales de cerdo en una cámara frigorífica.

Por ello vamos a estudiar la refrigeración. Para ello nos vamos a apoyar en lo que se expone en el sitio de Internet de la **FAO** *(Organización de las Naciones Unidas para la Agricultura y la Alimentación)*. Transcribimos:

"Los cambios físicos, químicos y microbiológicos que se producen en la carne fresca son estrictamente una función de la temperatura y la humedad. El control de la temperatura y la humedad constituye, consecuentemente, en la actualidad el método más importante de conservación de la carne para atenerse a las necesidades de los procedimientos o del comercio al por menor de los países industrialmente desarrollados del mundo y está siendo cada vez más empleado en las zonas urbanas, particularmente por parte de hoteles, abastecedores de comidas e instituciones hospitalarias de los países en desarrollo.

Por ejemplo, el aumento de las bacterias se reduce a la mitad con cada descenso de la temperatura de 10°C y prácticamente se detiene en el punto de congelación; es decir, la carne se conservará por lo menos el doble de tiempo a 0°C que la carne con un nivel análogo de contaminación, pero conservada a 7°C; o se conservará por lo menos cuatro veces más tiempo a 0°C que a 10°C.

Figura 2- Detalle de los raíles de transporte de las canales en una cámara frigorífica. Fuente: Bernad. Equipamiento para la Industria Alimentaria.

2.- Enfriamiento rápido de la carne

De lo dicho en el epígrafe anterior se deduce que, cuando la carne se conserva por enfriamiento, debe procederse al enfriamiento lo más rápidamente posible después de la matanza, independientemente de su destino final (consumo local o despacho a otros lugares).

Al mismo tiempo es preciso asegurarse de que la res muerta ha llegado al *rigor mortis* antes de enfriarse a 10 °C (o a menor temperatura), para que no se produzca una disminución del frío. Debe conservarse también posteriormente la temperatura de enfriamiento hasta que se utilice, es decir, debe existir una cadena del frío ininterrumpida desde el matadero hasta el consumidor. Todo el desarrollo de la refrigeración ha tendido a la realización de este fin.

La temperatura ideal de almacenamiento de la carne fresca oscila en torno al punto de congelación alrededor de -1°C (-3°C para el tocino, debido a la presencia de sal).

Según el *Instituto Internacional de Refrigeración*, la duración prevista en almacén de los diversos tipos de carne conservados a esas temperaturas es la siguiente:

Tabla 1.- Duración de la carne en almacén. Fuente: FAO e Instituto Internacional de Refrigeración.

Tipo de carne	Duración prevista en almacén a -1 °C	Humedad relativa por ciento
Vaca	Hasta 3 semanas	90
Ternera	1 – 3 semanas	90
Cordero	10 – 15 días	90 – 95
Cerdo	1 – 2 semanas	90 – 95
Despojos	7 días	85 – 90

En condiciones comerciales las temperaturas de la carne raramente se mantienen entre -1°C y 0°C, por lo que los períodos efectivos de almacenamiento son inferiores a lo previsto. Los tiempos también se reducirían si la humedad relativa fuera superior al 90 por ciento.

En la práctica se adoptan dos grados principales de enfriamiento que son el de refrigeración y congelación.

El almacenamiento en frío entre 3°C y 7°C es común, aunque la carne se conserva más tiempo a 0°C y se congela a temperaturas muy inferiores, por lo general en torno a -12°C a -18°C (en las cámaras frigoríficas modernas, de -18°C a -30°C).

La humedad es tan importante como la temperatura y el control de ambos factores debe ir unido.

3.- Periodos de tiempo de refrigeración

Los períodos de tiempo durante los que se debe mantener la temperatura para el enfriamiento normal de la carne varían considerablemente según los procedimientos de carga del refrigerador y/o las disposiciones relativas a la comercialización, por ejemplo, para combatir la "exudación" que menoscaba la calidad, la temperatura de la canal enfriada debe ser de 10°C durante el verano en las zonas templadas y/o en las zonas tropicales habrá que proceder en particular a la refrigeración de los locales de venta o, de lo contrario, a reducir el período durante el cual la carne puede estar expuesta a la temperatura ambiente.

La práctica con respecto a la temperatura varía y, cuando se indican los grados, se debe recordar que, tanto en la cámara de preenfriamiento como en la de refrigeración, las temperaturas de congelación se elevan cuando las canales están dentro.

En el refrigerador, por ejemplo, las temperaturas pueden elevarse de -2°C a 7°C y tardar hasta 48 horas en volver a la temperatura original.

El *Instituto Internacional de Refrigeración* es bastante concreto en lo que respecta a los tiempos y también señala el elemento muy importante del tamaño de la canal al formular sus recomendaciones con respecto a la temperatura interna de la carne después del enfriamiento. Los datos son los siguientes:

Tabla 2.- Temperaturas de refrigeración para canales.
Fuente: Instituto Internacional de Refrigeración.

5 a 7°C	Para una canal de bovino de 200 kg.
8 a 10°C	Para una canal de bovino de 300 kg.
10 a 13°C	Para una canal de bovino de 400 kg.
1 a 2°C	Para canales de cerdo, ternera o cordero.

Esto entraña 24 horas (para los animales pequeños) y 36 horas para el ciclo de refrigeración de la carne de vaca para obtener esos resultados.

4.- Cámaras frigoríficas en mataderos e industrias cárnicas

Seguimos con lo indicado por la **FAO**.
El tamaño de las cámaras frías con carriles aéreos para canales debe calcularse a partir de los datos siguientes:

Canales de medio bovino	300 a 500 kg/m (espacio neto)
Cuartos de bovino o costados de cerdos	175 a 200 kg/m (espacio neto)
Corderos y terneras	150 a 160 kg/m (espacio neto)

La disposición del carril y el espaciamiento de las canales de bovinos suele ser uniforme y tener las dimensiones siguientes: de 0,8 m a l m de longitud del carril por canal (canales de un peso de 300 kg) y de 0,9 m a l metro la distancia entre carriles. Estos valores pueden reducirse en las zonas tropicales, al ser por lo general los animales más delgados y de menor tamaño.

Las canales de bovino se cuelgan de ganchos con cilindro o de poleas, los cerdos de ganchos dobles y los animales pequeños de seis a ocho ganchos con dientes "estrella", pudiéndose utilizar en este último caso dos hileras lo que permite colgar a bovinos.

Figura 3.- Cámara frigorífica con railes. Fuente: Ital Modular.

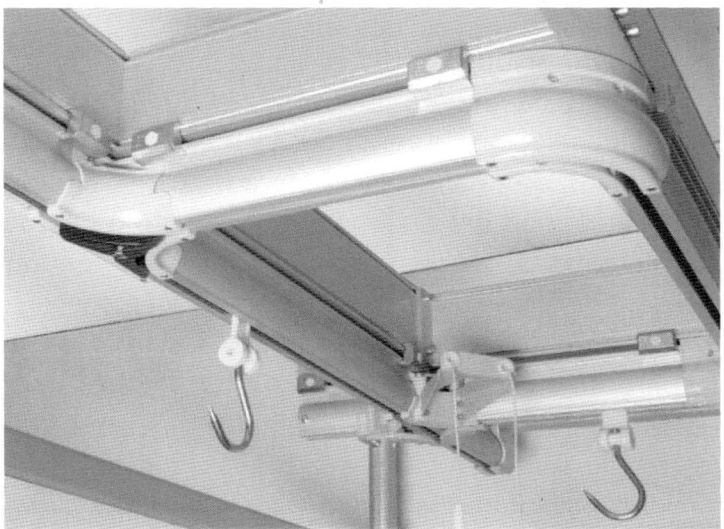

Figura 4.- Detalle de los raíles aéreos. Fuente: Ital Modular.

No romper la cadena del frío

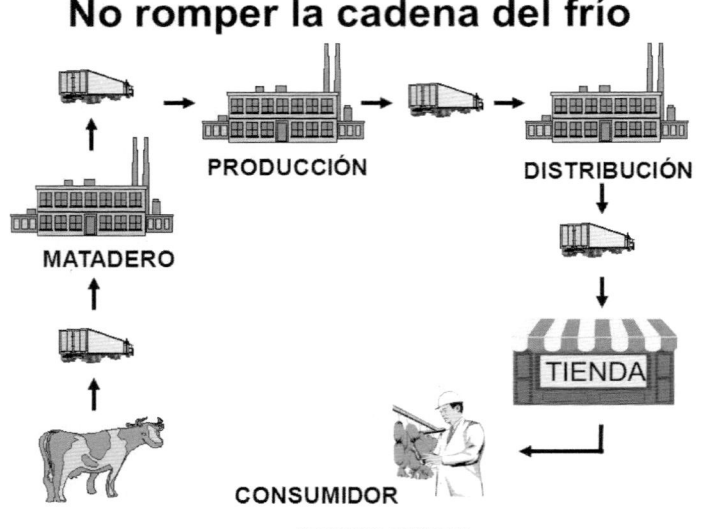

PRODUCCIÓN

DISTRIBUCIÓN

MATADERO

TIENDA

CONSUMIDOR

HE Heat Exchanger - 16/04/2014 cage 7

Figura 5.- Nunca se debe romper la cadena de frío en el manejo de la carne. Fuente: Danfoss. HE Heat Exchanger.

El volumen de la cámara frigorífica debe calcularse teniendo en cuenta lo siguiente:

1.- La posible utilización de esas cámaras por carniceros locales que no disponen de equipo de refrigeración propio y de su empleo como instalación de venta del mercado.

2.- La constitución de una buena reserva de carne para afrontar cualquier irregularidad del sistema de transporte o fluctuaciones en el suministro de reses vivas durante los períodos de vacaciones.

3.- Las variaciones en el peso de las canales: una cámara fría diseñada para 100 canales de unos 200 kg de peso cada una podría recibir una consignación de animales más pesados de 300 kg o más, con lo cual obviamente, a menos que se disponga de una capacidad adicional, los evaporadores tendrán dificultades para hacer frente al aumento de la carga con la posibilidad de que las canales de bovinos no se endurezcan en el tiempo deseado. Análogamente, otros usos consistentes en refrigerar conjuntamente a bovinos con animales pequeños producirán problemas de condensación.

4.- La gama y el período de refrigeración y si se emplea la cámara fría para conservar el frío.

5.- Tipo de refrigeración.

6.- Período de carga, para reducir al mínimo la condensación de las canales preenfriadas.

7.- Aislamiento de la cámara fría.

8.- Método de aplicación.

A partir de estos datos se puede calcular la capacidad de refrigeración de la cámara. La evaluación de la capacidad de la planta de refrigeración para la refrigeración de carne de vaca durante más de 36 horas, de carne de cerdo durante más de 14 horas y de carne de oveja durante más de 8 horas se puede determinar calculando el rendimiento medio horario de refrigeración del producto por hora y aplicando esta cifra como carga del producto.

Durante las horas iniciales de refrigeración la temperatura del aire superará la cifra prevista debido al ritmo superior de calor liberado de las canales. La capacidad de la planta de refrigeración tiene que equilibrar el ritmo de calor liberado de las canales.

A medida que el ciclo de refrigeración continúa la temperatura del aire descenderá con la temperatura de la canal.

El *Instituto Internacional de Refrigeración* ha mostrado que para los ciclos de refrigeración de 36 a 48 horas en lo que respecta a la carne de vaca, la capacidad de la planta, cuando se calcula a los dos tercios del rendimiento medio del producto, ideada a la temperatura final de la cámara, ha resultado suficiente debido a la mayor capacidad de producción obtenida por la planta de refrigeración durante la fase inicial del ciclo de refrigeración.

5.- Selección del equipo de refrigeración

A continuación se hacen algunas consideraciones sobre la selección del equipo de refrigeración teniendo en cuenta los servicios técnicos y otros factores de diseño que vale la pena mencionar:

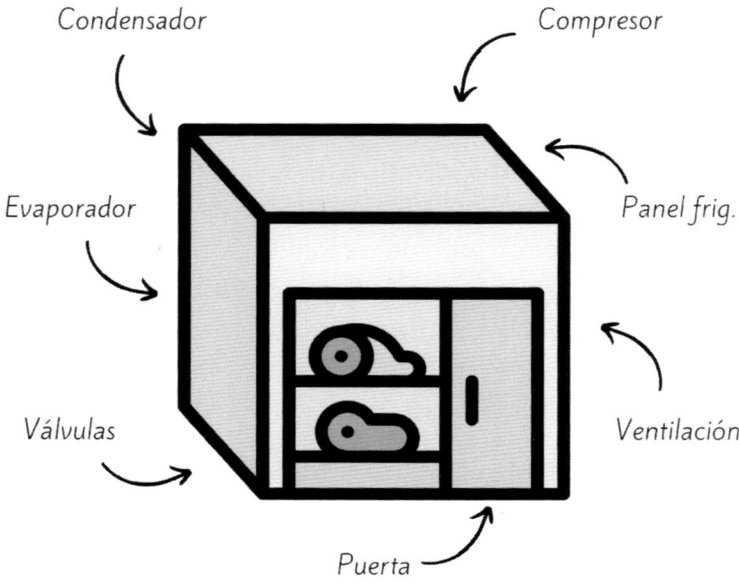

Condensador

Compresor

Evaporador

Panel frig.

Válvulas

Ventilación

Puerta

Figura 6.- Componentes de una cámara frigorífica. Fuente: Bernard Refrigeración.

Corriente de aire.
La selección/emplazamiento del refrigerador del aire es posiblemente el elemento que más influye en el rendimiento de la cámara fría. La distribución del aire desde el refrigerador de aire debe lograr velocidades a través de las canales de entre 0,5m a 4m por segundo según el ritmo de refrigeración requerido.

No basta con calcular la cantidad de aire necesario para una cámara fría con cierto número de cambios del aire por hora ni la reducción de la temperatura del aire a través del refrigerador de aire.

Para conseguir la velocidad requerida a través de la canal, es necesario calcular la superficie libre a través, por debajo y a los lados de la canal para determinar el volumen de aire.

Las velocidades del aire entre la canal y las paredes y a lo largo del suelo pueden ser seis veces mayores que a través de las canales, posiblemente debido a la diferencia de los factores de fricción y de la turbulencia local del aire.

Se debe poner cuidado al instalar unos refrigeradores de aire montados en el techo de tipo de salida única o doble para evitar la envoltura del aire, cuando éste tiende a evitar completamente el área de suspensión de las canales, dadas las altas velocidades del aire a través del techo, pared abajo y a través del suelo. Esta situación se da frecuentemente en cámaras estrechas. El empleo de refrigeradores montados en el suelo con descarga de aire a un alto nivel y que regresa en un bloque horizontal en espiral hasta el nivel de la canal ha mostrado proporcionar una modalidad de distribución del aire aceptable. Figura 7.

Refrigeradores.

Las disposiciones relativas a la superficie, los tubos, las aletas y la refrigeración del equipo de enfriamiento de aire dependen de múltiples factores, entre los cuales el principal es el económico. En general, deben elegirse refrigeradores con tres a cuatro aletas por 25 mm de ciclos de refrigeración. La selección de la superficie del refrigerador de aire debe basarse en el rendimiento máximo del calor sensible teórico. El valor máximo normalmente se da al terminarse la carga y por lo general coincide con la relación más baja entre calor sensible/calor latente.

La descongelación se puede realizar de muchas maneras. Baste decir que los programas de descongelación deben determinarse con anticipación.

6.- Construcción de la cámara frigorífica

Seguimos con las indicaciones de la **FAO**.

Después de determinar el número y la cantidad de los carriles para carne, los centros de los carriles, el número aproximado, el tamaño y el emplazamiento de los refrigeradores de aire, el tipo de carriles para carne que descargan por metro de recorrido y el método de apoyo, estos datos se pueden transponer en una forma y dimensión física inicial, y a continuación será posible determinar si el espacio de que se dispone resultará adecuado.

Las instalaciones existentes suelen requerir las máximas concesiones, al no haberse dispuesto la ampliación de la cámara fría, etc. Normalmente resulta posible aumentar la capacidad de una cadena de matanza sustancialmente con un incremento mínimo de las necesidades de espacio. Por lo general no es posible aumentar la capacidad de refrigeración de una manera análoga; a menudo la capacidad de refrigeración de una planta es el factor que limita su producción. La altura y forma de la cámara dependerá asimismo de la extensión y, por otro lado, las producciones varían entre los bovinos y los *animales pequeños*.

Si, como sucede con las plantas de servicios, las reses son de diversas categorías, la dirección puede preferir que parte de sus instalaciones de refrigeración sean de doble uso para hacer frente a una afluencia anormal de las diferentes categorías de ganado. La desventaja de que el equipo de refrigeración sea excesiva-mente grande para refrigerar *animales pequeños* que se utiliza para refrigerar con eficacia canales de grandes bovinos, se supera si se consigue un pequeño aumento del volumen de la cámara y un aislamiento para duplicar la capacidad de suspensión de animales pequeños en la misma superficie de suelo.

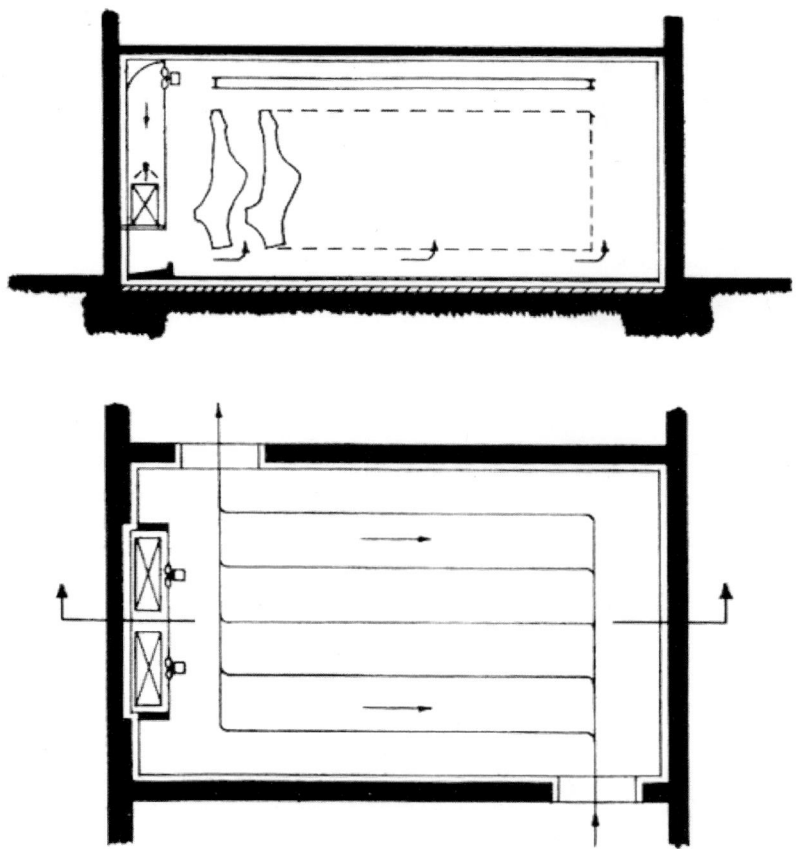

Figura 7.- Cámara de refrigeración convencional. Fuente: FAO.

7.- Aislamiento, barrera por vapor y acabado del suelo de una cámara frigorífica

Seguimos con las indicaciones de la FAO.

No es posible hablar en general del aislamiento y el acabado de la cámara fría; es necesario considerar cada caso por separado. El *poliestireno* es el material más comúnmente utilizado, aunque algunos usuarios prefieren láminas de corcho; el espesor varía de 70 mm a 100 mm, pero como los clorofluorocarbonos dañan la capa de ozono, se recomienda volver al uso del corcho u otros aislantes no tóxicos.

Debe aplicarse un aislamiento suficiente a las paredes, los techos y los suelos para que no se produzca condensación en circunstancias normales en las paredes externas y que las pérdidas en el edificio no superen los 2,64 KJ/hora. Es una práctica común omitir en las instalaciones de los pisos principales el aislamiento del suelo por razones económicas en las cámaras que no se enfrían a temperaturas inferiores a 0 °C.

Cierre del vapor.

Las variaciones en las presiones y en los ritmos de la corriente de vapor a través del aislamiento durante el ciclo de enfriamiento a menudo no se tienen en cuenta. La presión del vapor en la cámara fría puede ser mayor que fuera, con lo que se invierte la corriente normal del vapor.

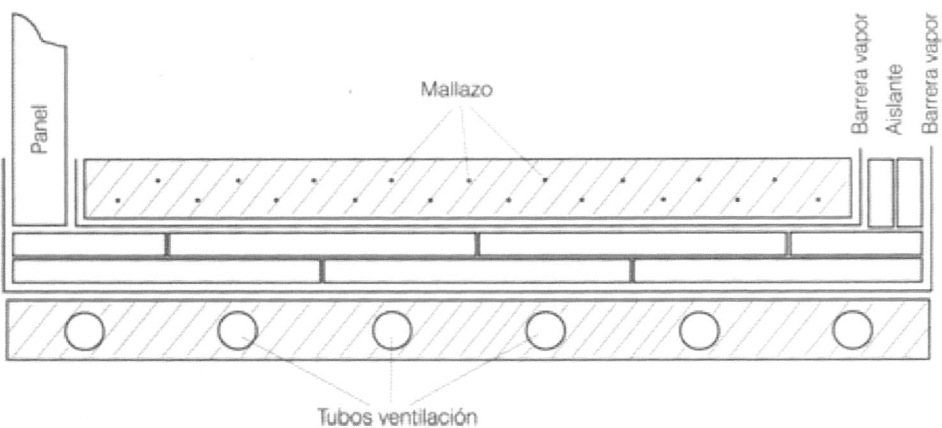

Figura 8.- Aislamiento del suelo de una cámara frigorífica, con tubos de ventilación. Fuente: FRIRIS. Industrial Cold.

Este fenómeno tiende a causar expansión y contracción de algunos materiales de aislamiento insuficientemente endurecidos y provoca resquebrajaduras de los acabados de cemento o yeso si están insuficientemente reforzados para los compartimentos más grandes.

En general son suficientes compartimentos de 2,5 m. El agrietamiento del material tratado crea huecos para las bacterias y permite que la humedad penetre en el sistema de aislamiento durante el lavado.

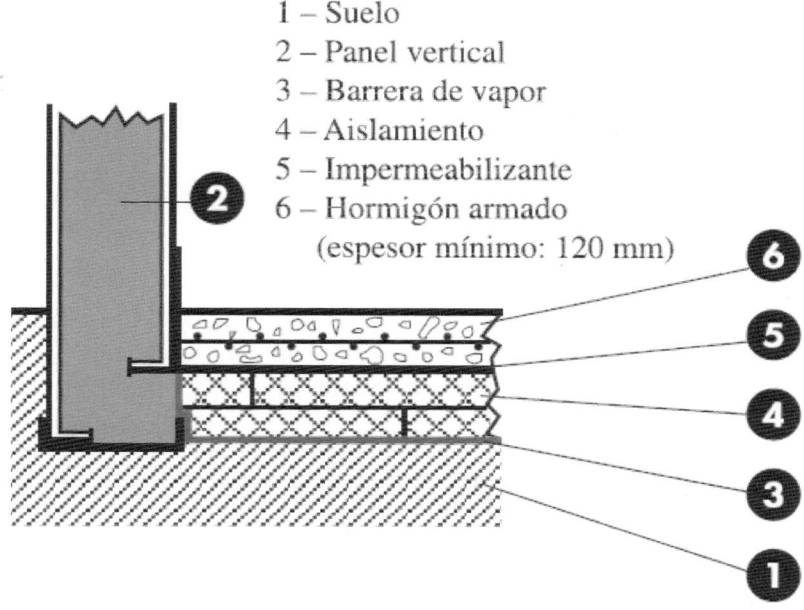

1 – Suelo
2 – Panel vertical
3 – Barrera de vapor
4 – Aislamiento
5 – Impermeabilizante
6 – Hormigón armado
   (espesor mínimo: 120 mm)

Figura 9.- Sección del perfil mostrando el suelo, el panel vertical, la barrera de vapor, el aislamiento, el impermeabilizante y la base de hormigón armado. Fuente: ISOERMIA. Cámaras frigoríficas.

Los acabados de láminas de metal o plástico que utilizan junturas cerradas en las paredes y los techos proporcionan una mayor protección al sistema de aislamiento, se limpian con mayor facilidad y son menos vulnerables a los daños mecánicos.

El cierre externo del vapor del aislamiento de la cámara fría no corresponde normalmente a las mismas normas establecidas para las cámaras frigoríficas o los refrigeradores de chorro, debido a la menor magnitud de los cambios de presión del vapor.

Cuando se aplica *in situ* el aislamiento a las obras de ladrillo, es aconsejable revestir con arena o cemento las paredes antes de aplicar una masilla para encerrar el vapor. Es conveniente un aislamiento aplicado en dos capas con junturas escalonadas. Este dispositivo no evita totalmente que el vapor circule en una u otra dirección.

Acabado del suelo.

Debe ser resistente a la sangre, las grasas y los ácidos, y no ha de ser resbaladizo, se debe poder limpiar fácilmente, etc. Debe estar inclinado hacia un canal de drenaje en el cuarto o hacia las puertas de acceso con los canales de desagüe directamente fuera. Se debe prestar atención a los detalles de la juntura entre el suelo y la pared para asegurarse de que se mantiene herméticamente cerrado en las condiciones más duras.

8.- Puertas y estructuras de apoyo de una cámara frigorífica

Para eliminar la necesidad de mantener abierta la puerta de la cámara fría, resulta ventajoso utilizar un pequeño carril de reunión fuera de la cámara fría para almacenar las canales hasta que alcancen un número suficiente que justifique la apertura de las puertas de la cámara fría para su carga. Las puertas no se deben colocar una frente a otra para evitar las corrientes de aire. Frecuentemente se utilizan cortinas de aire, pero situadas fuera de las corrientes que tienden a desarreglarlas.

Estructuras de acero de apoyo.

El método de dar un apoyo a los carriles para la carne requiere una particular atención ya que las estructuras de acero primaria y secundaria pueden producir un efecto importante en la distribución del aire dentro de la cámara fría. Estas estructuras de acero de apoyo se pueden disponer encima o debajo del aislamiento del techo.

Lo más común es que la estructura de acero de apoyo esté situada dentro de la cámara fría con columnas de acero independientes o con columnas incorporadas a la estructura del edificio.

Figura 10.- Puertas de cámaras frigoríficas.
Las puertas frigoríficas están especialmente diseñadas para dar acceso a recintos refrigerados; hay muchos tipos de puertas frigoríficas, según la aplicación que le vayamos a dar.
Para cámaras frigoríficas las puertas deben ser correderas y pivotantes, para las salas de trabajo las puertas de vaivén o de servicio y para los muelles de expedición las puertas seccionales, abrigos de muelle, etc.
Fuente: Bernad. Equipamiento para la Industria Alimentaria.

El acero secundario se fija a continuación con pernos a la estructura de acero primaria a ángulos rectos, bloqueando así eficazmente cualquier distribución del aire a alto nivel. En la práctica se puede disponer que los refrigeradores de aire insuflen aire entre la estructura de acero primaria.

Otro método consiste en disponer la estructura de acero primaria y secundaria encima de los techos aislados.

El carril para la carne se sostiene en este caso utilizando varillas de suspensión sobre el techo aislado para reducir al mínimo el efecto de la conducción de calor a lo largo de las varillas.

Estas deben estar fijadas debajo del techo para reducir al mínimo el efecto de la carga de choque y del movimiento que, de lo contrario, tenderían a alterar el techo aislado y a ensanchar los agujeros en el techo.

Las piezas de sujeción deben estar colocadas lo más cerca posible del lado de abajo del aislamiento. La colocación de la estructura de acero de apoyo fuera de la cámara fría deja un techo despejado para la circulación del aire.

Este sistema particular es más aplicable a las cámaras frías para *animales pequeños*." Fin de la larga e interesante cita de la **FAO** (Organización de las Naciones Unidas para la Agricultura y la Alimentación).

Figura 11.- Muelle de carga directamente de las cámaras frigoríficas. Fuente: Bernad.

9.- Otros equipos de frío en industrias cárnicas

En el sitio de Internet de **Bernad (Equipamiento para la Industria Alimentaria)**, exponen lo siguiente respecto al tratamiento por frío de la carne y los equipos utilizados para ello.

"La carne es un producto alimenticio perecedero y por ello requiere de una correcta conservación y unas condiciones idóneas de temperatura, humedad y velocidad del aire para mantener en perfecto estado la carne. El proceso de refrigeración consta de dos etapas:
- Disminución de la temperatura corporal en el momento del sacrificio hasta la conservación.
- Mantenimiento de la canal a baja temperatura.

Rendimiento de la canal. La tendencia termodinámica al equilibrio provoca en la carne pérdidas de peso, transfiriendo agua al ambiente, disminuyendo el rendimiento. La humedad es un factor muy importante a tener en cuenta, ya que cuanto mayor es la humedad relativa ambiental, menores son las pérdidas. También con una refrigeración rápida o intensa conseguiríamos minimizar las pérdidas de peso.

Desde el punto de vista microbiano las canales deben enfriarse tan rápido como sea posible. Intentando reducir la temperatura inicial de las canales (30ºC) a menos de 5ºC lo más rápido posible.

Factores que influyen en la velocidad de enfriamiento:
- Calor específico de la canal.
- Tamaño de la canal.
- Número de canales.
- Temperatura del entorno.

Tenemos que conocer perfectamente el comportamiento de la carne y de los diferentes sistemas de refrigeración necesarios para prolongar la vida útil de la carne, manteniendo sus atributos de calidad." Hasta aquí la cita de **Bernad**.

En la Tabla 3 vemos que los alimentos sometidos a congelación y almacenados adecuadamente, pueden conservarse perfectamente durante meses. En el caso de las carnes rojas vemos que pueden permanecer congeladas hasta 12 meses. En el caso de los corderos hasta 8 meses y en el caso de los cerdos hasta 6 meses.

Tabla 3.- Periodo de conservación de diversos alimentos congelados. Fuente: MAIPU. Chile.

Pescado azul y mariscos	Hasta 2 meses
Pescados magros o blancos	Hasta 5 meses
Aves	De 6 a 9 meses
Hortalizas y verduras	Hasta 12 meses
Carnes rojas	Entre 8 y 12 meses
Vísceras de cualquier animal	Hasta 6 meses
Huevo batido	Hasta 6 meses
Cordero	Hasta 8 meses
Cerdo	Hasta 6 meses
Pan y bollos	Hasta 3 meses

10.- Ejercicios prácticos. Las soluciones al final del libro.

1.- La temperatura ideal de conservación de la carne fresca es:
   a) -18ºC.
   b) -1ºC.
   c) 6 a 7ºC.

2.- La temperatura recomendada de refrigeración para una canal de vacuno de 200 kilos es:
   a) 1 a 2ºC.
   b) 8 a 10ºC.
   c) 5 a 7ºC.

3.- Enumerar algunos de los componentes de una cámara frigorífica

4.- El aire se debe distribuir entre las canales a una velocidad de:
   a) 0,5 a 4 metros/segundo.
   b) 10 a 25 metros/segundo.
   c) 6 a 7 metros/segundo.

5.- El tipo de aislamiento más utilizado en las cámaras frigoríficas es:
   a) Propileno.
   b) Poliestireno.
   c) Caucho.

6.- Enumerar los factores que influyen en la velocidad de enfriamiento de las canales en una cámara

7.- Las carnes rojas se pueden mantener congeladas durante:
   a) 8 a 12 meses.
   b) 4 a 48 meses.
   c) 55 meses.

CAPÍTULO 7 SUBPRODUCTOS Y DESPOJOS CÁRNICOS

1.- Subproductos procedentes de mataderos e industrias cárnicas en general

En los mataderos, se obtienen diariamente una serie de subproductos de la matanza tales como: sangre, huesos, pezuñas, grasas, pieles, etc. En el caso del ganado vacuno estas partidas pueden llegar a representar el 40 por ciento del peso en vivo del animal.

Cuando se trata de cerdos, el porcentaje de subproductos suele corresponder a un 25 por ciento del peso en bruto del animal. De todas maneras estas cifras pueden sufrir muchas alteraciones según razas, alimentación, sistema de estabulación, etc. Para otro tipo de animales sacrificados (ovejas, cabras, llamas, etc.), los subproductos vienen a representar cifras comprendidas entre el 22-42 por ciento.

Hay dos razones muy importantes para estudiar a fondo el aprovechamiento de estos subproductos:

- Contaminación.
- Economía.

Efectivamente. Si tomamos por ejemplo el caso de la sangre, tenemos que si se tira al desagüe sin ningún tratamiento, se produce un grave problema de contaminación en las aguas. Baste decir que un matadero de tamaño medio puede acumular más de 1.000 toneladas de sangre al año.

2.- Subproductos, canales y despojos

Los subproductos de matadero los podríamos definir como las "materias primas que se obtienen de los animales de abasto y que no están comprendidas en los conceptos de canal o despojo. Como sabemos, la canal es el cuerpo de los animales de abasto después de sacrificados, desprovisto de vísceras torácicas y abdominales, con o sin riñones, piel, patas y cabeza.

Los despojos son aquellas partes comestibles que se obtienen de los animales de abasto y que no están comprendidos en el término canal.

Los despojos comprenden: hígado, bazo, riñones, ganglios, corazón, sesos, pulmones, médula, glándulas (timo, tiroides, páncreas, suprarrenales, testículos), estómago e intestinos de los rumiantes (callos y gallinejas), patas (callos, gelatinas y manitas), tripas, vejigas, cabeza, lengua y sangre.

Puede existir un cierto solapamiento entre subproductos y despojos. Por ejemplo, la sangre: si la tiramos sin aprovechamiento la podríamos considerar un subproducto contaminante, pero si la aprovechamos (plasma, morcillas, sangre frita) se puede considerar como un despojo comestible como los sesos, riñones, etc.

3.- Composición y características de la sangre

En principio y para propósitos técnicos podemos decir que se compone de:

- Humedad: 80 por ciento aproximadamente.
- Sustancias sólidas: 20 por ciento aproximadamente.

Tabla 1.- Contenido en sangre de diversos animales (expresada en % respecto al peso en vivo). Valores aproximados.

Animales	Contenido en sangre (% respecto al peso en vivo del animal)
Vacas	3-4 %
Terneros	5-6 %
Cerdos	3-4 %
Cerdas	3-3,5 %
Ovejas	4-4,5 %
Corderos	3,5-4 %

Los aprovechamientos más comunes de la sangre son:
- Ingredientes en embutidos cárnicos (morcillas principalmente).
- Producción de plasma, que se usa como ligante en embutidos y otros productos. El plasma se obtiene por centrifugación de la sangre.
- Sangre seca (harina), por eliminación de la mayor parte de su humedad, hasta dejarla en un 6-9 por ciento.
- Aplicaciones farmacéuticas.

Si profundizamos más en ese 20 por ciento de sustancias sólidas, veremos que se compone de varias fracciones:
- Glóbulos sanguíneos……………12 %
- Albúmina…………………………6,1 %
- Fibrina……………………………0,5 %
- Grasa………………………………0,2 %
- Extractos de otras sustancias…0,03 %
- Cenizas……………………………0,9 %

La composición dada aquí de la sangre es una media, ya que según se trate de cerdos, vacas, ovejas, pollos, etc., esta composición puede variar. Por ejemplo, en el caso de las ovejas el contenido total de sólidos suele ser un 18%, mientras que en los cerdos es del 21%.

La sangre tiene una densidad aproximada de 1,05 Kg/litro. Si separamos la misma en sus dos principales componentes (plasma y glóbulos rojos), cada uno de ellos tiene la siguiente densidad:
- Densidad del plasma……………1,03 Kg/litro (aproximadamente).
- Densidad de los glóbulos rojos.1,09 Kg/litro (aproximadamente).

En el caso de la sangre de oveja, la densidad de la sangre es de 1,06 Kg/litro, mientras que en el caso de los cerdos es de 1,04 Kg/litro.

Posteriormente veremos que la harina o sangre seca es muy rica en proteínas. Ello es debido a que tanto el plasma como los corpúsculos rojos tienen un elevado contenido en proteínas. Así tenemos que:

- El 80% de los sólidos contenidos en el plasma son proteínas.
- El 98% de los sólidos contenidos en los glóbulos rojos son proteínas.

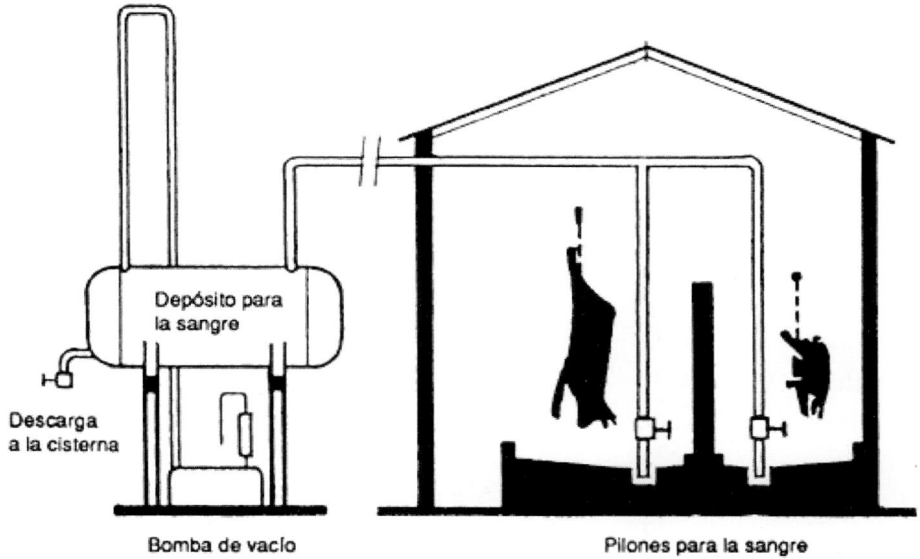

Figura 1.- Zona de sangrado en un matadero. Fuente: FAO (Organización de las Naciones Unidas para la Agricultura y la Alimentación).

4.- Sangrado de los animales en el matadero

En la Figura 1 vemos la zona de sangrado de animales en un matadero. Debe ser lo más higiénica posible para evitar la contaminación de la sangre, que se guarda en un depósito de acero inoxidable para su posterior aprovechamiento en el propio matadero o fuera del mismo.

De los datos de la Tabla 1 se deduce que según el peso del animal a la hora de la matanza, así será la cantidad de sangre obtenida. La Tabla 2 nos muestra los animales más frecuentemente sacrificados en un matadero y los pesos brutos (animal vivo) a que normalmente se suelen sacrificar. Por ejemplo, caso de suponer un peso de 450 kilos para las vacas y 90 kilos para los cerdos, tendremos la cantidad de sangre que podemos recoger por cada animal:

- Sangre por vaca sacrificada............13,5-18 litros
- Sangre por cerdo sacrificado...........2,7-3,6 litros

Tabla 2.- Animales que se sacrifican en los mataderos y sus pesos en kilos. Valores aproximados).

Animales sacrificados	Peso aproximado en kilos en el momento del sacrificio
Vacuno	250-600
Terneros	200
Cerdo	60-120
Cochinillo	10-25
Ovino	35-60
Cordero	10-25

De todas formas, hay que tener en cuenta que parte de la sangre queda en el animal sacrificado, y que la sangre que se extrae del animal se puede diluir con agua de limpieza.

Por ejemplo, si queremos calcular la cantidad de sangre total que obtendremos en un matadero donde se sacrifican 1.000 cerdos/día:

Cantidad de sangre obtenida = nº de animales x peso en vivo de cada animal x proporción de sangre x 1,15 (factor de dilución).

Si se trata del sacrificio de cerdos de 90 kilos de peso, con un 3,5% de sangre referida al peso en vivo del animal y, suponiendo un 15% de dilución por aguas de lavado, tendremos que:

1.000 x 90 x 0,035 x 1,15 = 3.622,5 litros de sangre por día.

5.- Obtención de plasma

La separación del plasma de los corpúsculos rojos de la sangre, se realiza por centrifugación. Para ello, inmediatamente después de la recogida higiénica de la sangre, se le inyecta un coagulante (normalmente citrato sódico) y después se procede a la separación centrífuga obteniendo:
- Plasma (60-70 por ciento de la sangre original)
- Corpúsculos rojos (30-40 por ciento).

Debido a la aceleración centrífuga creada en el cuerpo interior de la centrífuga (Figura 7.3), los corpúsculos más pesados que el resto de los elementos, son lanzados a la periferia y de ahí expulsados. El plasma, más ligero también sale de la centrífuga.

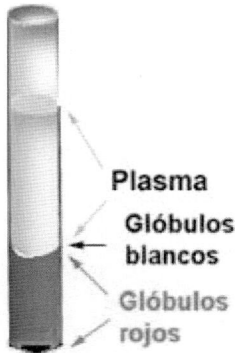

Figura 2.- Al centrifugar la sangre, nos quedan por un lado los glóbulos (más pesados) y el plasma (meno pesado).

El plasma obtenido está compuesto por:
- Proteínas............................ 7-8 %
- Otras sustancias sólidas..... 2 %
- Agua..................................91 %

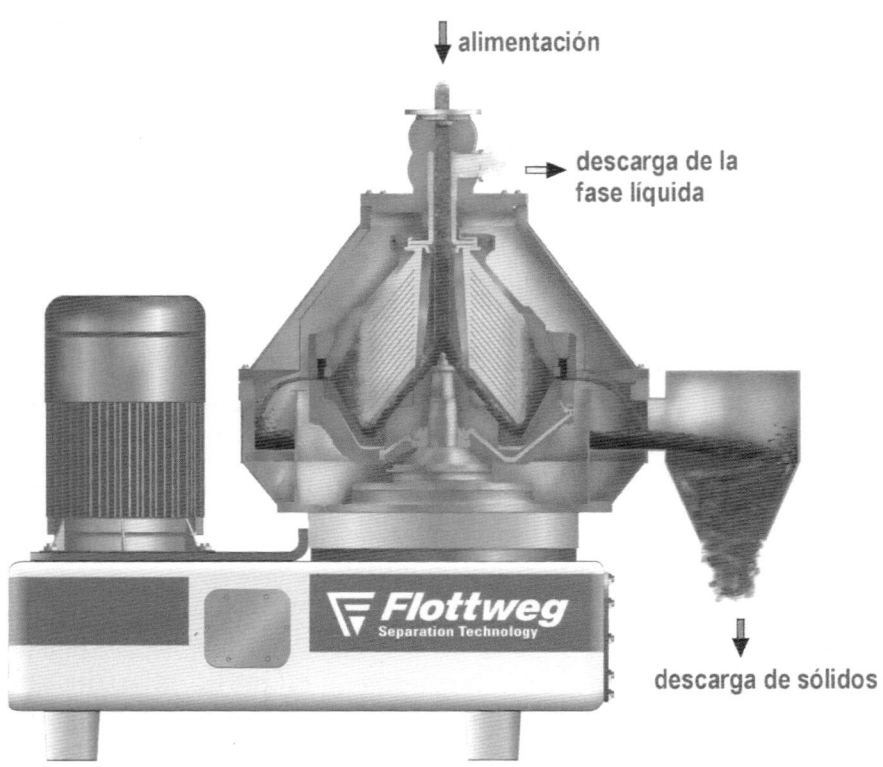

alimentación

descarga de la
fase líquida

descarga de sólidos

Figura 3. Corte de una separadora centrífuga. La sangre entra por la parte superior de la máquina, saliendo el plasma (fase líquida) por un lado y los corpúsculos por otro (descarga de sólidos). Fuente: Flottweg.

Los corpúsculos separados están compuestos por:
Proteínas……………………....…………… 35-37 %
Otras sustancias sólidas…………. 3-1 %
Agua……………………....…………….. 62 %

Para la conservación del plasma se puede proceder a su refrigeración, congelación o secado. Como ya hemos dicho, el plasma se puede utilizar en la fabricación de embutidos y en aplicaciones farmacéuticas. A su vez, los corpúsculos pueden ser secados para obtener harina de sangre.

6.- Secado por atomización del plasma y de la sangre

Tanto el plasma como la sangre se pueden secar por atomización (Figuras 4 y 5.).

En primer lugar, el plasma se concentra en un evaporador hasta conseguir que tenga un 28 por ciento de materias secas. Después se pasa al atomizador donde se consigue un producto final en polvo con el 94-96 por ciento de sustancias sólidas.

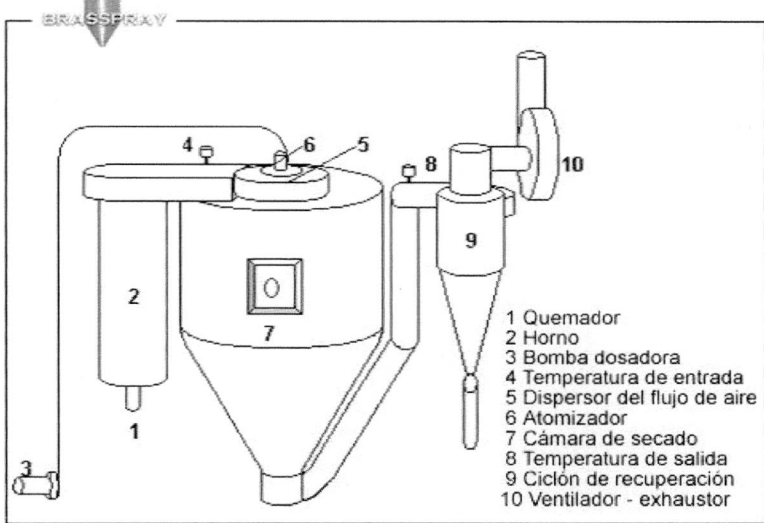

1 Quemador
2 Horno
3 Bomba dosadora
4 Temperatura de entrada
5 Dispersor del flujo de aire
6 Atomizador
7 Cámara de secado
8 Temperatura de salida
9 Ciclón de recuperación
10 Ventilador - exhaustor

Figura 4.- Esquema de una instalación de secado por atomización. Fuente: Spray Process Ltda.

La sangre se concentra en un evaporador también hasta un 28 % y después se convierte en polvo (94-96% de sustancias sólidas) en la fase de secado por atomización.

La Figura 4 nos presenta una instalación de atomización. Mediante una bomba (3) se envía el producto hasta la parte superior de la torre de atomización, donde un atomizador (6), lo divide en finas gotitas que se esparcen por el aire caliente a unos 170ºC.

La evaporación del agua que cubre las partículas sólidas, produce un enfriamiento del aire que es extraído de la torre a una temperatura de unos 80ºC.

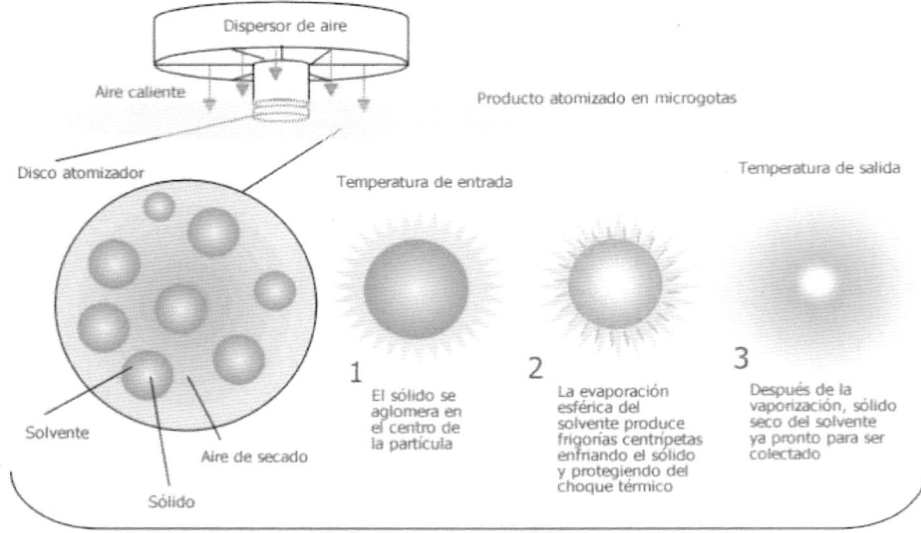

Según el tamaño de la cámara de secado, las etapas 1,2 y 3 se completan en apenas 4 segundos

Figura 5.- Secuencia del funcionamiento de un secador por atomización. Fuente: Spray Process Ltda.

El aire entra por un ventilador, pasa por un filtro y por un calentador que es donde se eleva su temperatura a esos 170ºC que ya hemos dicho.

En el secado del plasma y la sangre lo que estamos haciendo es eliminar agua. Dicha agua se encuentra de dos formas:

- Agua libre, que se evapora de forma casi instantánea en la cámara de secado (7).
- Agua capilar, que se encuentra en las partículas de plasma y de sangre, y que se difunde hacia la superficie de dichas partículas donde se produce su evaporación.

El polvo obtenido se va sedimentando en las paredes y en el fondo de la torre y se descarga por (8) y (9).

El plasma y la sangre solo alcanzan una temperatura de 70-80ºC, ya que la evaporación del agua protege a las partículas durante el proceso.

Los productos en polvo se pueden enviar de forma neumática hacia la instalación de envasado o ensacado.

Cuanto más finamente estén divididas las partículas, mayor será su superficie expuesta al aire caliente y más efectivo será el secado. De ahí la importancia que tiene el disco atomizador (Figura 5). Normalmente, la atomización aumenta en 700 veces la superficie original del producto. Por ejemplo, si un litro de plasma tiene una superficie de 0,05 metros cuadrados, al proceder a su atomización puede llegar a ser de 35 metros cuadrados.

7.- Obtención de harinas y grasas a partir de subproductos y despojos de mataderos e industrias cárnicas

Para los efectos prácticos de nuestro estudio, podemos decir que los subproductos y despojos que vamos a procesar para producir harinas y grasas, constan de:

- Grasa.
- Agua.
- Sustancias sólidas (proteínas y sales).

La Tabla 3 nos da la composición aproximada de subproductos y despojos cárnicos con un contenido de huesos del 30 %.

Tabla 3.- Composición de subproductos y despojos cárnicos con un 30 % de huesos.

Componente	Porcentaje (%)
Grasa	16 %
Agua	60 %
Sustancias sólidas	24 %

El rendimiento en grasa y harina que obtengamos depende de las posibles variaciones que se produzcan en los porcentajes indicados en la Tabla 3.

Si aumenta el contenido en huesos, se obtendrá una harina menos proteínica y con más sales minerales.

En general, y suponiendo unas cifras medias como las indicadas, el rendimiento en harina de los subproductos y despojos es del orden del 35-45 % respecto al peso en bruto de la materia prima utilizada. Son varios los factores que determinan la calidad de las harinas y las grasas:

- La materia prima utilizada debe procesarse tan pronto como se pueda a partir de la matanza de los animales. Cuanto más tiempo pase mayor es su degradación y peor la calidad de la grasa y harina obtenidas.
- Si es necesario almacenarla antes de su procesado, debe hacerse a bajas temperaturas para frenar el desarrollo de microorganismos.
- Hay que evitar que el contenido de los intestinos y estómagos se mezcle con la materia que vamos a procesar.
- El troceado de los subproductos y despojos solo se debe efectuar en el momento de iniciar el proceso.

En el caso de la grasa para uso comestible veremos que una acidez final del orden del 0,2% supone una buena calidad. Pero en el caso de subproductos y despojos la acidez que encontramos en la grasa final suele ser superior (2% o más). Otro factor determinante de la calidad final de los productos es el método que se siga.

8.- Instalaciones para el procesado de subproductos y despojos: procesado previo

Los despojos y subproductos destinados a la producción de grasa y harina, deben ser troceados hasta reducirlos al tamaño de un puño o menos. Esta es la primera operación que se debe realizar. Así se aumenta el rendimiento posterior del sistema.

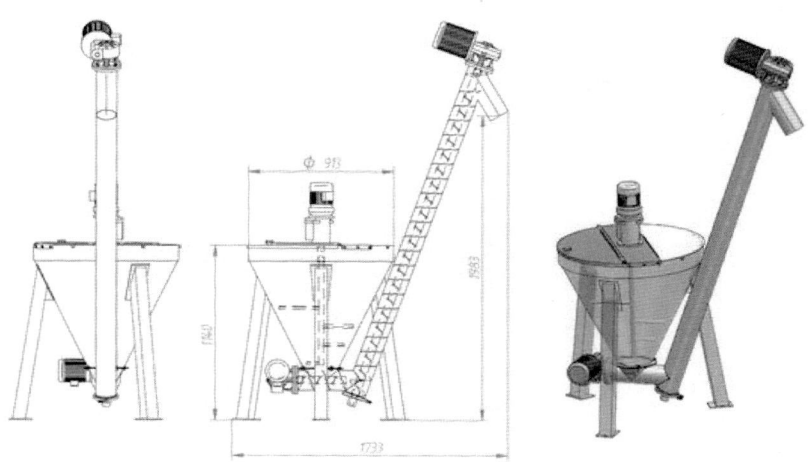

Figura 6.- Tolva de acero inoxidable con tornillo transportador. Fuente: INFIPACK.

En una instalación de este tipo debe existir una sala de recepción y pretratamiento de los despojos y subproductos. Esta instalación debe disponer de:

Tolvas, donde se descargan los productos a procesar, correspondientes a una jornada de trabajo. Deben llevar en el fondo tornillos transportadores. Todo ello debe ser de acero inoxidable.

Transportador de acero inoxidable de tornillo sinfín accionado por un motor.

Molino triturador o troceador de los productos entrantes hasta dejarlos reducidos a un tamaño aproximado de 50 x 110 milímetros o menos. Este tipo de molinos troceadotes también deben ser de acero inoxidable y deben ir provistos de potentes motores ya que deben trocear todo tipo de materias (huesos, cuernos, patas, etc.). Después del picado grosero (con trozos como el tamaño de un puño), se debe realizar un troceado finos. Ello se traducirá en un mayor rendimiento en grasa y harina al final del proceso.

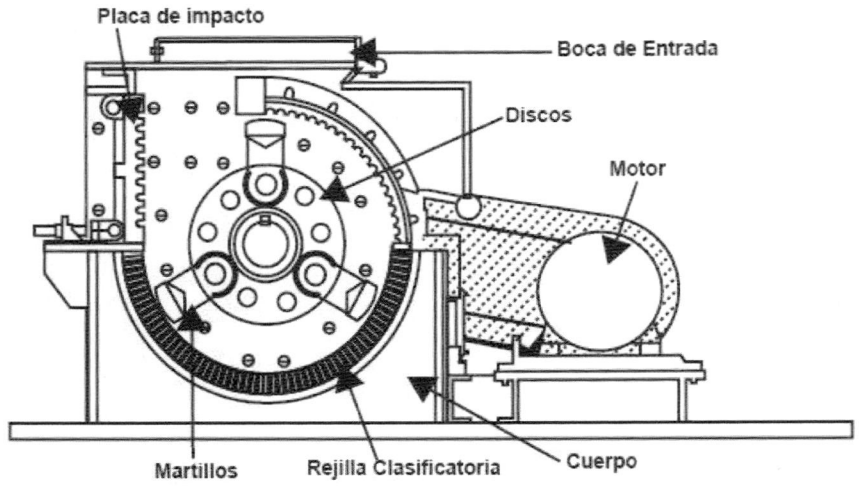

Figura 7.- Sección de un molino de martillos. Fuente: TYMSA. Trituración y Molienda S.A. de C.V.

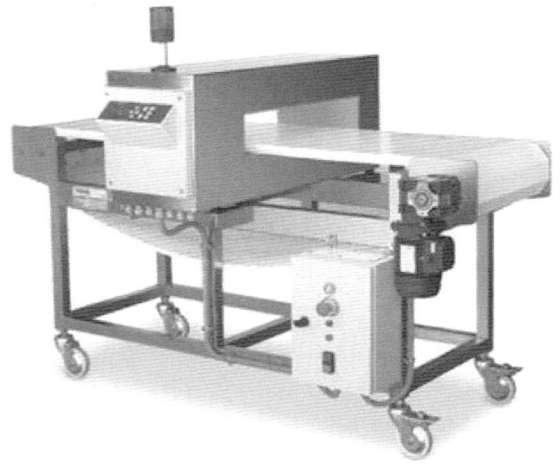

Figura 8.- Cinta con detector de metales. Fuente: Incus Technology.

Cinta transportadora de goma, con detector de metales para separar posibles trozos de metal o acero inoxidable. Si esas partículas metálicas (clavos, ganchos, etc.) pasan a la línea de proceso podrían producir la rotura de la maquinaría.

Se puede colocar el detector de metales antes del troceador grosero, o bien después, antes del picado fino. La sensibilidad en la detección depende del tipo de metal, de sus dimensiones y de la velocidad de la cinta. Por ejemplo, se puede detectar una esfera férrica de 1,5 milímetros de diámetro, y una no férrica de 1,8 mm.

9.- Sistemas de producción de harinas y grasas

Básicamente existen tres sistemas para la transformación de subproductos y despojos cárnicos en harinas y grasas:

1.- *Sistema de transformación por vía seca*. Los productos troceados se cargan en un digestor (Figuras 9 y 10), donde son sometidos a calentamiento para que pierdan su humedad, secándose hasta un 5-10% de contenido en agua. Después se separan la torta proteínica y las grasas.
2.- *Sistema de transformación por vía húmeda*. Los productos troceados finamente se someten a diversos calentamientos y separaciones por centrifugación, filtración o decantación, hasta conseguir la separación de tres fases (torta proteínica, grasas y agua de colas). Figura 11.
3.- *Sistema de extracción por disolventes*. Mediante un disolvente de las grasas se consigue la separación de las mismas del resto de los componentes del producto.

Al primer procedimiento lo denominamos "por vía seca" debido a que el agua se evapora por calentamiento en el digestor.
En el segundo procedimiento no hay evaporación de agua, sino separación por centrifugación. Por ello se le denomina "por vía húmeda".
En el tercer procedimiento se emplean disolventes de las grasas para conseguir la separación de fases. Es último sistema se emplea mucho en la extracción de aceite de semillas oleoginosas.

10.- Proceso por vía seca (digestores)

En las Figura 9 y 10 vemos los componentes de una instalación para producción de harinas y grasas por vía seca. Este es el sistema tradicional y más utilizado.

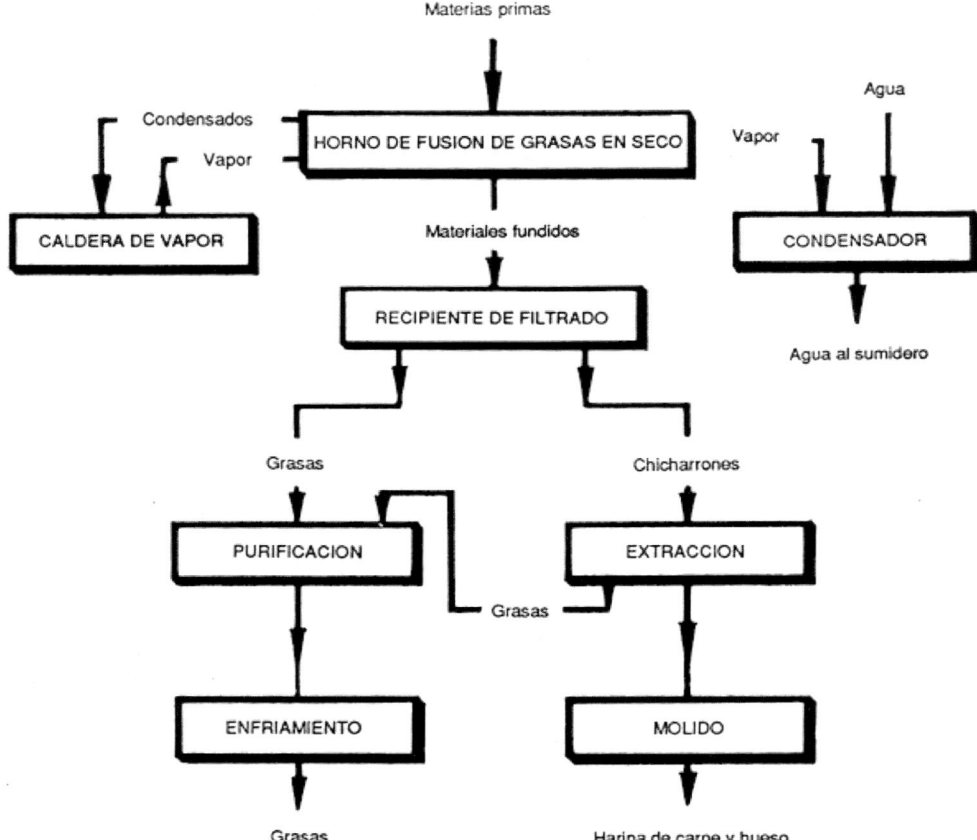

Figura 9.- Producción de harinas y grasas a partir de subproductos y despojos de mataderos. Fuente: FAO (Organización de las Naciones Unidas para la Agricultura y la Alimentación).

En las instalaciones por vía seca, los productos se cargan en un digestor (también llamado horno de fusión), donde son sometidos a altas temperaturas (110-130ºC) durante 2,5 a 4,5 horas, produciéndose la evaporación del agua contenida.

La harina y la grasa (materiales fundidos) pasan a un equipo de separación o filtrado.

Las grasas que salen del digestor aún contienen una gran cantidad de impurezas sólidas, por lo que es necesario someterlas a un proceso de purificación, que suele tener lugar en una separadora centrífuga de alta velocidad. Como su temperatura todavía es alta, después de purificada se debe enfriar (6 a 10ºC) para su posterior almacenamiento.

La parte sólida (chicharrones o torta proteínica) aún contiene una fuerte cantidad de grasa que se puede extraer en parte. Esto se hace por prensado o por extracción mediante disolventes.

La harina con un contenido final de grasa de solo un 4-8%, se muele y ensaca.

Las altas temperaturas alcanzadas en el digestor (también llamado fundidor u horno de fusión) esterilizan los productos.

11.- Producción de harinas y grasas por vía húmeda

Las técnicas de transformación de subproductos y despojos cárnicos, como ocurre en otros muchos campos, se van mejorando con los años mediante cambios en las máquinas o en el proceso completo.

En el caso del método por vía húmeda, los productos son troceados y luego picados finamente (hasta reducirlos a partículas de 3 a 8 milímetros).

Una vez picada finamente la materia prima, se le suele añadir una cierta porción de agua caliente que ayuda a fluidificar la grasa y a conseguir una mejor separación de los componentes.

El calentamiento del agua se puede hacer en un intercambiador de calor de placas como el que aparece en la Figura 13.

Esa masa caliente y fluida es sometida es sometida posteriormente a una separación centrífuga en una máquina de eje horizontal (Figura 12), en la que se separan dos fases:

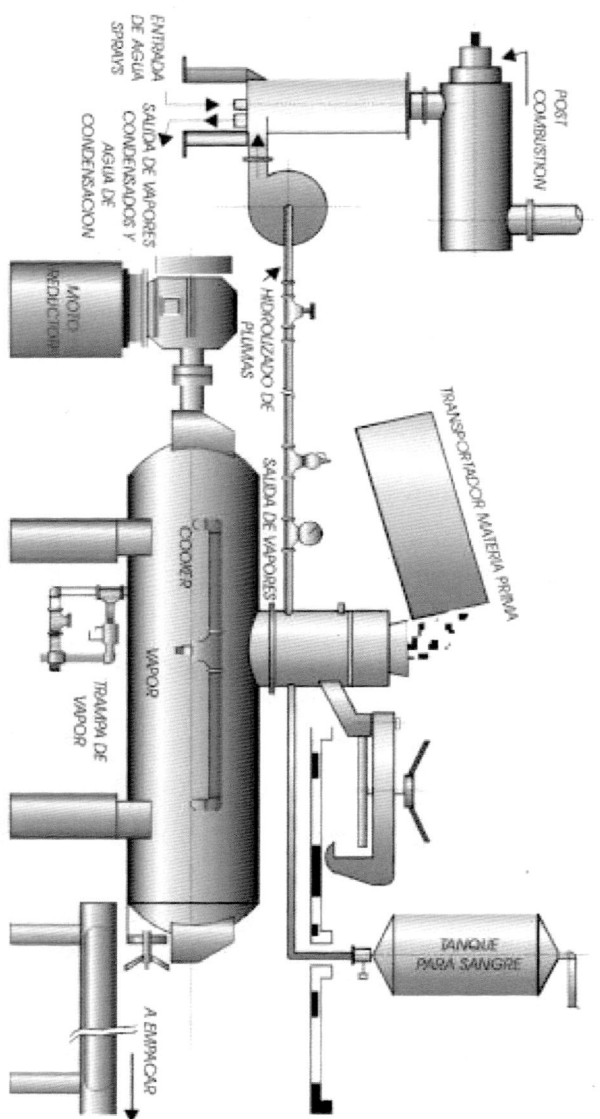

Figura 10.- Diagrama de una instalación para aprovechamiento de los subproductos y despojos cárnicos con producción de harinas. Fuente: Tecnologías Limpias.

- *Fase líquida* (grasa con agua de colas y algo de sólidos).
- *Fase semisólida* (proteínas, parte de la grasa, sales minerales y agua).

Esta máquina decantadora centrífuga sustituye a la prensa tradicional. Es decir, la fase de prensado (Figura 11) se realiza con la máquina de la Figura 12, en vez de utilizar una prensa.

La fase semisólida (pastosa) es sometida después a un secado con una molienda posterior, para la obtención de la harina.

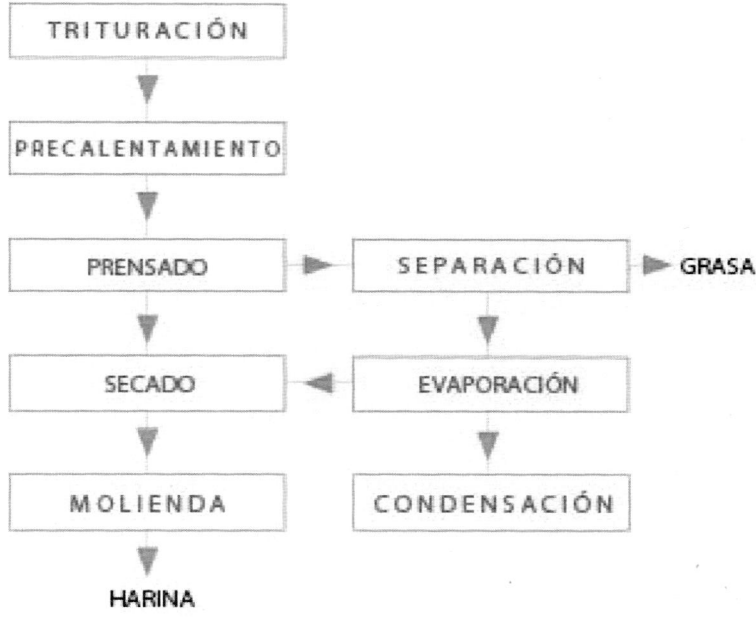

Figura 11.- Esquema del proceso para obtención de grasas y harinas por vía húmeda. Fuente: HAARSLEV Rendering.

La fase líquida se somete a otra centrifugación, pero esta vez en una máquina de eje vertical (como la que vimos en la Figura 7.3) donde se separan tres fases:

- Grasa purificada.
- Agua de colas.
- Materias sólidas.

La grasa purificada sale de la centrífuga a una temperatura de 90/96ºC, demasiado alta para enviarla directamente a los depósitos. Por ello es mejor enfriarla hasta 40-45ºC antes de su almacenamiento. Esto se puede realizar en un intercambiador de placas (Figuras 13 y 14). Se puede proceder también al citado enfriamiento, batido y envasado.

El agua de colas se recircula en parte al proceso y en parte se envía a un evaporador para concentrarla hasta un 30 % de materias sólidas. Por centrifugación se puede recuperar parte de la grasa que contiene. El resto se envía al secador para convertirse en harina.

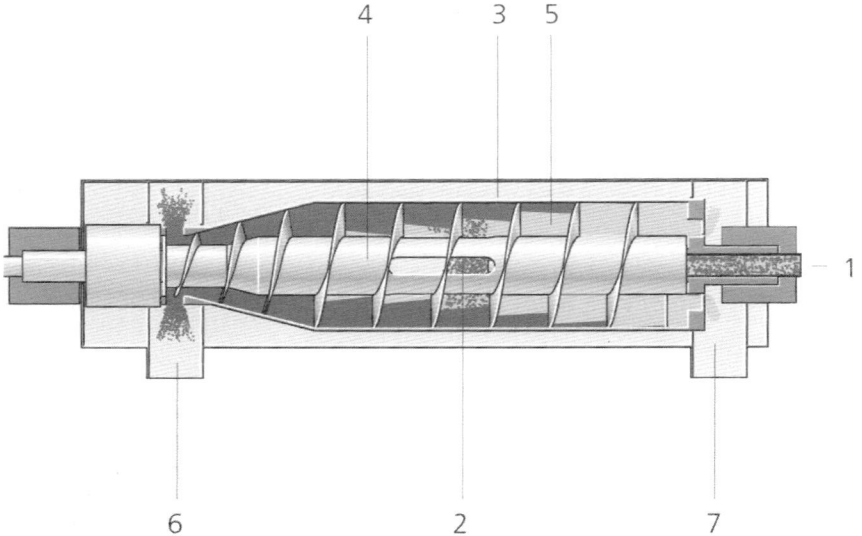

Figura 12.- Principio de funcionamiento de una separadora centrífuga de eje horizontal (también llamado decantador centrifugo). 1.- Entrada del producto. 2.- Distribución del producto en el centro de la máquina. 3.- Partes sólidas que pesan más y se centrifugan hasta las paredes del rotor de la máquina. 4.- Eje central giratorio de la máquina. 5.- Parte líquida separada, que al pesar menos queda en la parte interior del rotor. 6.- Salida de la parte sólida. 7.- Salida de la parte líquida. Fuente: Alfa Laval.

En estas instalaciones se utilizan varios tipos de bombas: centrífugas, rotativas, de lóbulos y helicoidales.

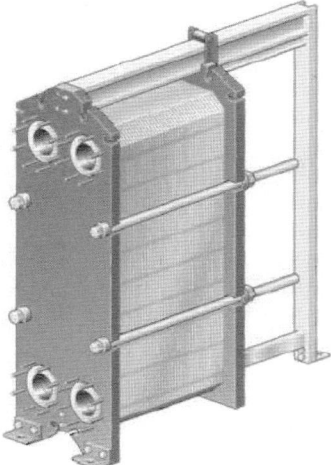

Figura 13.- Intercambiador de calor de placas. Fuente: Alfa Laval.

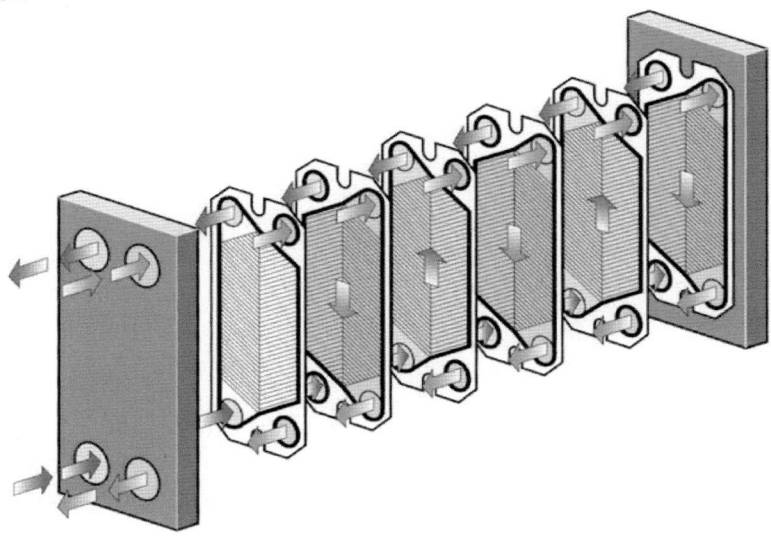

Figura 14.- Principio de funcionamiento de un intercambiador de calor de placas. Los fluidos circulan entre las placas de acero inoxidable. Uno se calienta y el otro se enfría. Fuente: Alfa Laval.

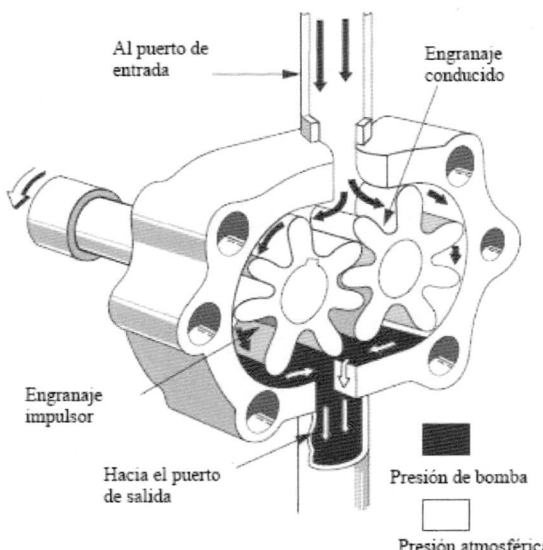

Figura 15.- Bomba rotativa de engranajes externos. Fuente: Plataforma E-ducativa Aragonesa.

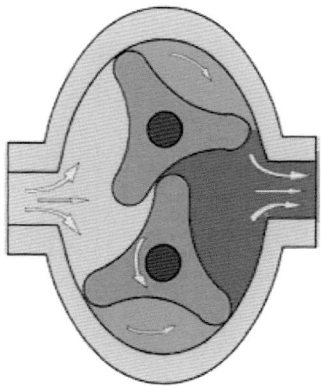

Figura 16.- Bomba de lóbulos. Fuente: QUIMINET.

Estas bombas son muy utilizadas en la industria alimentaria en general. Las centrífugas se utilizan para la impulsión de líquidos pocos viscosos, tales como agua, zumos, leche, etc. Se utilizan también en la impulsión de grasa animal en estado líquido a temperaturas de 40-97ºC. Son capaces de trasvasar grandes caudales por hora.

Las bombas rotativas de tornillo helicoidal se utilizan para la aspiración e impulsión de líquidos y pastas tales cremas, pastas de carne, etc. Su impulsión es muy suave, aireando poco el producto.

Las bombas de lóbulos pueden utilizarse para los mismos productos que las helicoidales. Pero son capaces de trasvasar pastas aún más viscosas y que lleven trozos de partículas de carne, tocino, etc., sin romperlos. Tratan aún más suavemente al producto.

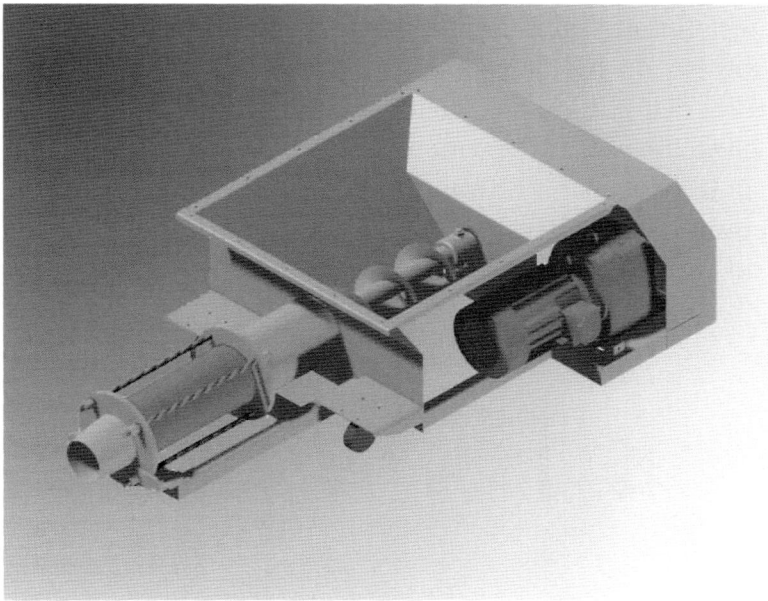

Figura 17.- Bomba helicoidal. Fuente: AMG Maquinaria.

12.- Producción de gelatina a partir de pieles y huesos

Son varias las fuentes empleadas para la producción de gelatina:
- Recortes de pieles de ternera.
- Tiras de piel de cerdo.
- Huesos de todo tipo de animales.
- Patas de pollo y otros despojos. Etc.

La obtención de gelatina a partir de recortes de pieles se hace siguiendo las fases que damos a continuación:

- Encalado de las pieles durante varias semanas con renovación continua del agua. Esto se hace con objeto de romper las moléculas de sustancias orgánicas que así serán más fácilmente tratadas en las etapas siguientes.
- Lavado para eliminar impurezas y cal.
- Extracciones sucesivas empezando a temperaturas bajas (50-60ºC) hasta llegar a 100ºC. Los extractos obtenidos inicialmente cuando se trabaja a temperaturas de 50-60ºC son los de mejor calidad. Conforme aumenta la temperatura, el grado de degradación aumenta.
- Filtración de los extractos obtenidos. Esta operación se suele realizar en filtros prensa usando tierra de diatomeas como agente filtrante. Es importante obtener un producto sin impurezas, claro y de color brillante.

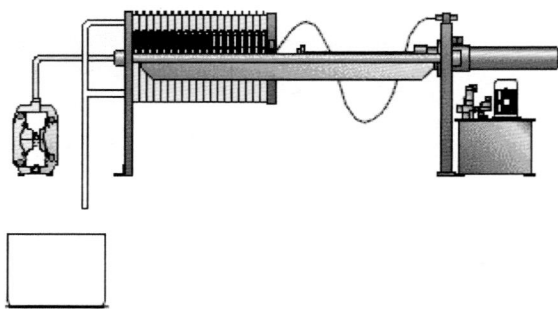

Figura 18.- Filtro prensa. Fuente: GEDAR.

- Concentración al vacío de los extractos obtenidos. Se debe hacer a bajas temperaturas para evitar la hidrólisis de la gelatina. Hacia el final se puede ir aumentando la temperatura con objeto de destruir bacterias que podrían atacar al producto. Esta operación puede realizarse en un evaporador de varios efectos.

- Enfriamiento y secado final. El enfriamiento se puede hacer pasando la gelatina en bandas por una cámara frigorífica. Dado que estamos tratando un producto que es un excelente medio de cultivo para las bacterias, es conveniente operar a temperaturas a las que no se presente este problema.
- El secado se hace por aire caliente hasta llegar a un 10% de humedad en la gelatina. Debe tomarse la precaución de utilizar aire filtrado para evitar una vez más la presencia de bacterias.
- El producto queda listo para su envasado, almacenaje y distribución.

En la obtención de gelatina a partir de tiras de cerdo no se necesita la fase previa de encalado. Lo que sí debe hacerse es descarnar cuidadosamente las tiras y lavarlas. Después viene la fase de extracción en medio ácido (ClH) y a temperaturas bajas.

La gelatina de cerdo tiene un peso molecular más alto y unas mejores propiedades gelificantes que la de vaca.

Veamos ahora la obtención de gelatina a partir de huesos.

La gelatina sale del colágeno, por lo que hay que separarla de otras sustancias que entran en la composición de este último. La fabricación industrial de gelatina a partir de huesos incluye varias etapas:

- Preparación de la materia prima.
- Desengrasado.
- Desmineralización por ácidos.
- Extracción.
- Filtración, concentración, esterilización y secado.

Los huesos que tenemos en un depósito de recepción pasan a una cinta con un detector de metales para la eliminación de clavos, anillas, etc.

Después pasan a una balanza de pesado que permite controlar y registrar las toneladas de producto que entran a la factoría diariamente.

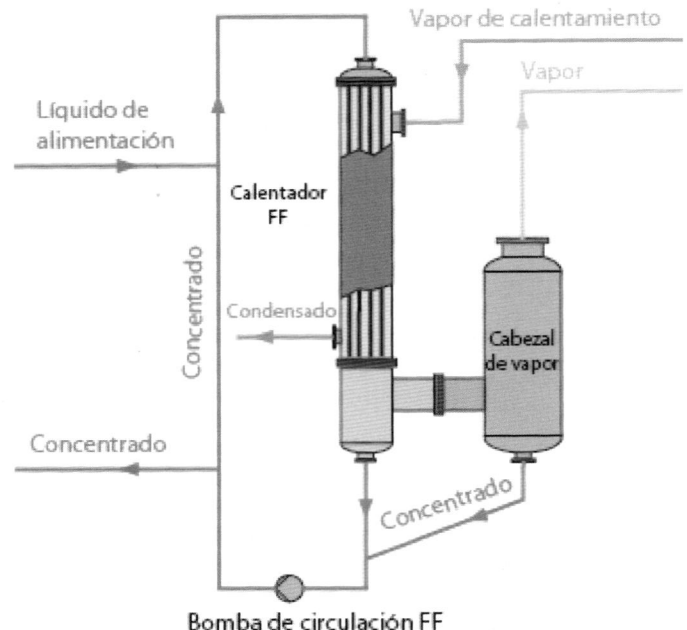

Figura 19.- Evaporador de película descendente. En un evaporador de película descendente, la solución a evaporar fluye rápidamente como una fina película hacia abajo y hacia dentro de la pared del tubo vertical. La vaporización se produce dentro de los tubos por el calentamiento externo de los tubos. El evaporado fluye hacia abajo en paralelo al flujo líquido. El evaporado y el líquido concentrado se separan en la cámara inferior de la calandria y en el cabezal de vapor, donde el vapor y el líquido son separados por gravedad y/o por fuerza centrífuga. Fuente: Ecoplanning. Finlandia.

Una máquina rompedora reduce los huesos a trozos de 40-50 mm de tamaño que por transporte neumático son enviados a un silo intermedio. Mediante un tornillo transportador los huesos troceados pasan a la fase de desengrasado.

Se calientan a 80ºC, se añade agua y se procede a la extracción de grasa durante un periodo de 50 minutos.

Los huesos a su entrada llevan un 15-17% de grasa, mientras que a su salida solo contienen un 4-5%.

Después se procede a su pulverización en un molino de martillos hasta reducirlos a partículas de 10-20 mm, que por gravedad caen a un tambor de lavado.

Aquí las partículas entran en un baño de agua a 80ºC, consiguiéndose la eliminación de las partículas de grasa y carne que todavía permaneciesen adheridas.

La mezcla de agua, grasa y partículas van a un depósito. En la centrífuga de empuje que sigue a la etapa de lavado tiene lugar un último desengrasado de los huesos hasta dejarlos con solo un 2% de grasa.

Los huesos pasan a un secador para dejarlos con un 6-10 % de humedad.

Ya los tenemos así preparados para ser clasificados, ensacados y almacenados.

Por este sistema se sacan por cada 100 kilos de huesos en bruto:

- 30-38 kilos de huesos secos y desgrasados.
- 10-14 kilos de harina.
- 14 kilos de grasa.

El resto del proceso incluye una extracción de la gelatina partiendo de los huesos desengrasados, su filtrado para eliminar impurezas, evaporación de agua hasta alcanzar una concentración de 20-30% de materias secas, esterilización, secado y envasado o almacenamiento.

13.- Procesos ácido y alcalino de obtención de gelatina (Gea Filtration)

Vamos a seguir los pasos indicados en el sitio de Internet de **GEA FILTRATION** para estudiar los procesos ácido y alcalino de obtención de gelatina. Transcribimos:

"La gelatina es una proteína de alto peso molecular soluble en agua preparada mediante la desnaturalización térmica del colágeno, aislado de la piel y de los huesos de los animales, con mucho ácido diluido. También se puede extraer de la piel de los pescados.

1.- *El proceso del ácido* se usa principalmente con la piel de los cerdos y de los pescados y a veces con materias primas de los huesos. Básicamente es un proceso en el que el colágeno se acidifica con un pH 4 y después se calienta gradualmente de 50°C hasta la ebullición para desnaturalizar y solubilizar el colágeno. Ver la Figura 7.20.

A continuación, el colágeno desnaturalizado o la solución de gelatina se debe desengrasar, filtrar hasta llegar a una pureza alta, concentrar mediante la evaporación al vacío o el tratamiento de ultrafiltración de membrana, hasta llegar a una alta concentración razonable de gelificación y después se seca pasando aire seco por encima del gel.

El proceso final consiste en triturarlo y mezclarlo según los requisitos del cliente y el empaquetado. La gelatina resultante tiene un punto isoiónico de 7 a 9 que se basa en la severidad y en la duración del procesamiento de ácido del colágeno que provoca una hidrólisis limitada de las cadenas laterales de aminoácidos (glutamina y asparagina).

2.- *El proceso del álcali* se usa en las pieles de vacuno y en las fuentes de colágeno de los animales que son relativamente viejos para sacrificar. El proceso consiste en enviar el colágeno a la sosa cáustica o al largo proceso de limado antes de la extracción. Ver la Figura 20.

El álcali hidroliza las cadenas laterales de la asparagina y glutamina a ácido glutámico y aspártico relativamente rápido, con el resultado de que la gelatina tiene un punto isoiónico tradicional de 4,8 a 5,2, sin embargo, con un tratamiento del álcali más corto (7 días o menos), se producen puntos isoiónicos mayores de 6.

Después del procesamiento del álcali, el colágeno se lava para liberarlo del álcali y se trata con ácido para conseguir el pH deseado (el cual tiene un efecto marcado en la fuerza del gel en la relación a la viscosidad del producto final). Entonces el colágeno se desnaturaliza y se convierte en gelatina mediante el calor, igual que con el proceso de ácido.

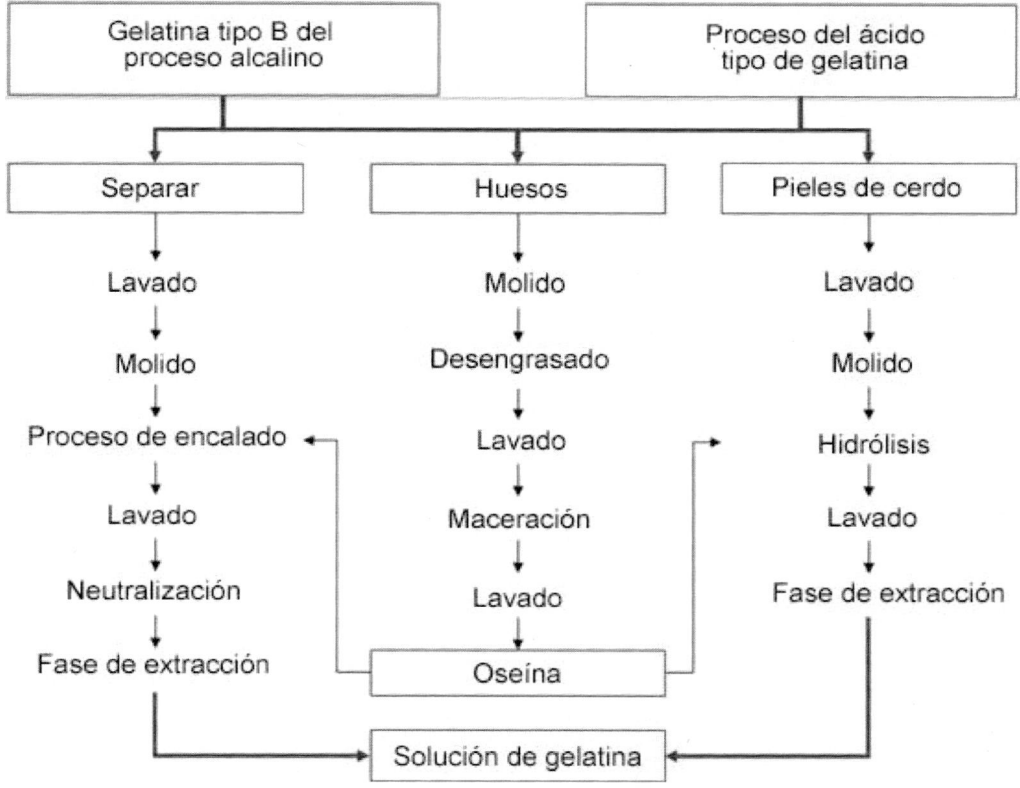

Figura 20.- Esquema de los procesos alcalino y ácido de fabricación de gelatina. Fuente: GEA FILTRATION.

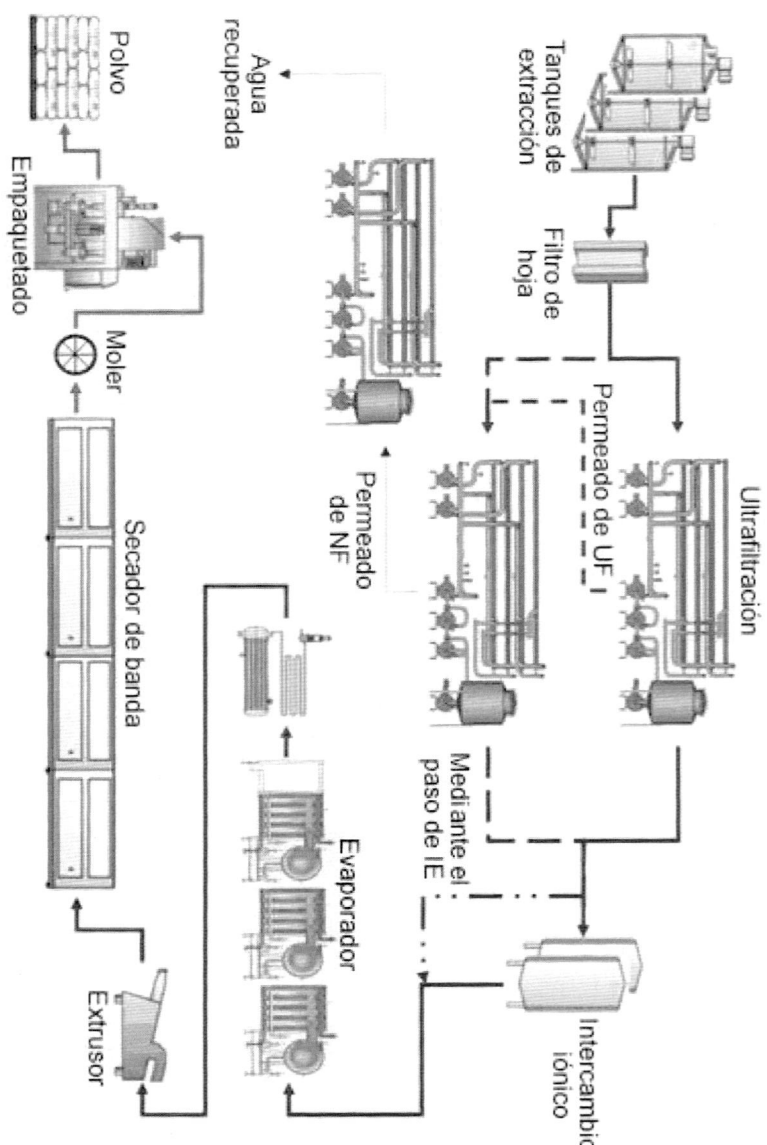

Figura 21.- Esquema de los procesos alcalino y ácido de fabricación de gelatina. Fuente: GEA FILTRATION.

Debido al tratamiento con álcali, a menudo es necesario desmineralizar la solución de gelatina para eliminar las cantidades excesivas de sales usando el intercambio iónico o ultrafiltración. Después, el proceso es el mismo que con el proceso del ácido: evaporación al vacío, filtración, gelificación, secado, molido y mezclado." Fin de la cita.

14.- Aplicaciones farmacéuticas de los subproductos y despojos cárnicos

Si empezamos por la sangre, sus aplicaciones farmacéuticas son múltiples, a base de aislar sus distintas proteínas (albúminas, gammaglobulinas, etc.).
Nos vamos a centras en tres aplicaciones:
- Fraccionamiento del plasma.
- Producción de extracto de insulina concentrado.
- Producción de pancreatina.

En el fraccionamiento del plasma se pueden obtener los siguientes componentes:
- Fibrinógeno.
- Gamaglobulina.
- Inmunoglobulina.
- Trombina.
- Albúmina.

Para conseguir esta separación se emplea la técnica de Cohn. La separación se hace en una centrífuga de alta velocidad, trabajando a bajas temperaturas (-3/-5ºC). La máquina es hermética y lleva incorporado un sistema de desaireación para evitar la presencia de aire en el producto concentrado obtenido.
La insulina se produce a partir del páncreas de los animales, según el proceso siguiente:
- Picado de la materia prima.
- Extracción por alcohol etílico.
- Separación de los tejidos y proteínas, previo ajuste del pH con sosa.

- Concentración al vacío.
- Separación de la grasa.
- Adición de sulfato amónico.
- Separación de los cristales de insulina.

La pancreatina se obtiene a partir del páncreas y está formada por diferentes enzimas (amilasa, lipasa, proteasa, etc.).

El proceso consiste en separar la grasa pancreática por extracción con disolventes, evaporando y secando el resto para obtener finalmente un páncreas seco y desgrasado. A partir de este producto por picado, molido, extracción, evaporación y secado se obtiene la pancreatina.

15.- Ejercicios prácticos. Las soluciones al final del libro.

1.- Definir qué son los subproductos de matadero.

2.- Definir qué es una canal

3.- Definir qué son los despojos.

4.- Enumerar algunos despojos cárnicos

5.- Enumerar algunos de los posibles aprovechamientos de la sangre

6.- El volumen de sangre por vaca sacrificada suele ser del orden de:
   a) 13, 5 a 18 litros.
   b) 8,5 litros.
   c) 12,5 litros.

7.- Enumerar los tres sistemas de producción de harinas y grasas a partir de subproductos cárnicos

CAPÍTULO 8 ENVASADO DE LA CARNE Y DE LOS PRODUCTOS CÁRNICOS EN ATMÓSFERAS MODIFICADAS (EAM)

1.- Acondicionamiento de los alimentos en atmósferas gaseosas

El acondicionamiento o envasado de los alimentos con gases consiste en sustituir el aire que rodea al producto por un gas o una mezcla de gases que ofrecen mejores condiciones para el mantenimiento de la calidad física y microbiológica del producto por un periodo de tiempo mayor.

Esta técnica resulta ser muy efectiva en el envasado de carnes y productos cárnicos frescos prolongando su vida comercial y conservando su calidad.

Tabla 1. Comparación de la vida útil de productos con envasado en aire y en EAM (envasado en atmósferas modificadas). Fuente: INTEREMPRESAS.

Producto	Envasado con aire	EAM
Carne roja	4 días	12 días
Pollo	4 días	12 días
Vegetales	2-3 días	7-10 días
Pre-cocinados	7 días	14-21 días
Quesos	10-14 días	4 semanas-meses
Pescado	2 días	4 días
Café	3 días	12 meses
Panadería	3 días	10-30 días

Así vemos en la Tabla 1 cómo la carne roja y la de pollo tienen una vida comercial de hasta 12 días cuando se envasan en atmósferas modificadas, mientras que si se envasan con aire, es solo de 4 días.

Cuando envasamos o conservamos un alimento en una atmósfera normal (aire), el oxígeno presente en la misma puede provocar:

- Oxidación de las grasas.
- Reacciones enzimáticas destructoras de la calidad.
- Pérdidas del color típico del alimento.
- Aparición de aromas y sabores desagradables.

Esto es especialmente cierto en el caso de las carnes y productos cárnicos frescos.

Debemos distinguir dos supuestos en la utilización de los gases para la conservación y acondicionamiento de los alimentos.

1º. Conservación de los alimentos a granel en cámaras acondicionadas.

2º. Conservación de los alimentos en envases individuales, en los que se sustituye el aire por un gas o una mezcla de gases protectores.

2.- Conservación de carnes en cámaras frigoríficas con atmósfera modificada

Cuando se conservan las carnes (canales, piezas procedentes de despiece, productos cárnicos elaborados, etc.) en cámaras, se recurre al frío (refrigeración o congelación) que frena o incluso detiene en gran medida el deterioro de los productos.

Si a la acción del frío unimos la sustitución del aire de la cámara por una atmósfera de gases protectores (nitrógeno, dióxido de carbono), se puede prolongar aún más el periodo de conservación y la calidad del producto.

En algunos casos puede ser necesaria la presencia de algo de oxígeno.

Por ejemplo, para mantener la frescura y el color rojo de las carnes se utiliza una mezcla de gases de nitrógeno, dióxido de carbono y oxígeno.

Hay que procurar mantener la composición de la atmósfera protectora. Para ello, en las cámaras se procede a un análisis y renovación periódica de los gases.

3.- Envases con atmósfera modificada

En este caso, los productos se envasan en pequeñas porciones siendo protegidos de las condiciones exteriores por una película de diversos tipos (plástico, celulosa, cristal, etc.), procediéndose a la sustitución de la atmósfera interna por gases protectores.

Por ello, de dentro afuera, podemos considerar cuatro partes:

1º. El producto propiamente dicho.

2º. La atmósfera interna modificada, situada entre el producto y el material del envase.

3º. El envase propiamente dicho que puede ser de uno o varios materiales.

4º. La atmósfera externa (el aire).

Según el tipo de material del envase, la permeabilidad del mismo será mayor o menor.

En la Tabla 2 vemos ejemplos de la extensión de la vida útil de diversos productos cárnicos gracias a la utilización del EAM.

Según el tipo de material del envase, la permeabilidad del mismo será mayor o menor. Por ejemplo, el cristal y los metales son impermeables. Sin embargo, ciertos productos necesitan respirar (verduras, frutas), por lo que se utilizan para su envasado películas plásticas que dejen pasar el oxígeno, el dióxido de carbono y el agua.

La atmósfera modificada interna del envase, acaba modificándose con el tiempo, pero en general podemos decir que consigue el propósito de alargar la vida del producto en buenas condiciones hasta su consumo.

**Figura 1.- Filetes de carne envasados en atmósfera modificada.
Fuente: HEFESTUS. ODECOPACK.**

4.- Gases utilizados en el envasado de las carnes y otros alimentos

Los gases más utilizados en el envasado de carnes, productos cárnicos y otros alimentos, son:

A.- El nitrógeno (N_2), que se utiliza en carnes, productos grasos, mantequilla, nata, etc. El nitrógeno es totalmente inerte por lo que no reacciona con el producto, conservando muy bien su calidad. Ya hemos estudiado anteriormente sus propiedades.

B.- El dióxido de carbono (CO_2), que junto con el nitrógeno se utiliza en el envasado de todo tipo de alimentos, porque inhibe el desarrollo de los microorganismos y trabaja muy bien en combinación con el frío, ya que aumenta su solubilidad al descender la temperatura.

C.- El oxígeno (O_2) en combinación con el N_2 y el CO_2 mantiene la frescura y el color de las carnes rojas y de algunos pescados.

Tabla 2.- Extensión de la vida útil de productos cárnicos gracias al empleo de atmósferas modificadas. Fuente: varios.

Producto	Ejemplos	Temperatura de almacenamiento (°C)	Vida Útil
Carne fresca	Ternera, cordero, cerdo, res. Piezas grandes con pérdida de color.	0 - 4	6 – 8 días 3 – 4 semanas
Carne picada	Hamburguesas, albóndigas, Carne molida.	1 – 2	6 – 8 días
Embutido fresco	Salchichas crudas, longanizas, butifarras y chorizos frescos.	0 – 4	12 – 21 días
Embutido cocido	Salchicha cocida, butifarra cocida, mortadela.	0 – 4	3 – 4 semanas
Elaborado cocido	Jamón cocido, fiambre, chopped.	0 – 4	3 – 4 semanas
Embutido curado seco	Chorizo, salchichón.	10 – 15	3 – 6 meses
Embutido curado semiseco	Chorizo, chistorra.	2 – 8	2 – 4 meses
Salazones	Jamón curado, panceta tocino, bacon.	2 – 8	6 – 8 semanas
Embutido con microflora	Fuet, longaniza.	2 – 8	2 – 3 meses
Vísceras	Riñones, corazón, hígado.	0 – 4	8 – 10 días

Para cada producto se puede encontrar el gas o mezcla de gases que mejor se ajusta para su conservación. Para ello, se pueden realizar pruebas hasta dar con la solución ideal.

Un factor muy importante a considerar es la calidad inicial del producto. El envasado con gases protectores no puede hacer milagros. Si la calidad de origen no es buena, difícilmente puede mejorar durante su conservación, aún con gases protectores. Para que los gases actúen adecuadamente y alarguen la vida del producto es necesario:

1.- Alta calidad inicial del producto que queremos acondicionar.

2.- Sellado hermético del envase, según productos.

3.- Manipulación higiénica durante el envasado y durante las operaciones posteriores de distribución hasta su llegada al consumidor. Si se daña el envase, desaparece el efecto benefi-cioso de los gases.

Tabla 3.- Materiales utilizados en la confección de envases para productos con gases protectores. Fuente: AIMPLAS. S. Giménez y P. Melgarejo. Interempresas.

Principales materiales usados en la capa estructural
Polietilentereftalato (PET)   Poliamida (PA)   Polipropileno (PP)
Principales materiales utilizados como barrera
Lámina de Aluminio   Metalizados   PVDC (saran)   PVDF (Surlyn)   Copolímeros de etileno: EVOH   Recubrimientos: Óxidos de Al y Si
Principales materiales usados para el sellado
Polietileno (PE)   Copolímeros de etileno: EVA   Copolímeros de etileno: Ionómeros   Copolímeros de etileno: Acrílicos   Polietilenos metalocénicos   Barnices o recubrimeintos acrílicos

5. Ventajas del envasado en atmósferas protectoras

La sustitución del aire por gases protectores en el envasado de las carnes y otros alimentos, tiene varias ventajas:

- Se alarga la vida del alimento manteniendo su calidad, lo que es una ventaja para el consumidor, el distribuidor y el productor. Es decir, ralentiza el proceso de degradación del producto.

- Evita o reduce la utilización de productos químicos (conservantes) para la conservación, ya que los gases realizan esa función. Esto es una gran ventaja, sobre todo para el consumidor.
- Los gases protectores inhiben el desarrollo de micro-organismos causantes de reacciones químicas de degradación de las proteínas, grasas, etc.
- Los gases protectores mantienen la frescura del producto, haciendo que ofrezca un aspecto atractivo.
- Ayudan al mantenimiento de las cualidades organolépticas originales del producto (color, olor y sabor).

Los gases protectores en combinación con el frío y un envase del material adecuado (Tabla 3), pueden alargar mucho la vida del producto. En la actualidad se ha generalizado el uso de atmósferas protectoras en el envasado de la carne y de los productos cárnicos.

En los modernos sistemas de distribución (supermercados, grandes superficies), muchos productos cárnicos se venden en porciones en envases individualizados.

Para aumentar su periodo de conservación y mantener sus cualidades organolépticas, se recurre al envasado con gases protectores, que ofrecen las ventajas citadas anteriormente y:

- Disminución de las pérdidas de peso.
- Mejor presentación durante un periodo mayor de tiempo.

El envasado de las carnes en atmósferas protectoras se debe combinar con su conservación en frío (0/4ºC, por ejemplo). Esta tecnología requiere los siguientes elementos:

- Máquina envasadora con EAM. Figura 2.
- Envase del material adecuado.
- La mezcla de gases más adecuada para cada producto. Figura 3.
- La preparación cuidadosa del producto.
- La asistencia del frío para inhibir las transformaciones químicas y enzimáticas.

6.- Envases de plástico para carnes y productos cárnicos

Los envases de plástico se utilizan mucho en la actualidad para rodajas de embutidos, carnes frescas (en bandejas de ese material), jamón curado, etc.

Para el acondicionamiento de la carne troceada o de otros productos cárnicos, se suele utilizar una máquina con termo-formado de los envases.

Esto quiere decir que mediante la aplicación de calor a una banda de plástico, se forman envases semirrígidos, en los que se mete el producto y después se cubre con una tapa que se sella por calor. Se hace el vacío en el envase una vez lleno y se inyecta el gas antes de la soldadura hermética de la tapa.

Como ya hemos indicado anteriormente, la elección del material del envase (Tabla 3) es muy importante, ya que de nada serviría elegir una atmósfera adecuada si no podemos mantenerla durante el periodo de almacenamiento y distribución.

Es necesario utilizar un material plástico que tenga las siguientes propiedades:

- Que sea impermeable a los gases.
- Que sea resistente mecánicamente. Por ejemplo, que tenga resistencia al desgarramiento en el caso de productos cárnicos con huesos.
- Que selle bien por calor y que se mantenga estanco dicho cierre.
- Que tenga una baja tasa de transmisión de humedad para evitar pérdidas de peso.
- Encontrar la mezcla de gases más apropiada para cada producto. En general, en el caso de las carnes, la mezcla de gases la componen oxígeno, nitrógeno y dióxido de carbono.

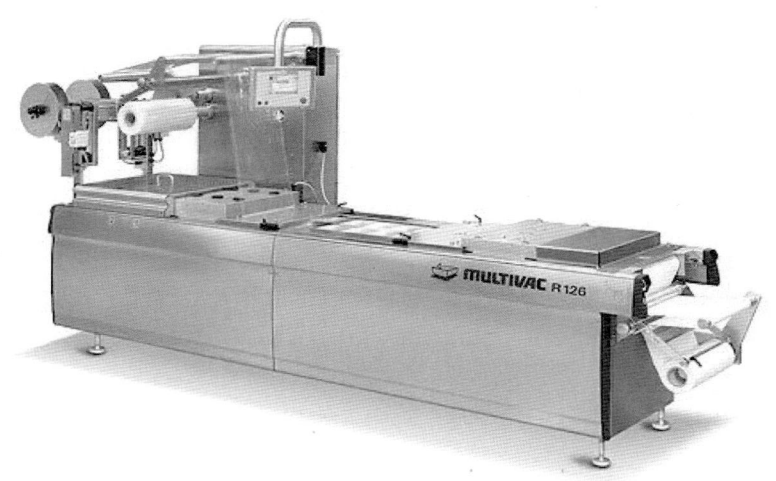

Figura 2.- Máquina envasadora con termoformado de los envases. Fuente: MULTIVAC.

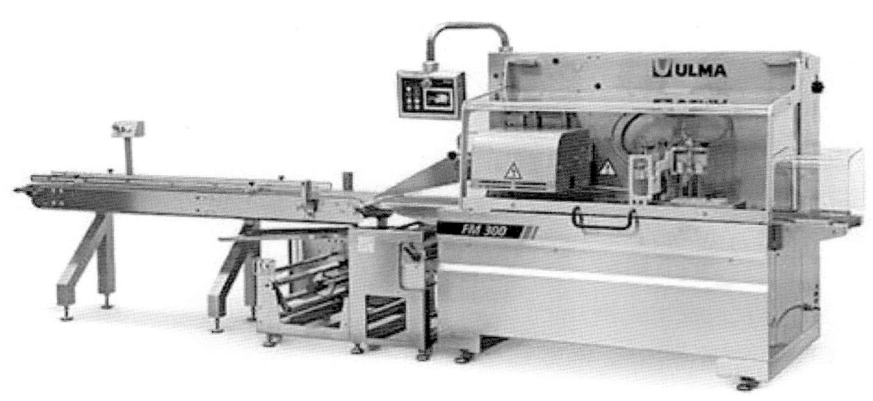

Figura 3.- Envasadora de hamburguesas en atmósferas modificadas. Fuente: ULMA.

7.- Mezclas de gases apropiadas para carnes y productos cárnicos

Las carnes contienen en sus fibras musculares un pigmento respiratorio llamado mioglobina. Por oxidación reversible de dicho pigmento en presencia de oxígeno en cantidad suficiente, se produce la oximioglobina de color rojo vivo que está en la superficie de las carnes frescas cortadas. En la parte interior, donde no hay suficiente oxígeno, la oxidación es incompleta y se forma metamioglobina, que da un color oscuro a la carne.

Por lo que acabamos de ver, para tener una carne con un color rojo vivo, es necesaria una fuerte presencia de oxígeno en la atmósfera circundante.

Los microorganismos presentes en las carnes son la causa principal de sus alteraciones (putrefacción, aparición de malos olores, endurecimiento viscoso). Se ha comprobado el efecto inhibidor que el CO_2 tiene sobre el desarrollo de los micro-organismos, y que está en función de su concentración, de la temperatura, del momento de su aplicación y de la carga bacteriana inicial de la carne.

Según varios autores, se impide la multiplicación de las bacterias y se mantiene el color de la carne si se conserva en una atmósfera donde la relación oxígeno-nitrógeno sea superior o igual a la del aire, y que contenga además un porcentaje del 4 al 40% de CO_2, pero sin alcanzar el porcentaje del oxígeno. Por ejemplo:

- 25 por ciento de dióxido de carbono.
- 66 por ciento de oxígeno.
- 9 por ciento de nitrógeno.

Durante la preparación y manejo del producto se deben mantener las más estrictas condiciones higiénicas. También se debe mantener una temperatura baja (de 0 a 4ºC), indispensable para el bloqueo de las reacciones enzimáticas y la inhibición del desarrollo microbiano. El CO_2 es tanto más eficaz cuanto más baja sea la temperatura.

Objetivo de las diferentes mezclas de gases

Hay una diferencia básica en el envasado de carne fresca y productos cárnicos. En carne fresca:

- Se emplea una concentración alta de oxígeno (60-80%) que facilita la formación de un color rojo brillante.
- El CO_2 se usa (20-30%) para inhibir en cierto grado el crecimiento microbiano.
- El nitrogeno se incorpora (10-20% in package) para prevenir el colapso del envase debido a la absorción de CO_2 por la carne.

**Figura 4.- Mezclas de gases en el envasado de carne fresca.
Fuente: Unión Europea.**

Tabla 4.- Ventajas e inconvenientes de los distintos gases empleados en el EAM. Fuente: ODEOCOPACK. Colombia.

Gases	Propiedades Físicas	Ventajas	Inconvenientes
Oxigeno	Incoloro Inodoro Insípido Comburente	Soporta el metabolismo de lo vegetales frescos Mantiene el color de la carne fresca Inhibe aerobios	Favorece la oxidación de las grasas Favorece el crecimiento de aerobios
Dióxido de Carbono	Incoloro Inodoro Ligero sabor acido Soluble en agua y grasa	Bacteriostático Fungistático Insecticida Mayor acción a baja temperatura	Produce el colapso del envase Produce exudado Difunde rápidamente a través del envase
Nitrógeno	Incoloro Inodoro Insípido Insoluble	Inerte Desplaza al oxigeno Inhibe aerobios Evita la oxidación de las grasas Evita el colapso del envase	Favorece el crecimiento de anaerobios (100% nitrógeno)

Air Liquide ha visto que una mezcla de gases de 66% de oxígeno, 25% de dióxido de carbono y 9% de nitrógeno, da muy buenos resultados en cuanto al mantenimiento de las cualidades organolépticas y microbiológicas y permite una conservación de la carne de 6 a 12 días a 4ºC, según los tipos de carne y a condición de que la calidad bacteriológica inicial sea aceptable.

La carne envasada no debe exponerse a una luz intensa porque se favorece el enranciamiento de la grasa en presencia de oxígeno.

Cuando se trata de la conservación de carnes procesadas (salchichas, jamón York, rodadas de salchichón, etc.), la duración de estos productos puede llegar a las 2 a 4 semanas, e incluso más.

8.- Envasado al vacío

Ya hemos dicho que cuando se envasa con aire dentro se pueden presentar muchos problemas además de una menor vida útil del producto (4 días o menos en carnes frescas).

Por ello otra opción es extraer todo el aire del envase. Esto es lo que se llama envasado al vacío. No hay ni aire ni atmósfera protectora. El producto queda cubierto por el plástico sin dejar espacio para el aire. Es como una segunda piel. En la Figuras 2 y 3 vemos unas máquinas para el envasado al vacío y en atmósferas modificadas, de carnes, productos cárnicos, etc.

En el sitio de Internet de **EROSKI Consumer**, nos dan una explicación muy práctica sobre el envasado al vacío. Transcribimos:

"El vacío es un modo de conservación de alimentos muy práctico y sencillo. Se trata de extraer el aire que rodea al producto que se va a envasar.

De este modo se consigue una atmósfera libre de oxígeno con la que se retarda la acción de bacterias y hongos que necesitan este elemento para sobrevivir, lo que posibilita una mayor vida útil del producto.

El envasado al vacío se complementa con otros métodos de conservación ya que después, el alimento puede ser refrigerado o congelado.

Al conservar los alimentos al vacío no se alteran las propiedades químicas ni las cualidades organolépticas (color, aroma, sabor) a excepción de la carne, cuyo color se ve alterado al envasarla de este modo.

Por este motivo, en ocasiones se confunde con una carne en mal estado. Esto se debe a que la carne al vacío no posee el color que el consumidor espera y que relaciona con una carne fresca, lo que muchas veces provoca rechazo. Cuando la carne se envasa al vacío adquiere un color púrpura, aunque su aparición sólo se debe a la ausencia de oxígeno.

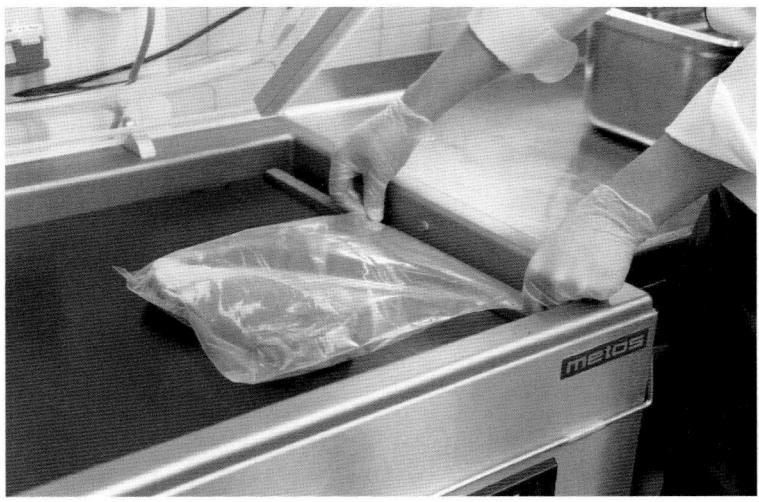

Figura 5.- Envasado al vacío de la carne. Fuente: METOS.

Figura 6.- Envasado en plástico y al vacío de salchichas, lonchas de salchichón, paté, etc.

Al abrir el paquete y exponer la carne de nuevo al oxígeno, ésta vuelve a recuperar su color rojo brillante original.

Por otro lado, el color que posee la carne en mal estado, en realidad, es de color marrón apagado debido a la oxidación (envejecimiento), por estar mucho tiempo expuesta al aire.

Es importante que antes de preparar una carne envasada al vacío, se deje reposar abierta una media hora para que, en contacto con el oxígeno, recobre su color característico." Fin de la cita de EROSKI Consumer.

En el caso de productos cárnicos como lonchas de jamón, lonchas de salchichón, salchichas, mortadela, pavo, etc., se suele emplear mucho el envasado al vacío (Figura 6).

9.- Carnes frescas envasadas en plástico

Como se indica en el libro "Tecnología de la carne y los productos cárnicos" de AMV Ediciones (autores: G. López de Latorre, M.B. Carballo y A. Madrid):

La mayoría de las carnes frescas se expenden envasadas en plásticos (películas plásticas, bandejas, cajas, etc.), que evitan la contaminación ambiental y permiten normalizar y cuantificar el producto, además de darle una categoría comercial.

Si el envasado de la carne se hace en bandejas para consumo directo en un supermercado, interesa que el envase sea permeable al oxígeno. Si la carne se vende al por mayor esto no es importante.

**Figura 7.- Envaso al vacío de hamburguesas.
Fuente: ULMA Packaging.**

Como ya hemos dicho en varias ocasiones, la mioglobina es la responsable del color de la carne y se presenta bajo dos formas:

1.- Mioglobina totalmente oxidada (Fe^{+3}) es parda.

2.- Cuando está reducida (Fe^{+2}) es roja, siendo más brillante el rojo según esté o no oxigenada. Si está oxigenada: rojo brillante. Si no está oxigenada: rojo oscuro.

Por lo general, el consumidor rechaza una carne oscura. Por ello, debe envasarse en plásticos permeables al oxígeno.

10.- Alteraciones en carnes frescas

En carnes frescas y enlatadas se pueden presentar diversas alteraciones producidas por la presencia de microorganismos tales como acromo-bacterias, pseudomonas, etc., pero las más importantes son las producidas por las bacterias ácido-lácticas.

Veamos algunas de estas alteraciones:
1.- Aparición de un limo pegajoso en la superficie, que indica una contaminación por microorganismos aerobios cercana a 1.000.000 gérmenes/g, producida por:
 Pseudomonas,
Streptococcus,
Leuconostoc,
Lactobacillus
Micrococcus
Acromobacter.

2.- Cambios de color debidos a reacciones enzimáticas, o porque las bacterias producen sus propios pigmentos, como es el caso del *Bacillus hemosulfurans*, productor de un color verde brillante.

3.- Casos de *Salmonella typhi* debido a la alimentación de los animales con piensos fabricados con subproductos contaminados, contaminación en mataderos o contacto con operarios infectados.
La *Salmonella* necesita para su crecimiento temperaturas de 18 a 24ºC, no reproduciéndose en sitios refrigerados, por lo que su presencia indica que ha habido fallos en la cadena de frío, cuya temperatura óptima debe ser de 3ºC.
4.- Toxiinfecciones debidas al *Clostridium perfringens*, necesitándose concentraciones muy altas de esta bacteria para que aparezcan síntomas (más de 10 millones de gérmenes por gramo). No reviste importancia en carnes frescas.

Aparece en carnes que se han cocido y se dejan enfriar lentamente, o con recalentamientos sucesivos que favorecen la germinación de las esporas de este microorganismo.

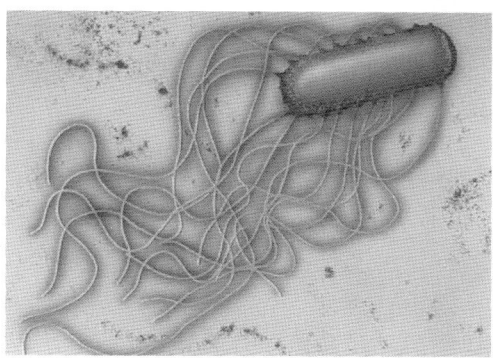

Figura 8.- Imagen de la *Salmonella typhi* productora de toxiinfecciones. Tiene forma de bacilo y abundantes flagelos.

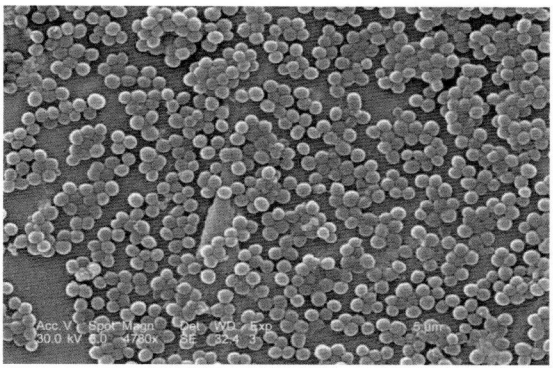

Figura 9.- *Staphilococcus aureus* es una bacteria gram-positiva. Fuente: University of Washington.

5.- *Staphilococcus aureus*, supone el mayor riesgo que pueden presentar las carnes frescas. También puede aparecer en carnes mal cocidas y enfriadas lentamente.

Esta bacteria produce una toxina que no se destruye por calor y que se puede presentar en la carne por operarios enfermos (con granos, infecciones, etc.)

11.- Ejercicios prácticos. La soluciones al final del libro.

1.- ¿En qué consiste el envasado en atmósferas modificadas?

2.- La vida útil de la carne roja envasada en atmósferas modificadas es de:
   a) 4 días.
   b) 12 días.
   c) 3 meses.

3.- ¿Qué significan las siglas EAM?

4.- El oxígeno puede producir:
   a) Oxidación de las grasas.
   b) Desnaturalización de las proteínas.
   c) Aumento del contenido en vitaminas.

5.- Enumerar los gases utilizados en el EAM

6.- El CO_2 en el EAM es más eficaz cuando:
   a) La temperatura es de 20 a 25ºC.
   b) A temperaturas de 8 a 9,5ªc.
   c) A temperaturas de 0 a 4ºC.

7.- La carne envasada expuesta a una luz intensa:
   a) Puede sufrir un enranciamiento de sus grasas.
   b) Puede que de lugar a la aparición de aromas agradables.
   c) Puede mejorar su color.

8.- La salmonella necesita temperaturas de:
   a) 18 a 24ºC.
   b) 2 a 3ºC.
   c) 45ºC.

CAPÍTULO 9 LAS CARNES CONGELADAS

1.- Características de las carnes congeladas

En la carne, la mayor parte del agua está contenida dentro de las células, lo que va a caracterizar el comportamiento durante la congelación. Cuando la carne se congela, los cristales de hielo formados dentro de la célula muscular producen una rotura mecánica de la misma. Veamos dos posibles casos:

- *Si la congelación es lenta* hay tiempo suficiente para que el cristal de hielo crezca, produciéndose grandes cristales y por lo tanto, una mayor rotura de las células. Durante la descongelación, estos cristales se transforman en agua, parte de la cual es reabsorbida por las células y parte se pierde como exudados.
- *Si la congelación es rápida.* Entonces no da tiempo al crecimiento de los cristales de hielo, formándose muchos cristales y muy pequeños, que ocasionan un daño mínimo a la célula muscular.

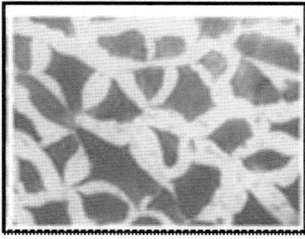

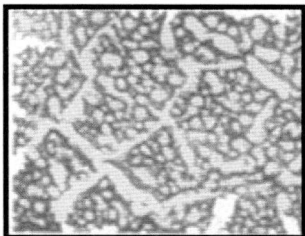

Figura 1.- Arriba: congelación lenta con formación de cristales grandes. Abajo: congelación rápida con formación de cristales pequeños. Fuente: Santos T. Maza. Mailxmail.

Pero además de los citados cambios físicos ocurren otros de naturaleza química, que también contribuyen lamentablemente a potenciar el aumento de las cantidades de exudado.

Aunque el exudado contiene aminoácidos, vitaminas hidro-solubles y sales minerales, la pérdida de valor nutritivo es pequeña. Por el contrario, puede ser considerable la disminución de peso y el resecamiento excesivo de la superficie.

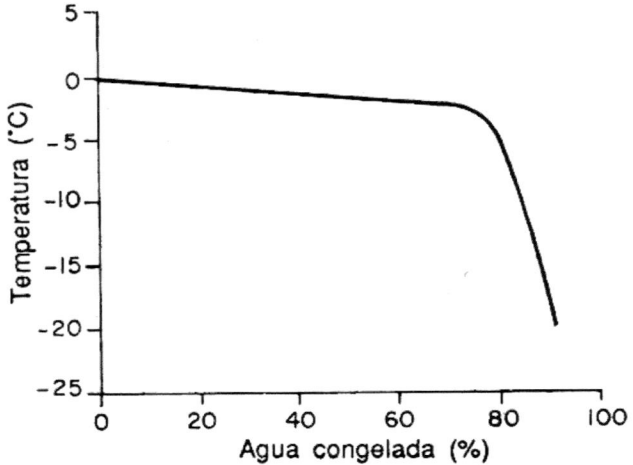

Figura 2.- Porcentaje de agua congelada en función de la temperatura. Fuente: FAO.

Después del sacrificio del animal, el glucógeno se transforma en ácido láctico (Figura 3), con disminución del pH, y la corres-pondiente desnaturalización de proteínas musculares, que pierden sus características fundamentales, y entre ellas la capacidad de retención de agua.

Generalmente, no existen grandes problemas con la congelación de carne *post-rigor* (carne ablandada por la propia autolisis enzimática).

Se puede afirmar que la velocidad de congelación tiene un efecto inapreciable en aquella carne que se congela después de un periodo de maduración de al menos 24 horas después del sacrificio. Ya hemos estudiado anteriormente el *Thaw-rigor*.

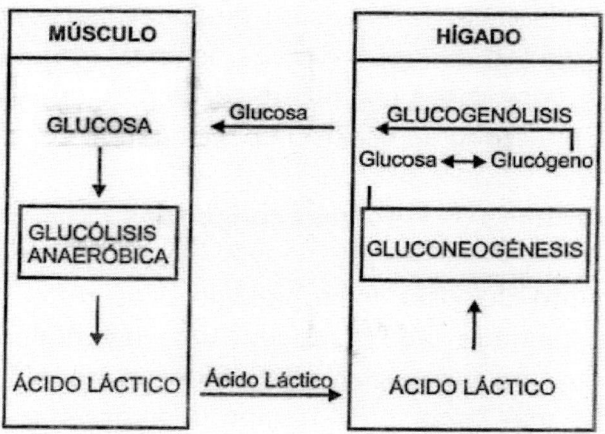

**Figura 3.- El glucógeno se transforma en ácido láctico.
Fuente: Bioquímica y Fisiología.**

Durante el almacenamiento de la carne congelada pueden desarrollarse olores indeseables como resultado de la oxidación de los lípidos, catalizada por enzimas tales como la lipoxigenasa, reductasa, autooxidación química por la presencia de radicales libres, etc. Estos problemas pueden eliminarse mediante tratamientos térmicos que inactivan las enzimas implicadas.

Tabla 1.- Temperaturas entre las que se pueden mover los distintos tipos de microorganismos. Fuente: AVIBERT.

Organismos	T. Mínima	T. Óptima	T. Máxima
Psicrófilos	-15	10 – 15	18 – 20
Psicrótrofos	-5	20 – 30	35 – 40
Mesófilos	5 – 10	30 – 37	45
Termótrofos	15	42 – 46	50
Termófilos	25 - 42	50 – 80	60 – 85

Otro inconveniente es la aparición de tonalidades violáceas en las carnes rojas, debidas a degeneraciones oxidativas y que pueden ser congeladas mediante el envasado al vacío (o cualquier otro método de exclusión del oxígeno).

2.- Calidad sanitaria de las carnes congeladas

Desde el punto de vista microbiológico, las temperaturas de congelación, aunque no producen una esterilidad total, sí provocan una reducción clara de la carga microbiana, tanto mayor cuanto más largo sea el tiempo de almacenamiento de la carne congelada.

Dos factores determinan la concentración de microorganismos en una carne congelada:
- La carga inicial microbiana.
- La velocidad de congelación y descongelación.

La carga inicial afecta según la calidad y la cantidad, es decir, si existen o no muchos microorganismos y se hay del tipo psicrófilos (que pueden sobrevivir a muy bajas temperaturas), cuando se inhibe el desarrollo de todos los demás.

Hay que tener presente que las bajas temperaturas realizan una crio-selección de los microorganismos, pero no actúan sobre las toxinas que se puedan producir antes de la congelación.

Una velocidad de congelación lenta tiene mayor efecto letal sobre los microorganismos, al igual que sobre las células de la carne. Sin embargo, se prefiere la congelación rápida porque asegura mejores cualidades organolépticas de la carne, y además porque hay menos exudados que constituyen un caldo de cultivo ideal para el desarrollo de los microbios supervivientes durante la descongelación. Una descongelación lenta proporciona tiempo suficiente para la multiplicación de los gérmenes.

Resumiendo, podríamos decir que una carne congelada y descongelada adecuadamente, presenta recuentos de microorganismos menores o iguales que la carne fresca.

Generalmente se busca en el congelado, para asegurar su calidad, la ausencia de *Steptococcus faecalis* y *Escherichia coli*, siendo el primero más resistente al frío.

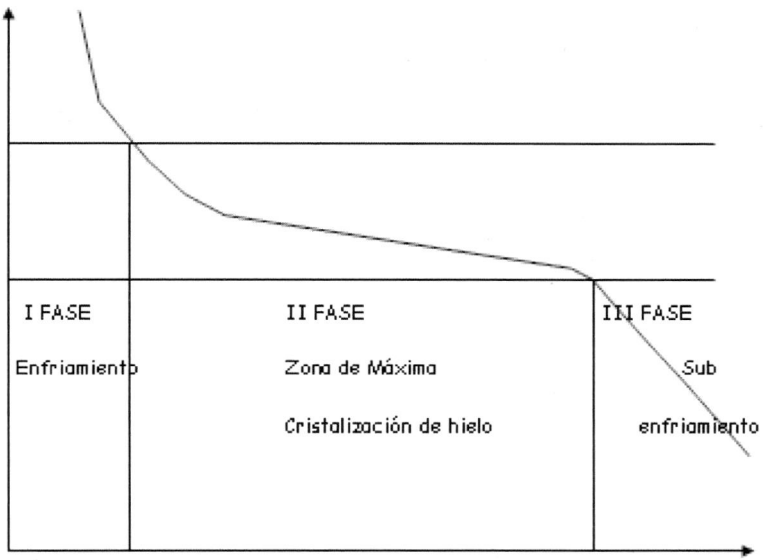

Figura 4.- Curva mostrando las fases del proceso de congelación. Fuente: Todo Monografías.

3.- Cámaras de congelación

La Figura 5 corresponde a una cámara de congelación de las siguientes características (fuente: ggmgastro):
Acabado
Producto de calidad
Incluye lamas de protección frigorífica
Especialmente higiénico debido a la fácil limpieza
Amplio espacio a pesar del diseño compacto
Óptimo para almacenar
Larga vida útil
Esquinas redondeadas

Calidad

Producto de calidad fabricado en Europa

Valores de aislamiento de alta calidad a través del uso de poliuretano

Construcción compacta y robusta

Dimensiones

Dimensiones externas A x P x A: 1.800 mm x 1.800 mm x 2.010 mm

Construcción de pared/panel

Tensores de espuma para la conexión no positiva de los elementos

Los tensores protegidos contra la corrosión aseguran la estabilidad y la densidad de la junta

Montaje fácil

Suelo de la celda

Suelo con superficie en relieve para una máxima adherencia

Aislamiento

Grosor de pared 120 mmPUR (sin HFC ni CFC)

De acuerdo con las regulaciones de la UE (directrices Halon)

Debido al aislamiento superior particularmente ahorro de energía

Valores de aislamiento de alta calidad a través del uso de poliuretano

Superficie

Hecho de acero inoxidable AISI 304

Todos los elementos van también equipados con lámina protectora

Película protectora extraíble después de la instalación

Características de la puerta

Bisagra de puerta intercambiable

Apertura y cierre con bloqueo

Interior con dispositivo integrado de apertura de emergencia

Las bandas de sellado de las puertas garantizan una eficiente estanqueidad

Alféizar de la puerta de acero inoxidable

Notas

Entrega sin unidad de refrigeración

Directrices

Producido según las pautas más exigentes de higiene y seguridad

Cumple las regulaciones CE

El material cumple con los estándares alimentarios Europeos y Españoles

ACCESORIOS OPCIONALES:

Estantes

unidad de refrigeración

Figura 5. Cámara de congelación. Fuente: ggmgastro.

4.- Ejercicios prácticos. Las soluciones al final del libro.

1.- Si la congelación de la carne es lenta:
   a) Se producen grandes cristales de hielo.
   b) Se producen pequeños cristales de hielo.
   c) No se producen cristales de hielo.

2.- ¿Qué ocurre si la carne se congela de forma rápida?

3.- La congelación de la carne provoca:
   a) Un aumento de la carga microbiana.
   b) Una disminución de la carga microbiana.
   c) Una esterilización total.

4.- Los microorganismos mesófilos son los que se desarrollan bien a temperaturas de:
   a) 30 a 37ºC.
   b) 10 a 15ºC.
   c) 20 a 22ºC.

5.- Las carnes congeladas no deben contener:
   a) Lactobacilos.
   b) Sacaromices.
   c) Escherichia Coli.

CAPÍTULO 10 LOS PRODUCTOS CÁRNICOS

1.- Definición y clasificación de los productos cárnicos

En cuanto a los productos derivados de la carne podemos considerar que son todos aquellos preparados total o parcialmente con carnes, despojos, grasas y subproductos comestibles, procedentes de animales de abasto, con ingredientes de origen vegetal, condimentos, especias y aditivos. Existe una clasificación de este tipo de productos:

A.- Productos cárnicos frescos.
Son los elaborados con carne procedente de una o varias especies animales de abasto, aves y caza, con o sin grasa, picadas, adicionadas o no con condimentos, especias y aditivos. No son sometidos a tratamiento de desecación, cocción ni salazón. Pueden ir embutidos (envasados en tripas naturales o artificiales) o no.

B.- Productos cárnicos crudos adobados.
Son los elaborados con piezas cárnicas enteras o trozos de carne de las especies de abasto, aves y caza. Estos productos son sometidos a tratamiento con sal, especias y condimentos, que les dan un sabor característico. Pueden ir recubiertos de pimentón. Se venderán protegidos por un envoltorio adecuado. No podrán haber sufrido tratamiento por calor que haga coagular total o parcialmente las proteínas.

C.- Embutidos crudos curados.
Son los elaborados mediante selección, troceado y picado de carnes, grasas, con o sin despojos, que llevarán incorporados condimentos, especias y aditivos autorizados. Son sometidos a maduración y a desecación.
Opcionalmente pueden ser ahumados.

D.- Productos cárnicos tratados por calor (conservas cárnicas).
Son los preparados esencialmente con carnes y/o despojos comestibles de una o varias especies animales de abasto, aves y caza, con incorporación de condimentos, especias y aditivos. En el proceso de fabricación son sometidos a la acción del calor, alcanzando en su punto crítico, una temperatura suficiente para lograr la coagulación total o parcial de sus proteínas cárnicas. Opcionalmente, pueden ser ahumados y madurados.

E.- Salazones cárnicas.
Son carnes y productos de despiece no picados, sometidos a la acción adecuada de la sal común. Llevan también otros ingredientes autorizados para la salazón, que garanticen su conservación para el consumo. Su elaboración puede terminar con técnicas de adobado, secado y ahumado.

F.- Platos preparados cárnicos.
Son los elaborados con productos obtenidos por mezcla o condimentación de alimentos de origen animal o de origen animal y vegetal, donde el componente mayoritario sea la carne y sus derivados. Irán en envases bien cerrados. Para su consumo bastará con un simple calentamiento.

G.- Otros derivados cárnicos.
En este apartado tenemos las grasas, tripas, gelatinas, etc.

2.- Evaluación de la calidad

Como ejemplo de productos cárnicos vamos a estudiar más en profundidad algunos de ellos, fijándonos en los más populares (salchichas, chorizo y jamón curado). La elaboración de los productos cárnicos debe ser inmediata para evitar:
- Riesgos de contaminación microbiana.
- Reacciones enzimáticas que estropean la materia prima.

La información sobre la calidad de la materia prima es vital para enfocar el proceso de industrialización. Por ello se recurre a métodos rápidos para conocer la calidad. Quizá el parámetro más interesante es el contenido en grasa, por la importancia que tiene en el coste y en la calidad del producto final.

Los métodos más empleados para la evaluación de las grasas son:

- Estimación visual de la grasa. Fundamentalmente para determinar el coste. Incluye medidas subjetivas (observación del aspecto), la comparación con fotos y el analizador de imágenes.
- Cálculo de la densidad. Cuanto mayor es el contenido en grasa de la carne menor es su densidad.
- Medida de la humedad mediante infrarrojos en muestras trituradas. A mayor contenido en humedad, menor contenido en grasa. Es una medida indirecta.

Con la incorporación de la mujer al trabajo, cada día aumenta la producción y el consumo de los productos cárnicos elaborados, que brindan un buen valor nutritivo, facilidad y rapidez de consumo.

Son muchos los productos cárnicos, que van desde el chorizo al jamón curado, sobrasada, longaniza, morcón, salchichas, salchichón, salami, etc.

3.- Productos cárnicos crudos y frescos

Como ya indicamos anteriormente, son los elaborados con carne procedente de una o varias especies animales de abasto, aves y caza, con o sin grasa, picadas, adicionadas o no con condimentos, especias y aditivos.

No son sometidos a tratamiento de desecación, cocción ni salazón. Pueden ir embutidos (envasados en tripas naturales o artificiales) o no.

Se pueden conservar refrigerados y requieren un tratamiento térmico antes de su consumo.

Entre estos productos tenemos:

- Embutidos crudos y oreados: salchichas, longaniza, chorizo fresco, etc.
- Pastas cárnica: hamburguesas, albóndigas (crudas), carne picada etc.

Estos productos exigen una formulación previa, con porcentajes determinados. Por ejemplo:

- Carnes (cerdo o cerdo y vacuno).
- Grasas (20-60%).
- Sal (aproximadamente 20 gramos/kilogramo).
- Especias (depende de la región y del producto).
- Aditivos (colorantes, conservadores, etc.).

Figura 1.- Máquina picadora de carne. Fuente: LACOR. España.

Para un producto de calidad se exige higiene en todo el proceso. La picadora de estar bien limpia con cuchillas afiladas que mezclen bien la grasa. Después del picado se debe mantener la carne refrigerada hasta su utilización.

La mezcla de sal y especias debe hacerse en mezcladoras al vacío para evitar la incorporación de aire que produciría oxidaciones indeseadas.

El embutido se suele hacer con tripa natural comestible. Se deben tomar precauciones para evitar que se fundan las grasas y asciendan a la superficie, dando un aspecto desagradable.

Figura 2.- Mezcladora al vacío con motor de 3CV, fabricada en acero inoxidable. Con un sistema neumático para subir y bajar la tapa. Fuente: GRUBER.

El problema fundamental en estos productos es la estabilización del color. El consumidor exige un producto rojo y no pardo. El pardeamiento puede deberse a una oxidación química o microbiológica. Así tenemos que:

1.- La oxidación química depende de la temperatura y de la cantidad de oxígeno presente. Se puede controlar con sustancias reductoras tales como el ácido ascórbico.

Nota: el ácido ascórbico es un cristal incoloro e inodoro, soluble en agua, con propiedades antioxidantes.

2.- La oxidación microbiológica se debe a que los micro-organismos provocan oxidaciones. Si se mantiene la temperatura del producto a 1-4ºC se evita la proliferación de microbios.

Podemos decir que para conseguir un buen color hace falta higiene, frío y, a veces, sustancias reductoras.

Otro problema puede ser la presencia de *Salmonella,* que se destruye con una buena cocción.

4.- Productos cárnicos crudos curados

La palabra curado tiene diferente significado según la literatura que se maneje. La terminología inglesa llama "curing" o "cured" a la adición de nitritos para que reaccionen con la mioglobina e intensifiquen el color.

El curado tal y como lo conocemos en España es el "dry curing" o "dry cured", es decir secado o maduración del producto.

Cuando la carne tratada con sal se cuece presenta un color rosa, distinto al de la carne cruda (parduzco). Se descubrió que la causa de este fenómeno radicaba en las impurezas de nitrato potásico que lleva la sal, que son las verdaderas responsables de la reafirmación del color.

A partir de este descubrimiento, los nitratos son añadidos sistemáticamente a los productos cárnicos.

Más recientemente se ha descubierto que es necesaria la participación de flora microbiana (micrococáceas) para reducir los nitratos a nitritos, ya que son éstos los realmente responsables del desarrollo del color. Por ello lo que ahora se hace es añadir directamente los nitritos.

En el interior de la fibra muscular existe la proteína mioglobina, formada por la globina que es característica de cada especie animal, y el grupo "hemo" con un átomo de hierro (similar a la hemoglobina), común a todas las especies, que adopta distintas tonalidades según el grado de oxidación y oxigenación, presentándose en cualquiera de las siguientes formas:

- Oximioglobina: Color rojo brillante. Fe++, oxigenada.
- Metamioglobina. Color pardo. Fe+++, no oxigenada.
- Mioglobina. Color rojo púrpura. Fe++, no oxigenada.

Figura 3.- Cámara para el curado de embutidos.
Fuente: Frigomeccanica. Italia.

Cuando la carne se cuece sin tratamiento alguno, parte de la mioglobina se pierde con los líquidos de la carne, y la parte que queda fijada se transforma en metamioglobina parda (Figura 4).

Si a la carne se le han añadido nitritos, el NO (óxido nitroso) reacciona bruscamente con la metamioglobina (que provoca un color pardo casi negro del producto), que después se transforma en mioglobina oxidonítrica de color rosa.

Este pigmento rosa, al tratarlo por calor da lugar al nitrosilhemocromo (por desnaturalización de la metamioglobina), sustancia insoluble que da el color característico a la carne cocida tratada por nitritos.

En la industria cárnica la transformación de nitratos a nitritos en los procesos de maduración larga, se lleva a cabo por acción exclusiva de la flora microbiana.

En los procesos de maduración rápida se incorporan nitritos directamente. Debido al pH ligeramente ácido de los productos cárnicos se forma ácido nitroso.

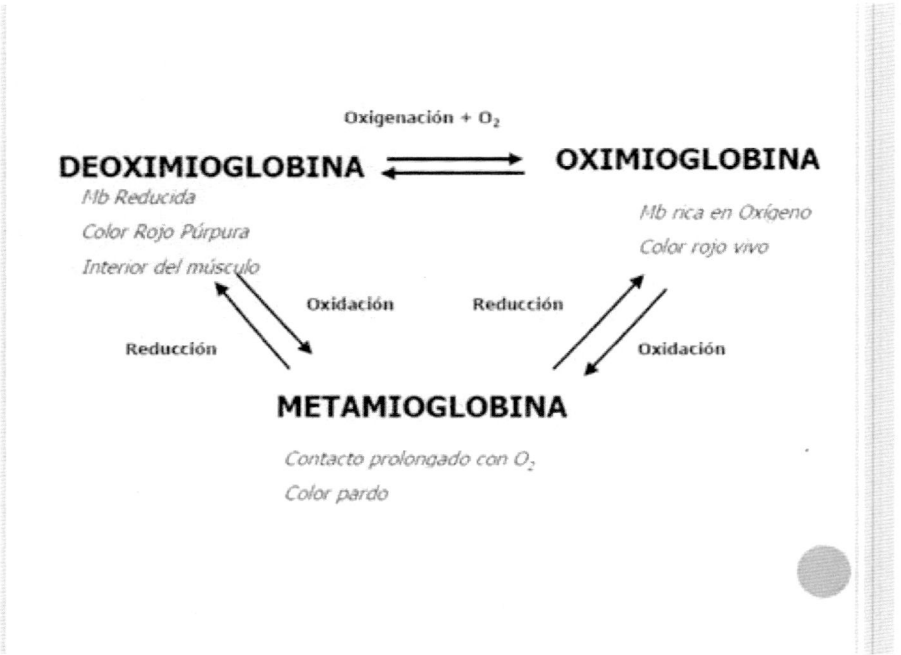

Figura 4.- Reacciones que influyen en el color de la carne. Fuente: Bioquímica de Cárnicos 159.

$$3HNO_2 \longrightarrow 2NO + HNO_3 + H_2O$$

Nitratos y nitritos

- En la actualidad se emplea solo nitritos, por problemas toxicológicos.

- En exceso (más de 200 ppm) puede reaccionar con aminas secundarias y terciarias y producir nitrosaminas (agentes cancerígenos)

- Agentes reductores (eritorbato de sodio) inhiben la síntesis de nitrosaminas.

Figura 5.- Posibles acciones indeseadas de los nitratos y nitritos. Fuente: Nicolás Consuegra.

Como la carne tiene sustancias reductoras propias o las que se le hayan incorporado (tales como ácido ascórbico y azúcares reductores), se forma NO (óxido nitroso).

Esta reacción solo tiene lugar si la carne tiene un pH ligeramente ácido y si existen sustancias reductoras.

No ocurre por lo tanto, en carne (DFD (con pH próximo a 7), ni en carnes con pH demasiado bajos (por adición de ácidos) o carne PSE.

En estos casos la formación de óxido nitroso es demasiado rápida y no se nitrifica bien.

El nitrito, al incorporarse a la carne, reacciona con la mioglobina o con otros componentes proteicos, y se destruye eliminándose como gases de nitrógeno.

Queda una parte residual, siempre y cuando el pH de la carne no sea demasiado bajo. Este nitrito residual se va destruyendo durante el almacenamiento y los procesos de cocción.

5.- El uso de nitritos en los productos cárnicos

Se ha replanteado el uso de nitritos en los productos cárnicos por la posible formación de nitrosaminas de probado carácter cancerígeno.

Se concluyó que era imposible eliminar el empleo de nitritos ya que éstos inhiben selectivamente el desarrollo de la peligrosa bacteria *Clostridium botulinum*, que aparece con gran facilidad en los productos cárnicos (en latín *botulus* significa embutido).

$$\begin{matrix} R_1 \\ \quad \diagdown \\ \quad\quad N-H \\ \diagup \\ R_2 \end{matrix} + HNO2 \;\text{----------}\; \begin{matrix} R_1 \\ \quad \diagdown \\ \quad\quad N\text{-}N=O \\ \diagup \\ R_2 \end{matrix} + H2O$$

Las encontradas más frecuentes son:

$$\begin{matrix} CH_3 \\ \quad \diagdown \\ \quad\quad N\text{-}N=O \\ \diagup \\ CH_3 \end{matrix} \quad ; \quad \begin{matrix} CH_3\text{-}CH_2 \\ \quad \diagdown \\ \quad\quad N\text{-}N=O \\ \diagup \\ CH_3\text{-}CH_2 \end{matrix}$$

dimetil nitrosamina   dietil nitrosamina

Sin embargo, los nitritos no inhiben el desarrollo de bacterias beneficiosas tales como los lactobacilos.

Cuando el producto al que se le han añadido nitritos sufre la acción del calor, el efecto inhibidor del *Cl. Botulinum* se multiplica por 10. Esta potenciación característica de la actuación del nitrito por cocción, recibe el nombre de **Factor Perigó**.

Los nitritos tienen curiosamente un carácter antioxidante, porque uno de los componentes de la degradación del nitrito, el óxido de nitrógeno, tiene gran afinidad por el átomo de hierro, bloqueándolo o impidiéndole que participe en reacciones de óxido-reducción posteriores.

Cuando en una industria de platos preparados cárnicos, se guardan mucho tiempo en refrigeración, aparecen sabores especiales llamados (WOF (warmed over flavor) por su similitud a las comidas recalentadas. Cuando estas comidas están tratadas con nitritos no presentan problemas de aparición de WOF (sabor a recalentado).

Además, los consumidores están acostumbrados a los sabores de los productos cárnicos con nitritos, y es probable que rechazasen los productos sin nitritos.

Los nitritos presentan dos tipos de toxicidades:

- *Toxicidad directa.* Bloquean el átomo de hierro de mioglobina y hemoglobina provocando parálisis y asfixia.
- *Toxicidad indirecta.* Reaccionan con aminas primarias, secundarias y terciarias formando nitrosaminas potencialmente cancerígenas.

En estudios realizados en USA con productos cárnicos se vio lo siguiente:

- Buscando la aparición de nitrosaminas en productos cárnicos tratados con nitritos, solo se encontraron éstas en beicon cuando era sometido a fritura, y se debían a los nitritos residuales y a las altas temperaturas de fritura.
- Sobre la ingestión de nitritos se llegó a la conclusión de que solo una pequeña parte de las nitrosaminas se debía a productos cárnicos, debiéndose la mayor parte a frutas y verduras.

6.- Embutidos curados

Los embutidos curados o crudos curados son productos elaborados a base de carne y grasa de cerdo y/o vacuno mezclada con sal, especias y aditivos, embutidos en tripa natural o artificial y sometidos a maduración o curado.

Se pueden clasificar en función de la forma de presentación, del picado, del sabor y del origen geográfico. Así tenemos:

- Presentación en ristra, sarta, vela, rosario, herradura, etc.
- Picado normal (tipo Cantimpalo, por ejemplo), picado muy fino (chorizo de Pamplona), picado tipo pasta (sobrasada), picado tipo embutido ibérico (con vetas), etc.

Los ingredientes de los embutidos curados son:
- Carnes (porcino. Algunos llevan también vacuno).
- Grasa (tocino como tal o partes grasas de la canal).
- Reguladores de la maduración. Son los azúcares que se incorporan para favorecer el crecimiento microbiano y muy especialmente los lactobacilos. Las concentraciones empleadas suelen ser del 1 por ciento.
- Nitrificantes. Nitrito potásico: unas 300 ppm. Nota: ppm significa partes por millón.
- Coadyuvantes: ácido ascórbico, ascorbato, como antioxidantes. Aquí se emplean dosis de unas 500 ppm.
- Especias: 20 a 40 gramos/Kg.
- Sal: unos 20 gramos/Kg.

En las grandes empresas, en las que interesa la normalización del producto final, se parte de materias primas muy homogéneas. Por ejemplo, se utiliza carne congelada.

Después del picado es muy importante que el amasado se realice al vacío para evitar la oxidación de las grasas.

En la amasadora se incorporan las especias, los reguladores de maduración, nitrificantes y coadyuvantes, que a veces se añaden en forma de papilla acuosa.

Una vez preparada la pasta de embutidos, puede ir directamente a la embutidora o al reposo en cámara. Esto último es necesario en aquellos productos picador con trozos de carne grande, ya que hay que dar tiempo a que se absorban las sales nitrificantes.

Existen diversos tipos de embutidoras Todas constan de:
- Tolva de alimentación de la pasta.
- Sistema de vacío para no introducir aire en la tripa.
- Motor de accionamiento.
- Boquilla de embutido.

- Paletas giratorias que empujan suavemente la pasta en la tripa y evitan el embarramiento. Hay que evitar la capa de grasa que se forma con el embarramiento, ya que impide el secado posterior.
- Atado manual o automático.

En embutidos curados se emplean tripas naturales y sintéticas a base de colágeno. En cualquier caso, la tripa debe ser permeable a la humedad y a los gases para que se pueda realizar el curado.

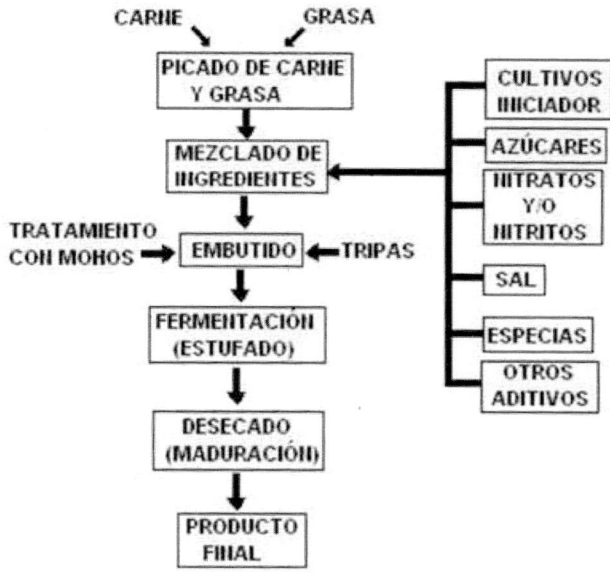

Figura 6.- Esquema del proceso de elaboración de embutidos.
Fuente: INGENIERÍA DE SISTEMAS.

Una vez relleno y atado, el embutido se lleva a la unidad de estufaje y de allí al secadero para su maduración (curado).

En las grandes fábricas, el estufaje y el secado se realizan en la misma cámara. Una vez acabada la maduración el embutido curado está listo para su comercialización.

El estufaje se realiza en dos etapas para bajar la temperatura del embutido escalonadamente y evitar condensaciones del agua en la superficie del embutido.

En este estufaje tiene lugar el desarrollo de la flora microbiana. El pH bajo durante el estufado produce un desarrollo selectivo de la flora microbiana, disminuye la CRA de las proteínas y se favorece el ulterior secado, la coagulación parcial de las proteínas y la adquisición de una textura adecuada.

En el sitio de Internet de **Gas Natural Fenosa (Empresa Eficiente**) nos ponen un ejemplo de curado de embutidos, utilizando como fuente de energía una ***bomba de calor***. Transcribimos:

"Secado de embutidos. El proceso de secado consiste en eliminar por evaporación el exceso de agua que contiene un producto. El proceso de secado de embutidos tiene lugar en dos partes: **el estufado y el secado o curado**.

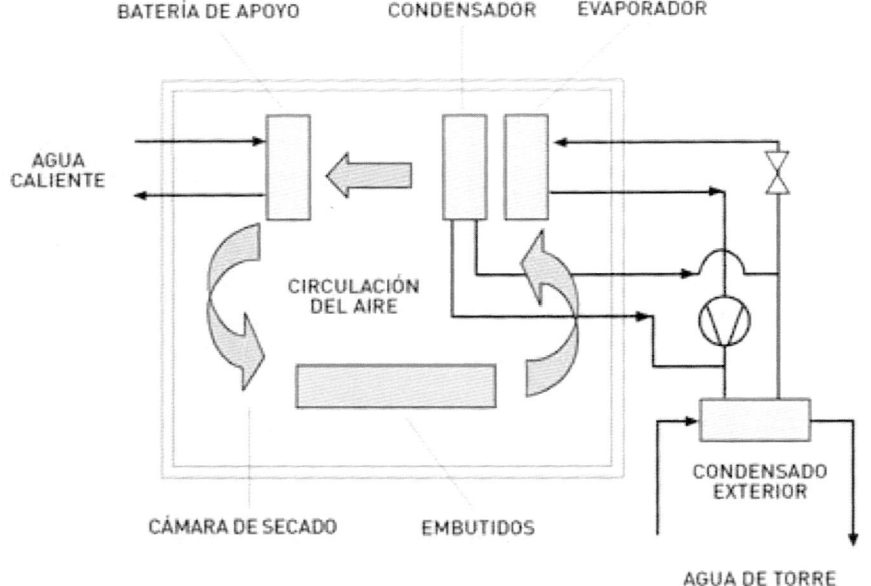

Figura 7.- En las cámaras de secado, el producto pierde humedad y madura por diversas transformaciones que tienen lugar durante su estancia en la cámara. En estas cámaras se puede regular la velocidad de circulación del aire, la humedad y la temperatura. Fuente: Gas Natural Fenosa. Empresa Eficiente.

La bomba de calor usada en este tipo de aplicaciones es del tipo de compresión de vapor con motor eléctrico. Figura 7.

Para ver el interés de la bomba de calor en el secado de embutidos consideramos el caso de una planta convencional con los siguientes datos: En el sistema con bomba de calor, el calentamiento necesario en la puesta en marcha sigue existiendo, eliminándose el consumo térmico cuando la instalación está en régimen.

Tabla 1.- Potencias y consumos energéticos de la planta convencional. Fuente: Gas Natural Fenosa. Empresa Eficiente. TEP: Tonelada Equivalente de Petróleo.

	Estufado	Secado
Carga frigorífica de la cámara	30,1kW	98,0kW
Compresor equipo frigorífico	7,0kW	30,6kW
Calentamiento baterías agua caliente	13,6kW	52,0kW
Consumo anual puesta en marcha	1,5tep	0,6tep
Consumo anual de energía primaria	12,4tep	63,6tep

El consumo anual de energía primaria en la **fase de estufado** es de 7,8 tep, siendo el ahorro de energía primaria de 37,1%.

En el *proceso de secado* el consumo anual total de energía primaria es de 39 tep, con un ahorro de energía primaria del 38,7% respecto del sistema convencional.

La **principal ventaja** de este tipo de aplicaciones de la bomba de calor es que no representa un aumento sustancial de la inversión.

El consumo de energía eléctrica no se ve alterado de forma importante, pero *se elimina prácticamente el consumo térmico de la instalación.*

El retorno de la inversión se realiza en menos de un año en el caso en que el combustible utilizado sea gasóleo C." Fin de la cita de Gas Natural Fenosa.

7.- Bioquímica del curado

Durante la operación de estufaje hay un aumento de toda la flora microbiana, pero principalmente de los lactobacilos, ya que son los responsables de la caída del pH, por la transformación de los azúcares incorporados en ácido láctico. El aumento de la temperatura favorece la bajada del pH, y más cuanto más fermentable sea el azúcar.

Figura 8.- Microorganismos involucrados en la elaboración de embutidos. Fuente: MICROBIOLOGIA 2013 2014.

Un estufaje demasiado rápido o una excesiva cantidad de azúcares da lugar a un desarrollo excesivo de lactobacilos y a una caída exagerada del pH que inhibe el desarrollo de los micrococos.

El mayor o menor desarrollo de los micrococos dependerá del medio tampón del embutido. Así, variando la acidez tendremos un tipo u otro de embutido.

Como hemos dicho, la flora láctica aumenta tremendamente durante el estofado y el secado.

Las enterobacteriáceas disminuyen selectivamente por la bajada del pH. La industria emplea cultivos microbianos que inducen la maduración.

A estos cultivos se les llama *Starters* (iniciadores), que generalmente son lactobacilos y micrococos, y suelen suministrarse liofilizados o congelados. Al cabo de dos o tres días los lactobacilos ya superan a los micrococos, y después de permanecer constantes en número durante algún tiempo (un mes, aproximadamente), acaban por desaparecer.

Los micrococos poseen el enzima nitrato-reductasa y pasan el nitrato a nitrito, dando mioglobina óxido-nítrica, responsable del color.

Las proteínas sarcoplásmicas son las responsables del color. Ellas, junto con las miofibrillas, a medida que baja el pH, disminuyen su solubilidad, produciéndose una gelificación de las proteínas y un aumento de la consistencia del producto curado.

Paralelamente hay una pérdida de la capacidad de retención de agua (CRA). El pH de aproximadamente 5 coincide con el punto isoeléctrico de las proteínas, produciéndose la disminución de CRA.

A su vez, la acidez presente produce una hidrólisis parcial de las proteínas que dan péptidos y aminoácidos que forman bases volátiles, que provocan una neutralización parcial y la subida del pH.

La mayor proteólisis la presentan las proteínas miofibrilares.

En el desarrollo de aromas juegan un papel principal los lípidos, mediante transformaciones hidrolíticas y oxidativas, con formación de peróxidos y carbonilos de olores característicos.

8.- Productos cárnicos cocidos

Son aquellos productos que se someten a un tratamiento térmico, sin llegar a superar en el centro la temperatura de 70ºC, es decir, es una pasterización. Como ejemplo tenemos las salchichas Frankfurt, los patés y el jamón cocido.

Dentro de este grupo tenemos los productos cárnicos cocidos elaborados a base de pasta fina.

La pasta fina es una emulsión del tipo de aceite en agua, donde las proteínas son los emulgentes. Los parámetros que definen a esta emulsión son:

- La capacidad de emulsión (CE), cuyos principales responsables son las proteínas miofibrilares.
- La estabilidad de la emulsión en el tiempo.

Recordemos que al aumentar la cantidad de proteínas, la capacidad de emulsión no aumenta de la misma forma, y que las proteínas del tejido conjuntivo son casi inconvenientes para obtener una buena emulsión.

Entre los productos elaborados a base de pasta fina tenemos las salchichas de Frankfurt. Después tenemos la mortadela que es un producto de pasta fina con trozos de grasa.

La finalidad de la cocción es doble:
- Destruir microorganismos, especialmente los patógenos.
- Coagular las proteínas.

Más adelante estudiaremos algunos productos cárnicos de este tipo.

9.- Ahumado de productos cárnicos

Si la operación de cocción se combina con el ahumado, se desarrollan los aromas y sabores característicos. El ahumado también tiene una acción bactericida. El humo está formado por:

- Una fase gaseosa (aire).
- Una fase sólida o líquida, constituida por pequeñas partículas entre las que se encuentran compuestos considerados cancerígenos.

En la Tabla 2 vemos los constituyentes del humo y sus acciones.

El ahumado se lleva a cabo en una cámara con serrín humedecido que se quema, y una corriente de aire (natural o forzado), cuya velocidad se controla y define la temperatura a la que se produce el proceso (suele ser de unos 35ºC).

A mayor temperatura se producen más compuestos cancerígenos y a menor temperatura no hay desarrollo de aromas y sabores. Durante el ahumado también se elimina parte dela humedad del producto.

Tabla 2.- Constituyentes del humo y sus acciones.

Constituyentes del humo	Acción que realizan
Compuestos fenólicos	Desarrollo de sabor. Conservación. Antioxidantes.
Aldehídos y cetonas	Desarrollo de color
Ácidos orgánicos	Coagulación de las proteínas

Normalmente se distinguen dos tipos de ahumado:

1.- Ahumado en frío, donde no se superan los 30-35ºC.
2.- Ahumado en caliente que se realiza a más de 60ºC pero sin sobrepasar los 75ºC.
Otras formas de ahumado consisten en inyectar vapor de agua recalentado sobre el serrín o virutas de madera, con lo que parece ser que se producen menos compuestos cancerígenos.
Hay que vigilar cuidadosamente la temperatura de la cámara, de la parte externa e interna del producto, y el proceso de enfriamiento que normalmente se aconseja que sea rápido.

3.- En algunos casos se incorpora humo líquido directamente al *cutter* durante la elaboración de pasta fina. También se pueden sumergir las salchichas directamente en dicho humo, con lo cual el producto que se obtiene es más uniforme, pero no está probada la atoxicidad de este sistema.

Figura 9.- Horno de ahumar. El horno charcutero está diseñado para pequeños fabricantes de productos cárnicos y embutidos. Proporciona un tratamiento térmico de productos cárnicos como por ejemplo secar, ahumar, cocer y asar hasta los 160 grados C en un ciclo sin manipulaciones adicionales. El usuario puede crear fácilmente sus propios programas según sus necesidades. Equipado con trampillas de entrada y salida de aire manual. El calentamiento es eléctrico, con conexión de 400/230 V. 50 Hz. Sus dimensiones exteriores son de 615 x 750 x 1.860 mm de alto. Fuente: Interempresas. Lizondo. XECU.

Figura 10.- Generador de humo. El generador de humo continuo tipo tolva industrial está fabricado en acero inoxidable. Este ahumadero está preparado para introducir humo a las cámaras, salas o naves. Se alimenta de viruta. Es totalmente silencioso. Tiene incorporado un cuadro de control accionado eléctricamente. Está provisto por un sistema de seguridad contra incendio del mismo. Capacidad aproximada de 50 kg de viruta. Fuente: Interempresas. Lizondo. XECU.

10.- Productos cocidos enteros: jamón y paleta cocidos

Se elaboran por salazón húmeda, bien por inmersión (lomo adobado, pinchos morunos) o por inyección (jamón y paletas cocidas y fiambre de jamón).

Figura 11.- Cámara de ahumado con el equipo de producción de humo. Fuente: Hornos LAINT.

11.- Elaboración del jamón de York

En el sitio de Internet de **LA SELVA**, especialistas en la elaboración de jamón cocido nos dicen lo siguiente:"Para elaborar el mejor jamón cocido sólo se requieren 4 ingredientes esenciales: *jamón de cerdo, agua, sal y un poco de azúcar.*
El secreto es el proceso. La selección de la materia prima es muy rigurosa [control de temperatura, examen visual del aspecto de la pieza, valor de pH (grado de acidez) y el color de los músculos]. La salmuera se prepara con componentes básicos: agua, sales y un poco de azúcar.
Una vez seleccionada la pieza y preparada la salmuera, ésta se inyecta manualmente por la arteria principal del jamón, para que se extienda por sus ramificaciones a todos los músculos de la pierna.
Se inicia el proceso de ósmosis, la salmuera se va repartiendo uniformemente por toda la carne. Posteriormente se inicia la maduración en salas de oreo, donde el jamón totalmente en reposo empieza a desarrollar su aroma, buqué y color

característicos. El jamón se deshuesa sin perder la estructura de la pieza entera. También se eliminan la grasa y el tejido conjuntivo. Se envasa en bolsa de plástico y se coloca en un molde, que le dará la forma al producto, o se envasa en una lata, y se cuece lentamente. Una vez cocido y enfriado:

A.- Se sacan del molde, se les quita la bolsa de cocción, se limpian y se vuelven a envasar, después de un pequeño baño en gelatina.

B.- Los enlatados permanecen en la misma lata de cocción hasta el momento de ser vendidos al corte." Fin de la cita de LA SELVA.

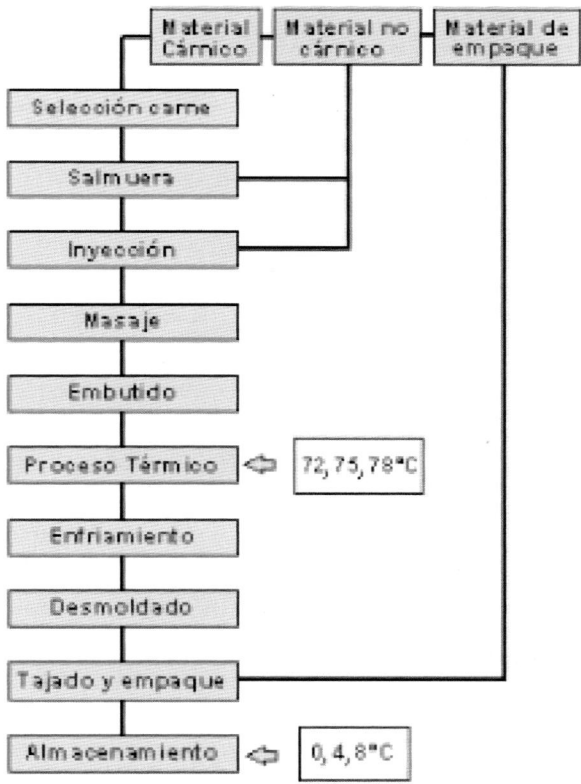

Figura 12.- Esquema del proceso de elaboración de Jamón York. Fuente: María I. González y otros. Universidad de Antioquía. Facultad de Química Farmacéutica.

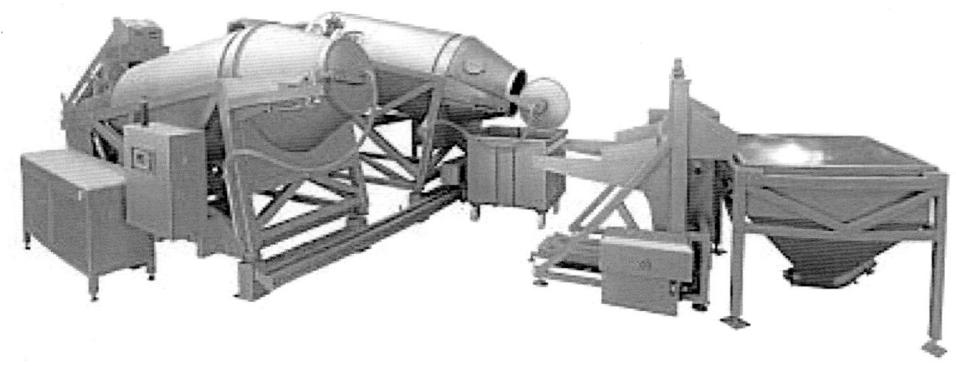

Figura 13.- Instalación completa para la fabricación de jamón cocido. Fuente: Metalquimia.

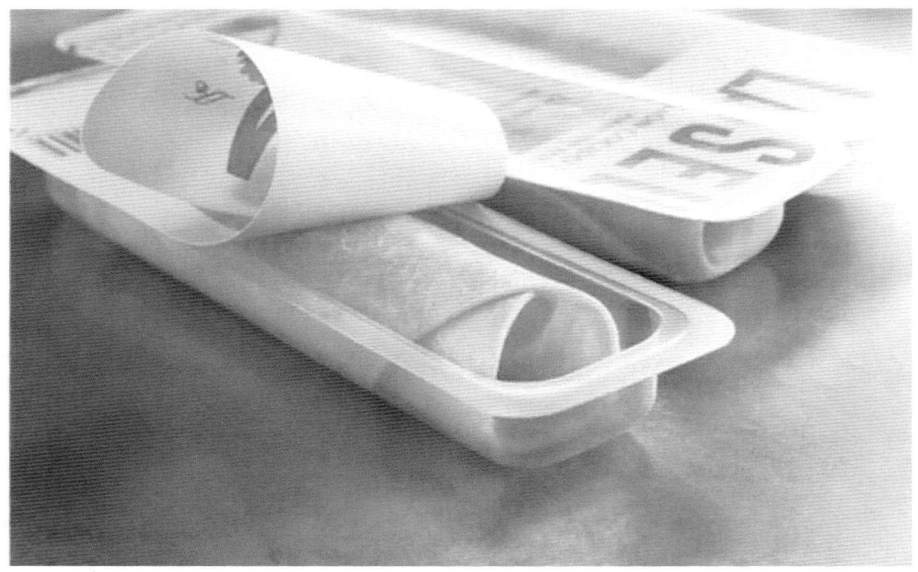

Figura 14.- Jamón cocido en lonchas en envases individuales. Fuente: LA SELVA.

Antes se pensaba que la materia prima no era tan importante y cualquier fallo se subsanaba con una buena elaboración.

Pero hoy se sabe que es fundamental y existen una serie de parámetros que caracterizan a la materia prima, y que son:

- El pH de la carne.
- Su capacidad de retención de agua (CRA). Debe ser alta para obtener un buen rendimiento.
- Reflectancia. Es la capacidad de una superficie para reflejar la luz.

Figura 15.- Jamón cocido calidad extra. Fuente: Campofrío. Mercado Delicias.

12.- Elaboración y recetas de hamburguesas

La hamburguesa se ha convertido en la reina de los productos cárnicos a nivel mundial. Son muchas las cadenas de hamburgueserías existentes en el mundo y cada una de ellas tiene su propia fórmula. Pero no es ningún secreto hacer una buena hamburguesa.

Cualquier ama de casa sabe hacerlas. Por ello aquí vamos a dar algunas de las muchas fórmulas posibles.

Por ejemplo, en el sitio de Internet de **RECETA HAMBURGUESA**, figura la siguiente:

"*Ingredientes*:
- 1 kilo de carne picada, bien de cerdo o de ternera, al gusto.
- 1 huevo.
- Pan de hamburguesa.
- 1 diente de ajo.
- Perejil, sal y cebolla. Al gusto.
- Aceite de oliva.
- Ketchup y/o mostaza. Al gusto.
- Unas hojas de lechuga fresca.
- 1 tomate natural en rodajas.
- Lonchas de queso.

Preparación:

En un bol, vamos a ir amasando toda la carne picada mezclada con el huevo, más una pizca de sal. Picamos el ajo lo más finito posible y lo añadimos a la carne picada, y hacemos lo mismo con el perejil.

Una vez que tenemos bien mezclada toda la masa, vamos a ir haciendo tantas hamburguesas como queramos. Cogemos parte de la masa de carne picada y vamos haciendo bolas, que aplastaremos hasta conseguir el tamaño de la hamburguesa que queramos.

Una vez que tengamos listas nuestras hamburguesas, las pasaremos por aceite en la sartén hasta que se hagan bien por ambas partes.

Después las iremos sacando y secando con papel secante. Posteriormente, ya nos meteremos en presentar y montar la propia hamburguesa. Para ello, es opcional, podemos tostar un poco el pan de hamburguesa, con esto conseguiremos bajar un poco las calorías que pueda tener el pan.

Colocamos la hamburguesa, y vamos a ir preparando las verduras que la acompañarán.

Lavamos muy bien la lechuga y la cortamos para poner unos trozos de hoja de lechuga encima de la hamburguesa; hacemos lo mismo con el tomate; tantas rodajas como queramos. Repetimos la operación con la cebolla; colocamos encima unas lonchas de queso, y por ultimo un chorreón, al gusto, de ketchup y mostaza; tapando finalmente con el otro pan de hamburguesa a modo de bocadillo." Hasta aquí la interesante cita de RECETA HAMBURGUESA.

El Corte Inglés, en su revista **APTC** nos da la siguiente receta para una **hamburguesa de pollo**:

Ingredientes

500 gramos de carne de pollo picada,

1 huevo,

4 cucharadas de pan rallado,

2 cucharadas de mostaza,

8 cucharadas de leche, aceite de oliva, sal y pimienta,

2 lonchas de queso havarti,

4 lonchas de beicon ahumado,

2 panes de hamburguesas con sésamo.

Salsa tártara:

150 gramos de mayonesa,

1 cucharada de alcaparras,

1 huevo duro picado,

4 pepinillos,

1 cucharada de cebolla picada.

Elaboración

Mezclar la carne de pollo junto con el huevo, la mostaza, el pan rallado y la leche. Sazonar con sal y pimienta. Dejar reposar unos minutos esta mezcla para que se impregnen bien todos los sabores.

Salsa tártara: Mezclar bien la mayonesa con la cebolla, los pepinillos y el huevo.

Colocar las lonchas de beicon sobre un plato con papel de cocina, cubrir con otro papel y tostar en el microondas a máxima potencia durante 1.30 minutos aproximadamente. Formar las hamburguesas y dorar en una sartén con un poco de aceite por ambos lados.

Montaje: untar la base del pan con la salsa tártara colocar la hamburguesa de pollo, encima una loncha de queso, el beicon y terminar con la tapa del pan. Calentar en el horno a 180ª hasta que el queso este fundido.

Variantes: Sustituir la salsa tártara por salsa ketchup, mostaza o simplemente mayonesa.

Consejos: Acompañar las hamburguesas con patatas fritas, aros de cebolla frito o una ensalada. Hacer las hamburguesas en formato pequeño y servir como aperitivo." Hasta aquí la cita del **El Corte Inglés**.

Figura 16.- Hamburguesa de vacuno congelada.
Fuente: La Tercera.

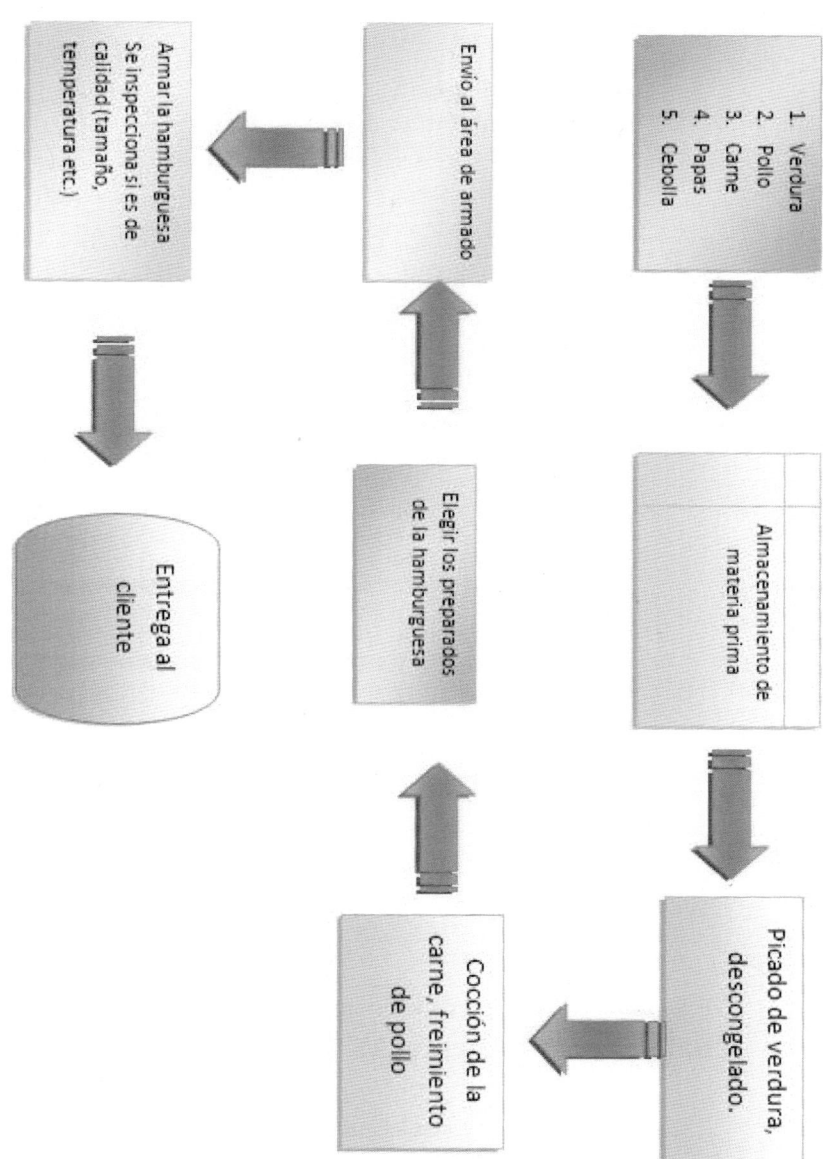

Figura 17.- Proceso de preparación y entrega al cliente, de una hamburguesa en un local comercial. Fuente: BURGER KING. Administración de Operaciones. Fernando Rubio y otros.

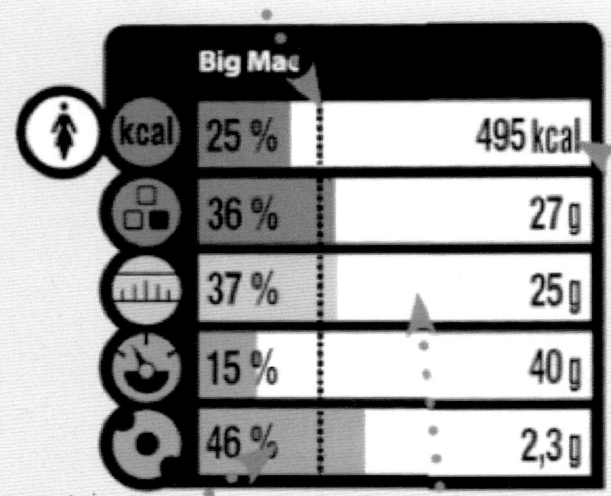

¿Por qué la línea de puntos?
Visualiza un tercio de la recomendación diaria (que es lo indicado para una comida)

Big Mac

kcal	25 %		495 kcal
	36 %		27 g
	37 %		25 g
	15 %		40 g
	46 %		2,3 g

Big Mac aporta 495 calorías
Es decir, el 25% de la Cantidad Diaria Orientativa (CDO) de la energía que necesita de un adulto.

El porcentaje
Es la contribución del producto representado en calorías o nutrientes en relación con la CDO (Cantidad Diaria Orientativa) para un adulto

Si la barra de las grasas sobrepasa la marca, la próxima comida debe ser más ligera para mantener el equilibrio en la alimentación, ya que se construye día a día

Figura 18.- Ejemplo de etiquetado nutricional de una hamburguesa. Fuente: McDonald. España.

13.- Elaboración y receta del chorizo criollo

Producto muy popular en España, Argentina, etc. El chorizo fresco se utiliza para freír.

Vamos a dar la receta de un chorizo criollo de puro cerdo, tal y como viene en el sitio de Internet de **LOS SITIOS DE LA COCINA DE PASCUALINO MARCHESE**. Transcribimos:

Ingredientes para 10 kilos de chorizos.

8 kilos de carne de cerdo.

2 kilos de tocino de cerdo.

220 gramos de sal.

50 gramos de ají molido.

20 gramos de pimienta negra molida.

10 gramos de nuez moscada molida.

30 gramos de orégano (opcional).

Una cabeza de ajo chica. 1 vaso de vino blanco o tinto.

Semillas de hinojo salvaje (importantísimo para el sabor y el aroma)

15/17 metros de tripa salada para embutir.

5 gramos de nitrato de sodio.

Preparación

Con una máquina tritura carne y disco grueso, pique la carne hecha trozos, luego el tocino. Vierta todo en una fuente grande y agregue todos los condimentos. Mezcle y amase.

Caliente el vino y agréguele los dientes de ajo bien picados y sin hervir cocine tres minutos. Cuele, deseche el líquido e incorpórelos a la prepara-ción volviendo a amasar. Conserve en la heladera no tan fría hasta el día siguiente.

La preparación de la tripa se hace desalándola con abundante agua corriente, luego se sumerge en agua con el nitrito disuelto para evitar una indeseada putrefacción. Previo el rellenado cuélguela para que se escurra bien.

El rellenado puede hacerlo con un simple embudo, bastante grande, juntando la tripa en el pico del mismo, haciendo que se desfile durante el llenado que no debe ser muy apretado.

La distancia de la atadura de cada chorizo es a gusto del consumidor, generalmente de 13 a 15 centímetros para que no se diga que se está sirviendo una miseria... Hágalos descansar un día al gancho y en la heladera.

Es preferible asarlos a la parrilla con brasas de madera dura, generalmente durante 15 minutos de cada lado, sin pincharlos, para que se cocinen con su propio jugo." Hasta aquí la cita de **Pascualino Marchese**.

14.- Elaboración y recetas del chorizo tradicional español

Como siempre, el sitio de Internet de **EROSKI Consumer**, ofrece una información muy completa e interesante sobre alimentación. En este caso sobre la elaboración del chorizo. Transcribimos:

"Durante muchos años la matanza del cerdo ha tenido una influencia importante tanto en la alimentación como en la economía familiar. Gracias a él, las familias aseguraban el mayor e incluso el único aporte de proteínas a lo largo del año. Además, las características que presenta la carne de cerdo la hace más apta para la elaboración de una gran variedad de productos como los embutidos, entre los que destacan los chorizos. Estos, son de categoría extra cuando su composición sólo incluye carne de animales de esta especie.

En la elaboración del chorizo los ingredientes básicos son:

- Un picado de carne magra de cerdo (excepto en el chorizo de Pamplona y en el de Soria que llevan también carne de vacuno).
- Grasa en distintas proporciones (de ahí que su valor calórico y nutritivo sea muy variable).
- Sal, ajos y pimentón dulce y/o picante.
- Dependiendo de la región de origen se añaden otros condimentos que los hacen característicos. Las cantidades varían según la práctica de fabricación.

Esos son los ingredientes. Veamos ahora el proceso de elaboración:

1º. Una vez seleccionados los ingredientes, se mezclan, tratando de realizar esta operación al vacío para no incorporar oxígeno ya que la grasa se oxida (se enrancia) y adquiere mal color y sabor. La mezcla se ha de remover con regularidad y se deja macerar durante 24-36 horas.

2º. Transcurrido este tiempo, se procede al embutido de la mezcla en tripa natural o artificial.

3º. Por último, los chorizos se cuelgan para que maduren y se sequen. Algunos son sometidos a fase de ahumado para conseguir un secado, olor y sabor característicos.

Figura 19.- Máquina embutidora al vacío con tolva de alimentación.
Fuente: VEMAG.

Existen también chorizos blancos que no llevan pimentón. Cuando se trata de elaboración industrial, además de los ingredientes ya mencionados se suelen añadir diversos aditivos autorizados:

- *Nitratos o nitritos* (necesarios para que se genere el color rojo característico del chorizo y para evitar el botulismo, intoxicación alimentaria grave).
- *Ácido ascórbico* (acelera el enrojecimiento y coloración al impedir que la grasa se oxide).
- *Reguladores de la maduración* (azúcares que se incorporan como edulcorantes y que favorecen también el desarrollo de las bacterias implicadas en la maduración).

Valor nutritivo del chorizo. Su valor nutritivo depende de los ingredientes empleados en su elaboración (cantidad de grasa, tipo de carne: cerdo, jabalí, etc.), pero en general, todos ellos son alimentos bastante calóricos dado su elevado contenido graso. Aportan proteínas de alto valor biológico y prácticamente carecen de hidratos de carbono. Por haber sido sometidos a procesos de desecación, el contenido de agua es escaso (44%).

Tabla 3.-   Composición nutritiva del chorizo. (Por 100 g de porción comestible).

Kcal (n)	Proteínas (g)	Grasas (g)	AGS (g)	AGM (g)	AGP (g)	Colesterol (mg)	Hidratos de carbono (g)
384	22	32,1	12,4	14,0	2,42	72,0	2

Hierro (mg)	Zinc (mg)	Sodio (mg)	Vit. B1 (mg)	Vit. B2 (mg)	Niacina (mg)	Vit. B12 (mcg)
2,4	1,2	1060	0,3	0,13	7,1	1

AGS= grasas saturadas / AGM= grasas monoinsaturadas / AGP= grasas poliinsaturadas.

Destaca su elevado aporte de sodio, y en menor proporción, de otros minerales como el hierro (de fácil asimilación) y el cinc.

En cuanto a su aporte vitamínico, destacan las vitaminas del grupo B (niacina, B12, B2 o riboflavina y B1 o tiamina).

Ventajas e inconvenientes de su consumo. Debemos moderar su consumo, pero perfectamente tienen cabida en una alimentación equilibrada. En caso de tener que restringir la cantidad de sal de la alimentación o en regímenes pobres en grasa, su consumo está desaconsejado.

Criterios de calidad en la compra, manipulación e higiene. En el punto de venta podemos encontrarlos refrigerados o no, cuando no están en porciones, o bien en las cámaras de refrigeración partidos en lonchas en bandejas de poliespán y recubiertos de papel plástico. Los embutidos enteros se conservan mejor que en lonchas (tienden a desecarse y enranciarse más rápidamente). En casa, si se trata de piezas enteras, podemos dejarlos colgados en lugares frescos, ligeramente ventilados y sin contacto directo con la luz, y si están partidos en lonchas, en el refrigerador en un recipiente de plástico de cierre hermético. Conviene cortar el chorizo poco tiempo antes de servirlo para evitar que se deseque.

Tabla 4.- Ingredientes para la elaboración de un chorizo extra fino. Fuente: Alimentos wfcr.

Ingredientes	Cantidades
Carne de cerdo	8 kilos
Grasa de cerdo	2 kilos
Sal de cocina	150 gramos
Ajo fresco	30 gramos
Cebolla larga	700 gramos
Laurel	5 gramos
Tomillo	5 gramos
Cerveza	100 centímetros cúbicos
Queso	100 gramos

15.- Chorizo de Cantimpalos

En el sitio de Internet de Chorizo de Cantimpalos vienen detallados los ingredientes que se utilizan en su elaboración. Transcribimos:

"Estos son los ingredientes básicos del Chorizo de Cantimpalos y que su origen y tratamiento le dan esa calidad:

Carne de cerdo.

El ingrediente esencial del chorizo de Cantimpalos son las piezas de cerdo fresco debidamente trituradas. Esto hace que la elección de la carne no se deje al azar, siempre tiene que ser carne de primerísima calidad y debidamente controlada antes de su elaboración y por ello el área geográfica para la obtención de dicha carne se circunscribe a la Comunidad Autónoma de Castilla y León.

El cerdo debe ser de naturaleza graso lo que después proporcionara untuosidad al chorizo. Los cerdos grasos son de raza blanca y los machos castrados. Los tres últimos meses se alimentarán con un mínimo de 75 % de cebada y trigo y se sacrificarán entre los 7 y 10 meses de vida y peso entre 115 y 160 kilogramos.

Sal.

La sal es tan esencial para la vida como para el chorizo de Cantimpalos. La sal contribuye a su curación y con ésta la maduración se hace en condiciones óptimas, aparte de resultar agradable al paladar. La sal también añade oligoelementos que contribuyen a un mejor funcionamiento del organismo.

La sal es como un árbitro de fútbol si es buena no se nota, pero si es mala se nota enseguida. Por eso, en esos pequeños detalles se nota la tradición de años de los cantimpalenses y la compra de este condimento no se deja al azar y siempre seleccionan la mejor.

Orégano.

Es un ingrediente más de los que trabajan a favor de un buen chorizo de Cantimpalos, al igual que el ajo. Sus propiedades antisépticas y antioxidantes contribuyen a que se conserve en perfecto estado sin necesidad de artificios.

Y es que hay que recordar que en la España de no hace demasiado tiempo los frigoríficos no existían y era la sabiduría popular, en este caso de los cantimpalenses, la que hacía de frigorífico.

Evidentemente, solo por esta propiedad no hubiera sido utilizado el orégano como especie. Su sabor ligeramente amargo contribuye a redondear el conjunto de la receta y que en boca resulte perfecto.

Pimentón.

Los ingredientes de elaboración del Chorizo de Cantimpalos son todos de primerísima calidad como es el imprescindible Pimentón de La Vera. Si no tiene este pimentón no es Chorizo de Cantimpalos.

Las características de este pimentón se consagran en un aroma, un sabor y una persistencia de color inigualables. Todo gracias al microclima donde se cultiva y a conservar una elaboración tradicional donde se conjuga la sabiduría en el secado con la utilización de molinos de piedra para su molienda y que hace de esta especie la ideal para la elaboración de nuestro chorizo.

Ajo.

Es una de las armas que los distintos productores tienen para diferenciarse, su proporción es un secreto celosamente guardado, como también lo es su procedencia, buscando las mejores cosechas dentro de las denominaciones de origen españolas. Así que ni soñar ajo chino. El ajo da al chorizo un conservante natural que junto a la sal se preocupan de que el chorizo esté en perfectas condiciones.

Quedan descartados cualquier tipo de conservante artificial por lo que su tratamiento para guardar las condiciones sanitarias es muy estricto.

Los sabores del ajo, sus aromas, engrandecen nuestro querido chorizo resaltando el sabor de las carnes aportadas y porque no decirlo, aportando sus fabulosos efectos medicinales tanto como antibiótico como afrodisíaco.

16.- Máquinas embutidoras

Vamos a estudiar las máquinas embutidoras ya que son esenciales en la fabricación de todo tipo de embutidos. El embutido es una operación muy importante que debe realizarse en ausencia de aire para evitar oxidaciones que afectan a la calidad. Por esa misma razón, en el embutido no se deben dejar espacios libres donde se acumula aire.

Figura 20.- Componentes de una pequeña máquina embutidora. Fuente: ZEILER.

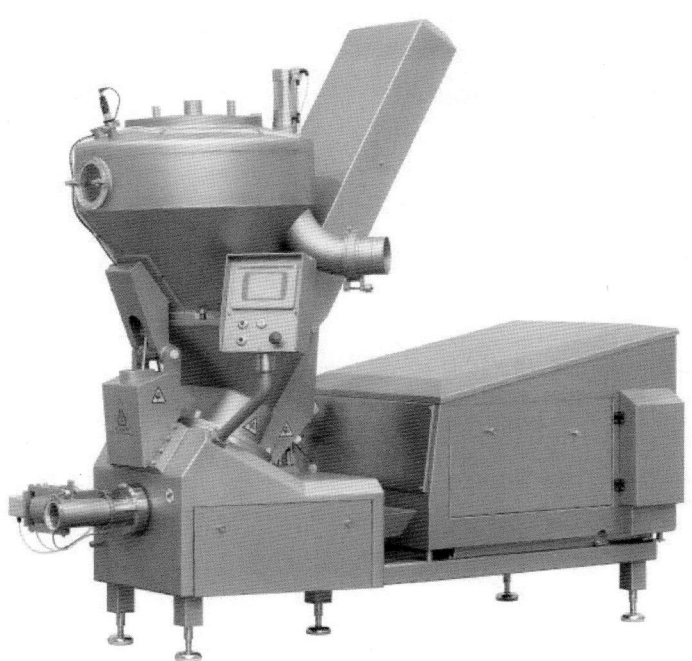

Figura 21.- Máquina embutidora al vacío, fabricada en acero inoxidable. Fuente: METALQUIMIA. España.

La Figura 21 corresponde a una máquina embutidora fabricada en España por **METALQUÍA**. Como indica el fabricante, sus características son las siguientes:

"La embutidora de carne TWINVAC PLUS PC-5 está especialmente concebida para embutir, de forma continua y al vacío, piezas grandes de carne sin destruir su morfología, obteniéndose un producto final de mejor calidad, con excelente textura, sin bolsas de aire y sin riesgos de contaminación bacteriológica.

Muy adecuada para la embutición de productos cárnicos cocidos de músculo entero, especialmente en la fabricación de barras para lonjear. Puede trabajar, de forma totalmente automática, directamente acoplada a clipadoras continuas estándar o termoformadoras con un paso adecuado al diámetro del tubo de salida, de hasta 100 mm.

Características:

- Accionamiento hidráulico independiente del circuito cárnico.
- Válvula de carga neumática.
- Bombeo de carne por medio de dos cilindros hidráulicos de acciona-miento alternativo.
- Sin estrangulamientos, desplazamientos o rotaciones.
- Diseño ergonómico.
- Muy fácil acceso a todas las partes de la máquina para mantenimiento.
- Máxima facilidad de limpieza y desinfección con increíbles ahorros de tiempo en el montaje y desmontaje.
- Asistente de mantenimiento.
- Detección de alarmas.
- Dosificación graduable independiente o por señal externa.
- Alimentación automática de la tolva por transporte al vacío con detector de nivel de carne por fotocélula de infrarrojo.
- Accesorio de corte para facilitar la embutición de carnes con alto contenido de nervios y tendones.
- Controlada por un controlador lógico programable (PLC) y pantalla táctil.
- Adaptable a clipadoras continuas y termoformadoras estándar.
- Accesorios disponibles para dosificación de precisión, llenado de termoformadoras, bolsas y unidades de consumo.

Prestaciones extra.

- Mayor potencia y presión de embutición, lo que permite embutir también en embudos de pequeño diámetro y carnes más difíciles.
- Su tolva dividida en dos cuerpos, su menor altura total y su diseño ergonómico mejoran la eficiencia de las operaciones de montaje y desmontaje, así como los procesos de limpieza y desinfección.

- Nuevo sistema de detección de posición de los cilindros embutidores, mejorando aún más la precisión en la dosificación.
- Diseño higiénico optimizado, con todos los componentes fácilmente accesibles para inspección visual, incluyendo los cilindros de embutición.
- Nuevo software con una interfaz clara y amigable y mayores posibilidades de regulación.
- Capacidad de bombeo continuo. Ofrece una capacidad de bombeo continuo aproximada de hasta 4.900 kg/h. Capacidad de producción en función de las características del producto y de la línea de producción.

17.- Salchichas tipo Frankfurt

Vamos a centrarnos en las **salchichas tipo Frankfurt**. Entran dentro del grupo de productos cárnicos tratados por calor.

Se hacen a base de carne y productos cárnicos finamente picados (magro de cerdo, papada de cerdo, carne de vacuno, etc.), junto con otros ingredientes tales como sal, pimienta blanca, nuez, pimentón dulce, caseína, almidón, agua, etc. También pueden llevar aditivos tales como nitratos y nitritos (inhiben el desarrollo de microorganismos), estabilizantes (fosfatos, goma guar, que ayudan a absorber el agua y mantener la masa unida), etc.

Una vez amasados todos los ingredientes se embuten en tripas naturales o artificiales (calibre máximo de 45 milímetros) y se someten a secado (a unos 50ºC durante 15-20 minutos), ahumado (humo a 50-55ºC durante unos 18-22 minutos) y cocción (hasta alcanzar 70ºC en el centro).

Se enfrían, se envasan al vacío y se conservan refrigeradas (4/8ºC). También se pueden enlatar y esterilizar en el propio envase, cerrado herméticamente.

Como ejemplo, damos la fórmula orientativa de una salchicha Frankfurt de buena calidad en la Tabla 5.

Las salchichas son ricas en grasas y en colesterol, por lo que se debe dosificar bien su consumo.

Tabla 5.- Fórmula aproximada de una salchicha tipo Frankfurt. Con estas cantidades se pueden hacer unos 5 kilos de salchichas. Se embuten en tripas de cerdo de 28/30 milímetros de diámetro.

Agua	1 litro
Carne magra de cerdo	1 kilo
Papada de cerdo	1,45 kilos
Sal	74-76 gramos
Pimienta blanca	9-10 gramos
Nitratos	8 gramos
Caseína	6 gramos
Pimentón dulce	4 gramos
Almidón	4 gramos
Nuez moscada	3 gramos

18.- Fabricación de salchichas tipo Viena

En el sitio de Internet de la **FAO** (Food Agricultural Organization, Organización de las Naciones Unidas para la Agricultura y la Alimen-tación), viene las descripción del proceso artesanal de fabricación de este tipo de salchichas.
Transcribimos:

"Descripción del producto y del proceso.
Las salchichas se clasifican como embutidos escaldados y en su elaboración se pueden usar carnes de muy diverso origen, lo que determina su calidad y precio. Se prefiere carne recién sacrificada de novillos, terneras y cerdos jóvenes y magros, en vista que este tipo de carne posee fibra tierna y se aglutina y amarra fácilmente.

Además, carece de grasa interna y es capaz de fijar gran cantidad de agua. Estos productos son de consistencia suave, elevada humedad y corta duración (unos 8 días en refrigeración).

En la elaboración de las salchichas estilo Viena se emplea carne de res y cerdo, grasa y hielo.

La carne de cerdo confiere color entre rosa claro y rojo mate a la masa, en cambio la carne de res presenta un color rojo claro e intenso, que da consistencia a la masa y sabor fuerte. Es indispensable un mezclador (*cutter*) para formar una emulsión y para ayudar a su formación se agrega hielo.

Reciben un tratamiento térmico que coagula las proteínas y le dan una estructura firme y elástica; posteriormente se ahúman para darles un sabor específico.

Materia prima e ingredientes.

Una formulación para elaborar salchichas estilo Viena es la siguiente:

Carne de res	25 Kg
Carne de cerdo	75 Kg
Grasa animal	30 Kg
Hielo finamente triturado	30 Kg
Sal común	3 Kg
Flor de macís	100 g
Pimienta blanca	100 g

Mezcla de curación: polifosfatos, colorante vegetal anaranjado, dextrosa o azúcar, emulsionante y condimento para salchicha Viena.

Instalaciones y equipos.

El local debe ser lo suficientemente grande para albergar las siguientes áreas: recepción de materia prima, proceso, empaque, cámara de frío, bodega, laboratorio, oficina, servicios sanitarios y vestidor. La construcción debe ser en bloc repellado con acabado sanitario en las uniones del piso y pared para facilitar la limpieza.

Los pisos deben ser de concreto recubiertos de losetas o resina plástica, con desnivel para el desagüe. Los techos de estructura metálica, con zinc y cielorraso. Las puertas de metal o vidrio y ventanales de vidrio.

Se recomienda el uso de cedazo en puertas y ventanas.

Equipo y utensilios: Molino para carne. Mezcladora (cutter). Embutidora. Ahumador. Estufa con tina de cocción. Mesas. Cuchillos y afilador de cuchillos. Balanza.

Figura 22.- Lata de salchichas estilo Viena. Fuente: ARMOUR.

Descripción del proceso.

Recibo y selección: se usa carne de res y carne magra de cerdos jóvenes con poco tejido conectivo, las cuales deben estar refrigeradas.

Troceado: las pieza de carne seleccionadas se cortan en trozos pequeños de aproximadamente 7 x 7 centímetros se lavan con agua limpia .y seguida-mente se congelan por 24 horas para reducir la contaminación y facilitar la operación de molienda.

Molienda: las carnes y la grasa se muelen, cada una por su parte. Para las carnes se usa un disco de 3 mm y para la grasa el disco de 8 mm.

Picado y mezclado: estas operaciones se realizan en forma simultánea en un aparato llamado *cutter*, el cual está provisto de cuchillas finas que pican finamente la carne y producen una mezcla homogénea Al picar y mezclar se debe seguir el siguiente orden de agregación de los ingredientes:

1. Carne magra de cerdo y res, sal y fosfatos, a velocidad lenta hasta obtener una masa gruesa pero homogénea.
2. Se aumenta la velocidad y se incorpora el hielo; se bate hasta obtener una masa fina y bien ligada.
3. Se incorpora la lonja o la carne de cerdo grasosa.
4. Se agregan los condimentos y el ascorbato. La temperatura de la pasta no debe exceder de unos 15°C. El proceso se suspende cuando la emulsión se muestre homogénea.

Embutido: la masa de carne se traslada a la máquina embutidora y allí se llena en fundas sintéticas de calibre entre 18 y 20 mm. El embutido de las salchichas Viena debe efectuarse bastante suelto, para que la masa tenga espacio suficiente y no se reviente la tripa.

Atado: las salchichas se amarran en cadena, aproximadamente cada 10 centímetros, utilizando hilo de algodón.

Tratamiento térmico: se realiza en 3 fases:
- Calentamiento a 50°C entre 10 y 30 minutos según el calibre.
- Ahumado a 60-80°C durante 10-30 minutos según el calibre.
- Pasteurización (escaldado) en agua a 75-82°C durante 10 minutos para salchichas delgadas.

- Enfriamiento: después de la cocción la temperatura debe bajarse bruscamente mediante una ducha fría o con hielo picado.

Almacenamiento: Las salchichas se cuelgan para que sequen y se almacenan bajo refrigeración.

Control de calidad.
Higiene. Todo el equipo se lava perfectamente con detergente, se enjuaga muy bien y se desinfecta con una solución de germicida de grado alimentario. El tratamiento final de escaldado pasteuriza el producto, pero hay peligro de recontaminación por bacterias cuando no se mantienen condiciones adecuadas de almacenamiento.
Todo el proceso debe realizarse con estricta higiene, además el hielo debe ser de buena calidad microbiológica.

Control de la materia prima. La carne que se utiliza en la elaboración de éste tipo de embutidos debe tener una elevada capacidad fijadora del agua. Es preciso emplear carnes de animales jóvenes y magras, recién sacrificados y no completamente madurados. No se debe emplear carne congelada, de animales viejos, ni carne veteada de grasa.

Control del proceso
Los puntos de control son:
La cantidad y calidad de materias primas (formulación).
El molido, picado y mezclado de las carnes, los cuales deben realizarse en el orden y por el tiempo adecuados, ya que por ejemplo un picado excesivo causa problemas de ligado, aumenta la temperatura e inhibe el proceso de emulsión.
Control de la temperatura durante el molido, picado y mezclado.
Un adecuado tratamiento térmico en términos de control de la temperatura y el tiempo durante el calentamiento, el ahumado y la pasteurización o escaldado.

El uso adecuado de envolturas, las cuales deben ser aptas para los cambios que sufre el embutido, durante el rellenado, el escaldado, el ahumado y el enfriamiento.

Las temperaturas y condiciones de almacenamiento en refrigeración, tanto de la materia prima, como del producto terminado.

La higiene del personal, de los utensilios y de los equipos.

Control del producto.

Los principales factores de calidad son el color, el sabor y la textura del producto.

Empaque y almacenamiento.

El empaque protege a los embutidos de la contaminación. La calidad final de las salchichas depende mucho de la utilización de envolturas adecuadas. Se utiliza como material de empaque tripas naturales y sintéticas.

El producto final debe mantenerse en refrigeración y tiene una vida útil de aproximadamente 8 días.

Aspectos de su comercialización.

Las salchichas son alimentos de consumo popular en Latinoamérica; se comen en "hot dog" y otras preparaciones culinarias.

19.- Elaboración de chorizo (FAO)

El chorizo es el embutido más típicamente español. En cada zona existe su forma propia de fabricarlo, pero todas tienen en común que el ingrediente principal es la carne y el tocino de cerdo. Los pasos que se dan son los siguientes:

- Se pican la carne y el tocino de cerdo en trozos más o menos gruesos según zonas, y se mezclan con el resto de ingredientes (sal, pimentón, orégano, vino blanco, aceite de oliva, etc.).

- Después se deja la masa en reposo durante 24 horas en un sitio fresco.
- La masa reposada se embute en tripa cular de cerdo de 40/60 milímetros de diámetro.
- Después se cuelgan en la cámara de maduración o sala con ambiente fresco y natural. La maduración puede durar unos 40-50 días. Durante este periodo, el chorizo pierde humedad y gana en firmeza y aromas.

El chorizo fresco también se puede utilizar en cocina o comer frito.

En el sitio de Internet de la **FAO** (Food and Agricultural Organization, Organización de las Naciones Unidas para la Agricultura y la Alimentación), se describe una ficha técnica sobre el chorizo, que reproducimos a continuación:

"Descripción del producto y del proceso.
El chorizo es un embutido crudo, de origen español, que difiere muy poco de la longaniza en cuanto a su composición. Se elabora a partir de carne picada de cerdo revuelta con sal, especias y nitrato de potasio. El producto es embutido en tripa de cerdo y atado en fracciones de 10 a25 centímetros.
Existen diferentes clases y técnicas de elaboración dependiendo de los gustos de cada país, sin embargo, los condimentos comunes son la sal, el ajo, especias y chiles. En términos generales se les puede clasificar en cuatro categorías:

- Primera o especial hechos con lomo o jamón puros.
- Segunda o categoría industrial, que contienen 50% de lomo o jamón de cerdo y 50% de carne de ternera.
- Tercera, elaborada con un 75% de carne de vacuno y 25% de cerdo.
- Cuarta o tipo económico, que lleva carne de vacuno, otros tipos de carne o sustitutos de carne, adicionadas con grasa de cerdo.

En algunos países el chorizo se vende en forma cruda requiriéndose una etapa de freído antes de su consumo. No obstante, en el procedimiento tradicional el chorizo es desecado y ahumado, proceso en que la actividad acuosa se disminuye hasta un punto en que se impide el crecimiento microbiano (0.6 − 0.75).

Durante el secado ocurre la maduración del producto, que es un fenómeno bioquímico y microbiano muy complejo, donde se presentan tres fenómenos importantes:

- El enrojecimiento del producto.
- El aumento de consistencia.
- La aromatización característica de este producto.

Veamos ahora los ingredientes utilizados.

Materia prima e ingredientes.

Carne (de res y cerdo)	62 %
Tocino (grasa de cerdo)	21 %
Hielo picado	0.5 %
Ajo	2.5 %
Cebolla	4 %
Chile dulce (pimentón)	4 %
Chile picante	2.5 %
Sal común	2.5 %
Semilla de culantro	0.3 %
Orégano	0.2 %
Pimienta blanca	0.08 %
Laurel	0.2 %
Nitrato de potasio	0.12 %
Vinagre	0.12 %

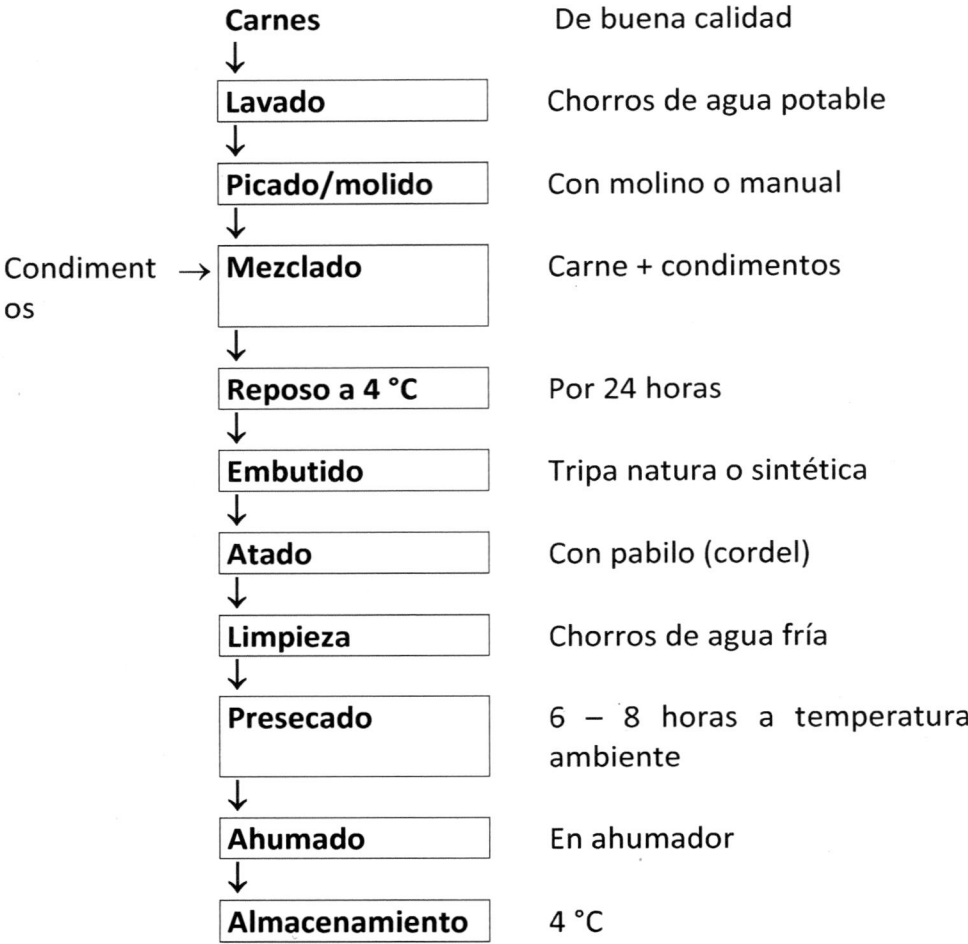

Carnes		De buena calidad
↓		
Lavado		Chorros de agua potable
↓		
Picado/molido		Con molino o manual
↓		
Condimentos →	**Mezclado**	Carne + condimentos
↓		
Reposo a 4 °C		Por 24 horas
↓		
Embutido		Tripa natura o sintética
↓		
Atado		Con pabilo (cordel)
↓		
Limpieza		Chorros de agua fría
↓		
Presecado		6 – 8 horas a temperatura ambiente
↓		
Ahumado		En ahumador
↓		
Almacenamiento		4 °C

Figura 23.- Diagrama del proceso de elaboración de chorizo. Es importante indicar que existen muchas variantes según costumbres, regiones, países, etc. Fuente: FAO.

Instalaciones.
El local debe ser lo suficientemente grande para albergar las siguientes áreas: recepción de materia prima, proceso, empaque, cámara de frío, bodega, laboratorio, oficina, servicios sanitarios y vestidor. La construcción debe ser en bloc repellado con acabado sanitario en las uniones del piso y pared para facilitar la limpieza.

Los pisos deben ser de cemento recubiertos de losetas o resina plástica, con desnivel para el desagüe. Los techos de estructura metálica, con zinc y cielorraso. Las puertas de metal o vidrio y ventanales de vidrio.

Se recomienda el uso de cedazo en puertas y ventanas.

Equipo y utensilios.

Molino para carne. Mezcladora (cutter). Embutidora. Generador de humo. Ahumador. Estufa. Mesas. Cuchillos y afilador de cuchillos. Balanza.

Descripción del proceso.

Selección: usar carne de res y cerdo, de baja humedad y con un pH no mayor de 6,2. La grasa de cerdo (tocino) debe ser consistente y sustanciosa.

Lavado: lavar la carne con agua corriente y sumergirla inmediatamente en una solución de germicida (puede ser cloro).

Picado: se pica la carne de res con un disco de 5 mm, la de cerdo con uno de 12 mm y la grasa en cubos de 25 mm.

Mezclado: se mezclan las carnes y grasa, se adicionan las sales, los condimentos y el hielo hasta obtener una masa homogénea.

Reposo: se deja reposar la masa en refrigeración durante 24 horas. Esta etapa también se la conoce como añejamiento y en ella se desarrollan las reacciones de maduración de la masa.

Embutido: se embute la masa en una tripa angosta de cerdo (unos 30 mm), la cual debe haber sido lavada y esterilizada antes de usar. Para llenar se emplea una boquilla de una tercera parte del ancho de la tripa (10 mm).

Atado: se atan las tripas embutidas según la manera acostumbrada para cada tipo de chorizo.

Lavado: se cuelgan en ganchos y se lavan con agua potable para eliminar los residuos de masa adheridos a la superficie de la tripa.

Presecado: se trasladan los chorizos a una cámara de presecado durante 6 a 8 horas a temperatura ambiente. Durante esta etapa se presentan las reacciones de maduración de la masa.

Ahumado: los chorizos se ponen en el ahumador donde adquirirán el aroma y color del humo, además de mejorar su capacidad de conservación. Almacenamiento: los chorizos se almacenan en refrigeración a 4°C, hasta el momento de su venta.

Control de calidad.
Higiene. En vista que el chorizo es un embutido crudo fácilmente se puede contaminar, por lo que se deben mantener estrictas normas de higiene durante todo el proceso. Las mesas donde se pica y embute el chorizo se deben lavar y desinfectar antes de su uso. El personal de proceso debe vestir la indumentaria adecuada: botas, gabacha, redecilla para el pelo, bozal y guantes. El agua y el hielo deben ser de buena calidad microbiológica.
Control de la materia prima. La carne que se utiliza en la elaboración de chorizo debe provenir de toros, vacas y cerdos adultos, sacrificados en mataderos aprobados por las autoridades sanitarias.
Control del proceso. Los puntos de control son:

- La correcta formulación de las materias primas e ingredientes.
- El picado de la carne, debido a que el chorizo tiene una textura más gruesa que otros embutidos, entonces deben usarse los discos recomendados.
- El tiempo y temperatura del añejamiento y presecado porque en estos pasos se desencadenan reacciones de maduración de la pasta.
- La selección de las maderas para el ahumado, para que le den el sabor y color característicos del producto.

- Las temperaturas y condiciones de almacenamiento en refrigeración, tanto de la materia prima, como del producto terminado.
- La higiene del personal, de los utensilios y de los equipos.

Control del producto. Los principales factores de calidad son el color, el sabor y la textura del producto.

Empaque y almacenamiento. El chorizo tradicional se embute en tripa natural (intestino del cerdo). Estas tripas se deben lavar con agua caliente y luego enfriar y almacenar en refrigeración hasta su uso. La calidad final del chorizo depende mucho de la utilización de envolturas adecuadas. El producto final debe mantenerse en refrigeración y tiene una vida útil de aproximadamente 8 días.

Comercialización.

El chorizo, especialmente los de tercera y cuarta categorías, son alimentos de consumo popular en Latinoamérica y son consumidos fritos o asados al carbón."

Hasta aquí la información de la **FAO** sobre el chorizo. Como es lógico, existen muchas variantes. Todos sabemos que el chorizo se hace según costumbres, regiones, etc.

20.- Elaboración de mortadela

En el sitio de Internet de **SINDY INSUMOS ALIMENTICIOS SA** viene una fórmula para hacer la mortadela tipo italiano. Transcribimos:

Formula Mortadela Italiana
Primera fórmula
- 60 Kilos carne de vacuno o cerdo magro.
- 20 Kilos de hielo escamado o agua helada.
- 5 Kilos de fécula de mandioca.

- 15 Kilos de papada o tocino dorsal semi-congelado cortada en dados.
- 5 Kilos de sabor integral para mortadela Sindy.

Segunda fórmula
- 100 Kg recorte 50/50 vacuno o cerdo. (El recorte debe ser de buena calidad con excelente tratamiento de frío desde el despostado hasta la fabricación, los recortes mal tratados tienen un pH alto y provocan, desgranado, rancidez y problemas de coloración).
- 20 Kilos de hielo escamado o agua helada.
- 5 Kilos de fécula de mandioca.
- 15 Kilos de papada o tocino dorsal semi-congelado cortada en dados.
- 5 Kilos de sabor integral para mortadela Sindy

Pre-salado y nitrificado por superficie en seco.
1. Cortar la carne y grasa en trozos de 10 cm aproximados y frotar con 50 gramos por kilo de sabor integral mortadela Sindy.
2. Colocar en un contenedor, tapar la superficie y llevar a cámara durante 12 horas.
Procedimiento de picado CUTTER.
1. Se inicia el picado en cutter con velocidad lenta de plato y cuchillas e inmediatamente se agrega el sabor integral mortadela Sindy.
2. Luego de 6 a 8 vueltas, se agrega el 50% de hielo, se aumenta la veloci-dad del plato otras 6 a 8 vueltas.
3. Agregar el 50% restante del hielo, bajar la velocidad del plato e incorporar la fécula de mandioca dando otras 6 a 8 vueltas.
4. Se coloca en la mezcladora agregando los dados de tocino y mezclar hasta formar una pasta homogénea. Observación: La pasta no debe pasar los 10 a 12ºC.
5. Embutir en vejigas vacunas, tripa poliamida o celofán
6. La cocción es en horno o caldera a 80ºC hasta alcanzar los 65ºC internos en la pieza.

Figura 24.- Mortadela tipo italiano. Fuente: SINDY.

21.- Elaboración del jamón curado

Hemos dicho antes que el chorizo es uno de los productos del cerdo más consumido en España. Pero el jamón curado le gana. Es el producto por excelencia del cerdo.

El jamón se elabora en dos sitios distintos:

- En el matadero se obtiene el jamón crudo que se lleva refrigerado a unos 3ºC en camiones, hasta las industrias jamoneras.
- En la industria jamonera se efectúa el resto de operaciones hasta tener el jamón curado definitivo. En la recepción de la industria se inspeccionan bien los jamones y se rechazan los que no cumplan las condiciones fijadas tales como: peso, pH, olor, temperatura, ausencia de manchas de sangre, etc.

Pero realmente, la historia del jamón empieza en el campo con la cría de los cerdos (ibéricos y blancos). Según la alimentación tendremos:

- Jamones ibéricos, cuando se parte de cerdos ibéricos que han sido alimentados con bellotas.
- Jamones de recebo, cuando se parte de cerdos ibéricos que han sido alimentados con bellotas y pienso.
- Jamones de cerdo blanco, con una alimentación a base de pienso, principalmente.

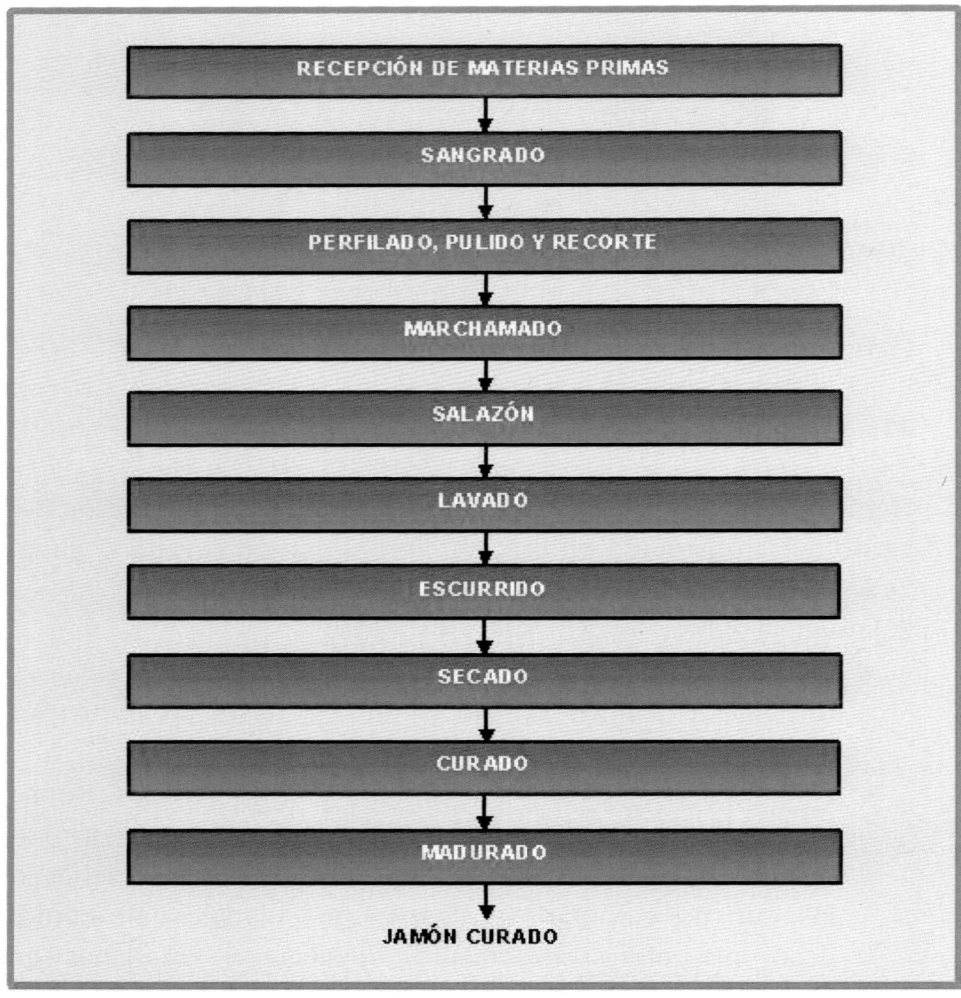

Figura 25.- Secuencia en la elaboración del jamón curado.
Fuente: Universitat Politècnica de Catalunya.

En la Figura 25, tenemos todas las fases del proceso de preparación del jamón curado.

El sangrado es muy importante para eliminar del jamón toda la sangre, evitando así la presencia de manchas o coágulos. Esos coágulos pueden ser el foco de desarrollo de microorganismos indeseables.

El perfilado, pulido y recorte, son operaciones que se realizan conjun-tamente para eliminar parte de la corteza y del tocino, y normalizar la forma de las piezas.

El marchamo se pone a fuego sobre la corteza para identificar la pieza, su origen, fecha de preparación, etc.

El proceso de salazón es el más importante. Se puede hacer con sal gruesa o fina, de procedencia marina o terrestre. Se suelen añadir algunas sales de nitratos e incluso azúcares en pequeña cantidad (dextrosa, sacarosa) para ayudar en la maduración y estabilidad del jamón curado. La salazón cumple varias funciones: mejora el corte y el color del jamón, realza su sabor, asegura su conservación, evita el ataque de microorganismos, etc.

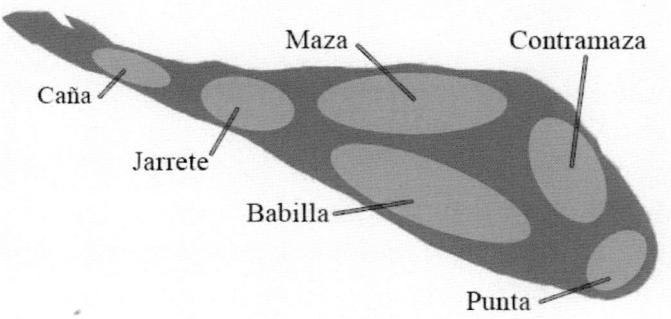

**Figura 26.- Divisiones que se establecen en el jamón serrano.
Fuente: El Cerdo Ibérico.**

La maduración final es otra de las etapas importantes. Se debe hacer en salas oscuras a 12/20ºC y con una humedad relativa de alrededor del 70-75 por ciento.

Al cabo de unos dos meses y medio el jamón ya está curado y ha desarrollado gran parte de sus aromas y sabores. Pero si se deja más tiempo, sigue mejorando.

Durante la maduración se deben realizar inspecciones periódicas para ver cómo se desarrolla.

22.- Mortaleda de Bologna

En el sitio de Internet de la **FAO**, viene una ficha técnica de la elaboración artesanal de la mortadela de Bologna. Estos datos se pueden extrapolar para su producción a nivel industrial. A continuación transcribimos la citada ficha de la FAO, que puede tener muchas variantes.

"Descripción del producto y del proceso. La mortadela al igual que las salchichas son embutidos escaldados elaborados a partir de carne fresca no completamente madura.

Se utilizan como materias primas carne, grasa, hielo y condimentos; reciben un tratamiento térmico posterior que coagula las proteínas y le dan una estructura firme y elástica al producto.

La diferencia entre la mortadela y los otros tipos de embutidos escaldados es su formulación y su presentación, ya que son embutidos gruesos similares a los jamones. El proceso de elaboración consiste en refrigerar las carnes, luego éstas se trocean y curan, se pican y mezclan y finalmente se embuten en tripas y se escaldan. Opcionalmente se puede ahumar.

Materia prima e ingredientes. Una formulación para elaborar mortadela es la siguiente:

Carne de res sin tendones   80 Kg
Grasa de cerdo   20 Kg
Hielo finamente triturado   24 Kg
Tocino de cerdo crudo en cubitos 10 Kg
Sal común refinada   2.3 Kg

Azúcar   250 g

Ajo en polvo, al gusto

Condimentos para mortadela, mezcla de curación, polifosfatos y agentes emulsionantes, según especificaciones del proveedor.

Instalaciones.

El local debe ser lo suficientemente grande para albergar las siguientes áreas: recepción de materia prima, proceso, empaque, cámara de frío, bodega, laboratorio, oficina, servicios sanitarios y vestidor. La construcción debe ser en bloc repellado con acabado sanitario en las uniones del piso y pared para facilitar la limpieza. Los pisos deben ser de cemento recubiertos de losetas o resina plástica, con desnivel para el desagüe. Los techos de estructura metálica, con zinc y cielorraso. Las puertas de metal o vidrio y ventanales de vidrio.

Se recomienda el uso de cedazo en puertas y ventanas.

Equipo y utensilios.

Molino para carne. Mezcladora (cutter). Embutidora. Generador de humo. Ahumador. Estufa con tina de cocción. Mesas. Cuchillo y afilador de cuchillos. Balanza.

Descripción del proceso.

Recibo y selección: Se usa carne de res sin tendones la cual debe estar refrigerada.

Preparación de la carne: El tocino se pica en cubitos de 1 cm y se escalda en agua a 75°C hasta que adquiera un aspecto vidrioso.

Los cubitos se dejan enfriar y escurrir. La carne fragmentada y refrigerada se muele en molino con agujeros de 5 mm de diámetro.

Mezclado: La carne molida se pasa a la cortadora y se agregan polifosfatos, hielo, sal, mezcla de curación, azúcar y grasa orgánica. Se transfiere la masa a la mezcladora y se agregan los cubitos de tocino.

Se deja mezclar por 3 minutos cuidando que la temperatura de la masa no suba más de 15 °C.

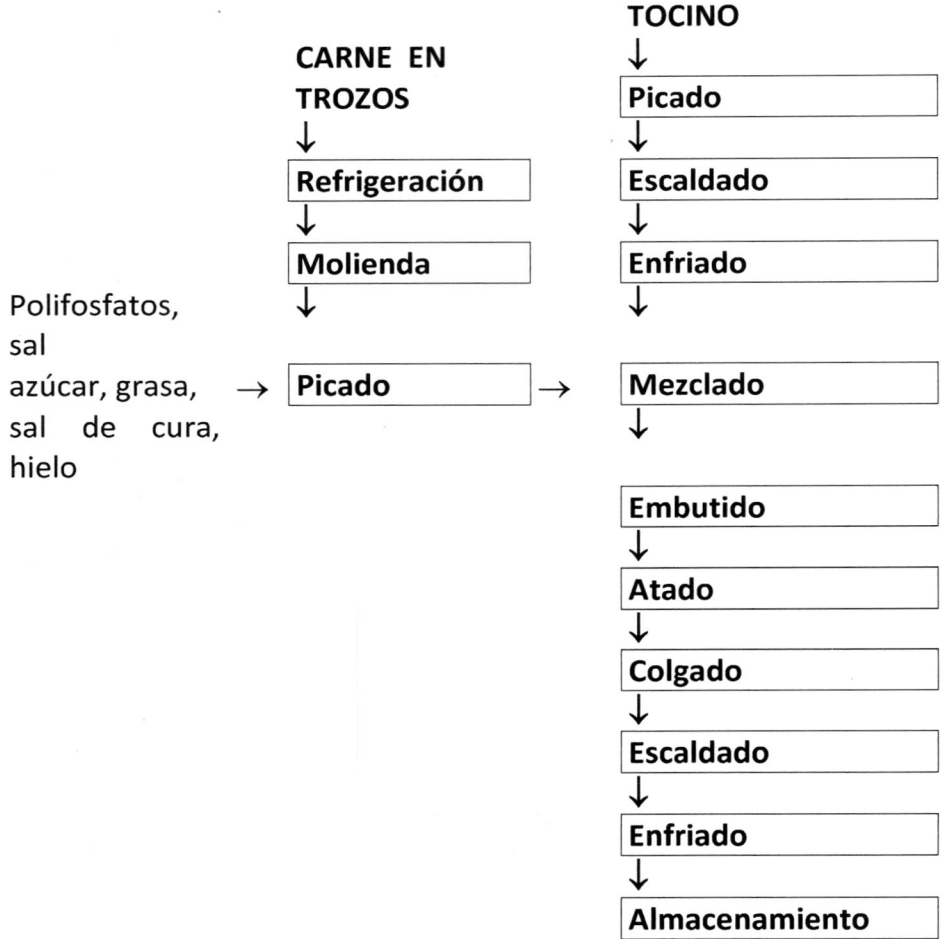

27.- Diagrama del proceso de elaboración de mortadela de Bologna. Fuente: FAO.

Embutido: La masa de carne se embute en tripas sintéticas, las cuales han sido remojadas en agua tibia durante 30 minutos.
Atado: Las mortadelas se atan por el extremo libre, con hilo de algodón, nylon o alambre delgado.

Colgado: Se cuelgan en palos de madera y se dejan reposar durante 3 horas en un lugar tibio.

Escaldado: Se escaldan a 85°C. El tiempo se determina cuando el corazón del embutido alcance 69°C (se requiere un tiempo entre 120 a 150 min.).

Enfriado: Se enfría en agua a temperatura ambiente durante una hora.

Almacenamiento: Las mortadelas se deben almacenar a temperaturas de refrigeración.

Control de calidad.

Higiene. El calor del escaldado pasteuriza el producto. El peligro más importante son las bacterias que pueden recontaminar el producto cuando no se mantienen condiciones adecuadas de almacenamiento.

Todo el proceso debe realizarse con estricta higiene ya que los productos solo se pasteurizan; además el hielo debe ser de buena calidad microbio-lógica.

Control de la materia prima. La carne que se utiliza en la elaboración de este tipo de embutidos debe tener una elevada capacidad fijadora del agua. Es preciso emplear carnes de animales jóvenes y magros, recién matados y no completamente madurados.

No se debe emplear carne congelada, de animales viejos, ni carne veteada de grasa.

Control del proceso. Los principales puntos de control son:

La cantidad y calidad de las materias primas (formulación).

El picado, molido y mezclado, los cuales deben realizarse adecuadamente ya que por ejemplo un picado excesivo causa problemas de ligado, aumenta la temperatura e inhibe el proceso de emulsión.

Control de la temperatura durante el picado, molido y mezclado.

Un control adecuado del tiempo y la temperatura en el tratamiento de escaldado.

El uso adecuado de envolturas, las cuales deben ser aptas para los cambios en el embutido durante el rellenado, el escaldado, el ahumado y el enfria-miento.

Las temperaturas y condiciones de almacenamiento en refrigeración, tanto de la materia prima, como del producto terminado.

La higiene del personal, de los utensilios y de los equipos.

Control del producto terminado.
Los principales factores de calidad son el color, el sabor y la textura del producto.

Empaque y almacenamiento. El empaque protege a los embutidos de la contaminación.

La calidad final de la mortadela depende del uso de materias primas de buena calidad, de un buen proceso y del uso de envolturas adecuadas.

Se utiliza como material de empaque tripas sintéticas. El producto final debe mantenerse en refrigeración y tiene una vida útil de unos 8 días.

Comercialización. La mortadela es un producto de consumo popular en todo el mundo y es consumido frecuentemente en diferentes preparaciones culinarias."
Hasta aquí la información de la **FAO**.

23.- Elaboración del Kebab de ternera, de cordero y de pollo

Nos guiamos por lo indicado por el especialista **Mundo Kebab**.
Empezaremos con el *Kebab de ternera*:
Cada marca comercial tiene su propia receta para el kebab. En el caso de la empresa **Mundo Kebab**, los ingredientes del kebab de ternera (Döner kebab) son los siguientes:
Ingredientes: Carne de ternera (80 %) y pavo (5 %), Espesante (5%), Leche (3%), Agua potable (3%), Sal, Especias, Potenciador del sabor E621 (glutamato monosódico), Acidulante (E331

[citrato de sodio], E262 [diacetato de sodio], E334 [ácido tartárico], E575 [glucono delta lactona]), Glucosa, Estabilizador E450 [polifosfatos], Emulsionante E472 (ésteres de monoglicéridos y diglicéridos de ácidos grasos), Antioxidante E301 (ascorbato sódico).

Todos los aditivos empleados están permitidos por la legislación europea y son seguros para la salud. Como se puede apreciar, a diferencia de lo que sucedía en el kebab de pollo, en este caso la formulación incluye polifosfatos. Este aditivo se utiliza para poder formar la emulsión cárnica de la que vamos a hablar a continuación.

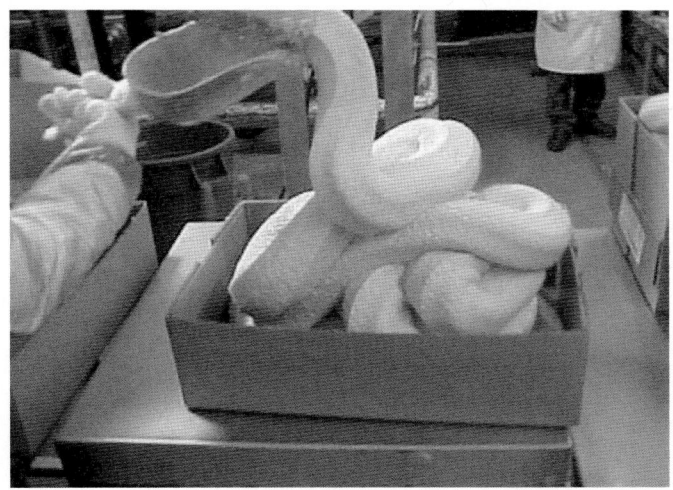

Figura 28.- Pasta de kebab. Fuente: Mundo Kebab.

Veamos ahora el método de elaboración:
Para hacer el kebab de ternera, se limpia y se corta la carne (en este caso de ternera y de pechuga de pavo) y se pica finamente junto a las especias y los aditivos deseados. El picado que se hace en este caso es muy intenso (al igual que el que se hace para la elaboración de pastas finas, es decir, salchichas tipo frankfurt, mortadela, etc.), algo que se logra gracias a una máquina que se

llama cutter (con una picadora como la que puedes ver en una carnicería no sería posible).

Así se obtiene como resultado la formación de esa especie de pasta o masa cárnica que puedes apreciar en la Figura 10.24.
Su extraño aspecto, parecido al del chicle o al de la plastilina, suele ser utilizado como argumento malintencionado y tendencioso por los detractores de estos productos para provocar temor y repulsa en los consumidores, pero debe saber que esta masa no es más que una emulsión cárnica, es decir un complejo sistema que está formado por varias fases

- Una solución verdadera, en la que se encuentran disueltos algunos aditivos como sal, fosfatos, ácidos orgánicos o azúcar.
- Una dispersión coloidal formada por las proteínas cárnicas (actina y miosina).
- Una suspensión en la que se encuentran trozos de carne.
- Una emulsión de grasa en agua.
- Espuma, formada por aire atrapado.

Figura 29.- Masa cárnica de kebab. Fuente: Mundo Kebab.

La masa cárnica, una vez formada, se introduce en un extrusor, que es la máquina que va a dar forma a las tortas de diferentes tamaños.

Estas tortas se van colocando sobre un soporte vertical, dando forma a lo que va a ser el cuerpo del kebab.

Una vez completado el soporte, se envuelve el conjunto con film y se somete a un tratamiento térmico, que provoca la coagulación de las proteínas, lo que hace que se unan los diferentes trozos. De igual forma se eliminan la mayor parte de los microorganismos productores de alteraciones y patógenos y se desarrollan las características organolépticas deseables.

Finalmente los rollos de carne se congelan. Siempre hay que procurar que la congelación sea rápida para conservar la calidad del producto.

30.- Cajas de plástico con masa de kebab. Fuente: Mundo Kebab.

En cuanto al *Kebab de cordero* veamos las especificaciones dadas por Mundo Kebab:

Descripción:

Brocheta asada tipo Döner de carne de ternera y pavo. (Aproximadamente 90 % masa triturada con harina de primera). Producto ultracongelado (congelado por choque).

Ingredientes:

Carne de ternera (80 %) y pavo (5 %), Espesante (5%), Leche (3%), Agua potable (3%), Sal, Especias, Potenciador del sabor E621, Acidulante (E331, E262, E334, E575), Glucosa, Estabilizador E450, Emulsionante E472, Antioxidante E301

Peso: de 5 kg a 120 kg. Fecha de caducidad a −18°C mínimo 6 meses.

Una vez descongelado consumir inmediatamente y no volver a congelar. Calentar bien antes de consumir.

Figura31.- Paté de foie. Fuente: Casa Tarradellas.

Veamos ahora el ***kebad de pollo*** de Mundo Kebab

Descripción:

Brocheta asada tipo Döner de pierna de pollo. (Composición: 100 % filetes de carne).

Producto ultracongelado (congelado por choque).

Ingredientes:

Carne de pollo (94 %), Leche, Sal, Especias, Potenciador del sabor E621, Acidulante (E331, E262, E334, E575), Glucosa, Emulsionante E472, Antioxidante E301.

Peso: de 5 kg a 120 kg.

Fecha de caducidad a −18°C mínimo 6 meses.

Una vez descongelado consumir inmediatamente y no volver a congelar, Calentar bien antes de consumir.

24.- Elaboración y recetas de patés

Son un producto de origen francés y de consumo mundial. Están formados por los siguientes ingredientes:

- Magro.
- Hígados (de cerdo, conejos, etc.).
- Grasa (de pato, oca, cerdo).
- Otros ingredientes: vinos, licores, féculas, especias, saborizantes, azúcares, sal, fosfatos, nitrificantes, etc.

Y en los que no son de primera calidad pueden llevar también otros despojos tales como pulmones, corazones, riñones, etc.

Según su composición pueden clasificarse en:

- A base de magro y grasa.
- Aquellos cuya materia base es el hígado, pero que también contienen otros ingredientes.
- Aquellos cuya materia base es el magro, pero que también contienen otros ingredientes.

Según su consistencia existen:

- Patés para cortar, formados por pasta fina y trozos de carne como el paté de Chartress, Bretón y Champagne.
- Patés para untar, en los cuales la grasa se somete a un tratamiento térmico, con lo que se transforma el entramado proteico de colágeno del tejido adiposo en gelatina, lo que permite ser untado.

El tratamiento previo del magro da distintas características a los patés. Las proteínas del hígado no se someten a tratamiento térmico. En cualquier caso se someten las materias básicas a trituración en caliente, cocción, envasado y enfriamiento.

Tabla 6.- Fórmula de un paté. Fuente: G. López de la Torre, B.M. Carballo. AMV Ediciones.

Ingrediente	Cantidad (en tanto por ciento)
Grasa	40%
Hígado	25 %
Magro	8%
Líquidos (agua, vino, licores, etc.)	15%
Huevo	5%
Otros ingredientes (sal, especias, etc.)	7%

La grasa se somete a 80-90ºC para que la gelatina le de consistencia.

El magro e hígado se someten a nitrificación bien por frotamiento de su superficie o por adición en el picado. Esta nitrificación es fundamental para proporcionar color. Durante el picado conviene no pasar de unos 50ºC para que no se desnaturalicen las proteínas, ni bajar de 35ºC para que no solidifiquen las grasas.

En el sistema tradicional de elaboración se realizan las siguientes operaciones:

- Se cargan los ingredientes proteicos en el *cutter* dándoles un picado previo. Nota: modernamente se incorporan los productos proteicos al final, con lo cual las proteínas se desnaturalizan menos e incluso se puede reducir su proporción.
- Después se añade la grasa muy caliente.

- Se continúa con el picado y se añaden los componentes líquidos a una temperatura tal que quede el conjunto a unos 40ºC.
- Una vez conseguida la emulsión, se somete a cocción, alcanzando una temperatura de 70 a 72ºC en los patés sin fécula y de 75 a 78ºC en patés con fécula.
- A continuación se debe efectuar un enfriamiento muy rápido.

En el sitio de Internet de **Alimentos wfcr** dan una receta de paté para hacer a nivel casero (o a nivel industrial si elevamos las cantidades).

- "100 g de hígado (de res o de cerdo), limpio y partido en trozos pequeños.
- 100 g de carne molida (de res o de cerdo, según sea el tipo de hígado).
- 200 g de lardo o papada de cerdo congelado, cortado en trozos pequeños.
- 1 1/2 tazas de agua hervida o clorada, para la mezcla.
- 2 litros de agua hervida o clorada, para la cocción del paté.
- 4 cubos de hielo (picado).
- 4 cucharadas cafeteras de fécula de maíz.
- 1 1/2 cucharadas cafeteras rasas de sal de mesa.
- 1 cucharada cafetera de pimienta.
- 1 cucharada cafetera de cebolla en polvo.
- 1/2 cucharada cafetera de ajo en polvo.
- 1/2 cucharada cafetera de azúcar.
- 1 pastilla de vitamina C de 500 mg hecha polvo (ácido ascórbico).
- La punta de una cucharada sopera de nitrito de sodio o 1/2 cucharada cafetera de sal de cura." Fin de la cita.

25.- Elaboración y recetas de sobrasada

La más tradicional de todas las sobrasadas es la de Mallorca. Por ello vamos a seguir lo expuesto en el Reglamento de la Indicación Geográfica Protegida **Sobrasada de Mallorca**. Transcribimos:
"La elaboración de las sobrasadas amparadas por la Denominación Específica se realizará, exclusivamente, con los siguientes ingredientes:
a) Carnes de cerdo:
Magro: Entre un 30 y un 60 por 100.
Tocino: Entre un 40 y un 70 por 100.
b) Pimentón (*Capsicum annum* L y/o *Capsicum Longum* D.C.): Entre un 4 y un 7 por 100.
c) Sal: Entre un 1,8 y un 2,8 por 100.
d) Especias y/o aromas naturales: Pimienta, romero, tomillo y/u orégano.

En la elaboración de la Sobrasada de Mallorca de Cerdo Negro, las carnes serán exclusivamente de cerdo de raza autóctona mallorquina.
La elaboración consiste en el proceso de transformación de las carnes, adicionado de pimentón, sal y especias, en sobrasada. Se compone de una primera fase de elaboración, propiamente dicha, del embutido, y de una segunda fase de curación.
En el transcurso de esta segunda fase, la sobrasada evoluciona en sus caracteres organolépticos a causa de procesos bioquímicos que determinan la calidad tradicional de este producto y, en particular, su sabor y aroma característicos.
La fase de elaboración consta de las siguientes operaciones:
Picado, amasado y embutido.
a) *Picado*: Las carnes serán picadas mecánicamente hasta obtener partículas de diámetro inferior a 6 milímetros.
b) *Amasado*: El producto resultante del picado, adicionado con pimentón, sal y especias, será amasado mecánicamente hasta obtener una pasta de características homogéneas.

c*) Embutido*: La pasta obtenida será embutida mecánicamente en   tripas.
La fase de curación se realizará en secaderos donde las sobrasadas permanecerán el tiempo necesario para conseguir las características fisico-químicas y sensoriales propias.

Para la curación de las sobrasadas amparadas por la Denominación Específica Sobrasada de Mallorca, se aplicarán las prácticas de limpieza y tratamiento superficial necesarias, hasta que las sobrasadas adquieran sus características peculiares.

Figura 32.- Logotipo de la IGP Sobrasada de Mallorca.

Características y tipos de sobrasadas.

La sobrasada con Denominación Específica Sobrasada de Mallorca es un embutido crudo curado, elaborado exclusivamente con carnes de cerdo, adicionado de pimentón, sal y especias. Al término de su curado presentará las siguientes características:

a) Forma: Cilíndrica irregular, determinada por la morfología de la tripa.

b) Aspecto externo: La superficie del embutido será de color rojo oscuro, lisa o ligeramente rugosa, con ausencia de enmohecimiento o enmohecimiento blanquecino.

c) Pasta: Blanda, inelástica, adherente, cohesionada, untuosa, poco fibrosa y de aspecto rojo marmóreo. Sabor y aroma característico, con clara percepción de la presencia del pimentón.

d) Características físico-químicas:

Tabla 7.- Características de la sobrasada de Mallorca. (1) Sobre extracto seco.

Componentes	Sobrasada de Mallorca	Sobrasada de Mallorca de Cerdo Negro
Humedad...	35 por 100 máx.	30 por 100 máx.
Grasa (1)...	85 por 100 máx.	80 por 100 máx.
Proteína (1).................................	8 por 100 mín.	13 por 100 mín.
Hidratos de carbono totales (1) (expresados en glucosa)......................	2,6 por 100 máx.	2,5 por 100 máx.
Relación colágeno/proteína total por 100...	30 máx.	20 máx.

Además de las características anteriores deberá cumplir una de las siguientes condiciones: "pH inferior a 4,5" o "≥ igual inferior a 0.91" o "≥ igual o inferior a 0.95 si el pH es igual o inferior a 5,2".

Las sobrasadas amparadas por la Denominación Específica, atendiendo a la raza del cerdo, responden a los siguientes tipos:

a) *Sobrasada de Mallorca*: Elaborada con carnes de cerdo.

b) *Sobrasada de Mallorca de Cerdo Negro*: Elaborada con carnes de cerdo de raza autóctona mallorquina y embutida en tripa natural. Los cerdos deberán ser criados y cebados en la isla de Mallorca según las prácticas tradicionales, en régimen extensivo o semiextensivo.

Figura 33.- Sobrasada de Mallorca en diferentes formatos.
Fuente: El Zagal.

En el sitio de Internet de **Mis Recetas (el gusto de cocinar)** nos dan la siguiente receta casera para la sobrasada:

- 2 kilos de carne magra de cerdo bien picadita.
- 1/2 kilo de tocino blanco fresco, también picadito.
- Tripa, puede ser natural, aunque es difícil encontrarla o la que hay que es como un plástico.
- 12 ajos.
- 150 gramos de pimentón dulce.
- 50 gramos de pimentón picante.
- Sal al gusto.

Elaboración. En un bol ponemos la carne y el tocino picados y añadimos sal, los ajos pelados y picados en el mortero y las dos clases de pimentón, y mezclamos bien, si vemos que le falta color, añadir más pimentón dulce y dejamos en el fresco durante 24 horas.

Pasado este tiempo probamos de sal y si hace falta rectificamos, entonces metemos en la tripa, apretando bien la mezcla para que no queden huecos, y cortamos la tripa formando 4 ó más sobrasadas, atamos las dos puntas con hilo bramante de cocina. Dejamos orear colgadas en un sitio seco y a cubierto del sol. Cuando pasen unos días y estén bien oreadas, ya podemos guardarlas y conservarlas en el fresco. Cuanto más tiempo pasa, más buena está." Fin de la cita.

26.- Elaboración y recetas de morcilla

La morcilla es un embutido universal, que se come fresca, seca, frita, hervida, etc. En España podemos decir que cada región tiene su propia receta para hacer morcilla, transmitida de generación en generación. El ingrediente común es la sangre, pero después se diferencian en los otros ingredientes (de arroz, de cebolla, etc.).

Por todo ello, vamos a dar algunas indicaciones generales sobre la elaboración de la morcilla y algunas recetas.

En el sitio de Internet de la **Universidad de Córdoba** nos exponen la forma tradicional de elaboración de la morcilla. Transcribimos: "Entre los ritos de la matanza del cerdo y como preliminar de ésta, se encuentra siempre la preparación de la cebolla para ser embutida de una u otra forma con la sangre para elaborar la morcilla.

La forma de elaboración más antigua conocida es la siguiente. Se escogen las cebollas de las más gordas, se les quita las capas duras, se pica muy menuda, según la cantidad que se vaya a hacer. Se coloca en un saco de tela clara y en una caldera con agua hirviendo; se cuece sin que pierda el hervor para que no se encalle y procurando quede bien cocida.

Se saca y se pone a escurrir poniéndola cosa de peso encima, para que suelte toda el agua. Se pica menudita toda la manteca del menudo, y amasando esta con la cebolla, sal, ajos machacados, pimentón dulce y picante y las especias que gusten, orégano molido y tamizado, se mezcla con la sangre colada, vuelve a amasarse, procurando quede clara; se embute en las tripas cortadas del tamaño que se quiera sin apretarlas, se tiene preparada una caldera con agua hirviendo, se les da un hervor, pinchándolas con una aguja gorda o de hacer media, para que salga el atre, que es lo que las echa a perder; se van echando en agua fría y se cuelgan en una vara.

A continuación señalamos algunas variantes. La morcilla para otros autores, es tripa de puerco, carnero u otro animal, rellena de sangre, condimentada de especias; definición un tanto imprecisa y que no deja claro lo que, tan excelsa señora es. Por ello y sin necesidad de definirla, se enumeraran las más representativas:

Se pica la manteca, que se tomó del vientre, en pedazos pequeños, se echa en un barreño grande y también la cebolla picada, sal, pimienta, clavillo y canela; se amasa todo para que se mezclen bien las especias y se echa la sangre poco a poco, removiéndolo con un cucharón de madera.

Hecha la mezcla, se fríe un poco en la sartén para observar si está bien preparada y sazonada, y si no lo estuviere, se aumentara la sal o especias que se conozca necesite y enseguida se llenan las morcillas, dejándolas algo menguadas, para que no se revienten al cocerlas.

Esta operación se hace en una caldera grande, dispuesta con agua tibia, en la que se echaran las morcillas poco a poco, cuidando que no estén muy apretadas, y ya que estuvieren todas, o las que cómodamente quepan, se ponen a cocer a lumbre fuerte; después que cuecen un rato las morcillas, se las pica con una aguja atada a un palo de hinojo, para que salga el aire que tuvieran dentro y se modera un poco el fuego; cuando al pizcarlas no salga sangre, es señal de que están cocidas y se sacan con cuidado, poniéndolas en un lienzo extendido en una mesa, se enjugan con otro y se cuelgan a secar.

Deben usarse las tripas más anchas del intestino. El caldo es bueno para sopas y migas y también para hacer tortas.

Algunos echan arroz cocido o piñones en las morcillas, en vez de cebollas, y los demás ingredientes que se han dicho. También se suele usar pimiento dulce para que tenga color.

En otros puntos, añaden pimentón dulce y picante, ajos machacados, anís, hinojo, cominos, cilantro, jengibre y piñones frescos; de todas estas drogas, podrán elegirse las que sean del gusto de quien hace el adobo y estilo del país.
Se llena una larga tina de intestino de cerdo o de ternera, y de medio en medio palmo, se hacen unas ligaduras, que cada una forma una morcilla y se cuecen en la caldera preparada al efecto." Fin de la cita de la **UCO.**

En el sitio de Internet del **Maestro Francisco Izarduy** nos dan la siguiente receta para la elaboración de morcillas:

Sangre 20 a 30 %.
Cortezas 25 %.
Sólidos escogidos 40 %:
1. Carnes: cerdo, vaca, cabra, ovejas, etc., hasta pescados y mariscos.
2. Tocino: picado pequeño. Para darle untuosidad al producto.
3. Frutas secas: Pasas de uva, nueces, almendras, etc.
4. Menudos: Riñones, hígado, lengua, tripas, etc.
5. Verduras: Cebolla de cabeza, cebollita verde, apio, acelga, etc.
6. Cereales y legumbres: Arroz, maíz, soja, amaranto, etc.
Todos cocinados previamente y cortados en pedacitos que guarden relación con el diámetro de la tripa o molde donde será embutida la morcilla.
Condimentos: los necesarios.

27.- Morcilla de Burgos

Es una de las más famosas de nuestro país. Sus ingredientes principales son la sangre y el arroz.

En el sitio de Internet **de Patrimonio Gastronómico de la Junta de Castilla y León** se indica su forma de elaboración.

Transcribimos:

"Formas tradicionales de elaboración del producto.

El proceso comienza con la recogida de la sangre del cerdo y su batido para evitar la coagulación. Extraído el vientre, se desentrelliza, separando el manto y las hebras de manteca interintestinal, lavando y cortando las tripas adecuadas al tamaño referido, que se cosen o se atan por un extremo.

Paralelamente se pican en fino pesos similares de manteca, sopas y cebolla, que se envuelven con arroz en cuantía idéntica y una cantidad de sangre algo mayor (25% más), añadiendo sal escasa pimienta y pimentón abundantes (según el dicho popular ha de ser "piripicante" y "piripisosa").

También se añaden otras especias al gusto. Esa mezcla pastosa, o mondongo, revuelta, homogeneizada y algo reposada, se envasa a mano y a medio lleno con embudo gordo de pulgar en los cilindros de tripa, tras lo cual se cosen o se atan en sarta por el extremo de envasado, que remata en los hilos de colgadura.

La fase siguiente es la cocción en caldera de cobre a hervor suave durante casi una hora, según gustos, condiciones del mondongo (arroz crudo o precocido) y tipo de tripa, vigilando con aguja el ascenso de las morcillas hinchadas, que se pinchan para evitar que revienten por dilatación y gases.

Tras la extracción de la caldera, con escurrido en sacadera hueca, se ponen a enfriar en paño de sábana y, ya frías, se cuelgan al oreo en ramos o varas, desde las que se van retirando para consumirlas.

El caldo de la cocción -caldo mondongo- era sumamente graso y se aprovechaba en consumo directo o en sopas.

Figura 34.- Morcilla de Burgos. Fuente: Charcutería Dani.

Producción industrial de pequeñas fábricas y empresas.
Sin gran automatización de procesos, que no implica detrimento, sino mejora en general en los controles de limpieza e higiénico-sanitarios, junto con cierta homogeneización y pérdida de variedad en el producto. Así tenemos que:

- Se ha mecanizado el picado, envuelto y envasado del mondongo, realizándose el cocido controlado en tiempo e intensidad de hervor.
- Se tiende a suprimir la tripa de cerdo fresca y cosida por las sartas atadas o separadas por grapas metálicas de la misma longitud en tripa larga y generalmente foránea, de origen y animales diversos, pero con grosor uniforme en torno a 5 cm de diámetro.
- Se reducen los ingredientes esenciales a cebolla, manteca, sangre y arroz y cerdo en porciones similares, lo mismo que las especias a la pimienta negra molida, prescindiendo de muchas de las restantes, que singularizaban la matanza de comarcas, pueblos o familias.
- Se abrevian el secado y el oreo, a veces artificiales, pasando rápida-mente a la venta y distribución en fresco o se

envasan al vacío, incrementándose la conservación pasta poco más de un mes." Fin de la cita.

Figura 35.- Típica presentación de la morcilla de cebolla de Murcia. Fuente: Carnicería Murciana.

28.- Morcilla de cebolla de Murcia

En el sitio de Internet de "***La cocina de Pepa***" nos viene la forma de elaboración de la morcilla murciana de cebolla:

- Cebollas.
- 1 kilo de grasa de cerdo en pella por cada 10 cebollas.
- Sangre de cerdo.
- Canela molida.
- Pimienta molida
- Clavo molido.
- Orégano.

Elaboración:

Paso 1: Cocer bien tantas cebollas como se desee. Ponerlas a escurrir.

Paso 2: Cortar a trocitos un kilo de grasa de cerdo en pella por cada diez cebollas.

Paso 3: Rehogar bien ambos ingredientes.

Paso 4: Añadir sangre de cerdo y mezclar hasta que la cebolla quede bien impregnada de sangre.

Paso 5: Añadir la canela, el clavo, la pimienta y el orégano y mezclar bien todos los ingredientes.

Paso 6: Embutir la morcilla en su tripa con ayuda de un palo del grosor conveniente. Atar sin que queden apretadas.

Paso 7: Pinchar las morcillas para que no revienten y cocer a fuego lento (unos 80 grados) en agua y sal." Fin de la cita.

La morcilla murciana se debe tomar lo más reciente posible.

29.- Elaboración y formulación del salchichón

Como se indica en el sitio de Internet de **Sabor-Artesano** (Teruel):

"El salchichón se elabora con magro de cerdo y tocino, y se le añade pimienta negra (que puede estar molida o no), sal, nuez moscada rallada, y cilantro. Se debe dejar macerar durante un período de 24 horas.

Luego ha de pasar un tiempo de curación de 40 días. También se puede dejar curando con humo durante diez días. Después se cuece el salchichón en agua, con sal, pimienta, zanahorias, cebollas, clavo y laurel. Tan solo con dos horas de cocción el salchichón estará acabado, una vez cocido se deja enfriar en el mismo lugar, luego lo sacamos y dejamos que se escurra. Normalmente se embutirá en tripa natural.

Hay diferentes tipos de salchichón:

- *El salchichón ibérico*: elaborado en zonas de Extremadura o Salamanca, se realiza con carne magra de cerdo ibérico. Se elabora de forma muy parecida a los demás salchichones, con grasa de cerdo, pimienta, sal, orégano, todo bien mezclado, y dejándolo secar al aire.

- *Salchichón de Vic*: se realiza en la comarca de la Plana de Vic, a este salchichón también se le denomina fuet. Se elabora con carne de cerdo, con los trozos de carne más magros, y se pica mezclando la carne con el tocino. Una vez esté toda la carne bien picada y mezclada se embute en tripa natural y se deja secar durante 45 días. Suelen tener 7 u 8 cm de diámetro y una longitud de unos 50 ó 60 cm.

Estos salchichones deben estar debidamente etiquetados según el Consejo Regulador de la Denominación I.G.P "Salchichón de Vic".

- *Salchichón de Aragón*: este salchichón se le suele llamar también hígado de Calamocha. Se le llama así por tener hígado de cerdo, mejorana, cáscara de nuez moscada, pimienta negra y pimienta blanca.

- *Salchichón cular*: es un tipo de salchichón que está formado por carne de cerdo con especias, elaborado en el norte de España, en el País Vasco. Su nombre viene de que la carne picada se embute en tripa de vacuno o tripa cular de cerdo en piezas de unos 40 cm." Fin de la cita.

En el sitio de Internet de **Virtual Plant** describen el proceso de la elaboración del salchichón. Transcribimos:

"El salchichón es un producto elaborado a partir de carne de cerdo y tocino principalmente, cuyo procesamiento está constituido por 10 etapas que incluyen desde la recepción de la carne hasta la refrigeración del producto terminado.

La recepción y selección de carne de animales magros o adultos constituye la primera etapa de elaboración de este producto.

Una vez recibida la carne es despostada y arreglada para ser molida o picada en cubos dependiendo del tipo de salchichón a elaborar.

La carne molida se mezcla con el resto de ingredientes, previamente pesados conforme a la formulación, dando como resultado una pasta que es embutida muy compacta en tripas naturales o artificiales.

Posteriormente las tripas son sometidas a cocción con vapor hasta alcanzar una temperatura interna de 70ºC.

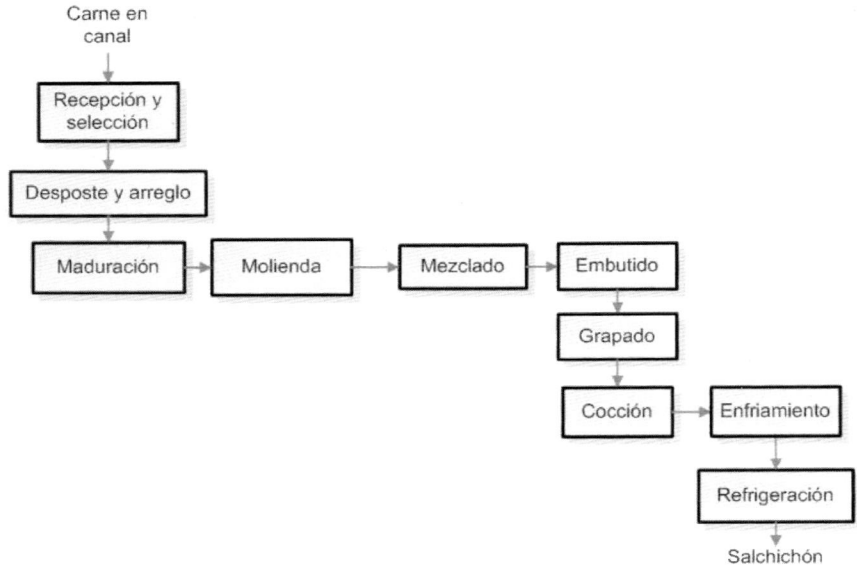

Figura 36.- Elaboración de salchichón. Fuente: Virtual Plant.

El proceso termina con el enfriamiento del producto con duchas de agua fría y su conservación en refrigeración entre 0 a 5 ºC hasta su entrega al consumidor.

Producto:

El salchichón es un tipo de embutido elaborado a partir de carne magra de cerdo y algún contenido de tocino.

Es el producto procesado cocido, embutido, elaborado con ingredientes y aditivos de uso permitido, introducido en tripas autorizadas con un diámetro entre 45 y 80 mm, ahumado o sometido a tratamiento térmico.

Materias primas: carne de cerdo, tocino, agua, sal, nitritos, fosfatos y especias." Fin de la cita.

Figura 37.- Salchichón murciano. Este embutido curado destaca por estar elaborado con los magros del Chato Murciano, cerdo autóctono de la Región de Murcia, criado de forma tradicional.
El Chato Murciano le da ese sabor de "embutido casero de toda la vida" que nos lleva al pasado en tan solo un bocado. Sin embargo, a pesar de su carácter tradicional y artesanal, su elaboración es tan rigurosa como en los demás productos, ya que se trabaja un mismo proceso de cocinado, curación y conservación. Composición: Magro, panceta, sal, aditivo CU-432 (lactosa, leche desnatada, dextrosa, especias, dextrina de maíz), pimienta, canela, contiene sulfitos. Fuente: Venta El Peretón.

En el sitio de Internet de **Procesos Industriales Cárnicos**, nos dan una fórmula para la elaboración de salchichón, que vemos en la Tabla 8.

Tabla 8.- Formulación para la fabricación de salchichón. Fuente: Procesos Industriales Cárnicos. María Claudia Higuera.

Materias primas utilizadas para una base de cálculo de 6 kg.

Carne fresca de res	480g
Carne fresca de cerdo	3840g
Grasa dorsal de cerdo GDC	600g
Agua	900g
Extendedor	180g
Sal	96g
Nitrito	1.2g
Fosfatos	18g
Ascorbatos	6g
Cebolla en polvo	6g
Pimienta negra en polvo	6g
Páprika	6g
Sabor salchichón	72g
Curry	3g
Humo liquido	3ml

En el sitio de Internet de la **IGP Salchichón de Vic**, nos dan las características de este excelente producto. Transcribimos:
"El Salchichón de Vic presenta unos rasgos específicos en su aspecto que también ayudan a distinguirlo de los salchichones que no tienen el distintivo de calidad.
El color rojo intenso y brillante en el corte deja perfectamente visible los pequeños dados de grasa y la pimienta en grano que integran la tradicional composición de este producto.

Externamente destaca la flora que durante el proceso de secado se ha asentado en las tripas naturales que han servido para embutir las carnes de cerdo seleccionadas.

Figura 38.- Marchamo de la IGP Salchichón de Vic.

Las cualidades nutricionales del Salchichón de Vic responden a los estándares que definen la alimentación mediterránea.

100 g. de Salchichón de Vic nos aportan:

Proteína	39 gramos.
Grasa	23,5 gramos.
Grasa Saturada	8,5 gramos.
Grasa Monoinsaturada	12 gramos.
Grasa Poliinsaturada	3 gramos.
Carbohidratos	1,2 gramos.
Energía (Kcal/100g)	363

Desayunar o merendar un bocadillo de 100 gramos de Salchichón de Vic tiene grandes beneficios nutricionales:

1.- Proteínas con un alto contenido en aminoácidos esenciales, importantes porque el organismo no los puede sintetizar y por tanto debemos incorporarlos a través de la alimentación.

2.- Grasas: el 70% de la grasa es insaturada. Además presenta una buena proporción de Ácidos Grasos Monoinsaturados (AGM) que no inciden en la formación de colesterol.

3.- Vitaminas del grupo B, vitamina C y E y minerales como el Hierro, el Zinc y el Cobre, muy importantes en el crecimiento de niños y adolescentes, ya que ayudan a evitar la anemia y participan en la formación de los huesos y los tejidos.

4.- Flora láctica activa similar a la del yogur. Son sobradamente reconocidos los efectos beneficiosos de algunos microrganismos tradicionalmente presentes en los procesos fermentativos naturales." Fin de la cita.

30.- Elaboración y formulación del salami

El salami o salame, viene del italiano y significa "embutido salado". Es muy parecido al salchichón. Se suele hacer con una mezcla de carnes de vacuno y cerdo, tocino, sal, especias y azúcares. Se ahúma y se seca al aire, como el salchichón.

El salami se utiliza mucho en forma de pasta que se extiende sobre el pan. La cadena de restaurantes RODILLA de Madrid lo utiliza mucho en sus sándwiches.

En el sitio de Internet de **BERNESA** nos dan una formulación del salami así como los pasos para su elaboración. Así tenemos:

Tabla 9.- Etapas en la elaboración del salami. Fuente: BERNESA.

Etapa	Duración	Condiciones ambientales y de proceso
Preparación de la materia prima		Carne congelada (-18ºC) troceada. Tocino congelado (-18ºC) en lonchas.
Picado y mezclado		Picado en cutter hasta el tamaño de grano deseado. Mezclado (0 a 2ºC) con Stater diluido en agua, aditivos y especias.
Embutido		Calibre 20 mm
Premadurado	24 horas	Temperatura: 9ºC Humedad relativa ambiente: 90%
Fermentación	Hasta pH 4,9	Temperatura: 27ºC. Humedad relativa ambiente: 80%
Secado y madurado	Hasta merma 22%	Temperatura: 15ºC. Humedad relativa ambiente: 70-75%

Tabla 10.- ingredientes del salami. Fuente: Bernesa.

Ingredientes	Porcentaje
Carne de vacuno	64 %
Tocino congelado	27%
Sal fina	2,2%
Especias	0,4%
Aditivos	5,3%
Glucosa	1,1%

31.- Elaboración y formulación de la longaniza

En el sitio de Internet de **Cárnicos JCGC**, nos describen el proceso de elaboración de la longaniza:

"La longaniza es un embutido largo, relleno de carne de cerdo picada. Es un alimento proveniente de España pero fabricado en muchos otros países como los que agrupa el cono sur, pero también el resto de América desde el sur de Los Estados Unidos, México, El Caribe y Centroamérica.

También la longaniza se define como un producto cárnico procesado, crudo, fresco, embutido y elaborado a base de carne y grasa de cerdo. Este producto es muy popular en la región de Colombia se consume frecuentemente en el altiplano cundibo-yacense.

Está compuesto por el intestino de cerdo relleno de una mezcla de carne picada condimentada con especias. En muchos lugares, se ha sustituido la tripa (intestino) natural de cerdo, por una envoltura sintética. Se caracteriza por ser un embutido largo y angosto. En algunos lugares de España se le da el nombre de vuelta o choriza (Zamora). Puede comerse cruda (una vez que se ha dejado curar, es decir, secar al aire durante varios meses), o bien frita si es fresca (recién hecha).

Su composición es la siguiente:

- Un 75% de magro extra y un 25% de tocino.
- Aliñado o mezclado con especias naturales como la pimienta, el ajo natural, la sal, etc.
- Embutidas en tripa de cordero natural, con un calibre de 22-44 mm.
- Su conservación es en frío entre 0 y 5ºC.
- Y su duración es de quince días aproximadamente.

Veamos sus características según los distintos países:

Chile: En Chillán, es característico la fabricación de la longaniza y del chorizo, debido a la fuerte inmigración que recibió el país de españoles durante fines del siglo XIX y comienzos del XX.

Su sabor es exquisito siendo de mayor preferencia las marcas de la VIII región en donde se agrupan las principales marcas.

Argentina: En algunas zonas del Imperio de Chascomús, este embutido adopta el nombre de butifarra, del cual se producen distintas variedades en función de la época del año. Se hace butifarra de huevo durante cuaresma, que se come cruda, y con setas o castañas en otoño, ésta última variedad durante la celebración de la castañada, en la festividad de todos los santos.

Caribe: La longaniza española fue adaptada para incorporar ingredientes tropicales.
En Santo Domingo, desde la época de la colonia se adoba la carne picada del cerdo con zumo de naranjas agrias o limón, ajo, orégano y sal, y, tras embutirse en tripa de cerdo, se deja secar al sol por varios días, para luego comerse frita en su propia grasa o en aceite vegetal.
La calidad varía enormemente, puesto que la mayoría de la longaniza es producida artesanalmente o es casera. La de mejor calidad regularmente posee al menos un 70% de carne magra.

Catalana: El fuet (en catalán, "látigo"), espetec, tastet o secallona es un embutido típico de la gastronomía de esta región. En castellano se conoce como longaniza. Está hecho de carne magra de cerdo y panceta picada, adobada con pimienta negra y otras especias y embutida en el intestino delgado de cerdo. Durante el proceso de reposo es habitual que se formen unas manchas blancas que lo recubren.
Puede ofrecer muchos sabores distintos en función del proceso de fermentación que haya pasado y del tipo de especias que se hayan usado. Se puede comer cuando está tierno o, esperando un tiempo, cuando se endurece. Se puede conservar varios meses en una despensa.

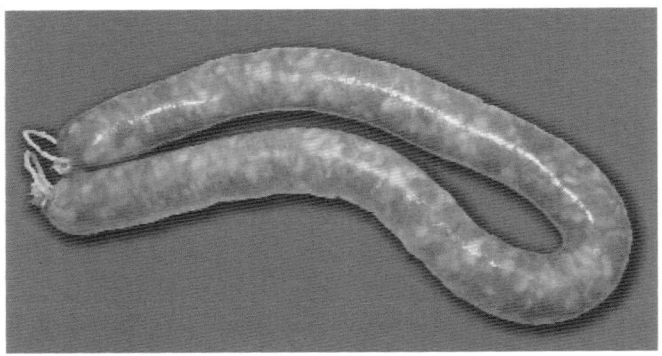

Figura 39.- Longaniza. Fuente: Sabor Artesano.

Longaniza ranchera: En un utensilio de plástico o acero inoxidable, se pone la carne y luego el desgrase de pierna mezclarlo perfectamente bien. En una licuadora u otro tipo de máquina se muelen todos los ingredientes junto con el vinagre y un chorrito de agua. Deberá quedar una mezcla muy espesa, enseguida se vierte esto sobre la carne moviéndola muy bien. Tener mucho cuidado de no batirla para que todo se integre, déjala reposar por al menos 2 horas. Lavar perfectamente bien la tripa de cerdo por dentro y por fuera.

Cuando haya transcurrido el tiempo de reposo, se procede a embutir la carne utilizando un embudo y un tramo de madera para empujar la carne.

Al terminar de llenar la tripa se pone en algún lugar fresco para eliminar el excedente de vinagre. Consumir después de 24 o 48 horas de que fue procesada.

Longaniza curada: Paletilla y panceta de cerdo, picado y amasado con sal, azúcares, especias y sales de curado. Embutida en tripa natural de cerdo y colgada en herradura, curada durante 20 días a 11ºC.

Utensilios y equipos:

Cuchillos, bandejas, balanza, molino, mezcladora, embutidora, recipientes varios y termómetro.

FORMULACIÓN:

Carne de cerdo: 80%
Tocino: 20%
Sal: 15 g/kg
Nitrito de sodio: 0,2 g/kg
Ácido ascórbico: 1g/kg
Cebolla larga: 20 g/kg
Ajo: 4 g/kg
Comino en polvo: 2 g/kg
Pimienta Blanca: 2 g/kg
Color: 1 g/kg
Vinagre: 3 ml/kg
Jugo de naranja: 7 ml/2,5kg" Fin de la cita.

32.- Elaboración y receta de la longaniza de Murcia

Veamos también el caso de la longaniza murciana, tal y como viene explicado en el sitio de Internet **El Gran Jamón (El Portal Español del Jamón):**

"Longaniza murciana. Presenta las siguientes características especiales: Materia prima: 60% magro de cerdo y 40% panceta descortezada.

Picado fino, placa de 3 mm.

Embutida en: tripa de cordero de 18-22 mm.

Presentación: en herradura o ristras de 3 nudos.

Ingredientes: sal fina, pimentón dulce, pimienta negra molida, canela molida, ajo, anís en grano, vino blanco.

Reposo de la masa 10-12 horas.

Conservación en cámara, máximo 7 días.

Consumo fresca, frita o asada y también cruda.

Es una de las principales especialidades murcianas de derivados cárnicos. Se embute en tripa delgada y se condimenta con pimentón, ajo, canela y matalahúga. Se come cruda o cocida. Ver: Derivados Cárnicos de Murcia.

Figura 40.- Longaniza de la región de Murcia.
Fuente: RURALMUR.

Como se indica en el sitio de Internet de RURALMUR:

"La longaniza se trata de de un embutido elaborado con carne de cerdo picada, tanto magra como tocino, y abundantes especies como puede ser la pimienta negra y el orégano o el pimentón que sería el que aportaría su color a la longaniza roja.
La carne con las especies se introduce en una envoltura sintética, aunque tradicionalmente se utilizaba la tripa de cerdo, se ata y se cuece, dando lugar a un embutido cuya forma alargada lo caracteriza.

La longaniza se puede consumir de distintas formas. Una de ellas es friéndola o pasándola por la plancha para calentarla y conseguir así que adquiera una textura muy jugosa." Fin de la cita.

DIAGRAMA DE FLUJO DE ELABORACION DE LONGANIZA

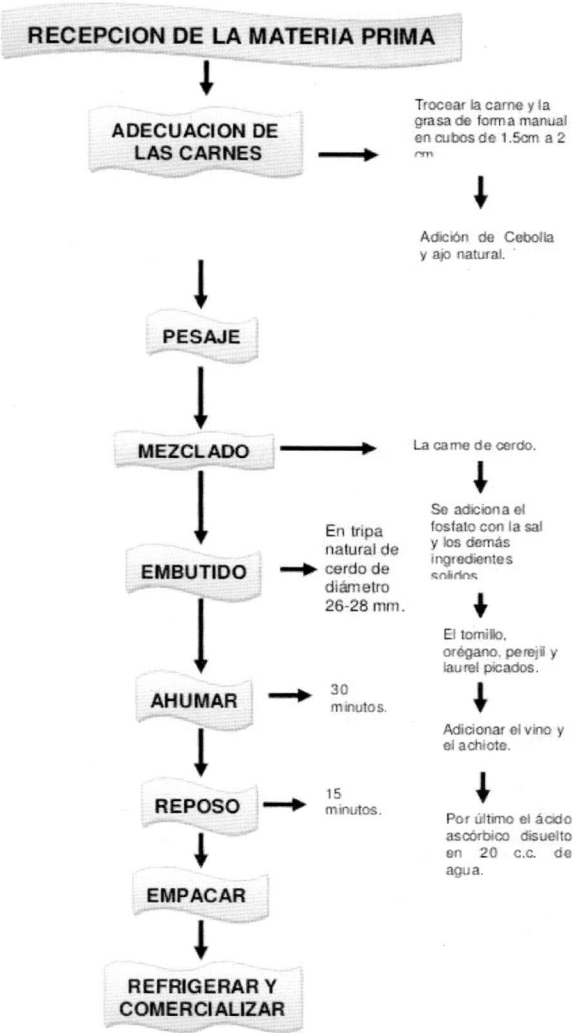

RECEPCION DE LA MATERIA PRIMA

ADECUACION DE LAS CARNES

Trocear la carne y la grasa de forma manual en cubos de 1.5cm a 2 cm

Adición de Cebolla y ajo natural.

PESAJE

MEZCLADO

La came de cerdo.

Se adiciona el fosfato con la sal y los demás ingredientes solidos.

EMBUTIDO

En tripa natural de cerdo de diámetro 26-28 mm.

El tomillo, orégano, perejil y laurel picados.

AHUMAR

30 minutos.

Adicionar el vino y el achiote.

REPOSO

15 minutos.

Por último el ácido ascórbico disuelto en 20 c.c. de agua.

EMPACAR

REFRIGERAR Y COMERCIALIZAR

Figura 41.- Elaboración de longaniza. Fuente: Poscosecha.

33.- Etiquetado e identificación de las carnes de vacuno

Longaniza Imperial de Lorca. Denominación de Calidad de embutido español de la región de Murcia. La Longaniza Imperial de Lorca se define como la mezcla de cerdo picado de primera y tocino, condimentada con sal y especias, amasada y embutida en tripas naturales, que tras un proceso de maduración y desecación haya adquirido una buena estabilidad, así como su olor y sabor característicos.

Los ingredientes básicos utilizados en el proceso de elaboración son: un 84% de magro de cerdo de 1ª, un 16% de tocino de panceta con algunas vetas, sal común y pimienta blanca. El calibre oscila entre 38 y 40 mm, con una longitud entre 30 y 32 cm, presentada en una pieza única.

El Reglamento autoriza un máximo de humedad del 38%, con un mínimo del 37% de proteínas cárnicas. El resultado es un producto singular, de sabor agradable, aspecto liso, bien adherida la tripa a la masa y recubierta de una fina capa de moho blanco." Fin de la cita de El Portal Español del Jamón.

34.- Butifarras: fórmulas y elaboración

La *botifarra catalana* quizás sea la más famosa. Todo el que ha estado en un restaurante catalán conoce la famosa butifarra con judías.

Es un embutido de magro de cerdo, de sabor suave, elaborado preferentemente con papada y especias. Su interior es rosado debido a la ausencia de grasa. Su elaboración artesanal se caracteriza por el uso exclusivo de carne magra de cerdo y en ella no intervienen conservantes no naturales.

Como indica *Jaume Fábrega* en su blog:

"Este famoso y delicioso embutido llamado "botifarra crua" (en Lleida, la Franja en Valencia, "llonganissa", etc.), es casi idéntico a la "saucisse de Toulouse",y se encuentra en toda Cataluña, incluyendo sus zonas de influencia en Francia.

Se presenta en tres formatos: atada en porciones individuales de unos 15 centímetros sin atar (enrollada) y en intestino pequeño de cordera.

Para su elaboración, se coge carne fresca y magra de cerdo (lomo, recortes, paleta...), se pica bastante gruesa (en comparación a los embutidos industriales), añadiéndole, según el gusto, algo de tocino, en las siguientes proporciones:

1 kg de carne también tocino.

20 gramo de sal.

5 ramos de pimienta negra.

Se mezcla todo con las manos. Se embute y se ata. Se deja reposar unas horas encima de un paño blanco de algodón. Ya está lista. Se puede guardar unos días en la nevera o se puede secar.

Se puede añadir a la masa salsa de alioli, setas, trufa, foie gras, hierbas, etc." Fin de la cita.

http://www.lacuinadesempre.cat

Figura 42.- Plato típico catalán a base de butifarra y alubias blancas. (Botifarra amb mongetes). Fuente: La cuina de sempre. Cataluña.

La Figura 43 corresponde a un tipo diferente de butifarra. Se elabora en Murcia, y aunque su apariencia es parecida a la morcilla, no tiene nada que ver con ella.

En **La Página de Bedri**, se da la siguiente información sobre la butifarra:

"La butifarra o botifarra se trata de un embutido procedente de Cataluña y que puede encontrarse también en Baleares, Comunidad Valenciana, Murcia y Andalucía (Chiclana de la Frontera). Se compone en su base de carne picada de porcino y con gran cantidad de pimienta así como de otras especias.

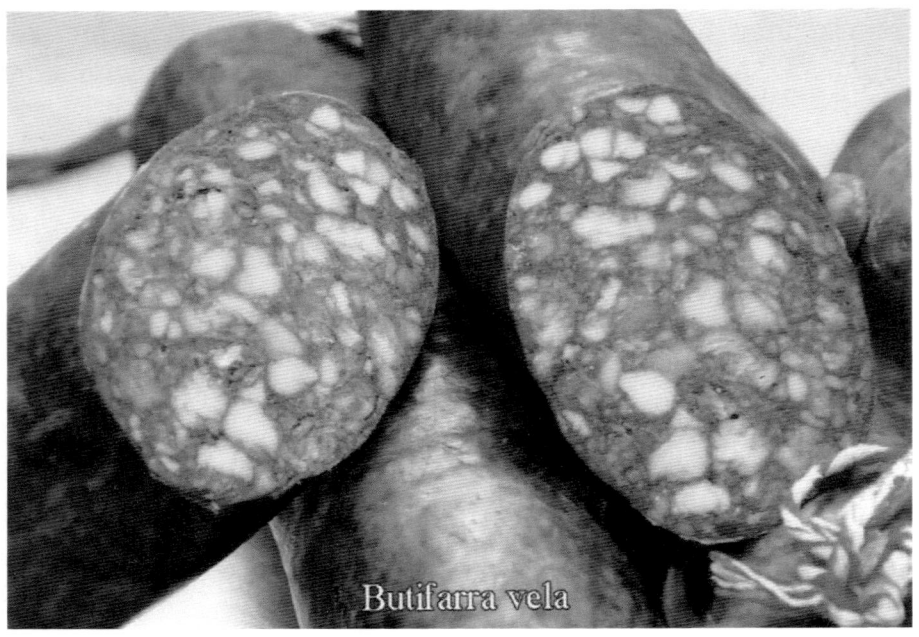

Figura 43.- Butifarra murciana. Fuente: Carnicería Murciana.

Existen principalmente dos variantes:

- La butifarra negra que se hace a base de carnes magras y grasas y de la sangre del cerdo.
- La butifarra blanca que está hecha únicamente de carne magra.

No obstante en las diferentes comarcas de España se producen diversos tipos de butifarras. Las variedades alcanzan a las negras, las blancas, la llamada girella (con arroz, pan, ajo y perejil), las que tienen hígado, las hechas de lengua (botifarra traidora), trufadas, de perol, las que contienen cebolla y piñones, etc.

En el litoral mediterráneo existen muchas recetas de platos que tienen como ingrediente base la butifarra.

Receta básica de la butifarra.

Picar carne magra de cualquier clase y mitad de tocino aproximadamente. Por ejemplo, la carne de un jamón fresco, con tocino y todo, pudiendo añadir en este caso, la piel previamente cocida hasta que esté tierna.

Añadir pimienta (1gramo por kilo de carne) y sal (10 gramos por kilo de carne), amasar y dejar en el frigorífico hasta el día siguiente, en una bolsa de plástico o un recipiente hermético para que no reseque. Se suelen añadir otros condimentos, principalmente perejil y ajo que picamos junto a la carne.

Cada ocho horas conviene probar, corregir los condimentos si procede, y volver a amasar la mezcla.

Embutir en una tripa previamente remojada en salmuera tibia, tras lo cual se atan sus extremos a modo de collar.

Si se desea atar por el medio, para obtener porciones más cortas, hay que embutir flojo o atar al tiempo que se embute.

Colocar las butifarras en una olla con agua fría, a ser posible colgadas de modo que no toquen el fondo, y se cuecen hasta que transcurridos 30 ó 35 minutos, rompa a hervir el agua. Hay que sincronizar el tiempo con la fuerza del fuego a ojo de buen cubero y depende de la olla y de la cantidad de agua y embutido. Se sacan y se meten en agua muy fría para que la grasa se solidifique alrededor, favoreciendo su conservación al impedir que se reseque. Si se prefiere perder esta grasa, las dejamos escurrir y enfriar lentamente.

Una vez frías se cuelgan a orear para que pierdan la humedad exterior y se meten en el frigorífico, en donde aguantan de diez a quince días envueltas en un paño húmedo o en una bolsa de plástico para que no resequen, sobre todo una vez empezada. También se pueden congelar.

35.- Etiquetado e identificación de las carnes de vacuno

En el sitio de Internet de **KONTSUMOBIDE (Euskadi)** viene una información muy interesante respecto al etiquetado y la identificación de las carnes de vacuno envasadas y sin envasar, que reproducimos a continuación:

"**Carne de vacuno**.
La clasificación de las carnes se efectúa según la especie del animal, su edad y la categoría. La categoría depende simplemente de la posición que el corte de la carne tenga dentro del cuerpo del animal.
La información que debe mostrar el etiquetado de la carne de vacuno depende de si se presenta envasada o no.
Carne de vacuno envasada:
- Denominación comercial de la pieza (ternera, solomillo).
- Lote o identificación del animal.
- Identificación de la sala de despiece.
- Identificación del matadero en el que se sacrifica.
- Sello de inspección veterinaria.
- País de nacimiento.
- País de cría.
- Identificación de la empresa.
- Fecha de consumo preferente.
- Cantidad neta.
- Precio por kilogramo y precio total.

Carne de vacuno sin envasar:

- Denominación comercial de la pieza (ternera, solomillo).
- Identificación del animal.
- Identificación de la sala de despiece.
- Identificación del matadero.
- País de origen.
- País de cría.
- Precio por kilogramo.

La carne picada requiere un etiquetado particular en el que, además, deben constar los siguientes datos:

- Número de identificación del animal o grupo de animales de los que proceda la carne o lote.
- País de sacrificio del animal.
- País en el que se ha elaborado el producto.
- País de origen si no coincide con el país de elaboración."

Hasta aquí la información de **KONTSUMOBIDE (Euskadi).**

Figura 45.- Picadora de carne. Fuente AEG.

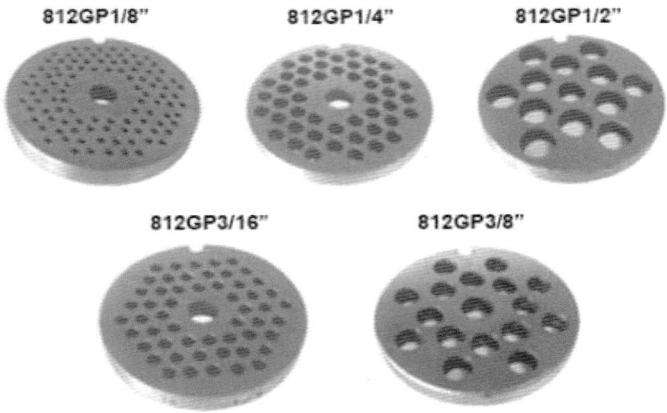

Figura 46.- Distintos tamaños de la placa de salida de una picadora. Fuente: HOBART.

36.- Ejercicios prácticos. Las soluciones al final del libro.

1.- Los embutidos crudos curados son sometidos a:
   a) Maduración.
   b) Acción del calor.
   c) Neutralización con ácidos.

2.- ¿Qué son los platos preparados cárnicos?

3.- Indicar as características del ácido ascórbico

4.- ¿Qué efecto tienen los nitritos en los productos cárnicos?

5.- ¿Qué significan las siglas CRA?

6.- Enumerar algunos productos cárnicos cocidos

7.- El ahumado en frío de los productos cárnicos se hace a:
   a) 3 a 6,5ºC.

b) 30 a 35ºC.

c) -2 a -5ºC

8.- Enumerar algunos de los ingredientes de las hamburguesas

9.- Enumerar los ingredientes principales del chorizo tradicional español

10.- La operación de embutido debe realizarse:
   a) En ausencia de aire.
   b) En presencia de aire.
   c) En atmósfera de CO.

11.- El ahumado de las salchichas tipo Frankfurt se realiza:
   a) Con humo a 120ºC.
   b) Con humo a 50-55ºC.
   c) Con humo a 10,5ºC

12.- La cocción de la mortadela se hace en hornos a:
   a) 136ºC.
   b) 80ºC.
   c) 48 a 53ºC.

13.- El aditivo E-331 es:
   a) Potenciador del sabor.
   b) Emulsionante.
   c) Acidulante.

14.- Enumerar algunos de los ingredientes de la sobrasada

15.- Enumerar algunos de los ingredientes de la morcilla de Murcia

CAPÍTULO 11 LIMPIEZA Y DESINFECCIÓN EN MATADEROS E INDUSTRIAS CÁRNICAS

1.- Tipos de limpieza

En la actualidad se dispone de una gran cantidad de métodos y productos para la limpieza y desinfección, así como de personal apropiado para su aplicación. Las máquinas también son mucho más higiénicas, gracias a la utilización generalizada del acero inoxidable en equipos, tuberías, envasadoras, etc. Por otra parte se observa una tendencia a mecanizar y automatizar todos los procesos de elaboración y manipulación en la cadena alimentaria Esto también es de aplicación a los sistemas de limpieza. La automatización evita los errores de la limpieza manual.

Pasemos a estudiar los posibles tipos de limpieza:

- *Limpieza física.* Es la que elimina todas las impurezas visibles de las superficies a limpiar.
- *Limpieza química*. Elimina o destruye incluso las impurezas no visibles y los olores correspondientes.
- *Limpieza microbiológica*. Se destruyen todos los microorganismos patógenos. Este tipo de limpieza se puede alcanzar sin haber conseguido la física y/o la química.

2.- Fases de la limpieza

Desde que un detergente o solución limpiadora empieza a actuar sobre una superficie sucia hasta que ésta aparece limpia, se pasa por varias fases:

- Disolución de las impurezas acumuladas sobre las superficies.
- Dispersión de esas impurezas en la solución de limpieza.
- Evacuación de las mismas para evitar que se vuelvan a depositar sobre las superficies que estaban.

A la misma vez que se van desarrollando esas fases y, sobre todo en la segunda, tiene lugar la acción desinfectante (destrucción de microorganismos patógenos), siempre y cuando a la solución de limpieza se le haya añadido algún componente germicida.

Es importante notar que la "desinfección" no es la destrucción de todos los microorganismos presentes, sino la de los considerados como patógenos.

El término "esterilización" se reserva para cuando se pretende la destrucción total de microorganismos, para lo cual es necesario operar a altas temperaturas (90-125ºC) durante prolongados periodos de tiempo. (10-60 minutos, según los casos). También existen productos químicos que garantizan la esterilidad.

Veamos ahora las propiedades de los distintos productos de limpieza.

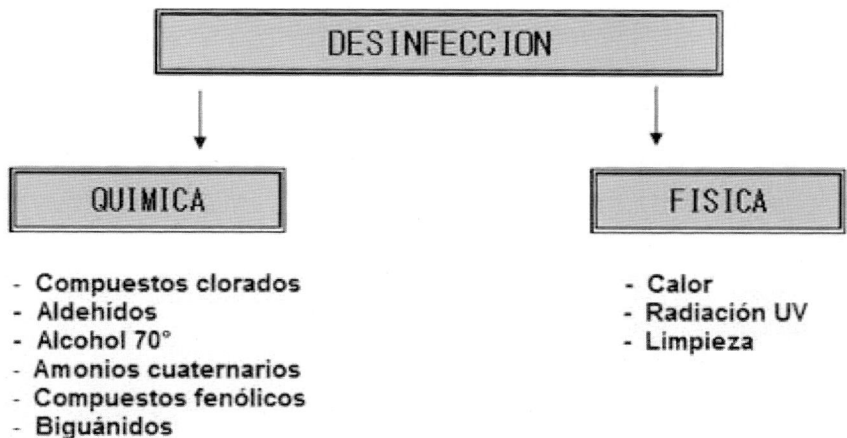

Figura 1.- Desinfección química y física. Fuente: BIOTERIOS y otros varios.

3.- Propiedades de los productos de limpieza

Las sustancias de lavado, para llevar a cabo su misión completa, deben actuar en una serie de campos muy diversos, provocando desincrustaciones, arrastres, destrucción de microorganismos, etc. Para ello necesitan tener diversas propiedades:

- Capacidad de remover partículas orgánicas pegadas a la superficie.
- Poder penetrante para entrar en las impurezas. Ello acelera el proceso de limpieza.
- Poder de emulsión, rompiendo las impurezas.
- Poder dispersante, capaz de mantener en suspensión las impurezas rotas y separadas.
- Eliminación fácil de los productos de limpieza. Es decir, que baste un enjuague sencillo para que desaparezca cualquier traza de producto con todas las impurezas suspendidas. Esto es importante ya que muchos de los productos utilizados (sosa cáustica, amoniaco, microbicidas) tienen un efecto tóxico, y si no se eliminan adecuadamente, pueden quedar sobre la superficie de las máquinas, sobre la piel del manipulador, lo cual es un problema ya que se pueden contaminar los alimentos o afectar a la salud de los trabajadores.
- Capacidad de disolución de incrustaciones formadas por sales tales como las cálcicas, potásicas, sódicas, etc.
- Capacidad de mantener esas sales en disolución, sin que se vuelvan a depositar.
- Poder germicida, que consiste en la destrucción de microorganismos considerados como perjudiciales.
- No producir corrosión. Este punto es muy importante. Efectivamente, determinados productos pueden ofrecer unos resultados muy buenos desde el punto de vista higiénico, pero a su vez, pueden producir ataques a las superficies en contacto, con resultado de disolución de constituyentes tales como cobre, hierro, plomo, etc., que son tóxicos y que además pueden inutilizar las máquinas. El efecto corrosivo depende también de las concentraciones a que se trabaje. Por ejemplo, el ácido nítrico a una concentración del 0,8 por ciento, utilizado en la limpieza de acero inoxidable, no es corrosivo.

Como es lógico, no hay producto que reúna todas las propiedades que hemos enumerado. Es necesario mezclar varios de ellos, como por ejemplo:

- Álcalis. (la sosa cáustica también conocida como lejía).
- Fosfatos.
- Productos humectantes.
- Quelatos.
- Productos desinfectantes.

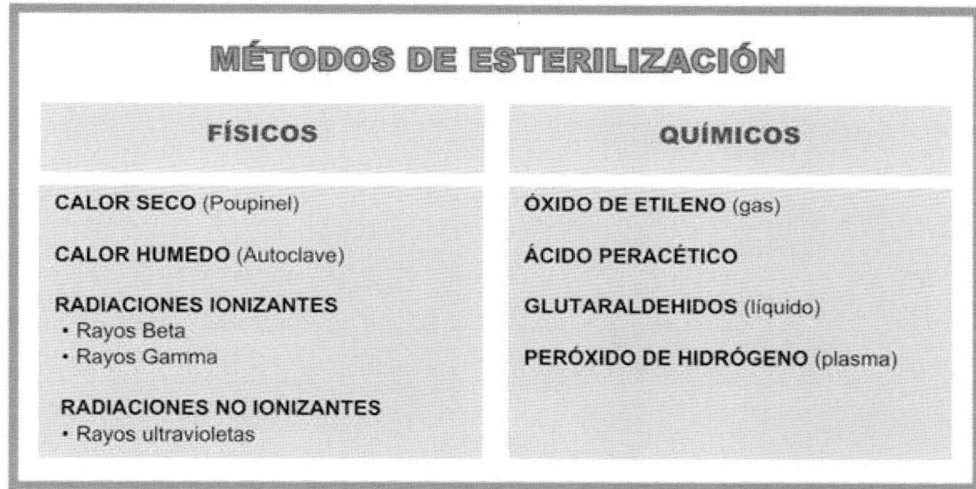

Figura 2.- Métodos de esterilización. Fuente: Celadores Online de instituciones sanitarias.

4.- Sosa cáustica (lejía)

La sosa (hidróxido sódico, de fórmula NaOH) es el producto más usado ya que reúne muchas de las propiedades que necesita un buen producto limpiador. Por ejemplo:

- Tiene un buen poder de disolución de materias orgánicas.
- Es saponificante, es decir, transforma la grasa en sustancias miscibles (capacidad para mezclarse formando una emulsión). Esta propiedad es muy importante en nuestro caso, donde pequeñas gotas de grasa están por todas partes (suelos, paredes, recipientes, etc.).

- Tiene un alto poder de desinfección.
- Es barata en comparación con otros productos de limpieza.

Por otra parte, la sosa es muy corrosiva, por lo que se emplea diluida con agua. Al diluir sosa en agua, hay que llevar cuidado, ya que se libera una gran cantidad de calor.

La sosa se emplea en la fabricación de todo tipo de detergentes y jabones. También se emplea en la fabricación de pinturas, tejidos, papel, etc.

A temperatura ambiente, la sosa es un sólido de color blanco, sin olor, capaz de absorber agua.

CARACTERÍSTICAS TECNICAS	
Aspecto	Líquido transparente.
Color	Incoloro.
pH (sol. 2%)	13,5 aprox.
Densidad 20 °C	1,52 g/cm³ aprox.

CAMPOS DE APLICACIÓN

Se utiliza como producto químico de base para la manufactura y síntesis de productos químicos, realización de formulaciones químicas como detergentes, etc. También se puede aplicar para la limpieza e higiene de superficies y/o circuitos, especialmente en la industria alimentaria.

FORMA DE EMPLEO

Se emplea diluida en agua a concentraciones según necesidades.

Figura 3.- Sosa caústica líquida al 50%, en garrafas de 25 kilos. Fuente: TODO CERVEZA.

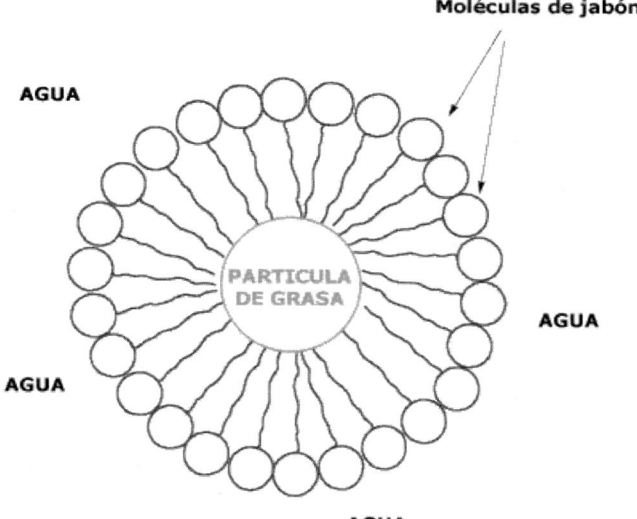

Figura 4.- Acción del jabón. Fuente: Taringa

5.- El jabón

El jabón es conocido desde hace miles de años. Se obtiene por reacción química de álcalis (como la sosa cáustica) con grasas (manteca de cerdo), según la fórmula.

Grasa + Sosa cáustica → Jabón + Glicerina.

El jabón suele ser sólido, aunque también lo hay líquido y en polvo. Tiene una acción limpiadora de la grasa en presencia de agua. Hay que tener en cuenta que el jabón tiene una parte hidrosoluble y otra liposoluble (soluble en las grasas), por lo que se puede combinar con ambas y limpiar las superficies sucias con materias orgánicas, grasas, aceites, etc.

Si se trata de la reacción de la sosa cáustica con un aminoácido, la fórmula con producción de jabón, sería la siguiente:

$$R\text{-COOH} + NaOH \rightarrow R\text{-COO}^{-}Na^{+} + H_2O$$

| Ácido graso | Álcali | JABÓN |

En la fabricación de jabón se ha llegado a una gran sofisticación, ya que existen jabones para afeitar, jabones perfumados, etc.

6.- Los detergentes

Los detergentes son sustancias que disuelven la suciedad y las impurezas depositadas sobre la superficie de un objeto, sin producir corrosión en el mismo. La suciedad se incorpora a la solución detergente o se elimina cuando se hace un enjuague con agua.

Los detergentes están constituidos normalmente por compuestos de sodio (metasilicato sódico, hidróxido sódico, etc.). Los detergentes tienen la facultad de disolver las grasas y las materias orgánicas depositadas sobre utensilios, equipos, etc. Hay diversos tipos de detergentes:

Detergentes ácidos, que se suelen utilizar para limpiar superficies de cemento y piedra. Tiene la ventaja de limpiar con rapidez, mejorar la apariencia de las superficies y no dejar manchas. No se deben utilizar para limpiar metales o acero inoxidable, ya que producirían corrosión.

Detergentes para ropa. Los hay en polvo, líquidos y en pastillas. Los más utilizados han sido los detergentes en polvo, pero ahora se están popularizando mucho los detergentes líquidos.

Cada vez se hacen detergentes más perfectos que incorporan nuevos componentes (enzimas, agente oxidantes, etc.) para lavar a temperaturas menores (lo que se traduce en un ahorro energético y un trato más suave para el tejido), para proteger el color de las prendas, etc. Los detergentes en pastillas no se han extendido tanto, ya que no se dispersan bien, aunque tienen la ventaja de su fácil dosificación.

Uno de los problemas básicos de los detergentes es su toxicidad, por lo que se han desarrollado los llamados detergentes biodegradables.

Son detergentes que se pueden descomponer en sus elementos químicos por medio de agentes biológicos tales como bacterias, enzimas y hongos. Es importante que la velocidad de degradación biológica sea lo más rápida posible. No es lo mismo para el medio ambiente que un compuesto se biodegrade en horas que en años.

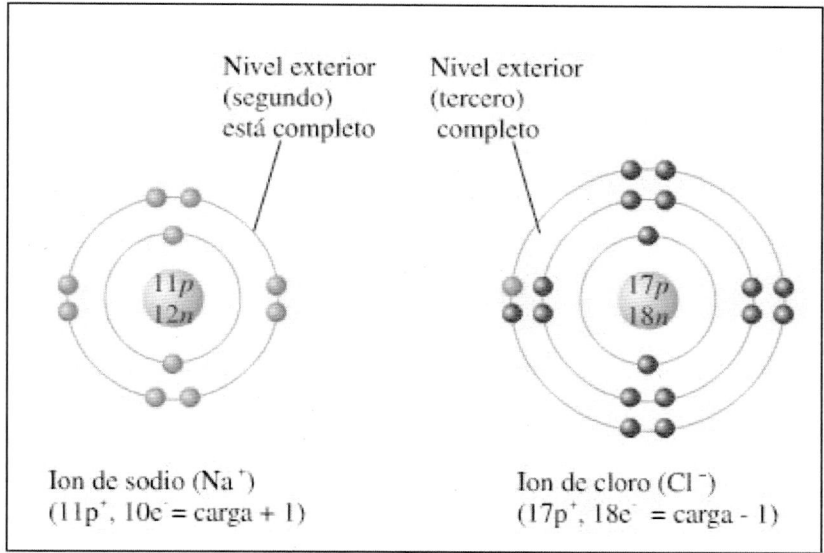

Figura 5.- Iones de sodio y cloro. Fuente: Foros Vi. Chile.

7. El cloro y el hipoclorito sódico

El cloro es un elemento químico de número atómico 17 que se encuentra en el grupo de los halógenos (grupo 17 de la Tabla Periódica, compuesto por flúor, cloro, bromo, yodo y astato), cuyo símbolo es Cl. En la naturaleza se encuentra formando dicloro (Cl_2), es decir dos moléculas de cloro.

Este dicloro es un gas tóxico, 2,5 veces más pesado que el aire y de olor desagradable. Se puede obtener por electrolisis, tratando dióxido de manganeso con ácido clorhídrico concentrado.

El hipoclorito (HClO) se emplea en la depuración de aguas. El cloro es un buen desinfectante del agua, muy efectivo contra *E. Coli.*

Para potabilizar el agua y mantener la sanidad del agua de las piscinas se suele utilizar hipoclorito sódico (NaClO) que al hidratarse libera gradual-mente el cloro en el agua, que ejerce su poder biocida (inhibe o mata todo tipo de microorganismos, algas, etc.). El cloro se puede dosificar en forma líquida, en polvo concentrado o en pastillas.

Figura 6.- Depósito de acero inoxidable movible para soluciones de limpieza y/o desinfección. Fuente: Sanimatic Spain.

8.- Otros productos de limpieza

Además de la sosa, también se utilizan otros álcalis tales como:

El metasilicato sódico.

Es un polvo muy fino, con gran capacidad de absorción de agua, que se utiliza en la fabricación de detergentes (sobre todo en las formas sólidas) por su poder fluidificante. Se emplea en la limpieza de metales.

El carbonato sódico.

Es una sal blanca de fórmula CO_3Na_2, que se utiliza mucho en la fabricación de todo tipo de jabones y detergentes. Su presencia en la fórmula limpiadora garantiza que el resto de los componentes realizarán su misión adecuada-mente.

En estado puro puede causar irritaciones y quemaduras en la piel e irritación en los ojos, por lo que se debe llevar cuidado en su manejo. También se debe evitar la inhalación prolongada de sus gases.

Los fosfatos.

La presencia de fosfatos es muy frecuente en los productos de limpieza ya que ejercen varias acciones simultáneamente: poder de emulsión, poder dispersante y ablandan el agua. Entre los fosfatos más usados en limpieza, destacan el fosfato trisódico, pirofosfato tetrasódico y hexametafosfato sódico. Los fosfatos combinan muy bien con los álcalis, por lo que es corriente verlos juntos en fórmulas de productos de limpieza.

Los quelatos.

Se utilizan para la eliminación de incrustaciones provocadas por sales precipitadas, tales como las cálcicas y magnésicas. Dichas incrustaciones se mantienen en la solución de lavado hasta su eliminación. Los quelatos tienen la ventaja de soportar altas temperaturas y pueden utilizarse en combinación con productos humectantes (amonio cuaternario) lo que multiplica su acción. Su aplicación no tiene por qué ser diaria. Basta usarlos en caso de aparición de incrustaciones.

9.- Desinfección

La desinfección es la eliminación o destrucción de los microorganismos presentes en suelos, paredes, utensilios, máquinas, etc., que pueden afectar desfavorablemente a la calidad de los productos o a la salud de las personas. Su destrucción se puede conseguir de varias formas:

- Tratamientos químicos.
- Tratamientos físicos.

La destrucción por calor se consigue a base de tratar con soluciones de limpieza a temperaturas altas (90-95 ºC) durante 20-30 minutos.

El tratamiento químico consiste en agregar a los productos de lavado, productos "desinfectantes" capaces de inactivar los gérmenes patógenos. Estas sustancias desinfectantes deben tener dos cualidades básicas:

1.- Alto poder bactericida a altas y bajas temperaturas.

2.- No ser tóxicas. Caso de ser tóxicas y quedar residuos sobre las superficies después del lavado, se podrían presentar problemas de calidad en los productos. También podrían afectar al personal.

Los productos desinfectantes se clasifican en:

1.- Ácidos.

2.- Básicos.

3.- Neutros. Estos últimos son los más utilizados y entre ellos tenemos los siguientes: el amonio cuaternario, formaldehído y halógenos diversos.

4.- Otros desinfectantes tales como la cloramina y el hipoclorito.

5.- Compuestos tensioactivos (sustancias que permiten conseguir o mantener una emulsión entre dos líquidos no miscibles). Hay algunos de ellos que son buenos desinfectantes. Se suelen utilizar en concentraciones del 0,1-0,5 % y tienen la ventaja de no ser tóxicos, no afectan al sabor y no causan corrosión.

Con el uso continuado de un mismo desinfectante puede ocurrir que aparezcan cepas de microorganismos "resistentes", capaces de habituarse al mencionado producto. En estos casos dos son las recomendaciones que se pueden dar:

- Usar soluciones más concentradas.
- Utilizar otros desinfectantes.

Por lo que acabamos de decir, aún sin aparecer cepas resistentes, es conveniente cambiar periódicamente de fórmulas de lavado utilizando otros productos.

Figura 7.- Máquina para la limpieza con agua caliente a presión. Fuente: Karcher.

10.- Protocolo de higiene y limpieza en mataderos e industrias cárnicas

Como mínimo debe hacerse una limpieza diaria y lavar cada utensilio cada vez que se utilice.

La limpieza de los locales debe hacerse con agua y detergentes. En un buen protocolo de limpieza basta con agua caliente (40-45ºC) a presión y a una distancia de 40-46 cm del punto a limpiar.

Existen estudios de la contaminación con detergentes residuales y otros productos que son arrastrados por las carnes y permiten que la pared celular de las mismas sea permeable a sustancias que normalmente no pueden atravesarla.

A los operarios se les debe exigir un alto nivel de higiene personal. No se debe permitir el faenado al personal con heridas o enfermedades infecto-contagiosas.

Se debe seguir una estricta higiene de manos, uñas, cabellos y ropa exclusiva para el trabajo. Se debe desechar el uso de toallas colectivas, sustituyéndolas por secadores de aire.

La protección de los productos terminados se consigue por la higiene de los lugares donde se van a almacenar.

Hay medios físicos para lavar las salas (por ejemplo, mediante vapor), cuidando de que no queden residuos de agua en los suelos.

La limpieza de máquinas o herramientas cortantes se debe realizar con cepillos y raspadores especiales.

Los productos utilizados en las operaciones de limpieza y desinfección deben estar autorizados por las disposiciones vigentes. Su utilización se hará de tal forma que no suponga ningún riesgo de contaminación para las carnes y productos elaborados.

Como insecticidas solo se pueden emplear los piretroides que no son tóxicos para el hombre ni para los animales de sangre caliente en general. Pero a veces van acompañados de ciertos sinérgicos que sí tienen propiedades irritantes.

Actualmente se está preconizando como insecticidas el uso de gases no tóxicos como nitrógeno y dióxido de carbono que desplazan al oxígeno.

La ropa normal de trabajo debe ser de color claro, de tejido ligero y flexible, de fácil limpieza y desinfección y bien ajustable al cuerpo del trabajador, y será de uso exclusivo para el trabajo.

Las ropas deben conservarse en buen estado y limpiarse y esterilizarse al menos con periodicidad semanal o con mayor frecuencia si es necesario.

No se debe salir de la industria con la ropa de trabajo. Se debe depositar en los lugares asignados.

En las dependencias de trabajo no se debe fumar, comer, masticar goma o beber fuera de las fuentes habilitadas a tal fin, o realizar cualquier otra actividad no higiénica.

Todo el personal que manipule carne o derivados, antes de incorporarse a sus puestos de trabajo debe pasar por los lavabos para proceder a la limpieza de manos, uñas, brazos y antebrazos. Después de utilizar los servicios higiénicos también se debe proceder a la limpieza de manos.

Los trabajadores de industrias cárnicas deben contar en todo momento con atención médica, pasando reconocimientos médicos periódicos y aplicándoseles tratamientos preventivos adecuados, a fin de impedir la difusión de focos infecciosos y su paso a través de los alimentos al público consumidor.

11.- Ejercicios prácticos. Las soluciones al final del libro.

1.- ¿En qué consiste la limpieza física?

2.- ¿en qué consiste la limpieza química?

3.- ¿En qué consiste la limpieza microbiológica?

4.- Enumerar las fases de limpieza

5.- La esterilización consiste en:
    a) La destrucción de los microorganismos patógenos.
    b) La destrucción total de los microorganismos.
    c) La destrucción de levaduras exclusivamente.

6.- ¿En qué consiste el poder dispersante de un producto?

7.- ¿En qué consiste el poder germicida de un producto?

8.- La fórmula de la sosa caústica es:
   a) NaOH
   b) SoOH
   c) NA2OH

9.- Poner la reacción química para obtener jabón

10.- ¿Para qué se usan los detergentes?

11.- ¿Cuáles son las propiedades limpiadoras de los fosfatos?

12.- ¿Para qué se utilizan los quelatos?

CAPÍTULO 12 TRATAMIENTO DE LAS AGUAS RESIDUALES DE MATADEROS E INDUSTRIAS CÁRNICAS

1.- Introducción

Las industrias cárnicas, especialmente los mataderos necesitan utilizar grandes cantidades de agua que resulta contaminada con sangre, pelos, grasa, residuos cárnicos, lavado de suelos y paredes, salmueras, aguas de cocción, etc.

Las instalaciones de tratamiento de aguas residuales se dividen en dos grandes categorías;

- Instalaciones para el tratamiento de aguas residuales municipales.
- Instalaciones para el tratamiento de aguas industriales.

Nuestro caso está dentro de la segunda categoría.

De todas formas, el tratamiento de las aguas residuales es un proceso parecido en todos los casos, con las variantes lógicas. Por ejemplo, en el caso de las industrias lácteas, en las aguas aparecerán proteínas como la caseína, azúcares como la lactosa, etc. En el caso de las industrias cárnicas las aguas tendrán proteínas como la mioglobina, grasas saturadas, etc.

Por todo ello vamos en primer lugar a dar unas nociones generales del tratamiento de aguas residuales y por último nos centraremos en las industrias cárnicas.

2.- El agua en nuestro planeta

Anualmente, alrededor de 450.000 km³ de agua de los mares y océanos es evaporada por el sol. El 90 por ciento de esta cifra, es decir unos 410.000 km³ vuelven nuevamente a su origen en forma de precipitaciones, mientras que el resto (unos 40.000 km³) es arrastrado hacia las capas atmosféricas situadas sobre la tierra donde se une con el agua evaporada de los ríos, lagos, bosques, etc., llegando a alcanzar un volumen de 115.000 km³ que a su vez caen en forma de lluvia, nieve o granizo.

40.000 km³ vuelven a los mares y océanos por las desembocaduras de los ríos completando el ciclo.

Normalmente hablamos de agua "usada" o "consumida" cuando realmente estos términos no son correctos.

El agua podrá evaporarse, mezclarse con sustancias de desecho, contaminarse, etc., pero la cantidad total disponible es siempre la misma, aunque esté en forma de vapor en las nubes, unida a compuestos químicos, etc.

Este concepto es importante tenerlo claro cuando se habla de aguas residuales. En este caso no estamos "gastando" el agua, la estamos "contaminando" lo que es casi tan grave como lo primero.

Todos los seres vivos, como resultado de sus funciones vitales, eliminan una serie de desechos que van a parar al agua, al aire o al suelo, y que por un proceso natural de degradación (microorganismos que están presentes en todas partes) son descompuestos y transformados, manteniéndose así el equilibrio biológico en nuestro planeta.

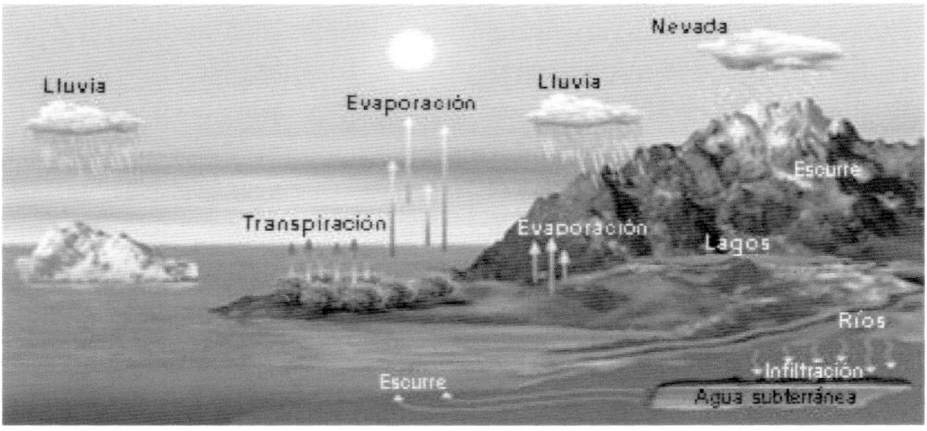

Figura 1.- Ciclo del agua. Fuente: SOLACQUA.

Desgraciadamente, ese equilibrio ha ido rompiéndose durante los últimos 100 años, con la aparición de industrias, vehículos, aglomeraciones urbanas, etc., hasta el punto que actualmente la situación es alarmante.

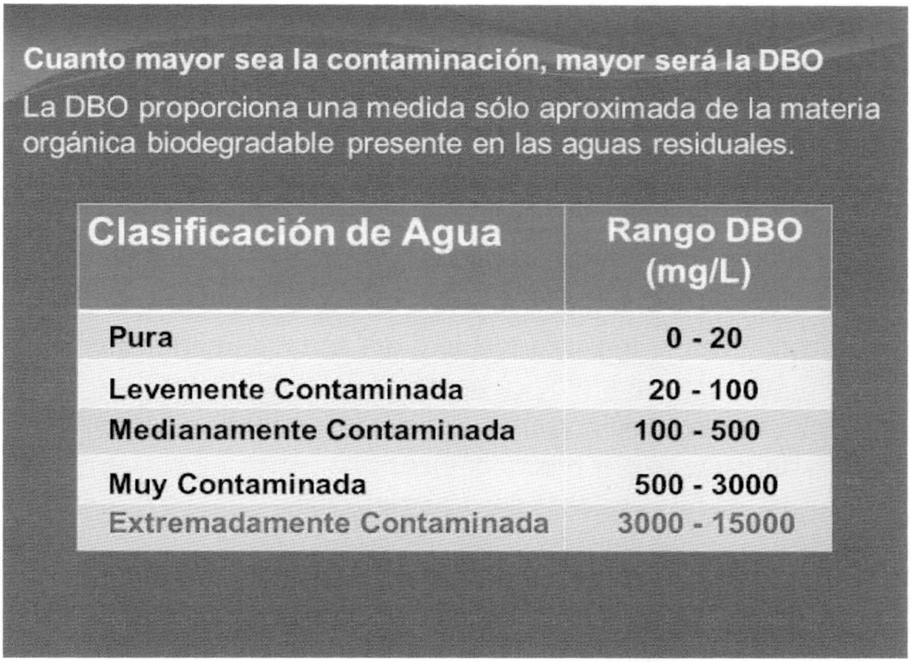
Cuanto mayor sea la contaminación, mayor será la DBO

La DBO proporciona una medida sólo aproximada de la materia orgánica biodegradable presente en las aguas residuales.

Clasificación de Agua	Rango DBO (mg/L)
Pura	0 - 20
Levemente Contaminada	20 - 100
Medianamente Contaminada	100 - 500
Muy Contaminada	500 - 3000
Extremadamente Contaminada	3000 - 15000

Figura 2.- Contaminación del agua según la DBO. Fuente: You Tube.

Desde hace ya muchas décadas no se puede esperar que el fenómeno de purificación natural acabe con todos los contaminantes que producimos. Hay que recurrir a sistemas "acelerados" de tratamiento de las aguas residuales.

En los países industrializados los problemas de contaminación de las aguas se presentan muy agudamente.

El tratamiento de aguas residuales procedentes de zonas urbanas es el más fácil de realizar ya que suele tratarse de aguas con una composición muy homogénea. No podemos decir lo mismo de las aguas procedentes de las industrias agroalimentarias.

Estas son muy distintas entre sí. Nada tienen que ver las vinazas procedentes de una bodega de vinos, con las aguas residuales procedentes de una industria láctea o de un matadero, aunque las etapas de tratamiento sean similares.

3. Demanda biológica de oxígeno (DBO) y demanda química de oxígeno (DQO)

La DBO y la DQO nos sirven para tener una idea del grado de contaminación y toxicidad del agua.

La DBO5 es la cantidad de oxígeno necesaria los 5 primeros días para descomponer la carga residual del agua, a una temperatura de 20ºC, bajo acción biológica aerobia.

Se suele dar en miligramos de oxígeno por litro, y también gramos de oxígeno por metro cúbico.

Otra forma de medida es la DBO en siete días.

Definición de la demanda química de oxígeno.

Por demanda química de oxígeno se entiende la cantidad de oxígeno (masa relacionada con el volumen) que hace falta para que se produzca la oxidación completa de sustancias orgánicas (el porcentaje mayor) e inorgánicas (de escaso significado). Esta demanda química de oxígeno se mide en mg/l de O_2.

La cantidad de oxígeno necesaria para la oxidación se obtiene con un fuerte agente de oxidación (aquí con bicromato de potasio). Durante la reacción se reduce el ión de cromo y pasa del nivel de oxidación (+VI) al nivel de oxidación (+III). La determinación de la demanda química de oxígeno sirve para medir las sustancias perjudiciales y para interpretar el grado de contaminación de las aguas residuales. También es un parámetro adicional importante para el propio control de conducciones e instalaciones de transformación de aguas residuales.

La relación DQO/DBO nos da una idea de la biodegradabilidad de los efluentes. Por ejemplo:

- Para valores de DQO/DBO < 2, estamos ante sustancias que se biodegradan con facilidad.
- Para valores de DQO/DBO > 2, las sustancias ya no se pueden biodegradar con facilidad.

Figura 3.- Sistema automatizado para la medición de la DQO. Fuente: HANNA Instruments.

4.- Las aguas residuales de los mataderos

En el sitio de Internet de la empresa **AGUAS INDUSTRIALES** (Alfaro. La Rioja), viene una descripción muy completa del origen y la composición de las aguas residuales de mataderos. Transcribimos a continuación esta interesante información:
"Para realizar los procesos de trabajo de un matadero, así como para mantener las condiciones higiénicas, es necesario un consumo elevado de agua, que podría establecerse en aproximadamente unos cinco litros de agua por kilo de peso vivo del animal.

Para las aves, se estima entre 5 y 10 litros de agua por animal. Para vacuno unos 500-1000 litros por pieza y en el caso del porcino unos 250-550 litros por pieza.

El consumo de agua de un matadero en España está comprendido en el rango 1- 6,4 m³/tonelada de canal (valor promedio de 3,4 m³/t canal). Este valor incluye el volumen total de agua de cualquier procedencia y destinada a cualquier uso, es decir, tanto la que se emplea en la zona de matadero propiamente dicha como la utilizada en operaciones auxiliares. El consumo de agua se incrementa notablemente cuando en el mismo establecimiento industrial se realizan operaciones de acondicionamiento de subproductos (tripería).

Respecto a la distribución del consumo de agua en un matadero, este se reparte en las siguientes actividades:

- Limpieza de instalaciones y equipos.
- Limpieza de vehículos.
- Limpieza de establos.
- Esterilización de utensilios.
- Lavado de producto.
- Escaldado.
- Agua de refrigeración.
- Aguas sanitarias.
- Calderas.

El lavado del producto y la limpieza de instalaciones y equipos representan el mayor consumo. La mayor parte del agua que se utiliza en mataderos acaba finalmente como corriente de agua residual.

Las principales fases del proceso de los mataderos en las que se producen vertidos líquidos son las siguientes:

Estabulación: los vertidos que se producen son las deyecciones y orines de las reses (purines), además de los restos de estiércol procedentes de la limpieza.

Desangrado: vertidos de sangre con elevada carga orgánica y nitrogenada. La sangre aporta una DQO total de 375.000 mg/litro y una elevada cantidad de nitrógeno, con una relación carbono/nitrógeno del orden de 3:4. Se estima que entre un 15% – 20% de la sangre va a parar a los vertidos finales representando una carga de 1 a 2 kg de DBO5 por cada 1.000 kg de peso vivo y este valor aumentaría hasta 5,8 kg de DBO5/t peso vivo si el vertido de la sangre es total.

Escaldado: vertido de aguas residuales con alta carga orgánica y un alto volumen (18 a 36 litros por cerdo). En esta fase se produce el pelado de la res, por lo que el vertido contendrá gran cantidad de pelo y sólidos en suspensión.

En el escaldado al ser una operación posterior al desangrado, el agua arrastrará residuos orgánicos como son pelos, sangre y grasa superficial, proporcionando una carga de 0,25 kg de DBO5/t peso vivo y el pelado una carga estimada de 0,4 Kg de DBO5/t peso vivo.

Evisceración: en esta fase se produce un vertido con gran cantidad de sólidos en suspensión tales como trozos de vísceras, grasas, sangre y contenidos digestivos. El volumen generado en esta fase es bajo en comparación con el resto de las fases.

Lavado de canales: residuos con elevada carga orgánica y productos desinfectantes, siendo alto el volumen de vertido.

Limpieza de equipos: la limpieza de los equipos y de las instalaciones genera un vertido con elevada carga orgánica y de alto volumen. Además puede haber concentraciones significativas de detergentes y desinfectantes que pueden afectar en el tratamiento posterior (pueden formar espumas).

Salado: en la operación de salado de los productos elaborados, hay que prestar especial importancia a la generación de vertidos salinos procedentes de los líquidos exudados por las piezas.

Productos cocidos: en la fabricación de productos elaborados cocidos, las aguas residuales industriales se producen en las operaciones de cocción, refrigeración y limpieza de instalaciones.

Contienen sangre, grasa, proteínas, azúcares, especias, aditivos, detergentes y desinfectantes. También se pueden encontrar fragmentos de piel y otros tejidos.

Productos curados: respecto a los productos curados, se generan vertidos fundamentalmente en la operación de lavado de perniles y en la limpieza de las instalaciones. Esta agua destaca por su alto contenido salino (sal y aditivos) y orgánico (sangre, grasa, proteínas, azucares, especias).

Las *aguas de limpieza de instalaciones* contienen también detergentes y desinfectantes. También se pueden encontrar fragmentos de piel y otros tejidos. La elevada conductividad de esta agua es difícilmente eliminable y plantea problemas importantes en los tratamientos biológicos de las estaciones de depuración de aguas residuales industriales.

Otra forma de clasificar, considerando su origen y el tipo de contaminante, los vertidos de aguas residuales que se generan en los mataderos, es la siguiente:

Aguas de limpieza de instalaciones y equipos: los contaminantes característicos de este tipo de vertido son variación del pH, sólidos en suspensión, materia orgánica, aceites y grasas y detergentes. Se estima que entre el 25% y el 55% del total de la carga contaminante de los vertidos de los matade-ros, medida en DBO5, son arrastradas por las aguas de limpieza.

Aguas procedentes de aseos y sanitarios: los contaminantes cuya presencia cabe esperar en el vertido son materia orgánica, sólidos en suspensión, amoniaco y detergentes.

Aguas pluviales: sólidos en suspensión, materias sedimentables.

Aguas del escaldado: de las reses de porcino y del lavado de las reses de ganado vacuno y porcino. Los contaminantes de este vertido son sólidos en suspensión y materia orgánica.

En general, estos efluentes contienen: sangre, estiércol, pelos, plumas, grasas, huesos, proteínas y otros contaminantes solubles.

Los vertidos generados en los mataderos de tipo polivalente (sacrificio de ganado porcino, vacuno, ovino, etc.) presentan las siguientes principales características:

Presencia de sangre: en función del tipo de sistema de recuperación de sangre dentro del matadero, se pueden tener distintos tipos de vertido. Un exceso en el vertido de sangre puede acarrear graves problemas en la planta de tratamiento, debido fundamentalmente al aumento de materia nitroge-nada y orgánica con el consiguiente incremento de la DQO y DBO5.

Presencia de grasas: al tratarse de residuos animales existe gran presencia de grasas, que deberían eliminarse para aumentar la posibilidad de tratar el vertido.

Presencia de sólidos sedimentables: existe una gran cantidad de sólidos que decantan fácilmente. Se trata de restos de piel y estiércol. Esto hace preciso una agitación en la balsa de homogeneización.

Presencia de pelos y restos animales: pelos y restos de vísceras en el vertido.

Debido a la diversidad de instalaciones de depuración de aguas en la industria cárnica, las distintas formas de operación y la heterogeneidad de las especies sacrificadas, resulta muy difícil caracterizar globalmente este agua. Incluso para una misma industria, día a día y, para cada día, hora a hora, el vertido que se produce es distinto, existiendo una enorme disparidad de datos, en ocasiones contradictorios Existen estudios que indican valores puntas de materia orgánica que superan al doble del valor medio diario de algunas instalaciones.
En general, los efluentes tienen altas temperaturas y contienen elementos patógenos, además de altas concentraciones de compuestos orgánicos y nitrógeno.

La relación promedio de DQO:DBO5:N en un matadero es de 12:4:1. Estos parámetros se emplean para el diseño de los sistemas de tratamiento.

Proteínas y grasas son el principal componente de la carga orgánica presente en las aguas de lavado, encontrándose otras sustancias como la heparina y sales biliares.

También contienen hidratos de carbono como glucosa y celulosa, y generalmente detergentes y desinfectantes. Cabe destacar que estas aguas presentan un contenido de microorganismos patógenos importante." Hasta aquí la información tan interesante que aparece en el sitio de Internet de **AGUAS INDUSTRIALES (Alfaro. La Rioja).**

5.- Fases del tratamiento de aguas residuales

Hay varias fases en el tratamiento de las aguas residuales (Figuras 4, 5 y 6):

- Purificación mecánica (decantación, tamizado, filtración, etc.).
- Purificación biológica (tratamiento bacteriano por ejemplo).
- Tratamiento químico (adición de floculantes por ejemplo).
- Tratamiento de los lodos formados en el proceso de depuración del agua.

Purificación mecánica.

La purificación mecánica se realiza haciendo pasar las aguas residuales por una serie de tamizados y decantaciones que consiguen separar hasta un 30-35% de las impurezas presentes.

En los tanques de decantación hay lodos más pesados que el agua y van al fondo, mientras que otros que son más ligeros, acaban flotando. Ambos son eliminados en esta fase mecánica.

Las aguas residuales pasan a la siguiente etapa que consiste en un tratamiento biológico que puede realizarse de dos formas:

- Purificación o filtración biológica.
- Lodos activados.

En ambos casos se trata de descomponer la materia orgánica por la acción de microorganismos (bacterias principalmente), como ocurre de forma natural en ríos, lagos, etc.

Purificación o filtración biológica.

La filtración biológica se lleva a cabo en unos depósitos de 2,5 metros de altura donde se colocan capas porosas de piedras molidas (escoria o macadam). El agua residual se rocía mediante boquillas sobre este lecho donde se inyecta aire, necesario para la vida de los microorganismos que trabajan en la descomposición de la materia orgánica.

Se trata por lo tanto de un proceso aeróbico en el que por rotura de esos compuestos orgánicos se produce CO_2, agua, nitratos, sulfatos, etc.

Así se forma una especie de fango que se envía a tanques de decantación separándose los lodos en forma de flóculos o grumos.

El procedimiento de lodos activados consiste también en unos tanques de aireación sobre los que se rocía el agua residual ya purificada mecánicamente. Van provistos de ventiladores para airear la masa a la vez que se agrega un cultivo de microorganismos (los lodos activados) para que cumplan su misión purificadora.

Los lodos depositados se retiran del tanque. Una pequeña parte retorna a dicho tanque como "activador" para continuar el proceso.

Los lodos, antes de que se pudran deben tratarse. Ello se puede hacer por:

- *Concentración* (eliminación de agua).
- *Fermentación* en una cámara de digestión por la acción de bacterias que producen metano y dióxido de carbono, dando lugar a un "lodo digerido" que se puede enviar a un decantador centrífugo para su espesamiento y separación de los líquidos. Éstos, que están muy contaminados, se reciclan al proceso para su purificación.

Los lodos se llevan por una cinta transportadora hasta un contenedor quedando disponibles para su uso o eliminación.

Con estos sistemas que hemos descrito se pueden eliminar el 95% de la carga contaminante inicial de las aguas.

También se puede llevar a cabo un tratamiento químico en conjunción con el biológico o después de éste.

Consiste en la utilización de productos floculantes (sulfatos férricos y alumínicos) para conseguir la eliminación del fósforo.

El fósforo de las aguas residuales proviene de los excrementos humanos y residuos orgánicos (70%) y de los detergentes (30%). Por ejemplo, en el caso de las aguas residuales urbanas, se recogen de 2 a 4 gramos de fósforo por persona y día. Si se aplica solamente el tratamiento biológico, se consigue eliminar el 20-30% del fósforo, mientras que con los floculantes químicos se elimina prácticamente el 100%.

En el caso de las aguas residuales industriales hay que tener en cuenta su diversidad, por lo que se pueden presentar muchos tipos de productos inorgánicos (hierro, fósforo, mercurio, cobre, etc.).

6.- Filtración mecánica

En el sitio de Internet de **INNOVAQUA**, empresa muy preparada tecnológicamente y especializada en el tratamiento del agua, viene una información muy interesante sobre la filtración mecánica, que transcribimos a continuación:

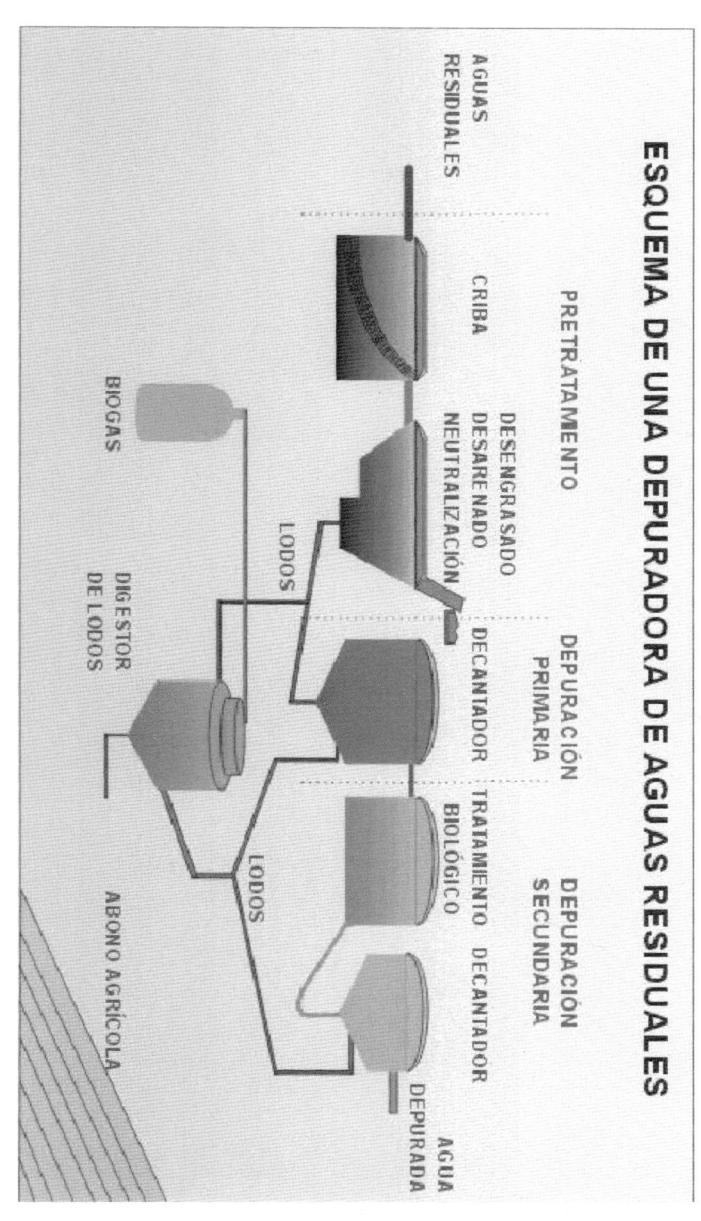

Figura 4.- Esquema del proceso de depuración de agua residuales. Fuente: Aprender es Avanzar.

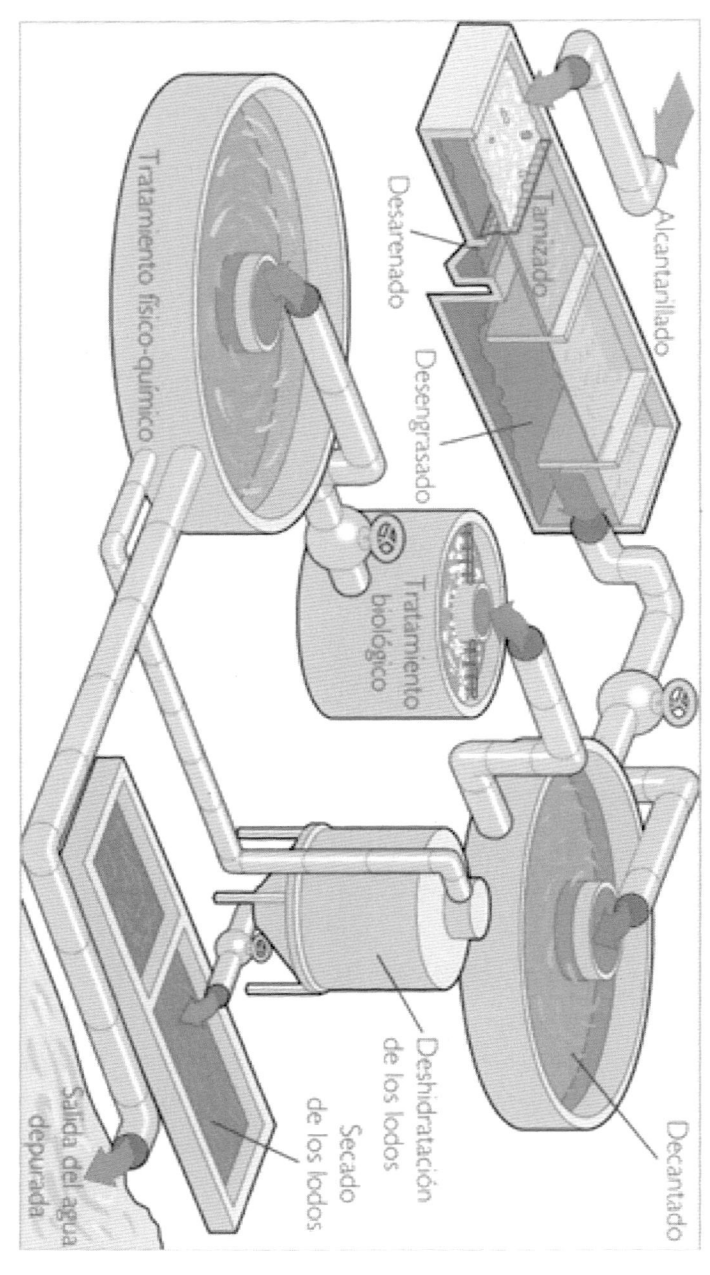

Figura 5.- Tratamiento de aguas residuales. Fuente: CMC Fátima.

"La correcta eliminación de los sólidos en suspensión es uno de los factores clave que determinan el buen funcionamiento de los sistemas de recirculación. Estas sustancias en suspensión no solamente disminuyen la visibilidad, sino que también tienen un impacto negativo en la calidad del agua, en el rendimiento de los equipos de tratamiento de agua y, además, pueden comprometer el desarrollo de muchas especies acuáticas.

La eliminación de estas partículas puede realizarse a partir de diferentes equipos en función de las necesidades específicas de filtración:

- Filtros de tambor.
- Filtros de arena.
- Filtros de cartucho.
- Filtros de bolsa.

Veamos primero los **filtros de tambor**. Su principio de funcionamiento es sencillo: el líquido que se va a filtrar se vierte en un tambor rotativo. La periferia del tambor está compuesta de sólidas mallas en inoxidable. Las impurezas mayores que las perforaciones quedan atrapadas en la cara interior de las placas filtrantes.

El tambor gira lentamente (3-8 rpm, según el modelo) arrastrando las impurezas fuera del agua. Una rampa de enjuague situada en la parte superior del tambor, limpia entonces las placas para evacuar las impurezas en el canal de salida de los lodos.

Los filtros han sido diseñados para resistir a cualquier corrosión, puesto que han sido construidos en acero inoxidable 304L o en acero inoxidable 316L para las aplicaciones en agua salada.

Apenas requieren mantenimiento. El interés de estos filtros reside en las placas de filtración. Construidas completamente en acero inoxidable, pueden remplazarse en sólo unos minutos gracias a un sistema de fijación exclusivo.

Existe una amplia gama de filtros de arena para múltiples caudales y modalidades de manejo.

Son filtros fabricados en poliéster y fibra de vidrio, cargados con un medio filtrante de arena natural con un alto contenido en sílice y con una granulometría entre 0,5 y 1,0 mm.

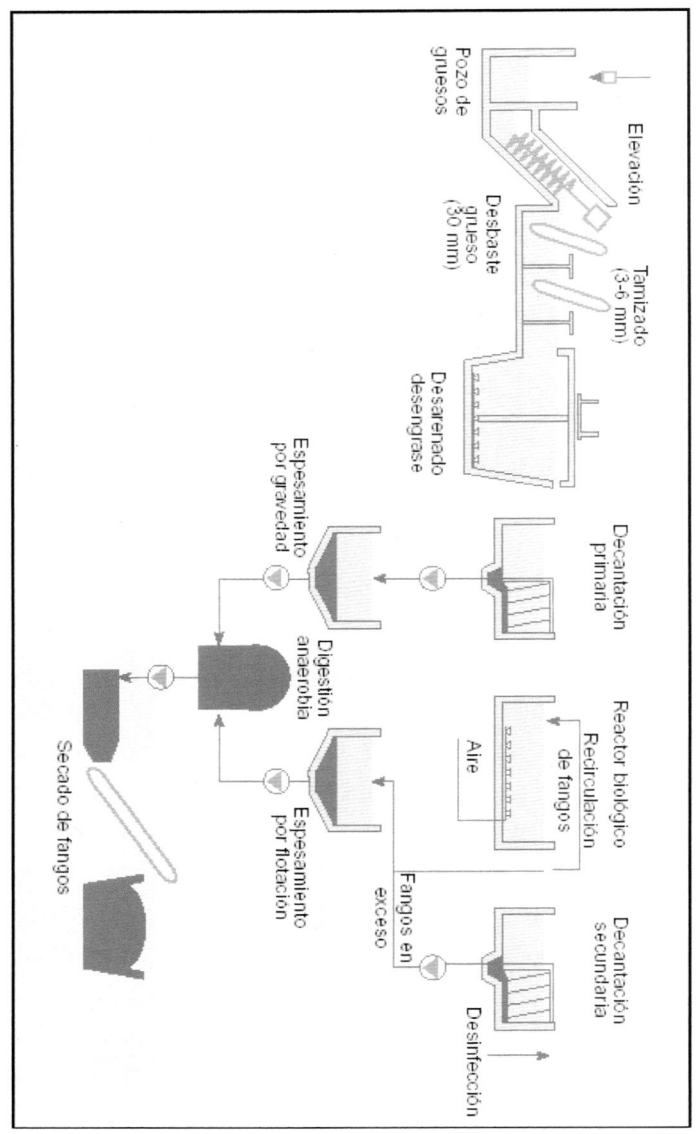

Figura 6.- Fases del tratamiento de aguas residuales.
Fuente: dfarmacia.com

Además de la capa de medio filtrante, suele colocarse una capa de soporte con un medio más grueso formado por grava (hasta 5mm).

Además de los tradicionales filtros de arena verticales, también existen filtros horizontales más adecuados en aquellos casos en que se requiere tratar grandes volúmenes de agua optimizando el espacio disponible.

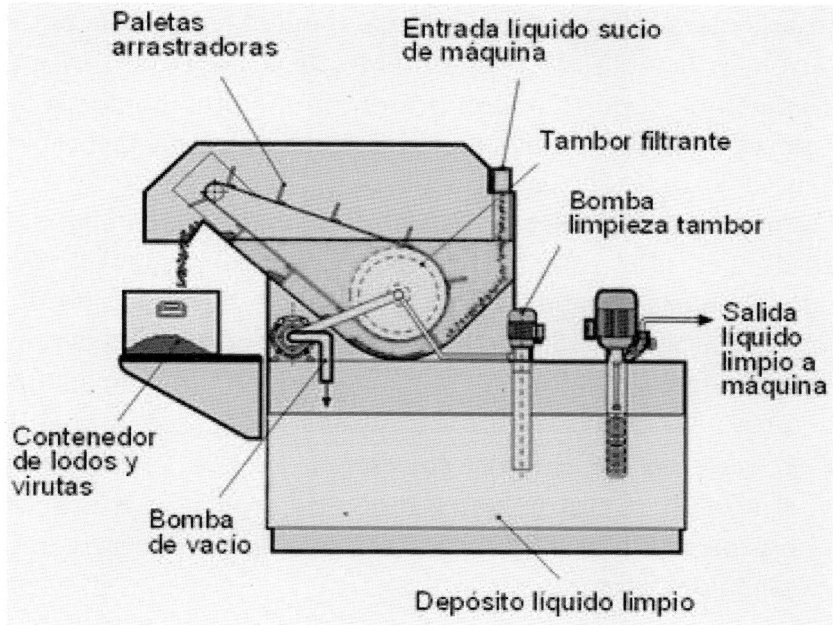

Figura 7.- Filtro de tambor. Fuente: IRUDEX Brasil.

 Existen unos parámetros muy concretos que hay que tener en cuenta en el momento de seleccionar el filtro de arena más adecuado para cada tipo de instalación:

- *La velocidad de filtración* indica el volumen de agua que se filtra por unidad de tiempo y por unidad de superficie. A menor velocidad se retienen partículas más pequeñas, aumentando mucho el rendimiento de la filtración.

- *La altura del lecho filtrante*: Una altura mayor del lecho de arena permite un mayor volumen para la retención de partículas y por tanto incrementa el rendimiento del filtro. La altura del lecho filtrante recomendada es de 1,2 metros ya que permite, además, la utilización de lechos filtrantes multimedia.

- *El medio filtrante utilizado*: A menor granulometría el tamaño de partículas retenidas disminuye pero aumenta la presión necesaria para filtrar el agua. Una medida adecuada para la filtración es la utilizada comúnmente de 0,4-0,8 mm. La grava utilizada como soporte puede presentar una granulometría de 1 a 2 mm, y se utiliza para cubrir el sistema colector, favorecer el drenaje del agua y el lavado del filtro.

- *El tipo de sistema colector del filtro*: Se trata de los elementos internos del filtro que permiten recoger el agua filtrada y canalizarla hacia la salida del filtro. Su papel es muy importante durante el contra-lavado de la arena, puesto que deben distribuir el agua de forma uniforme. Se dispone de 2 tipos de sistemas colectores:

- *El sistema de brazos colectores*, donde unos tubos ranurados se distribuyen a modo de espina o estrella. Los brazos se unen en un colector que se comunica con la salida del filtro.

- *Las placas de crepinas*. Se trata de una placa horizontal en la parte baja del tanque sobre la que descansa el medio filtrante. En ésta se distribuyen uniformemente un número determinado de crepinas ranuradas encargadas de recoger el agua filtrada. Este sistema permite una excelente distribución del agua durante el contra-lavado y es muy apropiado para aquellos casos en que se requiera un lavado con aire.

El lavado de los filtros de arena es un proceso fundamental que, realizado correctamente, permite restablecer la capacidad de filtración del filtro.

Con el tiempo, el lecho filtrante del filtro de arena se colmata con las partículas retenidas y es necesario eliminarlas.

Al mismo tiempo, debido al desarrollo bacteriano, el lecho también se apelmaza con lo cual se requiere disgregar de nuevo el medio para permitir un paso homogéneo del agua por todo el lecho filtrante.

El lavado se aconseja realizarlo a una velocidad de 40 m/h si es con agua, y se realizará cuando la pérdida de carga al filtro aumente entre 0,5 y 0,8 bar.

La filtración por cartuchos consiste en hacer circular un fluido por el interior de un portacartuchos en el que se encuentran alojados los cartuchos filtrantes. El fluido atraviesa el cartucho filtrante dejando en éste retenidas las partículas cuyo tamaño sea mayor que el de los poros del cartucho.

La filtración por cartuchos es la técnica de filtración más aconsejada para aquellas aplicaciones cuyas exigencias en cuanto a calidad y seguridad sean elevadas. Los cartuchos filtrantes pueden estar fabricados en diferentes materiales: polipropileno, polietersulfona, ptfe, celulosa, nylon, acero inoxidable, etc., determinándose el empleo de uno u otro en función de las características del fluido a filtrar y de la calidad final deseada.

Los cartuchos filtrantes pueden ser de diferentes clases en función del tipo de filtración que se pretenda conseguir, y así pueden ser:

- *Filtros en profundidad*: filtración de desbaste, clarificación y abrillantado de productos. Admiten altas cargas de contaminantes.
- *Filtros plisados*: filtración de abrillantado de productos y protección de cartuchos de filtración final. Admiten bajas cargas de contaminantes.
- *Filtros inorgánicos*: filtración en superficie, sólo trabajan por tamizado. Admiten bajas cargas de contaminantes.

- *Filtros de membrana*: filtración final esterilizante. Poseen una guía de validación de sus resultados de filtración. Integridad que se puede probar por procedimientos estándares no destructivos correlacio-nados con la retención bacteriana.

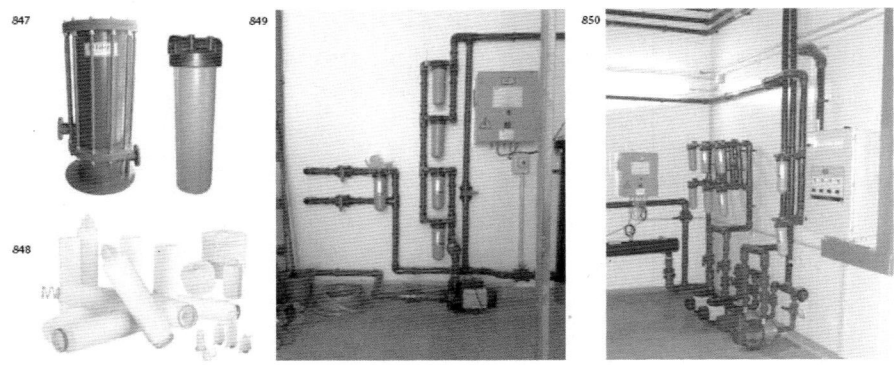

Figura 8.- Filtración por cartuchos.
Fuente: INNOVAQUA.

La *filtración por bolsa* está especialmente indicada para aquellas aplicaciones en que el fluido a filtrar tienen grandes concentra-ciones de contaminantes, o son fluidos especialmente viscosos, necesitándose para ello un medio filtrante que sea fácil de utilizar, que admita grandes caudales y con un coste de filtración lo más económico posible.

Consiste en hacer circular el líquido a filtrar a través de una bolsa filtrante que se encuentra alojada en un portabolsas, quedando las partículas retenidas en la misma.

Las bolsas pueden elegirse entre una amplia variedad de tamaños y materiales de construcción (polipropileno, poliéster) aprobados por la FDA (Food and Drug Administration, USA) y con un amplio rango de filtración (de 1 a 1000 micras), que se adapta prácticamente a cualquier aplicación.

Los portabolsas están disponibles en aleaciones especiales, acero inoxidable, acero al carbono y materiales poliméricos, y con diferentes tamaños, desde equipos de una bolsa a equipos multibolsa."

Hasta aquí la interesante información de **INNOVAQUA**.

7.- Tratamiento de las aguas residuales de mataderos e industrias cárnicas

Según el tamaño del matadero, animales sacrificados y extensión en el aprovechamiento de subproductos, tendremos variaciones importantes tanto en el volumen de aguas residuales como en su carga contaminante. Las aguas residuales de un matadero vienen de todas las secciones del mismo (matanza, tripería, despiece, subproductos, etc.) con cargas contaminantes diferentes (DBO y DQO).

El agua residual fluye de las salas de tripería, línea de matanza, tratamiento de subproductos, despiece, enlatado, etc., hacia un lugar común donde el primer tratamiento que reciben es su tamizado para separar todas las impurezas sólidas posibles.

Como se indica en la Tabla 1 la mezcla de todas las aguas residuales del matadero suele tener una DBO5 de 1200 a 2.200 mg/litro.

Es importante saber que por término medio, se suelen usar 7 a 10 metros cúbicos de agua por tonelada en vivo de animales sacrificados y que la Demanda Biológica de Oxígeno referida al peso de los animales es de 9-15 kg/1000 kg.

En la Tabla 1 vemos datos relativos a las cargas contaminantes de la sangre, agua de lavado de tripas, etc., así como los litros de agua consumidos por tonelada en vivo de animales sacrificados.

Es necesario considerar que los efluentes muy diluidos son caros de tratar. Además, se debe procurar que la composición de las aguas residuales sea lo más constante posible.

Para ello es aconsejable mezclar los efluentes de las distintas secciones del matadero y enviarlos a un depósito común, regulador del flujo de aguas entrantes a la planta de tratamiento.

Tabla 1.- Caracterización de las aguas residuales de un matadero con un sacrificio promedio de 415 animales diarios. Fuente: CIDI-UPB. Tecnologías Limpias.

Parámetros	Concentración	Carga (Kg/día)	Kilos de contaminantes Ton. Carne en canal
Sólidos totales (mg/l)	3824	3180.54	33.27
Sólidos disueltos (mg/l)	2020	1680.10	17.57
Sólidos suspendidos (mg/l)	1804	1500.44	15.69
Sólidos sedimentables (mg/l-h)	50		
DQO (mgO$_2$/l)	5575	4636.90	48.50
DBO (mgO$_2$/l)	2669	2219.89	23.22
Nitrógeno Orgánico (mgN/l)	10.64	8.85	0.093
Nitrógeno Amoniacal(mgN/l)	30.8	25.62	0.27
Fósforo Total (mgP/l)	39.57	32.91	0.34
Grasas - Aceites (mgGA/l)	2044	1700.06	17.78

Tabla 2.- Carga contaminante de los líquidos de un matadero.

	DBO5	Litros de agua/tonelada de animal vivo	DBO5 en kg/tonelada
1.- Sangre cruda animal	200.000 mg/litro	35	7,0
2.- Agua de lavado de tripas y contenidos intestinales	80.000 mg/litro	35	2,8
3.- Agua residual de plantas de fusión de grasas	20.000 mg/litro	14	0,28
4.- Agua residual de plantas de harina de subproductos	2.000 mg/litro	45	0,10
5.- Agua residual de planta de deshidratación de sangre	4.000-6000 mg/litro	26	0,15
6.- Total de matadero	1.200-2.200 mg/litro	8.000-10.000	9,15

Se debe mantener un pH constante (se recomienda que sea del orden de 6,7 a 7,2), ya que los microorganismos responsables del tratamiento biológico trabajan mejor entre unos determinados márgenes que hay que mantener.

A este respecto, hay que tener cuidado con la descarga de las soluciones de limpieza que contienen álcalis (sosa cáustica sobre todo) y ácidos (nitritos). Si es preciso se deben neutralizar.

Se puede alargar la vida útil de estas soluciones de limpieza por centrifugación que separa las impurezas y grasas, dejándolas listas otra vez para su empleo (basta con reponer las concentraciones adecuadas de detergentes). Esto redunda también en una menor carga de aguas residuales.

La polución de un matadero se suele relacionar con el tipo de animal sacrificado. Así por ejemplo:

- Se suelen producir de 0,6 a 1,3 toneladas de aguas residuales por cerdo sacrificado.
- Se suelen producir de 1 a 2,5 toneladas de agua residual por cada vacuno sacrificado.

Según la legislación de la mayoría de los países, no se permite la descarga directa a ríos y lagos de aguas industriales cuando tienen un DBO5 superior a 20-30 mg/litro. Si las aguas de una industria se descargan en una depuradora de aguas residuales urbanas, la DBO5 debe ser similar a las aguas de la ciudad, es decir de 250-300 mg/litro, con un pH neutro y temperatura no superior a 40-50ºC.

Pero hemos visto que en el caso de las aguas residuales de los mataderos, su carga contaminante es 1.200 a 2.200 mg/litro, por lo que no se pueden enviar a una depurada municipal. Deben sufrir un tratamiento aparte.

Veamos ahora una instalación completa de tratamiento de aguas residuales de un matadero (Figura 9).

- *Tamizado*. Las aguas pasan en primer lugar por un tamiz para eliminar impurezas sólidas tales como pelos, trozos de carne, arena, etc. Como hemos dicho antes, también se puede ajustar el pH (6,7 a 7,2) mediante la dosificación de ácido sulfúrico o sulfato de aluminio.

- *Depósito de mezcla y regulación*. Después se envía el agua residual tamizada a un depósito de regulación y mezcla. De este modo se mezclan las aguas procedentes de las distintas secciones del matadero.

Tabla 3.- Residuos sólidos de un matadero con un sacrificio diario de 415 reses diarias (cifra media). Fuente: Encuesta UIS-IDEAM. Tecnologías Limpias.

RESIDUO SÓLIDO	CANTIDAD (Kg/Tonelada de producto)
Estiércol	4,35
Sangre	66,95
Patas	52,30
Cabezas	65,90
Piel	139,12
Vísceras blancas (con contaminación del rumen)	230,13
Vísceras blancas	95,19
Fetos	5,23
Otros (cuernos, sebos, orejas, cartílagos)	69,04

- *Tanque de flotación*. En este tanque se inyecta aire en las aguas recogiendo en la parte de arriba lodos con aproximadamente un 10% de materias sólidas.
- *Neutralización del agua limpia*. El agua ya más limpia, se recoge por la parte inferior del depósito y se neutraliza con CaO si se usó sulfúrico en el ajuste del pH.

- *Los lodos pasan a un sistema para su espesamiento*. En dos tanques provistos con agitadores, se les añade sangre cruda y CaO (para su neutralización hasta pH 6,5-7).
- *Coagulación.* Se calientan entonces los lodos hasta 60-65ºC y se les envía a un coagulador donde por inyección directa de vapor se produce la precipitación de las proteínas presentes.
- *Separación centrífuga.* En esta máquina que ya hemos estudiado en otras ocasiones, se produce la separación de agua (aún contaminada y que se envía al tanque de mezcla para su tratamiento), y lodos concentrados.

Existen otras posibilidades de tratamiento de estos efluentes. Así tenemos:

Evaporación.

Esta es la más radical de las soluciones y por supuesto muy cara teniendo en cuenta el precio actual de la energía. Se suelen utilizar evaporadores de varios efectos con objeto de reducir el consumo de vapor. Normalmente se presentan problemas de incrustaciones en los tubos del evaporador. El concentrado obtenido, de aspecto denso y viscoso, puede ser utilizado como pienso, siempre y cuando no contenga demasiadas impurezas y productos químicos tóxicos.

A pesar del alto coste energético de este tipo de instalaciones, existen varias de este tipo en industrias cárnicas.

Diálisis.

A través de una membrana, para separar los sólidos e impurezas de pequeño tamaño de forma que queda un agua bastante limpia. Es un sistema interesante ya que consume poca energía en comparación con la evaporación.

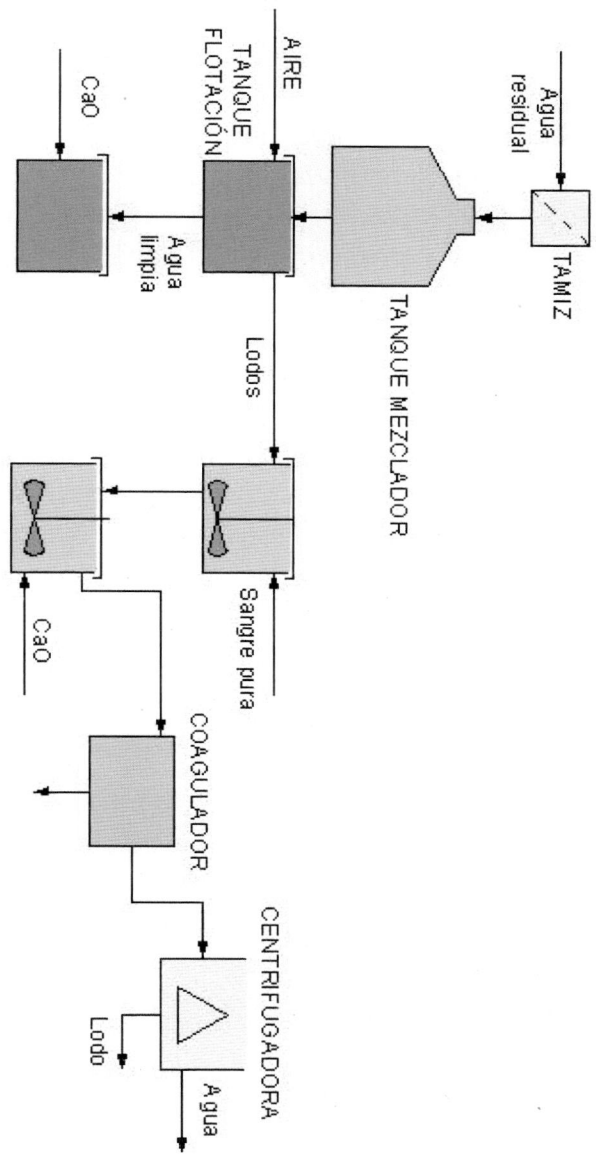

Figura 9.- Esquema de una instalación para el tratamiento de aguas residuales procedentes de un matadero.

A continuación vamos a ver un ejemplo de una EDAR (Estación de Depuración de Aguas Residuales) realizada por **Proyectos Navarra** en la empresa **Jamón Salamanca**.

En su sitio de Internet nos dan los siguientes datos:

"Depuradora aguas residuales Jamón Salamanca.

Proyectos Navarra ha desarrollado el proyecto y la dirección de obra junto con Yacutec de la depuradora de aguas residuales del complejo cárnico (matadero, secadero, fábrica embutidos, etc.) en Salamanca.

Cliente: Jamón Salamanca SA.

Capacidad de la industria: 2.000 cerdos/día.

Bases de diseño: Caudal 900 metros cúbicos/día.

DQO (Demanda Química de Oxígeno): 3.500 mg/litro.

SST (Sólidos totales en suspensión): 500 mg/litro.

Efluente:

Vertido a cauce público: DQO < 100mg/litro. SST < 10 mg/litro.

Características EDAR (Estación de depuración de aguas residuales).

Tecnología MBR:

Figura 10.- Equipo de bombas en la estación de depuración de aguas residuales de Jamón Salamanca. Fuente: Proyectos Navarra.

Pozo de bombeo. Separación de sólidos. Homogeneización de las aguas. Tratamiento Físico-Químico (DAF). Reactor biológico con módulos con membranas externas. Depósito para fangos. Deshidratación por centrífuga. Arqueta tomamuestras.
Ubicación: Mozárbez – Salamanca." Fin de la cita.

8.- Tratamiento de aguas residuales de las industrias del pescado

Aunque no es el tema de este libro, no está demás estudiar brevemente el tratamiento de las aguas residuales de la industria del pescado.

Los residuos que generan las industrias del pescado suelen ser de dos tipos:

1. *Trozos de pescado*, ricos en proteínas y grasas, que se utilizan para producir harinas y aceites de pescado.
2. *Aguas residuales* ricas en aceites e impurezas sólidas. En este caso se procede a la separación del aceite y las impurezas por filtración o centrifugación.

En los sistemas de producción de harinas y aceites de pescado por vía húmeda, se produce como efluente la llamada "agua de colas" que se caracteriza por tener una cierta cantidad de sólidos disueltos (7-8%) y de sólidos en suspensión (1%). En total, estos sólidos vienen a representar el 20% del contenido en proteínas del pescado procesado. Por ello es vital concentrar y secar esta agua de colas y convertirla en harina.

Ya hemos dicho anteriormente que lo mejor es utilizar evaporadores de varios efectos para disminuir el consumo energético.

En estos evaporadores el agua de colas se concentra hasta un 30-50% de materias sólidas. Después se procede a un secado hasta dejar el producto con solo un 8-10% de humedad, con lo que ya tenemos la harina de pescado lista para ser almacenada, sin problemas de desarrollo de microorganismos.

El factor limitante en el proceso de concentración en el evaporador, es el aumento de la viscosidad del agua de colas al ir perdiendo humedad. Se ha visto que con la adición de enzimas (*alcalasas*) se pueden descomponer las proteínas de elevado peso molecular en péptidos más pequeños, lo que supone reducir la viscosidad de las aguas de colas, con lo que el evaporador funcionará en mejores condiciones y se podrán conseguir concentraciones más altas.

La enzima debe agregarse al agua de colas cuando su concentración en sólidos es baja, para que la acción enzimática tenga tiempo de producirse antes de que se empiece a concentrar demasiado el agua de colas. Se debe añadir a una temperatura de 55-60ºC, manteniéndose así durante unos 30 minutos para que se produzca la descomposición de las proteínas.

No se necesita ningún ajuste del pH del agua de colas, ya que suele estar comprendido entre 6 y 8. Las dosis aproximadas de alcalasa son de 1 a 5 gramos por kilo de materia seca del agua de colas. A temperaturas superiores a 90ºC se produce la inactivación de esta enzima.

9.- Usos diversos de los lodos

Aunque hemos mencionado su secado, en general las instalaciones de aguas residuales acaban el tratamiento de los lodos sin llegar a esa fase de evaporación y secado. Por ello, después de la centrifugación tenemos unos lodos con el 18-20% de sólidos.

Son muchas las regiones que utilizan estos lodos como acondicionador de suelos para cultivo. Sin embargo se han fijado algunas limitaciones para este uso: no deben contener más de 15 mg de cadmio, 300 mg de plomo y 8 mg de mercurio por kilogramo de materia seca si se quieren emplear como fertilizantes.

Como regla general no hay unas disposiciones claras, incluso en países muy avanzados, que regulen el uso de los lodos en agricultura.

Se han llevado a cabo estudios para demostrar su efecto beneficioso sobre las cosechas. Por ejemplo, se han realizado ensayos comparativos fertilizando campos de maíz con estiércol y con lodos. El resultado fue que no existían diferencias apreciables en los rendimientos en maíz conseguidos en unas y otras parcelas. Con referencia a los contenidos en metales de los tejidos de la planta o de agua del suelo, tampoco se observaron diferencias.

Se fabrican fertilizantes a base de mezclar arena con hojas y lodos, utilizados con éxito en el cultivo de plantas ornamentales.

En algunos parques públicos se están utilizando lodos y en USA se hacen investigaciones para su uso como material base para el asfalto de carreteras.

Un problema íntimamente ligado con el vertido de las aguas residuales, al que no se le ha dado mucha importancia, es la presencia en las mismas de microorganismos infecciosos tales como la *salmonella*.

Si utilizamos los lodos infectados como fertilizantes, existe el riesgo de que la infección alcance a las personas y a los animales domésticos.

Por ello es importante el tratamiento de los lodos para conseguir la inactivación de los microbios patógenos. Existen varios sistemas para ello:

- *Mezcla con fangos activados*. Es una operación laboriosa y necesita mucha mano de obra.
- *Tratamiento químico*. Se hace con ozono, cloro o hipoclorito, pero resulta caro.
- *Radiación con rayos gamma*. Se emplean isótopos tales como el cobalto 60 que debe ser manejado con cuidado.

- *Tratamiento térmico* (pasteurización). Es quizás el método más conveniente y seguro. Como ya sabemos, el efecto letal de la pasteurización depende de la temperatura y de la duración del tratamiento térmico. Cuánto más alta sea la temperatura más se podrá reducir la duración del tratamiento. En la Tabla 4 vemos los resultados de pruebas efectuadas con lodos. Se ve claramente cómo a partir de los 80ºC de temperatura, mantenida durante 5 minutos, se destruyen totalmente la *Escherichia coli* y la *Salmonella typhosa*.

Tabla 4.- Pasteurización de lodos procedentes de aguas residuales. Fuente: Alfa-Laval.

Recuento de bacterias	Lodos no tratados	5min/75 ºC	5min/80 ºC	5min/90 ºC	5min/95 ºC
Aeróbicas ml 37ºC	1.500.000	350.000	320.000	250.000	230.000
Anaeróbic as ml 37ºC	1.800.000	400.000	350.000	270.000	200.000
E. Coli por 100 ml	1.300.000	1.000	Negativo	Negativo	Negativo
Salmonell a typhosa	Positivo	Negativo	Negativo	Negativo	Negativo

En el sitio de Internet de la empresa **HRS Heat Exchangers**, especialista en la fabricación de intercambiadores de calor, se ve cómo se puede realizar este tratamiento térmico de los lodos. Transcribimos:

"Para el calentamiento de los lodos y fangos recomendamos nuestros intercambiadores de calor de la serie DTI, modelos de tubo corrugado de doble tubo (tubo en tubo).

Así se aprecia en la Figura 11. Este intercambiador es ideal para el calentamiento de los lodos en plantas de tratamiento de lodos y fangos o para el calentamiento de los lodos en digestores anaeróbicos. El tubo corrugado incrementa el ratio de transferencia térmica lo que resulta en intercambiadores de calor de menos área (menos costo y menos pérdida de presión). La turbulencia añadida por la corrugación del tubo también permite que se produzca un menor ensuciamiento en la pared de los tubos.

El resultado son ciclos de trabajo mayores. El gran diámetro del tubo interior permite el trasiego de los lodos que pueden contener grandes partículas sin que se produzcan obstrucciones. Esto salva los problemas que ocurren a menudo con los intercambiadores en espiral tradicionales utilizados en el proceso de lodos y fangos."

Hasta aquí la interesante información de **HRS Heat Exchangers**.

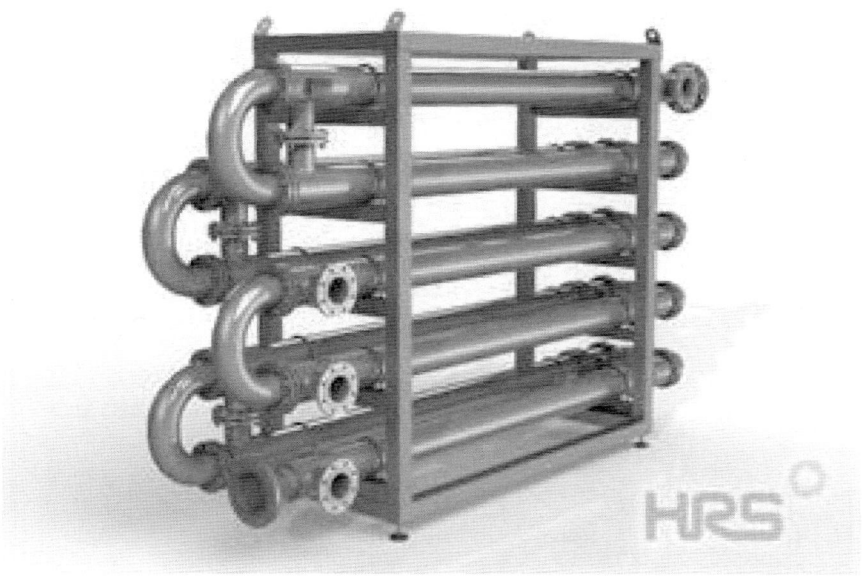

Figura 11.- Intercambiador de calor con tubos corrugados para el tratamiento de lodos. Fuente: HRS Heat Exchangers.

10.- Digestión anaerobia de los lodos

Este procedimiento consiste en atacar los lodos por microorganismos en un ambiente pobre en oxígeno. Las bacterias anaerobias descomponen las materias orgánicas presentes, desprendiéndose en el proceso CO_2, amoniaco, hidrógeno y sobre todo metano que es un gas que se puede utilizar como fuente energética.

Los lodos obtenidos por digestión anaerobia son homogéneos, de color oscuro, sin olor y con 94-97% de agua. Si se envían a un decantador centrífugo se pueden concentrar hasta llegar al 25% de materias sólidas, con lo que ya se pueden utilizar como fertilizantes.

En la Figura 12 se ve con más detalle el proceso de digestión anaerobia de deyecciones ganaderas con producción de biogás (metano) que puede aprovecharse como fuente energética.
En España se ha hecho un esfuerzo enorme en el tratamiento de aguas residuales, tanto municipales como industriales.
La industria agroalimentaria ha sido pionera en este tema.

Tabla 5.- Composición media del biogás generado en un reactor anaerobio. Fuente: Metcalf & Eddy, Inc. Ingeniería de aguas residuales. McGraw Hill. MILIARIUM. Ingeniería y Medio ambiente.

Compuesto	Tanto por ciento	Compuesto	Tanto por ciento
CH4 Metano	60-80	CO Monóxido de carbono	0-0,1
CO2 Dióxido de carbono	20-40	N2 Nitrógeno	0,5-3
H2 Hidrógeno	1-3	Otros (SH2, NH3...)	0,5-1
O2 Oxígeno	0,1-1	Agua	Variable

Muchas de las plantas de tratamiento de aguas residuales en España han sido financiadas por la Unión Europea.

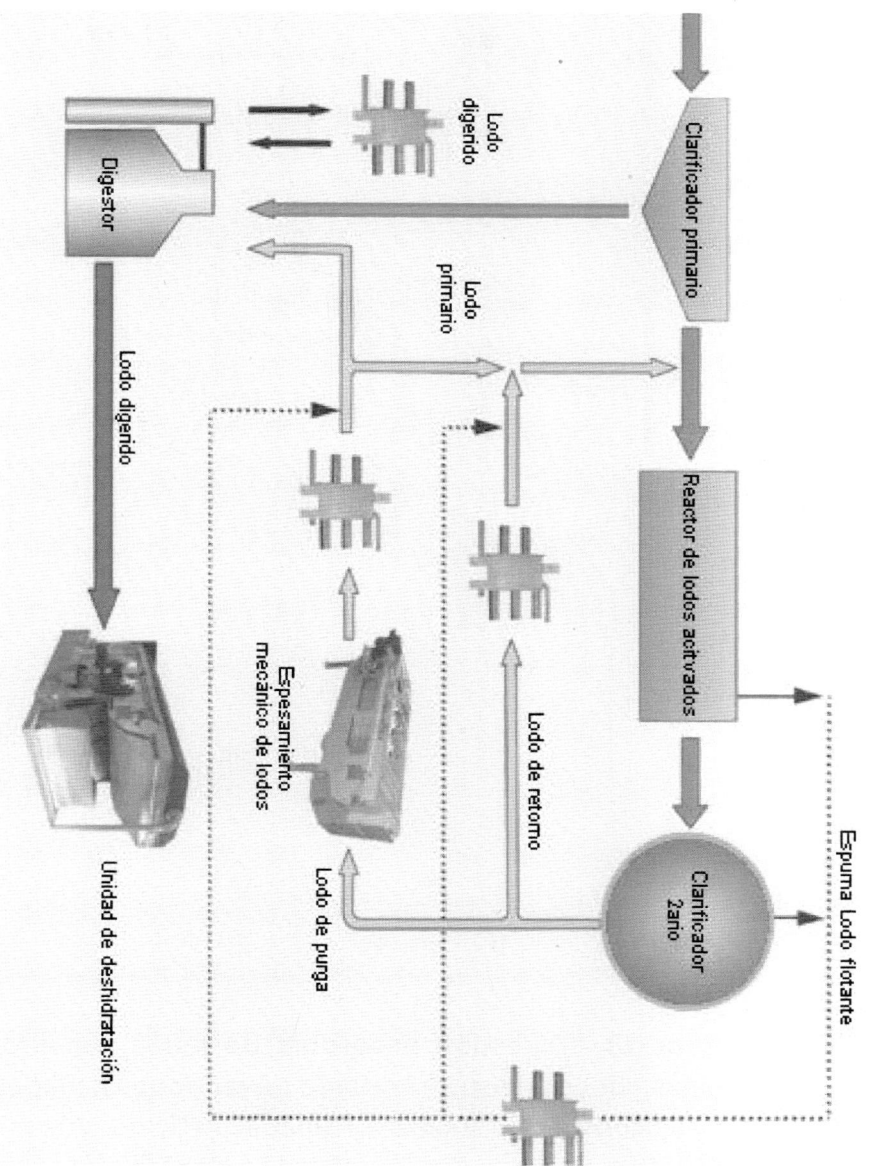

Figura 12.- Tratamiento de aguas residuales con una etapa final de digestión anaerobia de los lodos. Fuente: ULTRA WES. Wasser & Umwelttechnologien.

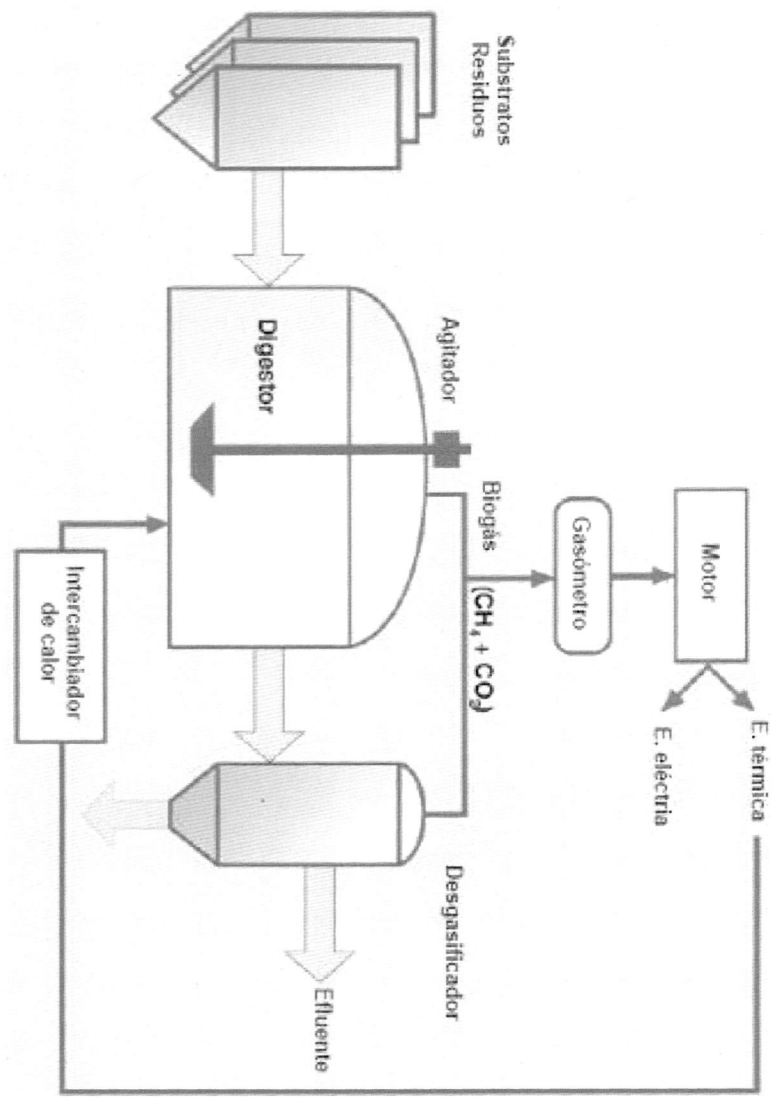

Figura 13.- Digestión anaerobia de lodos con producción de biogás. En este caso se trata de deyecciones ganaderas. Fuente: 3tres3.com. Enric Vilalta i Famada. Artículo: Algunos aspectos de la digestión anaerobia aplicada a deyecciones ganaderas.

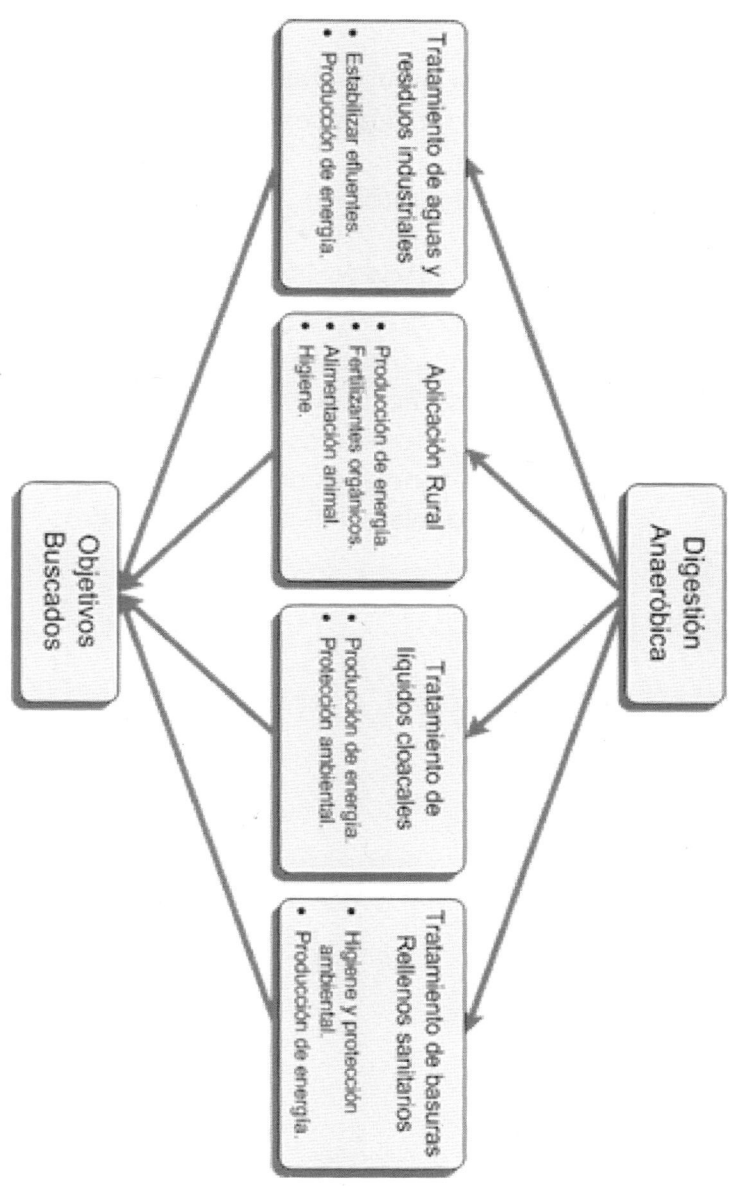

Figura 14.- La digestión anaeróbica es un proceso que tiene numerosas aplicaciones. Fuente: aitasc.com

11.- Ejercicios prácticos. Las soluciones al final del libro.

1.- Enumerar las dos grandes categorías de instalaciones de tratamiento de aguas residuales

2.- ¿Qué es la DBO%?

3.- Qué es la DQO?

4.- Enumerar las fases del tratamiento de aguas residualesçç5.- Por cerdo sacrificado se suelen producir:
   a) 0,6 a 1,3 toneladas de aguas residuales.
   b) 1 a 2,5 toneladas de aguas residuales.
   c) 4 a 6 toneladas de aguas residuales.

CAPÍTULO 13 JAMONES

1.- Jamones curados

El jamón curado es uno de los productos más nobles de la chacinería española, que cada día consigue más renombre a nivel internacional.

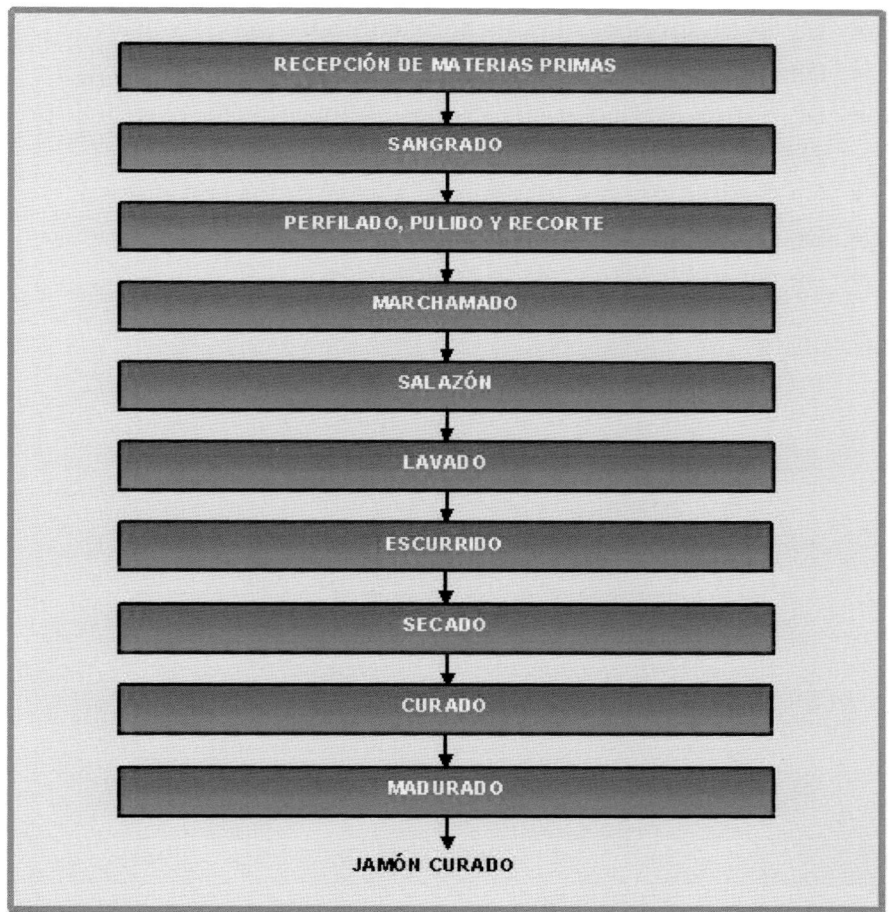

Figura 1.- Esquema del proceso de elaboración del jamón curado. Fuente: Laura García Roche y Verónica Olmo Enjuto. Institut de Ciences de l'Educació. Universitat Politècnica de Catalunya.

El jamón curado se obtiene del pernil del cerdo sometido a un proceso de salazón, maduración y secado.

La salazón consiste en introducir una cantidad determinada de sal en el pernil, de forma que se distribuya homogéneamente para que la carne pierda humedad y no aparezcan problemas de putrefacción.

Podemos hacer una clasificación de los jamones curados como sigue:

- De cerdo ibérico. Alimentados con bellotas.
- De cruces de cerdo ibérico. Alimentados con bellotas.
- De cerdo ibérico y sus cruces. Alimentados con bellota y pienso (recebo).
- De cerdo ibérico y sus cruces. Alimentados con pienso.
- De cerdo blanco. Curado lento prolongado.
- De cerdo blanco. Curado rápido corto.

Figura 2.- Operación de salado de perniles. Fuente: COVAP.

Son varios los factores que afectan a la calidad del jamón, y pueden clasificarse en dos grandes grupos:

1. La materia prima (raza, edad, alimentación y peso).
2. Técnicas de fabricación (condiciones ante y post morten, condiciones de salazón y reposo, condiciones de secado y tiempo de secado).

Para conseguir la normalización de la calidad del jamón curado es necesaria la homogeneización de la materia prima, y el control de calidad del producto final, por métodos destructivos y no destructivos (peso, cata sensorial).

La línea del jamón curado incluye las siguientes operaciones:

- *Desangrado del pernil*. Se consigue mediante correas y cilindros que favorecen la salida de los líquidos.
- *Nitrificación*. Se realiza de forma manual o bien mecánica en tambores, a base de sales nitrificantes.
- *Salazón*. Se realiza en una máquina frigorífica, donde se colocan los jamones en seis capas sobre un palé, separadas por sal de forma tal que no se toquen unos con otros, y con la corteza siempre hacia abajo.

Figura 3.- Apilado de jamones con sal y con la corteza hacia abajo. Fuente: Llamas Centelles.

Las operaciones de nitrificación, salazón, lavado superficial, y postsalado permiten la estabilización del jamón por disminución de la actividad del agua.

Nota: cuanto menor sea el contenido de agua de un alimento, menos se pueden desarrollar los microbios.

Durante la salazón, la sal penetra a nivel superficial por las partes magras de la pieza, A partir del postsalado se va difundiendo hacia el interior.

En España la salazón se realiza por saturación de sal (gran masa de sal en exceso).

En Italia se elabora un producto similar al jamón curado español, el *proscicuotto di Parma*, cuya salazón se realiza en estanterías con solo una capa de sal, o bien en contenedores con sal y cadenas que facilitan la remoción de la sal.

La técnica de la industria moderna   realiza la salazón por frotamiento de la sal con el jamón. Así tenemos:

- *Eliminación de la sal*. En cualquier caso, al terminar la salazón conviene eliminar la sal externa mediante lavado superficial.
- *Cámara de reposo o postsalado*. Se llevan los jamones a una cámara donde se mantiene el tiempo necesario para difundirse por toda la masa hacia el interior. Aquí está aproximadamente de 20 a 30 días (dependiendo del peso del jamón), a una temperatura de 3 a 5ºC. La humedad relativa no debe ser muy alta para evitar la formación de patina de bacterias que dificultaría el secado.
- *Secadero natural*. Los jamones pasan a un secadero natural a 15-20ºC hasta alcanzar mermas del orden del 33%. A veces se somete al jamón a medio secar al estufaje, que acelera el secado y provoca el amarilleo de la grasa.

2.- Bioquímica del curado del jamón

No se sabe actualmente, si hay o no intervención de la flora microbiana en el curado del jamón. Lo que sí es cierto es que hay actividad enzimática proteolítica, sobre todo proteólisis sarcoplástica, que origina aminoácidos, y que existe una flora microbiana cuyo papel aún se desconoce. El pH 6 se mantiene apenas sin variación durante el proceso de curado.

Hay un marcado aumento del nitrógeno no proteico durante el curado, apareciendo aminas procedentes de la descarboxilación de los aminoácidos, como putrescina, tiramina e histidina, que contribuyen a la producción de sabor, aroma y a la textura característica.

Hemos dicho que en el jamón, a diferencia de los embutidos, el aroma y sabor son de origen enzimático tisular. Sin embargo, el sabor se debe a la acción de los micrococos (como en los embutidos).

La conservación del jamón curado se debe a su contenido en sal (5%, aproximadamente), que provoca una baja actividad de agua por una parte, y por otra origina una precipitación por salado de las proteínas (*salting out*, en inglés), frenando la actividad enzimática indeseable.

3.- El jamón serrano

En el sitio de Internet del **Ministerio de Agricultura** viene una descripción muy completa del jamón serrano, que transcribimos a continuación:

" *Características de la materia prima.*

Los jamones se pueden definir como: piezas osteomusculares correspondientes a las extremidades posteriores del cerdo, seccionadas por la sínfisis isquio-pubiana.

Constando de los huesos coxales, fémur, rótula, tibia, peroné, tarso y, opcionalmente metatarso y falanges, así como la masa muscular que los envuelve. Habrán de proceder de cerdos sanos que hayan sido sacrificados cumpliendo todos los requisitos higiénico-sanitarios exigidos por la legislación vigente.

Los jamones en sangre tendrán un peso mínimo de 9,5 kilos para aquellos que se presenten con pata y de 9,2 kilos para los jamones sin pata.

Los jamones habrán de tener un espesor de grasa de 0,8 centímetros como mínimo medido en el punto de convergencia del músculo vasto lateral y la punta superior del hueso isquión (punto donde termina la babilla y se encuentra con el hueso de la cadera), de forma que los jamones en los que se practique el corte en "V" queden cubiertos de grasa.

Tanto el transporte al matadero y el sacrificio de los animales así como la obtención de las canales y su despiece posterior, se realizarán de acuerdo con la legislación sanitaria vigente (Directiva 64/433/CEE). Igualmente, las industrias donde se elabore el Jamón Serrano cumplirán lo establecido en la Directiva 77/99/CEE.

El transporte de los jamones desde los mataderos y/o las salas de despiece a las industrias de elaboración se realizará siempre cumpliendo la legislación sanitaria y en vehículos frigoríficos de manera que lleguen a las industrias elaboradoras con una temperatura no superior a 3º C.
Los jamones cuya presentación final sea el corte en "V" se someterán a las operaciones de recorte y perfilado.
En la fase de recepción de los jamones en la industria no se aceptarán para la elaboración de jamón serrano:

Los que presenten un peso en sangre inferior a 9,5 kg para los jamones con pata y de 9,2 kg para los jamones sin pata.

Aquellos cuya temperatura interior en el momento de la recepción sea superior a 3º C.

Jamones con un espesor de grasa inferior a 0,8 centímetros como mínimo medido en el punto de convergencia del músculo vasto lateral y la punta superior del hueso isquión (punto donde termina la babilla y se encuentra con el hueso de la cadera), o aquellos en que al hacer el corte en "V" no queden cubiertos de grasa. Los que presenten características organolépticas o de conformación que puedan afectar negativamente al producto final.

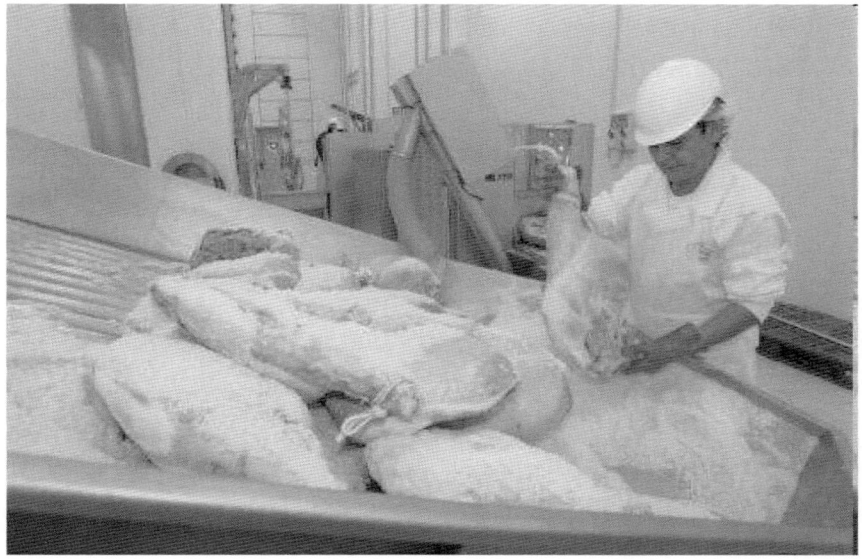

Figura 4.- Lavado con agua caliente para eliminar la sal de la superficie del jamón. Fuente: El Almirez grupo gastronómico.

Método de elaboración.

Los jamones, antes de iniciar su proceso de elaboración, se someterán a las condiciones necesarias para conseguir una temperatura máxima de 3ºC en el interior de la pieza.

A continuación, los jamones serán sometidos a un proceso de presión al objeto de evacuar la sangre remanente en los vasos sanguíneos.

Justo en el momento antes de iniciar la salazón los jamones se marcarán de forma legible e indeleble con un sello en el que figure la semana y el año de inicio de la salazón, a fin de que pueda comprobarse de forma fehaciente el periodo de curación de los mismos.

El jamón se procesará durante un periodo no inferior a 210 días, que comprenderá las siguientes fases:

Salazón.

Tiene por finalidad la incorporación de la sal común y los agentes del salado contemplados en la Directiva 95/2/CE, a la masa muscular, favoreciendo la deshidratación y conservación de las piezas, además de contribuir al desarrollo del color y aroma típico de los productos curados. Se realizará cubriendo las piezas con sal marina, una vez frotadas con sales nitrificantes, de las mencionadas en el apartado anterior.

El tiempo de salazón dependerá del peso, contenido graso y conformación del jamón y será el necesario para alcanzar en el producto terminado el límite de salinidad establecido, y en todo caso por un periodo comprendido entre 0,65 días y 2 días por kilo de peso del jamón. El proceso se realizará en unas condiciones de temperatura comprendidas entre 0ºC y 4ºC y una Humedad relativa (Hr) entre 75 y 95%.

Lavado – Cepillado.

El objeto de esta fase es la eliminación del residuo de sal en superficie. Para ello terminada la salazón las piezas se someterán a un proceso dirigido a la eliminación de los restos de sal en la superficie de las piezas acompañado, en su caso, del cepillado de las mismas. Los jamones deberán tener una presentación y conformación uniforme, pudiendo moldearse en caso necesario.

Reposo o postsalado.

Esta fase tiene como finalidades el conseguir la distribución homogénea de la sal por el interior de la pieza, inhibir el crecimiento microbiano indeseable y canalizar los procesos bioquímicos de hidrólisis (lipolisis y proteolisis) que producirán el aroma y sabor característicos.

A su vez se produce la eliminación lenta y paulatina del agua superficial, con lo cual las piezas van adquiriendo una mayor consistencia externa. En esta fase, los jamones permanecerán a bajas temperaturas manteniéndose entre 0 y 6º C de temperatura y con una Humedad relativa (Hr) entre 70 y 95%.

El tiempo de permanencia de las piezas en esta fase comprenderá un período mínimo de 40 días.

Secado – Maduración.

Durante esta fase prosigue la deshidratación paulatina del producto y tiene lugar el sudado o fusión natural de parte de las grasas de su tejido adiposo, momento en el que se estima que la desecación es suficiente. A lo largo de esta fase se irá elevando gradualmente la temperatura de 6ºC hasta como máximo 34ºC y disminuyendo la humedad relativa hasta alcanzar valores entre el 60 y el 80%. El tiempo mínimo de permanencia en esta fase será de 110 días.

Envejecimiento o afinamiento:

Durante este período continúan los procesos bioquímicos iniciados en las fases anteriores, con intervención de la flora microbiana que le confiere su peculiar aroma y sabor.

Los jamones permanecerán en esta fase el tiempo necesario para completar un mínimo de 210 días de proceso, desde su introducción en la sal, y alcanzar una merma mínima del 33%, en relación con el peso en sangre, salvo que en las fases anteriores ya se hubieran conseguido ambos valores.

Así pues, el tiempo mínimo de curación del jamón serrano, que estará en función del peso de la pieza, no será en ningún caso inferior a 7 meses, contados desde la fecha de introducción de la pieza en sal. Una vez terminado el proceso el jamón podrá permanecer a temperatura ambiente. Todo el proceso de curación habrá de realizarse con la pieza osteomuscular íntegra, pudiendo posteriormente ser deshuesado para atender a las diferentes presentaciones comerciales. Los jamones no se someterán en ningún caso al proceso de ahumado ni recubrimiento de pimentón u otras especias.

Carácter tradicional.

Las primeras referencias escritas de la salazón de carne de cerdo aparecen durante el Imperio Romano, a finales del siglo II a.C., donde ya se recogían las prácticas de la época en lo referente a la salazón y conservación de la llamada entonces "cecina de cerdo".

Las recomendaciones de aquella época sobre el sacrificio, despiece, salazón y secado de la carne siguen aún en vigencia y ya entonces se sabía que, dependiendo de la climatología de la zona donde se fuese a realizar dicho proceso, la duración de la salazón debía ser más o menos prolongada.

Es también en esta época romana cuando aparecen los primeros indicios de que el curado del jamón se realizaba en España, siendo famosos los jamones cerretanos - "*pernac cerretanae*"- de Hispania, que figuraban en la tarifa de precios de Diocleciano, a los que también aludía el poeta Marcial en uno de sus versos: "Del país de cerretanos o manopianos, traedme un jamón, los golosos que se ahíten de filetes".

Adjunto se muestra la imagen de una moneda alusiva al comercio del jamón en tiempos de Augusto y Agripa, según investigaciones realizadas por el profesor de la Universidad de Granada, Juan González Blanco.

La literatura escrita en castellano del siglo XIV también recoge la importancia que el jamón ha tenido en nuestro país, lo que se constata a través de diversos textos del Arcipreste de Hita.

Figura 5.- Medalla alusiva al comercio del jamón. Época romana de Augusto y Agripa. Fuente: Fundación Serrano.

Posteriormente, en el siglo XVII, escritores y poetas universales, dejaron testimonio en obras literarias de diverso tipo, de las virtudes y cualidades de los jamones. Entre ellos, cabe citar a Miguel de Cervantes, en el Quijote y otras obras, Lope de Vega en sus comedias, Góngora, Tirso de Molina, Baltasar de Alcázar, Mateo Alemán, etc.

A partir de la segunda mitad del siglo XVIII y continuando hasta la época actual, los jamones españoles vuelven a obtener el reconocimiento internacional consolidando la calidad y fama que ya tuvieron en la antigüedad, concediéndoseles numerosas medallas, diplomas y menciones honoríficas en Exposiciones Universales, concretamente en la de París y en Viena, formando parte de la más exquisita gastronomía europea.

El actual proceso de elaboración es heredero del método tradicional, que comenzaba con el sacrificio de los cerdos en los últimos meses del año (San Martín, 11 de noviembre), aprovechando así los meses más fríos del año para poder realizar la salazón y postsalado, que necesariamente deben efectuarse a bajas temperaturas.

El resto del proceso se realizaba siguiendo el ciclo natural de las estaciones, a medida que la llegada de la primavera y posteriormente del verano, iban templando gradualmente las temperaturas.

Así pues el proceso actual de elaboración del jamón serrano reproduce el método tradicional, comenzando con una primera etapa o fase de salazón, necesaria para la conservación del producto, seguida de la maduración-secado, en el transcurso de la cual se consiguen los caracteres sápidos y aromáticos a través de mecanismos bioquímicos de naturaleza micro-biológica y enzimática.

Todo ello unido a las cualidades de la materia prima determina la calidad tradicional de este producto y su sabor y aroma característicos.

Descripción del producto.

Grasa: brillante, untuosa, de coloración entre blanco y amarillenta, aromática y de sabor grato. La consistencia variará ligeramente, siendo firme en masas musculares y levemente depresible en zonas de tejido adiposo.

Índice de secado: contenido acuoso máximo sobre producto desengrasado del 57%, medido sobre un homogeneizado de una porción transversal del jamón, de 15 mm de espesor (± 2 mm) tomada a 4 centímetros de la cabeza del fémur y desprovista de corteza, y un gradiente de humedad entre la parte exterior y la central del 12% máximo.

Salinidad: expresada mediante un contenido máximo de cloruro sódico del 15%, sobre extracto seco y desengrasado, analizado sobre la misma muestra del apartado anterior.

Coloración y aspecto del corte: color característico del rosa al rojo púrpura en la parte magra y aspecto brillante de la grasa. Homogéneo al corte. No reseco exteriormente (acortezado).

Sabor y aroma: carne de sabor delicado, poco salado y de aroma agradable y característico, sin detectarse ningún tipo de olor o sabor anómalos.

Textura: homogénea, poco fibrosa y sin pastosidad ni reblandecimiento.

Aspecto exterior: Los jamones serranos presentarán una conformación uniforme y homogénea, pudiendo presentarse de las siguientes formas:

- Corte en V con pata.
- Corte en V sin pata.
- Corte redondo con pata.
- Corte redondo sin pata.
- Jamón deshuesado con piel.
- Jamón deshuesado corte en V.
- Jamón deshuesado sin piel y desgrasado.
- Otras presentaciones comerciales: partiendo de los jamones serranos anteriormente descritos, podrán obtenerse otras presentaciones (en lonchas envasado al vacío, por ejemplo)." Fin de la cita.

4.- Jamón ibérico

En la **Escuela del Jamón de NAVIDUL** nos dan una descripción completa de la elaboración del jamón ibérico, que transcribimos a continuación.

"El jamón ibérico es un producto único y especial, no sólo por las peculiares características de su materia prima (el cerdo ibérico), sino también por su elaboración. En la curación de los jamones podemos distinguir varios procesos que influyen en la perfecta maduración del jamón ibérico.

La elaboración del jamón ibérico es un proceso único que recorre tres etapas:

1. Preparación de la materia prima.
2. Curación de las piezas.
3. Selección final.

Las principales fases en la curación del jamón son:

- Postsalado,
- Secado.
- Estufaje.
- Bodega.

Cada una de ellas por sus especiales condiciones de temperatura y humedad son similares a las 4 estaciones del año. Las condiciones del invierno se dan en la fase del postsalado, las de la primavera en el secado, las del verano en el estufaje y las del otoño en la bodega.

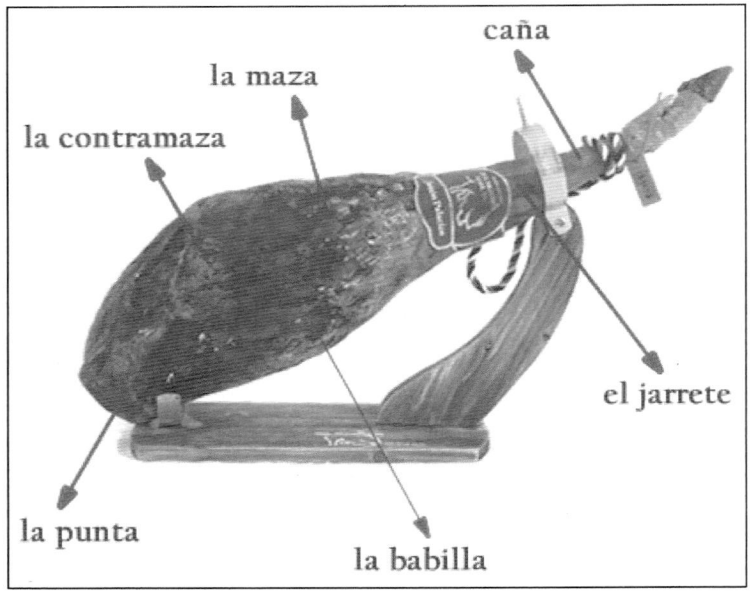

Figura 6.- Partes de un jamón. Fuente: Oneplus.

El proceso de curación que presentamos aquí es el de un ciclo de 18 meses pero en función del peso del jamón puede llegar a ser de 24, incluso 36 meses.

CICLO DE ELABORACIÓN DEL JAMÓN IBERICO

 ❄	 ☁	 ☀	 🍁
Postsalado 3° / 4° H.R. = 90/75 %	**Secadero** 6° / 22° H.R. = 75/60 %	**Estufaje** 24° / 30° H.R. = 65/60 %	**Bodega** 14° / 18° H.R. = 60/70 %
3 Meses	9 Meses	3 Meses	3 Meses

Figura 7.- Ciclo de elaboración del jamón ibérico.
Fuente: NAVIDUL.

Preparación de las piezas

Una vez se han sacrificado los cerdos ibéricos, los jamones han de pasar una inspección veterinaria donde se seleccionan sólo aquellos que cumplen los criterios de sanidad y calidad más exigente.

Los jamones seleccionados se clasifican en función de su peso y cantidad de grasa. El resultado de esta clasificación son partidas de jamones homogéneas que permiten conseguir un resultado óptimo en el proceso de elaboración, especialmente en la fase de salazón, donde el tamaño y la grasa determinan el número de días que deben permanecen apilados en sal.

Después, los jamones se acondicionan, se limpian y se elimina cualquier resto de piel, y de sangre. También es en este momento cuando se les realiza el característico corte en forma de "V".

Salado y postsalado

Un punto óptimo de sal favorece la conservación del jamón y le otorga su característico sabor.

El proceso de salazón del jamón ibérico tiene como objetivo la distribución homogénea de la sal por toda la pieza, incluyendo el tejido muscular interno.

Al contacto con la sal los jamones pierden agua y se favorece la compactación de su carne. Gracias a la sal se consigue una correcta conservación, ya que frena la aparición de bacterias en el jamón todavía fresco. Desde este momento empezarán a desarrollarse tímidamente el color y el aroma propios de los productos curados.

Son dos las fases en las que la aportación de la sal es la protagonista:

- El salado de las piezas.
- El postalado: fase de asentamiento en la que la sal ha invadido todas las células de forma homogénea y ha estabilizado sus tejidos musculares.

Salazón:

La salazón se hace primero aplicando la sal por toda la pieza y luego formando pilas con capas de sal y de jamones que se dejan durante unos días, aproximadamente un día por kilo de peso a una temperatura y humedad propias del invierno (en torno a unos 3ºC de temperatura y entre el 80% y el 90% de humedad relativa).

A lo largo de esta etapa la sal penetra en el tejido muscular. Terminada la salazón, se lavan las piezas en agua templada para eliminar la sal de la superficie, se moldean y se perfilan.

Postsalado:

Es una fase de asentamiento previa a la curación en la que se produce el reparto homogéneo de la sal tanto en la superficie como en el interior del jamón, dando lugar a una significativa deshidratación que otorga a las piezas la consistencia adecuada. Se lleva a cabo en cámaras frigoríficas a una temperatura en torno a los 3-4ºC y una humedad un 10% inferior que en la anterior etapa. La duración máxima de esta fase, dependiendo del tamaño de la pieza, será de 110 días.

Secado.

Cuando el jamón "suda" se estabiliza el color y el grado de secado de la pieza.

Los jamones ya salados pasan a los secaderos donde se exponen a temperaturas más elevadas y a una humedad relativa menor que en la fase de salado. Con estas condiciones, similares a las de la primavera se estabiliza el color y el grado de secado de las piezas y además se favorecen las reacciones responsables del sabor y aroma característico del ibérico.

La variación de la temperatura es suave y paulatina, de alrededor de 1 ó 2ºC por semana. Esta variación supone que de los 6ºC de la etapa de salazón pasamos a los 22ºC que requiere el secado. En cuanto a humedad relativa, el jamón deja de estar al 80% de humedad relativa para llegar a un 65%. Para superar la diferencia de temperatura entre la salazón y el secado, se necesitan al menos 60 días.

Esta fase de secado se completa con la más parecida al verano, conocida como estufaje, en la que los jamones permanecen a 26ºC y las paletas a 33ºC durante 3 meses.

Las condiciones climáticas de los secaderos se controlan mediante mecanismos de ventilación, y para hacer lo más natural posible el proceso de secado, se procura que coincida con los meses de primavera y verano.

Bodega

Tras un lento reposo, afloran los sabores y aromas ocultos del jamón.
Tradicionalmente los jamones se bajan a las bodegas en otoño, cuando la temperatura va descendiendo paulatinamente y los días se acortan, en este oscuro y reposado lugar culmina su curación.

Al salir de los secaderos, las piezas se clasifican por peso, calidad y conformación y pasan a las bodegas para "madurar".

Como el jamón ya no necesita seguir "sudando", habrá temperaturas más bajas que en el secadero. En la bodega el jamón está entre los 12 y 20ºC y la humedad del ambiente es del 60-75%.

La duración de la etapa de bodega es muy variable, y depende del grado de merma, textura y aroma requeridos para la pieza. Un hecho relevante durante el período en bodega es la aparición en los jamones del hongo *Penicillium roquefortis*, el mismo que madura el queso de cabrales. Gracias a su acción, la grasa termina de estabilizarse al igual que los matices y aromas en el interior del jamón.

Al finalizar este lento reposo, y como consecuencia de estas reacciones químicas naturales, el jamón ibérico habrá envejecido adquiriendo unas cualidades organolépticas propias y un altísimo valor culinario.

Selección final

Los jamones se seleccionan uno a uno antes de llegar al consumidor.

Una vez finalizado el proceso los especialistas jamoneros comprueban, pieza por pieza que cumplen los parámetros de calidad deseados.

Conformación: Se analiza el aspecto visual de la pieza, forma y correcta cobertura de grasa, para que salgan de las bodegas sólo los adecuadamente conformados.

Textura: mediante presión manual en determinados puntos del jamón se comprueba si en el interior de la pieza se ha conseguido un nivel de curación adecuado y si el grado de secado es uniforme en toda la pieza. Si no es así, el jamón se debe colgar de nuevo y devolverse a la bodega a continuar el ciclo.

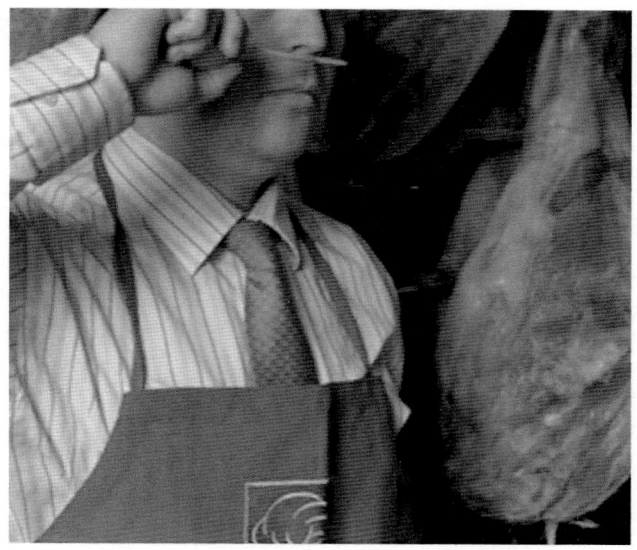

Maestro jamonero calando

**Figura 8.- Operación de cala por parte del maestro jamonero.
Fuente: NAVIDUL.**

Cala: es una prueba olfativa que consiste en introducir un hueso afilado de vaca o caballo en tres zonas concretas del jamón: el codillo, el recorrido de la vena femoral y el hueso puente. Al sacarlo, el experto sabrá por el olor si hay restos de sangre, mohos o bacterias e, incluso, si el punto de sal es uniforme. En caso de que no fuera así, la pieza se debe rechazar." Fin de la interesante información de **NAVIDUL**, firma puntera en la elaboración y comercialización de Jamones.

5.- Características del jamón ibérico

En este punto, como en el anterior nos vamos a apoyar en la información que da **NAVIDUL** en su sitio de Internet:
Transcribimos:
"Cada jamón ibérico es distinto y único en matices de sabor y olor.

Es muy común asociar el jamón ibérico al que solo se ha alimentado con bellotas durante la montanera, por eso es necesario aclarar las diferentes categorías de jamones ibéricos que podemos encontrar en el mercado.

Características del Jamón Ibérico

El jamón ibérico es el producto más apreciado que se obtiene del cerdo ibérico. Características:

1. La pezuña:

La pezuña negra es el distintivo más popular a la hora de reconocer un jamón ibérico.

Si las uñas de la pezuña tienen el mismo tamaño y están separadas entre sí, es señal de que el animal ha estado campando al aire libre; si por el contrario la uña interna es más corta que la externa indica que el animal no ha hecho ejercicio y por eso no las ha desgastado.

2. La pata:

El tobillo debe ser fino y alargado porque es un distintivo de la pureza de la raza. El muslo ancho y graso indica que en época de montanera el animal se ha ejercitado con la búsqueda de las bellotas, obteniendo un mayor desarrollo en sus músculos y una mayor infiltración de grasa.

3. La grasa:

La grasa de cobertura del jamón ibérico es abundante y la que se concentra en el lateral de la pieza es brillante y fluida. Con el simple contacto de la yema del dedo esta grasa se deshace y se hunde con facilidad cuando presionamos.

El jamón ibérico de bellota es la categoría de máxima calidad de los jamones ibéricos. Provienen de los cerdos "terminados" en montanera, cerdos ibéricos que han engordado sólo con bellotas al menos 46 kilos.

El paso a la montanera del cerdo ibérico se realiza en la última etapa de su vida cuando ya pesan entre 92 y 115 kg. Durante los meses de engorde casi doblarán su peso con bellotas y en menor medida con los pastos que encuentren en la dehesa.

Gracias al consumo de bellotas y al ejercicio que el animal realiza en la montanera, los jamones ibéricos de bellota presentan mayor infiltración de grasa entre las fibras musculares y mayor cobertura de grasa exterior. Son más jugosos y su aroma es más intenso debido a su alto contenido en ácidos insaturados similares a los que encontramos en el aceite de oliva, una grasa fundente al tacto con reconocidos beneficios para el organismo."

Fin de la cita de **NAVIDUL**.

6.- Denominaciones de origen de jamones

En España existen en la actualidad diferentes Denominaciones de Origen (DO) dedicadas al jamón. Así tenemos:

- Jamón de Huelva.
- Dehesa de Extremadura.
- Guijuelo.
- Los pedroches.
- Jamón de Teruel.

A continuación vamos a repasar dichas Denominaciones de Origen apoyán-donos en sus Reglamentos.

7.- Jamones amparados por la Denominación de origen DEHESA DE EXTREMADURA

En el sitio de Internet de esta D.O., se hace una presentación muy completa de sus jamones. Transcribimos:

"Hoy en día son conocidos y respetados los jamones amparados por la Denominación de Origen "Dehesa de Extremadura" en el sector de la distribución comercial, superando en determinados momentos la demanda de productos a la oferta.

Pero es que además el reconocimiento ha llegado también de críticos gastronómicos y afamados cocineros que han ensalzado las cualidades de los jamones ibéricos de raza pura.

Figura 9.- Anagrama de la DOP Dehesa de Extremadura.

Extremadura, con cerca de un millón de hectáreas de dehesa constituye un paraíso ecológico, al contar con uno de los ecosistemas mejor conservados de Europa, donde conviven, de forma armoniosa, especies ganaderas (cerdo ibérico, oveja merina, vacuno retinto) con fauna silvestre (águila real, águila imperial, nutria, jabalí, ciervo, etc.) que encuentran en la dehesa un auténtico refugio natural que no ha variado con el paso de los siglos.

La dehesa constituye un sistema agroforestal, que permite una explotación equilibrada y no abusiva de los recursos naturales, y del que forman parte el hombre, cerdo ibérico, encinas, alcornoques y demás especies de fauna y flora que lo componen.

El origen del cerdo ibérico y su tradición.

El término dehesa procede del castellano "defensa ", que hace referencia al terreno acotado al libre pastoreo de los ganados trashumantes mesteños que recorrían el suroeste español, y que data de épocas remotas.

El cerdo ibérico ha formado parte del paisaje de Extremadura desde la más remota antigüedad. Los romanos eran expertos ganaderos de la dehesa, así como elaboradores de perniles conservados en sal. Esta tradición se ha mantenido a lo largo de la historia, conservando y mejorando una raza que constituye un auténtico tesoro genético, un animal perfectamente adaptado al ecosistema de la Dehesa, que obra el milagro, gracias a su particular metabolismo, de transformar los pastos y las bellotas de los que se alimenta en uno de los productos naturales más sanos y exquisitos que puedan apreciarse: el jamón ibérico de bellota, que aparte de ser un alimento sano y un manjar gastronómico, es uno de los máximos exponentes del saber hacer, de la tradición y la alegría de vivir de todo un pueblo.

Figura 10.- Cerdos ibéricos en la Dehesa extremeña. Fuente: DO Dehesa de Extremadura.

La tradición unida al culto del jamón ibérico.

El Consejo Regulador de la Denominación de Origen "Dehesa de Extremadura", comienza su andadura la primavera de 1990 (D.O.E. 30/5/90), siendo ratificado por el Ministerio de Agricultura posteriormente (B.O.E. 2/7/90).

La Unión Europea reconoció en Junio de 1996 a Dehesa de Extremadura como Denominación de Origen Protegida (DOP) avalando de esta forma a nivel comunitario el prestigio y la calidad de los jamones y paletas ibéricas acogidas por nuestro Consejo Regulador.

Nuestra Denominación de Origen ha desarrollado una labor constante de mejora y control de los productos ibéricos acogidos a la misma, para garantizar al consumidor que cuando adquiere un jamón o paleta con nuestra etiqueta, esta adquiriendo un producto natural con toda garantía.

Calidad certificada.

La certificación de un producto implica un trabajo integral desde el principio hasta el final: desde la supervisión del cerdo en las dehesas, pasando por las auditorías en matadero, secadero y bodega, así como antes de su salida al mercado, rubricado con la colocación de la contraetiqueta del Consejo. Todos estos pasos (cerdo por cerdo, pieza por pieza) son verificados en las auditorías que realizan los inspectores de los servicios técnicos del Consejo Regulador, avalando así un sistema de control estricto con una trazabilidad garantizada.

Es indispensable que, tanto la explotación como el matadero, y secadero-bodega estén en la Comunidad Autónoma de Extremadura, lo que permite realizar un control más estricto si cabe, a pesar de la extensión geográfica de la misma. Podemos clasificar la verificación del cumplimiento de los requisitos en tres fases fundamentales: control de campo, verificación del proceso de elaboración y verificación del producto final.

Figura 11.- Loncha de jamón ibérico.
Fuente: DOP Dehesa de Extremadura.

Control de campo.

Los técnicos inspectores, ante la solicitud del ganadero, y tras la comprobación de los registros y documentos legales exigidos por la administración, verifican la raza, edad y peso de los cerdos, así como el número máximo de animales que puede engordar la explotación en régimen de montanera. Se identifican cada uno de los animales aptos mediante un crotal metálico numerado.

Control del proceso de elaboración.

Una vez verificado en el matadero la procedencia, numeración de crotales y reposición de la partida de cerdos, se colocará a cada jamón y paleta un precinto plástico numerado.

Se auditará por parte de los servicios técnicos del Consejo tanto la fase de matadero como cada una de las fases de perfilado, salado, asentamiento, secado, maduración y envejecimiento en bodega.

Tanto en el matadero, como en cualquiera de las fases posteriores, se podrán descalificar las piezas que no cumplan los requisitos de calidad estipulados, retirándole el precinto que las identifica.

Figura 12.- Curación de los jamones ibéricos de la DOP Dehesa de Extremadura.

Control del producto final.

Pasado el tiempo de maduración de la pieza, el industrial solicita al Consejo la auditoría que avale la salida de cada pieza al mercado.

Los técnicos inspectores se desplazan a la bodega, realizando la auditoría del 100 % de las piezas, comprobando la numeración del precinto, así como la edad y estado de maduración de la pieza, y procediendo a calar cada jamón y paleta seleccionados por el industrial como aptos en su sistema de trazabilidad, y siendo esta la única forma de detectar el aroma.

Tras el proceso de cala, se coloca la contraetiqueta numerada a aquellas piezas que mantengan la calidad que exige Dehesa de Extremadura, y desechando las no aptas.

Así pues, para que un jamón o paleta salga al mercado con la garantía y el aval de Dehesa de Extremadura, debe ir con el precinto colocado en matadero y la contraetiqueta colocada al final del proceso de maduración.

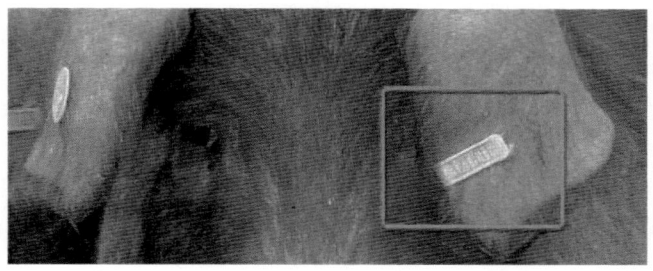

Figura 13.- Control de campo (arriba y anagrama de la DO (abajo).
Fuente: DOP Dehesa de Extremadura.

Clasificación por raza.

Únicamente podrán suministrar piezas con destino a la elaboración de jamones y paletas amparados por Dehesa de Extremadura, los cerdos que, cumpliendo los requisitos exigidos por el RD 1469/2007 en cuanto a raza y edad sean:

A) Cerdos ibéricos puros.

B) Cerdos ibéricos: aquellos cruzados con al menos un 75 % de sangre ibérica.

Clasificación según la alimentación.

Ibérico de bellota o terminado en montanera: Es aquel que se destina al sacrificio inmediatamente después del aprovechamiento de la montanera a base de bellota y hierbas en dehesas de encinas y alcornoques.

En esta fase repondrán hasta un 60 % de su peso de entrada. Los jamones y paletas de bellota, tienen el precinto y la etiqueta de color rojo.

Ibérico de recebo. Es aquel que debe reponer en régimen de montanera a base de bellota y hierbas, como mínimo, el 30 % de su peso de entrada, completando posteriormente su cebo con piensos autorizados por el Consejo Regulador.

En todo momento estará en condiciones de extensividad. Los jamones y paletas de recebo, tienen el precinto y la etiqueta de color verde.

Ibérico de cebo de campo. Es aquél cuya alimentación en su fase de engorde se lleva a cabo con piensos autorizados, fundamentalmente cereales y leguminosas y pastos naturales de la dehesa. Permanecerán en todo momento en condiciones de extensividad. Los jamones y paletas de cebo - campo tienen el precinto y la etiqueta de color crema.

8.- Jamón de Huelva

Nos vamos a apoyar en el Reglamento de esta Denominación de Origen para estudiar las características de este jamón. A continuación vamos a transcribir algunas partes de dicho Reglamento.

"La **zona de producción** de cerdos cuyas extremidades posteriores y anteriores son aptas para la elaboración de jamones y paletas amparados por la denominación de origen está constituida por las dehesas de encinas, alcornoques y quejigos pertenecientes a las comarcas agrícolas que se relacionan.

Extremadura:

Cáceres: Comarcas de Cáceres, Trujillo, Brozas, Valencia de Alcántara, Logrosán, Navalmoral de la Mata, Jaraiz de la Vera, Plasencia, Hervás y Coria.

Badajoz: Comarcas de Alburquerque, Mérida, Don Benito, Puebla de Alcocer, Herrera del Duque, Badajoz, Almendralejo, Castuera, Olivenza, Jerez de los Caballeros, Llerena y Azuaga.

Andalucía:

Sevilla: Comarca de Sierra Norte.

Córdoba: Comarcas de Los Pedroches, La Sierra y Campiña Baja.
Huelva: Comarcas de La Sierra, Andévalo Occidental, Andévalo Oriental y Condado Campiña.
Cádiz: La Sierra, La Janda, Campo de Gibraltar y Campiña.
Málaga: Serranía de Ronda.

Figura 14.- Anagrama de la DO Jamón de Huelva.

Razas aptas. Se considera como raza principal la raza ibérica. Únicamente los cerdos de raza ibérica o aquellos otros procedentes de cruces de raza ibérica con la «duroc-jersey» y que posean, como mínimo, un 75 por 100 de sangre ibérica, podrán suministrar piezas con destino a la elaboración de jamones y paletas protegidos. La morfología de los animales debe, en todo caso, permitir la obtención de paletas y jamones homologables.

Prácticas de explotación y tipos de cerdo.
1. Las prácticas de explotación del ganado inscrito en la denominación de origen se adaptarán a las normas tradicionales de aprovechamiento de montanera, pastos y otros productos naturales en dehesas de encinas, alcornoques y quejigos en régimen extensivo.

2. Considerando la alimentación a la que el cerdo ha sido sometido antes del sacrificio y de acuerdo con la terminología de la zona, se distinguen:

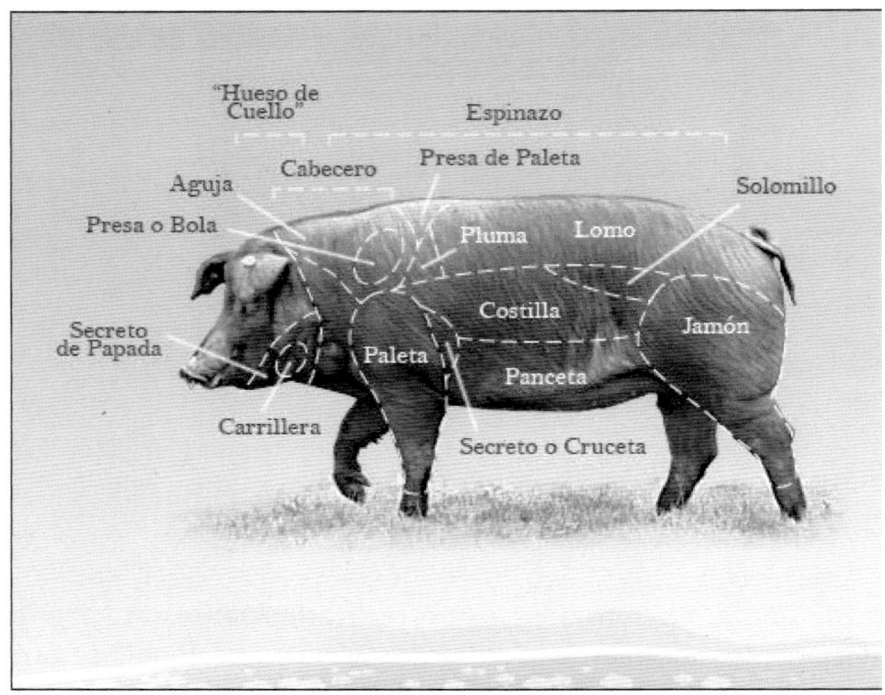

Figura 15.- Despiece del cerdo ibérico.
Fuente: El Jamón de Bellota.

a) *Cerdo de bellota o terminado en montanera*: Es aquel que se destina al sacrificio inmediatamente después del aprovechamiento de la montanera de bellotas y hierbas en dehesas de encinas, alcornoques y quejigos. Debe tener un peso de entrada en montanera comprendido entre los 85 y 115 kilogramos, y reponer en este régimen, sin que se permita otro tipo de régimen alimenticio, como mínimo, el 50 ó 55 por 100 de su peso de entrada, según sea ibérico puro o cruzado con el 75 por 100 de ibérico, respectivamente.

El peso máximo permitido a la salida de montanera no excederá de los 180 kilogramos. Estos pesos se entiende que representan la media de las partidas.

b) *Cerdo de recebo o terminado en recebo*: Es aquel que debe reponer en régimen de montanera de bellotas y hierbas, como mínimo, el 30 por 100 de su peso de entrada (peso medio de entrada comprendido entre 85 y 115 kilogramos), siendo terminado en su cebo con piensos autorizados por el Consejo Regulador, el cual determinará anualmente la fecha límite de salida de recebo. El peso medio máximo permitido a la terminación del recebo no excederá de los 180 kilogramos.

c) *Cerdo de pienso o terminado en pienso*: Es aquel cuya alimentación en su fase de engorde (a partir de un peso medio comprendido entre los 85 y los 115 kilogramos), se lleva a cabo en régimen extensivo con piensos autorizados por el Consejo Regulador. El peso medio máximo permitido a la terminación no excederá de los 180 kilogramos.

3. Las explotaciones en régimen extensivo tradicional en dehesa dedicadas a la alimentación de cerdos de recebo o de pienso, según se define en los apartados 2.b) y 2.c) del presente artículo, no podrán superar la cantidad máxima de 15 cerdos por hectárea de superficie de dehesa, siendo esta capacidad susceptible de revisión, a la baja, anualmente, por el Consejo Regulador.

Descripción de las piezas.
1.- Se entienden por jamones y paletas de la denominación de origen «Jamón de Huelva» las extremidades posteriores y anteriores curadas, cuyas características anatómicas, de origen, corte, elaboración, curación y comercialización se establecen en este Reglamento.

2.- Las extremidades posteriores serán las procedentes de los cerdos adultos, excluidos los verracos y las cerdas reproductoras, recortadas a nivel de la sínfisis isquio-pubiana. Su base anatómica la constituyen como soporte óseo los huesos coxal, fémur, rótula, tibia, peroné, tarso, metatarso y falanges, así como las masas musculares insertadas en los mismos (músculos bíceps femoral, músculo semitendinoso, músculo semi-membranoso, músculo tensor de la fascia lata, músculo glúteo superficial, músculo glúteo medio, músculo glúteo profundo, músculo cuadrado femoral, músculo obturado interno, músculos gemelos, músculo aductor, músculo gracilis, músculo pectíneo, músculo iliopsoas, músculo cuádriceps femoral, músculo sartorio, músculo poplíteo, músculo gastronémico, músculo sóleo), tejidos conectivos, aponeurosis, grasa de cobertura y piel. Las extremidades anteriores serán las procedentes de los cerdos adultos -excluidos los verracos y cerdas reproductoras- una vez separadas del tronco. Su base anatómica la constituyen los huesos de la escápula (con cartílago escapular), húmero, cúbito y radio, metacarpo y falanges, así como las masas musculares insertadas en los mismos (músculo supraespinoso, músculo infraespinoso, músculo subescapular, músculo artícular del húmero, músculo redondo mayor, músculo redondo menor, músculo deltoides, músculo bíceps braquial, músculo tensor de la fascia antebraquial), tejidos conectivos, aponeurosis, grasa de cobertura y piel.

3. Para la elaboración del producto protegido se seguirán las siguientes normas de corte:

a) *Jamón*, sólo se podrán emplear las extremidades posteriores del cerdo obtenidas de acuerdo con la tradición del corte serrano en «V».

b) *Paleta,* sólo se podrán emplear las extremidades anteriores del cerdo obtenidas de acuerdo con la tradición del corte serrano en «V» o en «media luna».

4. Las extremidades posteriores y anteriores procederán de cerdos sacrificados en mataderos ubicados en la zona de elaboración establecida, desechándose las que sus pesos en sangre sean inferiores a 7 y 5 kg, respectivamente.

Controles de sacrificio y despiece.

1. Además de lo dispuesto en la reglamentación técnico-sanitaria vigente, los cerdos permanecerán, antes del sacrificio, en los locales para su reposo ubicados dentro del recinto del matadero, un tiempo no inferior a doce horas, con el fin de eliminar la fatiga del transporte y asegurar un nivel mínimo de las reservas de glucógeno muscular.

2. El sacrificio del animal se realizará de acuerdo con la reglamentación técnico-sanitaria vigente para mataderos, permitiéndose el desangrado completo.

3. Una vez obtenidas las extremidades de los cerdos, éstas estarán controladas según la normativa sanitaria vigente.

4. El Consejo Regulador implantará los controles que considere adecuados en los mataderos inscritos, para garantizar el conocimiento de la procedencia, raza, cantidad de cerdos sacrificados, extremidades obtenidas y marcado de las mismas.

Proceso de elaboración.

La elaboración consiste en el proceso completo de transformación de la extremidad posterior en jamón y de la extremidad anterior en paleta.

Se compone de una primera fase de curación necesaria para la correcta conservación del producto y de una segunda fase de maduración, en el transcurso de la cual, el jamón y la paleta, evolucionan en sus caracteres sápidos y aromáticos a causa de un proceso bioquímico que, unido a las cualidades de la materia prima, determinan la calidad tradicional de este producto y, en particular, su sabor y aroma característicos.

Técnicas de elaboración.

La elaboración se desenvolverá con arreglo a los procedimientos tradicionales.

Fases de la elaboración.

La elaboración de los jamones y paletas consta de cinco operaciones: Salazón, lavado, equilibrado salino, secado y maduración:

a) *Salazón*. Tiene por finalidad la incorporación de sal común y sales nitrificantes (nitratos y nitritos) a la masa muscular, con el fin de favorecer la deshidratación y conservación de las piezas, además de contribuir al desarrollo del color y aroma típicos de los productos curados. Este proceso tendrá lugar a temperaturas comprendidas entre 0 ºC y 5 ºC y humedades relativas en torno al 70-90 por 100. Bajo estas condiciones, las piezas se apilan y se cubren con una mezcla de sales nitrificantes y sal común. El tiempo de la salazón variará en función del peso, grado de pureza de las piezas y tipo de alimentación de los cerdos. De modo orientativo puede indicarse de un día por kilo de peso.

b) *Lavado:* Terminada la salazón se lavan las piezas con agua para eliminar la sal adherida.

A continuación se moldean, perfilan, afinan y cuelgan.

c) *Equilibrado salino* (también denominado «postsalado o asentamiento). Tiene como finalidad el que las piezas vayan eliminando la humedad paulatina y lentamente, hasta conseguir la correcta difusión de la sal entre las distintas masas musculares de la pieza. Este proceso se realiza en cámaras con temperatura y humedad relativa controladas, que en circunstancias normales será de 3 ºC a 7 ºC de temperatura y de un 70 por 100 a un 90 por 100 de humedad relativa. El tiempo del proceso oscilará entre treinta y sesenta días.

Figura 16.- Cámara de secado de jamones. Fuente: ISOTERMIA.

En cualquier caso, este período será suficiente para que la cantidad de cloruro sódico (ClNa), al final del mismo no sea inferior al 1 por 100, referido al peso fresco tanto en las masas musculares superficiales como en las profundas.

d) *Secado.* Las piezas pasan a continuación a los secadores naturales, donde permanecerán colgadas el tiempo necesario para conseguir la fusión natural de parte de las grasas de su protección adiposa, proceso que se denomina «sudado», hasta que se estima que la desecación es suficiente.

La duración conjunta de las operaciones a) hasta d) anteriores será, como mínimo, de seis meses.

e) *Maduración.* Terminada la fase anterior, las piezas se trasladan a las bodegas en donde, a su entrada, se procede a su clasificación según peso y calidad, iniciándose a continuación la fase de maduración durante la cual las piezas, que continúan colgadas, adquieren sus características genuinas de aroma y sabor propias del microclima y microflora de las bodegas de la zona de elaboración. La duración mínima de esta fase será la que a continuación se especifica:

Peso sangre de la pieza en matadero / Tiempo de maduración mínimo en bodega / Peso previsible a la salida de bodega:

De 7 a 8 kilogramos / 7-9 meses / En jamones de 4,5 a 5 kilogramos.
De 8 a 11 kilogramos / 9-12 meses / En jamones de 5 a 7,5 kilogramos.
Más de 11 kilogramos / 16 meses / En jamones de más de 7,5 kilogramos.
De 4 a 5 kilogramos / 5 meses / En paletas de 3,5 a 4 kilogramos.
Más de 5 kilogramos / 6 meses / En paletas de más de 4 kilogramos.

Al final de la estancia en bodega, los jamones y paletas «Jamón de Huelva» habrán adquirido como consecuencia de este proceso las características organolépticas propias.

Identificación de los cerdos y marcado de las piezas.

Todos los animales cuyas extremidades sean aptas para la elaboración de productos protegidos por la denominación de origen quedarán identificados en la oreja izquierda por una marca indeleble con las siglas que el Consejo Regulador establezca. El marcaje se realizará antes de que el cerdo alcance los 80 kilogramos de peso y siempre que proceda de una explotación inscrita.

En todas las extremidades posteriores y anteriores destinadas a la elaboración de jamones y paletas, el Consejo Regulador efectuará una marca indeleble, que garantice que la misma puede optar a ser protegida por la denominación de origen. El marcaje se hará en el propio matadero y será simultáneo al marcado que establece la legislación vigente.

La marca consistirá en un sello o etiqueta, que será controlado por el Consejo Regulador e irá numerado, siendo anulado de la pieza en el caso de que, en cualquiera de las fases que componen su proceso de elaboración, ésta sea descalificada.

Características de los jamones y paletas amparados.

Las características de los jamones y paletas de la denominación de origen «Jamón de Huelva» son:

a) *Forma exterior*: Alargada, estilizada, perfilada de acuerdo con lo establecido en el artículo 7 y conservando la pezuña para facilitar su identificación.

b) *Peso:* No inferior a 4,5 kilogramos en los jamones y a 3,5 kilogramos en las paletas.

c) *Aspecto exterior.* Típico y limpio destacando la coloración de su flora micótica: Blanca o gris-azulada oscura.

d) *Consistencia.* Firme en las masas musculares y levemente untuosa y depresible en las zonas de tejido adiposo.

e) *Coloración y aspecto del corte*: Color característico del rosa al rojo púrpura y aspecto brillante al corte, con vetas de tejido adiposo y con grasa infiltrada en la masa muscular.

f) *Sabor y aroma*: Carne de sabor delicado, dulce o poco salado, de consistencia poco fibrosa y alta friabilidad. Aroma agradable y característico.

g) *Grasa*: Untuosa y consistente (según el porcentaje de alimentación con bellota), brillante, coloración blanco-amarillenta, aromática y de sabor grato.

Clases.

Por razón de los factores básicos que condicionan la calidad del jamón, raza y alimentación, se establecen las siguientes clases de jamones:

Clase I: Jamón ibérico de bellota, procedente de cerdos cuyas características de crianza y alimentación se indicaron anteriormente.

Clase II: Jamón ibérico de recebo, procedente de cerdos cuyas características de crianza y alimentación se indicaron anteriormente.

Clase III: Jamón ibérico de pienso, procedente de cerdos cuyas características de crianza y alimentación se indicaron anteriormente.

Nota. Análoga clasificación se establece para las paletas.

9.- Jamón de Guijuelo

Vamos a extraer del reglamento de esta Denominación de Origen, los datos más importantes:
La zona de producción de cerdos cuyas extremidades posteriores (o perniles) y anteriores son aptas para la elaboración de jamones y paletas amparados por la Denominación de Origen está constituida por las dehesas de encina y alcornoque y por los terrenos que puedan optar a esta explotación en los que sea tradicional la cría y engorde del cerdo ibérico, pertenecientes a las comarcas agrícolas que se relacionan:

SALAMANCA. Comarcas de: Vitigudino, Ledesma, Salamanca, Fuente de San Esteban, Alba de Tormes, Ciudad Rodrigo, La Sierra y Peñaranda de Bracamonte.
ÁVILA. Comarcas de: Piedrahíta-Barco, Arévalo y Ávila.
ZAMORA. Comarcas de: Duero Bajo y Sayago.
SEGOVIA. Comarcas de: Cuéllar.

CÁCERES. Comarcas de: Cáceres, Trujillo, Brozas, Valencia de Alcántara, Logrosán, Navalmoral de la Mata, Jaraíz de la Vera, Plasencia, Hervás y Coria.
BADAJOZ. Comarcas de: Alburquerque, Mérida, Don Benito, Puebla Alcocer, Herrera del Duque, Badajoz, Almendralejo, Castuera, Olivenza, Jerez de los Caballeros, Llerena y Azuaga.

SEVILLA. Comarca de Sierra Norte.
CÓRDOBA. Comarcas de: Los Pedroches, La Sierra y Campiña Baja.
HUELVA. Comarcas de: La Sierra, Andévalo Occidental y Andévalo Oriental.

CIUDAD REAL. Comarcas de: Montes Norte y Montes Sur.
TOLEDO. Comarcas de: Talavera y La Jara.
Considerando la alimentación a la que el cerdo ha sido sometido antes del sacrificio y de acuerdo con la terminología de la zona se distinguen:

a) *Cerdo de bellota o terminado en montanera*: Es aquel que se destina al sacrificio inmediatamente después del aprovechamiento de la montanera.

b) *Cerdo de recebo o terminado en recebo*: Es aquel que después de alcanzar en montanera un cierto peso, éste es aumentado, antes del sacrificio, en un 30 por 100 como máximo, mediante una alimentación con piensos autorizados por el Consejo Regulador.

c) *Cerdo de pienso o terminado en pienso:* Es aquel que después de alcanzar, bien sea en montanera o con piensos, un cierto peso éste es aumentado, antes del sacrificio, en más del 30 por 100 mediante una alimentación con piensos autorizados por el Consejo Regulador.

La elaboración.

Consiste en el proceso completo de transformación de la extremidad posterior en jamón y de la extremidad anterior en paleta. Se compone de una primera fase de curación necesaria para la correcta conservación del producto, y de una segunda fase de maduración, en el transcurso de la cual el jamón y la paleta evolucionan en sus caracteres sápidos y aromáticos a causa de un proceso bioquímico que, unido a las cualidades de la materia prima, determinan la calidad tradicional de este producto y en particular su sabor y aroma característicos.

La curación consta de cinco operaciones: Salazón, lavado, perfilado y afinado, asentado y secado.

A.- La salazón tiene por finalidad la incorporación de sal a la masa muscular, favoreciendo la deshidratación de las extremidades del cerdo y su perfecta conservación.

A este fin éstas, se apilan en capas de sal marina sólida y durante su permanencia en el saladero a mitad de salazón se les da la vuelta, con el fin de facilitar una más homogénea incorporación de la sal a todas las piezas. La duración indicativa de esta operación, será de un día por kilo de jamón o paleta.

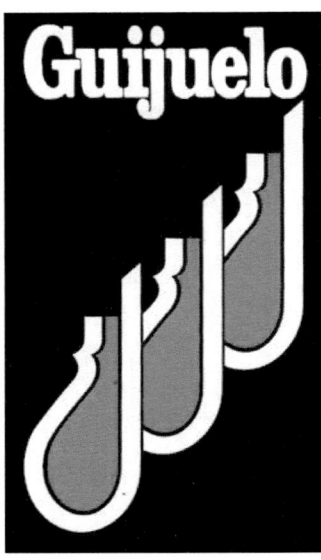

Figura 13.17.- Anagrama de la DO Jamón de Guijuelo.

B.- Terminada la salazón se lavan las piezas con agua templada para eliminar la sal adherida. Se moldean, perfilan y afinan.

C.- El asentamiento tiene como finalidad el que el jamón o la paleta vaya eliminando la humedad superficial paulatina y lentamente.

D.- Las piezas pasan a continuación a los secaderos naturales donde permanecen el tiempo necesario para conseguir la fusión natural de parte de las grasas de su protección adiposa, momento que se denomina "sudado", en el que se estima que la desecación es suficiente. En esta etapa se perfecciona el afinado y el perfilado de las piezas.

La duración de todo este proceso será como mínimo de seis meses.

Terminada la fase anterior, las piezas se trasladan a la bodega en donde, a su entrada, se procede a su clasificación según peso, calidad y conformación, iniciándose a continuación la fase de maduración durante la cual las piezas permanecen colgadas. La duración de esta fase será la que a continuación se especifica:

	Peso sangre de la pieza en matadero	Tiempo de maduración mínimo en bodega	Peso previsible a la salida de bodega
En jamones	De 7 a 8 kilos De 8 a 11 kilos Más de 11 Kilos	9 meses 9-12 meses 16 meses	De 4,5 a 5 Kilos De 5 a 7,5 Kilos Más de 8 Kilos
En paletas	De 5 kilos Más de 5 Kilos	5 meses 6 meses	De 3,5 a 4 Kilos Más de 4 Kilos

Las características de los jamones de la denominación de origen Guijuelo son:

a.) Forma exterior. Alargado, estilizado, perfilado de acuerdo con lo establecido y conservando la pezuña para facilitar su Identificación.

b.) Peso. No inferior a 4,5 kilogramos en los jamones y a 3,5 kilogramos en las paletas.

c.) Aspecto exterior típico y limpio destacando la coloración de su flora micótica: blanca, grisazulada oscura o violeta.

d.) Consistencia. Firme en las masas musculares y levemente untuosa y depresible en las zonas de tejido adiposo.

e) Coloración y aspecto del corte. Color característico del rosa al rojo púrpura y aspecto brillante al corte con vetas de tejido adiposo y con grasa infiltrada infiltrada en la masa muscular.

f.) Sabor y aroma. Carne de sabor delicado, dulce o poco salado, de consistencia poco fibrosa y alta friabilidad. Aroma agradable y característico.

g.) Grasa. Untuosa, según el porcentaje de alimentación con bellota, brillante coloración blanco amarillenta aromática y de sabor grato, no rancio.

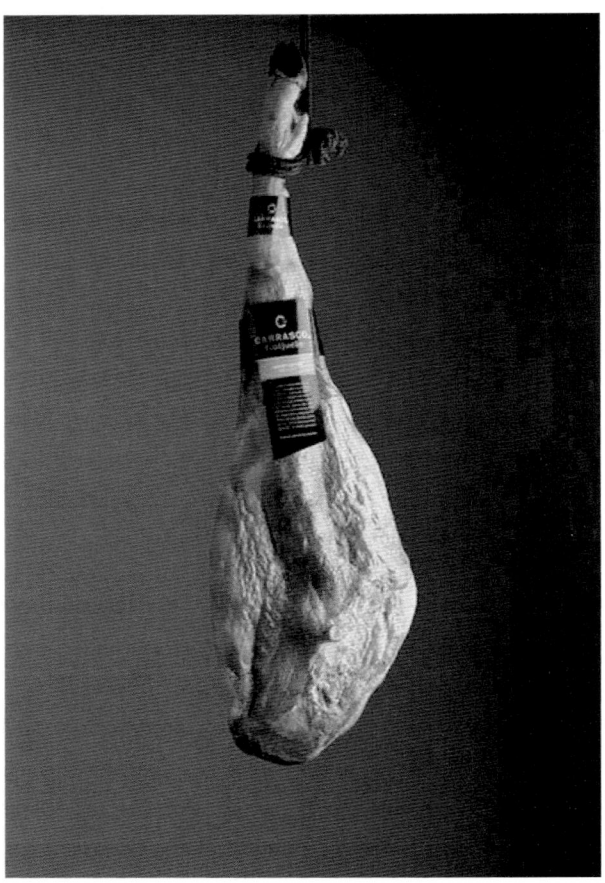

Figura 18.- Jamón ibérico de bellota.
Fuente: Carrasco Guijuelo.

Por razón de los factores básicos que condicionan la calidad del jamón, raza y alimentación, se establecen las siguientes clases de jamones:

Clase I. Jamón ibérico de bellota, procedente de cerdos primales que hasta los 80 kilogramos han comido pienso, rastrojo y hierba, y que el resto del peso hasta los 160-180 kilogramos lo han completado a base de bellota y hierbas en montanera.

Clase II. Jamón ibérico, procedente de cerdos primales que hasta los 80 kilogramos han comido pienso, rastrojo y hierba, y que el resto del peso hasta los 160-180 kilogramos lo han completado a base de bellota, hierbas de montanera y pienso o sólo pienso.

Nota: análoga clasificación se establece para las paletas.

10.- Jamón de los Pedroches

Como siempre, la mejor fuente de información es el Reglamento de la Denominación de Origen. Transcribimos:

"La zona de producción en que se críen y engorden los cerdos cuyas extremidades vayan a destinarse posteriormente a la elaboración de jamones y paletas amparados por la Denominación de Origen Los Pedroches, será la constituida por las dehesas arboladas a base de encinas, alcornoques y quejigos situadas en los siguientes términos municipales de la provincia de Córdoba:

Alcaracejos, Añora, Belalcázar, Bélmez, Los Blázquez, Cardeña, Conquista, Dos Torres, Espiel, Fuente La Lancha, Fuente Obejuna, La Granjuela, El Guijo, Hinojosa del Duque, Pedroche, Peñarroya-Pueblonuevo, Pozoblanco, Santa Eufemia, Torrecampo, Valsequillo, Villanueva de Córdoba, Villanueva del Duque, Villanueva del Rey, Villaralto y El Viso, y las zonas con cota superior a los 300 metros de altitud de los términos de Adamuz, Hornachuelos, Montoro, Obejo, Posadas, Villaharta y Villaviciosa.

Características físicas y organolépticas.

Las características de los jamones y paletas, al final del proceso de elaboración, serán:

- Forma exterior: Alargada, estilizada, perfilada mediante el llamado corte serrano en «V». Conservará la pezuña para facilitar su identificación.
- Coloración y aspecto del corte: Color característico del rosa al rojo púrpura y aspecto al corte con grasa infiltrada en la masa muscular.
- Sabor y aroma: Carne de sabor seco poco salado o dulce. Aroma agradable e intenso que recuerda a tostados o frutos secos como es característico de este tipo de producto.
- Textura: Poco fibrosa.
- Grasa: Brillante, coloración blanco-rosácea o amarillenta, aromática y de sabor grato, la consistencia varía según el porcentaje de alimentación con bellota.

Figura 19.- Denominación de Origen Los Pedroches.

La elaboración.

La elaboración de jamones y paletas amparadas por la Denominación de Origen Protegida, comprenderá las siguientes fases: Salazón, lavado, asentamiento o equilibrado salino, secado-maduración y envejecimiento en bodega.

A.- Salazón: Tiene por finalidad la incorporación de sal común y sales nitrificantes a la masa muscular, con el fin de favorecer la deshidratación y conservación de las piezas, además de contribuir al desarrollo del color y aroma típicos de los productos curados.

Este proceso tendrá lugar a temperaturas entre 0ºC y 5ºC y humedades relativas superiores al 80%. Bajo estas condiciones, los jamones y paletas se apilan y se cubren con sal común. El tiempo de salazón variará en función del peso de las piezas, debiendo estar entre 0,7 y 1,2 días por kg de peso.

B.- *Lavado:* Una vez terminado el proceso de salazón, se procede a la eliminación de la sal superficial de las piezas mediante el lavado con agua, dejándose escurrir.

C.- *Asentamiento:* En esta fase la sal se difunde por el interior de las piezas hasta conseguir una distribución de este compuesto por todos sus tejidos. Igualmente se produce una eliminación lenta y paulatina del agua superficial, adquiriendo las piezas una mayor consistencia externa. Este proceso se realizará en cámaras con temperaturas entre 0ºC y 6ºC y una humedad relativa entre el 75 y 85%. El tiempo de permanencia de las piezas en estas cámaras depende del peso de las mismas, oscilando entre 30 y 90 días.

D.- *Secado-maduración*: Esta etapa se llevará a cabo en secaderos naturales provistos de ventanales con apertura regulable que permitan el control de la ventilación y con ello conseguir las condiciones óptimas de humedad relativa y temperatura. Es una fase en la que se aprovecha el clima propio de la zona geográfica amparada, clima que determinará las cualidades gastronómicas del producto.

En esta fase continúa la deshidratación paulatina del producto y tiene lugar el sudado que permite la difusión de la grasa entre las fibras musculares que una vez impregnadas retendrán el aroma.

El tiempo de duración de este proceso se estima en unos seis meses.

E.- *Envejecimiento en bodega*: Terminada la fase anterior las piezas se trasladan a las bodegas naturales, previa clasificación de las piezas por peso, calidad y conformación.

Las piezas envejecerán en bodega hasta completar un tiempo mínimo de 18 meses para los jamones y 12 para las paletas, desde el principio del proceso de elaboración.

En esta fase se aprovecha el clima propio de la zona geográfica en la que nos encontramos y se determinan las cualidades gastronómicas finales del producto.

Al final de la estancia en bodega, los jamones y paletas habrán adquirido como consecuencia del proceso de maduración, las características organolépticas propias.

Para la evaluación de las mismas el Consejo Regulador podrá establecer el número de piezas que habrán de ser sometidas a las pruebas sensoriales y analíticas que considere indicativas de las características típicas del producto.

F.- Se podrá autorizar a las bodegas inscritas la comercialización en porciones, de los jamones y paletas «Los Pedroches» deshuesados, en «centros», «lonchas» o «porciones», y siempre que garantice la procedencia del producto no se restringirá a la zona de producción y elaboración."

11.- Jamón de Teruel

Descripción del producto.

Los jamones y paletas curadas, son productos cárnicos obtenidos tras someter a las extremidades posteriores y anteriores del cerdo, a un proceso de salazón, lavado, post-salado, curado (secado-maduración) y envejecimiento. Los jamones y paletas curadas presentarán las siguientes características:

Figura 20.- Bellotas, el principal producto para la alimentación del cerdo ibérico. Fuente: DOP Los Pedroches.

Características morfológicas:
a) Forma: alargada, perfilada y redondeada en sus bordes hasta la aparición del músculo, conservando la pata. Puede presentarse con toda la corteza o perfilado en corte en "V" cuyo vértice quedará alineado con el eje de la pata del jamón o de la paleta curada.
b) Peso: Superior o igual a 7 Kg. en los jamones y a 4,5 Kg. en paletas curadas, al cumplir el tiempo mínimo de elaboración establecido.

Características sensoriales:
La superficie externa de las piezas puede presentarse cubierta de mohos típicos o bien limpia y con aplicación de aceite o manteca.
La superficie de corte presenta:
a) Color: Rojo y aspecto brillante al corte, con grasa parcialmente infiltrada en la masa muscular.
b) Carne: sabor delicado, poco salado.
c) Grasa: consistencia untosa, brillante, coloración blanco amarillenta, aromática y sabor agradable.
La zona de producción está constituida por la provincia de Teruel.

La zona de elaboración de jamones y paletas curadas está constituida por aquellos términos municipales de la provincia de Teruel cuya altitud media no sea inferior a 800 metros, siempre que el secadero se encuentre a una altitud igual o superior a 800 metros sobre el nivel del mar.

Proceso de elaboración.

El proceso de elaboración consta de cinco operaciones: Salazón, lavado, post-salado, curado (secado-maduración) y envejecimiento.

- *Salazón*: es la incorporación de sales a la masa muscular, que favorecen la deshidratación de las extremidades del cerdo y su perfecta conservación. La sal permanece en contacto con las piezas entre 0.65 y 1 día por kilogramo de peso fresco de pernil o de paleta.

- *Lavado*: se lavan con agua para eliminar la sal adherida.

- *Asentamiento o postsalado*: en esta fase se produce la difusión de la sal hacia el interior de todas las piezas cárnicas, eliminándose lenta y paulatinamente el agua. El proceso se realiza en cámaras con temperaturas máximas de 6ºC y una humedad relativa igual o mayor del 70%. El tiempo de permanencia en las cámaras depende del peso de las piezas, teniendo que ser este un mínimo de 60 días para los jamones y de 30 días para las paletas.

- *Curado (secado y maduración)*: esta operación se lleva a cabo en secaderos naturales cuyas condiciones ambientales son las propias de la zona, y cuyas características permitan el control de la ventilación y con ello las condiciones óptimas de humedad relativa y temperatura.

A fin de corregir las variaciones de las condiciones ambiéntales, los locales de secado pueden estar provistos de aparatos idóneos para mantener el adecuado grado termo higrométrico.

**Figura 21.- Señas de identidad del Jamón de Teruel.
Fuente: DO Jamón de Teruel.**

- Envejecimiento: En esta fase se producen las reacciones bioquímicas responsables del aroma y sabor característico.
La duración mínima de todo el proceso de elaboración es de 60 semanas para los jamones y de 36 semanas para las paletas."

12.- Caña de lomo

En el sitio de Internet de la **Universidad de Córdoba** nos dan una descripción muy completa de la caña o cinta de lomo.

Figura 13.22.- Anagrama de la DO Jamón de Teruel.

"El lomo es la pieza más noble y valiosa del despiece de la canal del cerdo ibérico, puesto que el precio unitario llega a superar el del jamón en su precio final. Se puede definir como el extracto de la calidad del cerdo ibérico.

En consecuencia, el lomo de cerdo ibérico resulta siempre una pieza diferenciada del lomo procedente del lomo blanco (en el que se dan muy buenas calidades).

A diferencia del jamón y paleta, en la venta al consumo no es usual distinguir el tipo de cerdo ibérico en cuanto a su terminación: la denominación de ibérico es suficiente.

La distinción fundamental entre embuchados y embutidos viene dada por que los primeros consisten en piezas completas curadas dentro de tripa, mientras los segundos sufren el mismo proceso pero en forma picada con adición de otros productos.

Lomo embuchado ibérico.

Veamos su proceso de elaboración.

Materias primas: Lomo de cerdo ibérico exento de grasa exterior.

Condimentos y especias: Sal común, pimentón, ajo, orégano, limón y algo de aceite de oliva.

Preparación: El lomo limpio de grasa se mantiene durante 24 horas a temperatura entre 0 y 2ºC. Adobado durante 48 horas aproximadamente. Embutido en tripa cular de ternera o vaca de 50-80 mm de calibre.

Curación: Se cuelga en secadero a temperatura de 18-20ºC y humedad relativa de 80-85 por 100 durante 24-48 horas. Posteriormente se somete a temperaturas de 12-14ºC y humedad del 75-80 por 100 durante dos meses. La temperatura se regula mediante braseros de carbón de encina.

La curación más artesanal se efectúa en locales naturales durante unos tres meses.

Presentación: En vela de 50-70 cm de longitud. Color exterior rojo claro e interior rojo vivo, que ofrece un aspecto marmóreo por la grasa infiltrada. Olor y sabor característicos. *Consumo:* Crudo." Fin de la cita.

En el sitio de Internet de **Agroibérica de Pozoblanco**, nos indican el proceso de elaboración de la caña de lomo ibérica. Transcribimos:

Caña de lomo ibérica de bellota

La caña de lomo o "lomo embuchao" se crea a partir de los lomos de cerdos alimentados a base de bellotas y pastos naturales.

El proceso de elaboración de la caña de lomo ibérica pasa por las siguientes fases: adobo, escurrido, curado y secado-maduración.

El lomo es embutido en tripas naturales con lo que conlleva una calidad inmejorable y una presencia magnífica.

El tiempo de la elaboración de la caña de lomo es de unos 150 días. Su peso es de entre 1 - 1'5 kg.

Para la venta de este producto se presenta envasado al vacío. Se puede adquirir de forma individual, y también se puede en cajas que contienen 10 unidades." Fin de la cita.

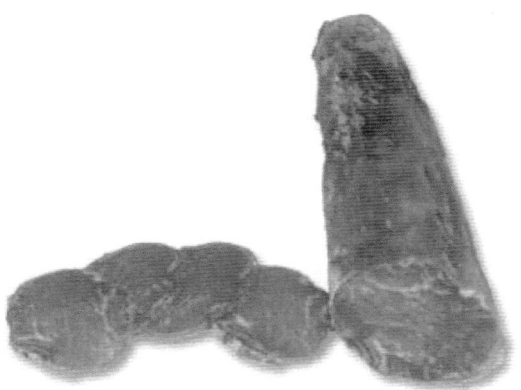

Figura 23.- Caña de lomo de bellota. Fuente: Fuente Jabugo.

13.- Morcón ibérico

En el sitio de Internet de **Guijuelo Directo** describen así el morcón:

"Es un producto parecido al chorizo ibérico, pero el picado y adobado del morcón es distinto al del primero. El morcón ibérico está elaborado con trozos grandes de la carne magra del cerdo, principalmente cabeceros, picados en trozos gruesos, mucho más grandes que los del chorizo y su adobo se realiza con ajo, sal, pimentón y orégano, lo que le da ese fuerte color rojo tan característico.

Este magro es envuelto en el apéndice del intestino grueso del cerdo, también conocido como ciego o morcón, por su forma de bolsa, para darle posteriormente la forma abultada e irregular que posee el morcón.

Este producto necesita de un secado natural de al menos tres meses que se hace en secadores naturales.

Se aprieta bien y se anuda con hilo de algodón por fuera, o se coloca una malla elástica para que se una, y tenga la consistencia típica que hace que no se deshaga cuando se parta la loncha.

Es un alimento que cuenta con una textura bastante prieta y que es rico en grasa y proteínas biológicas que ayudan al desarrollo adecuado del tejido humano." Fin de la cita.

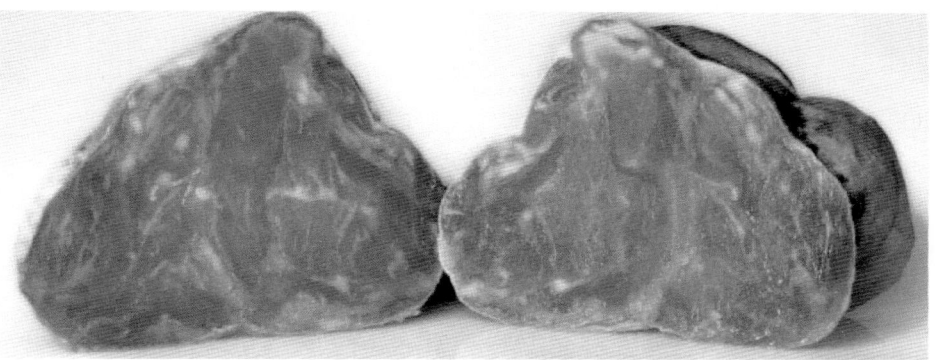

Figura 24.- Morcón ibérico. Fuente: El Cerdo Ibérico. España.

14.- Morcón de Murcia

Este morcón utiliza también como envase el apéndice del intestino grueso del cerdo, pero su contenido es distinto. También puede ir embutido en tripa o estómago. El más popular es el envasado en forma de bola. (Figura 13.25).

Es muy popular en toda la región murciana y es un embutido cocido con magro de cerdo y grasa de cerdo.

Existen tres variedades:

- Morcón murciano. Con grasa de cerdo.
- Morcón tipo Lorca. No contiene apenas grasa.
- Morcón negro. Con sangre.

Figura 25.- Morcón de Murcia. Fuente: Carnicería Murciana.

15.- Ejercicios prácticos. Las soluciones al final del libro.

1.- ¿Cómo se obtiene el jamón curado?

2.- ¿cuáles son los dos factores principales que afectan a la calidad del jamón?

3.- El secado natural de los jamones se realiza a:
   a) 15 a 20ºC.
   b) 6 a 8ºC.
   c) 40 a 45ºC.

4.- El contenido en sal del jamón curado es del orden de:
   a) 25 por ciento.
   b) 5 por ciento.
   c) 1 por ciento.

5.- ¿Qué es el postsalado?

6.- Indicar la clasificación de los jamones ibéricos en función de la alimentación del cerdo.

ANEXO 1 NORMA DE CALIDAD PARA LA CARNE, EL JAMÓN, LA PALETA Y LA CAÑA DE LOMO IBÉRICO

Nota: Esta información no tiene validez jurídica.

A continuación vamos a transcribir las partes más importantes del **Real Decreto 4/2014**, de 10 de enero del mismo año, por el que se aprueba la norma de calidad para la carne, el jamón, la paleta y la caña de lomo ibérico.

Para los profesionales del sector es muy importante conocer la legislación que les afecta. Hay que fabricar productos que se ajusten a las normas legislativas.

Disposiciones generales

Artículo 1. **Objeto.**

Este real decreto tiene por objeto establecer **las características de calidad que deben reunir los productos procedentes del despiece de la canal de animales porcinos ibéricos, que se elaboran o comercializan en fresco así como el jamón, la paleta, la caña de lomo ibéricos elaborados o comercializados en España**, para poder usar las denominaciones de venta establecidas en la presente norma, sin perjuicio del cumplimiento de la normativa general que les sea de aplicación.

Se admitirán, asimismo, los productos elaborados en Portugal, con base en los acuerdos firmados entre las autoridades de España y Portugal sobre la producción, elaboración, comercialización y control de los productos ibéricos.

Por otro lado aquellos productos acogidos a una figura de calidad reconocida a nivel comunitario (**Denominación de Origen Protegida o Indicación Geográfica Protegida**) que pretendan emplear las denominaciones de venta contempladas en la presente norma o cualquiera de los términos incluidos en ella, deberán cumplir lo establecido en la misma.

Artículo 2. **Definiciones.**

A los efectos del presente real decreto, se entenderá por:

a) **Canal,** es el cuerpo de un cerdo adulto sacrificado, sangrado y eviscerado, entero o partido longitudinalmente por la mitad, sin lengua, cerdas, órganos genitales, manteca, riñones ni diafragma.

b) **Jamón,** es el producto elaborado con la extremidad posterior, cortada a nivel de la sínfisis isquiopubiana, con pata y hueso, que incluye la pieza osteomuscular íntegra, procedente de cerdos adultos, sometida al correspondiente proceso de salazón y curado-maduración.

c) **Paleta,** es el producto elaborado con la extremidad anterior, cortada a nivel de la escápula humeral hasta la húmero radial, con mano y hueso, que incluye la pieza osteomuscular íntegra, procedente de cerdos adultos, sometida al correspondiente proceso de salazón y curado-maduración.

d) **Caña de lomo,** es el producto elaborado con el paquete muscular formado por los músculos espinal y semiespinal del tórax, así como los músculos longísimos, lumbar y torácico del cerdo, prácticamente libre de grasa externa, aponeurosis y tendones, adobado y embutido en tripas naturales o envolturas artificiales, el cual ha sufrido un adecuado proceso de curado-maduración.

Dentro de esta definición también se incluyen las denominaciones "**lomo embuchado**" y "**lomo**", puesto que suponen adaptaciones geográficas del nombre del producto.

e) **Lote de explotación**, es el conjunto de animales pertenecientes a una misma explotación ganadera homogéneos en cuanto a factor racial y edad.

A efectos de esta norma se entenderá por homogeneidad en el factor edad a aquellos animales que tengan una diferencia de edad inferior a 30 días.

f) **Lote de alimentación**, es el conjunto de animales, que se encuentran en una misma explotación ganadera, homogéneo en cuanto a factor racial, y alimentación y manejo.

g) **Lote de sacrificio**, es el conjunto de animales pertenecientes a un mismo lote de alimentación, sacrificados el mismo día y en el mismo establecimiento.

Figura 1.- Dehesa. Fuente: Señorío de Pedroches.

h) **Lote de productos**, es el conjunto de piezas obtenidas de un lote de sacrificio. En el caso de los lomos podrán agruparse, formando un solo lote de producto, aquellas piezas que tengan igual factor racial, y alimentación y manejo y se procesen de forma conjunta.

i) **Dehesa,** es el área geográfica con predominio de un sistema agroforestal de uso y gestión de la tierra basado principalmente en la explotación ganadera extensiva de una superficie continua de pastizal y arbolado mediterráneo, ocupada fundamental- mente por especies frondosas del género Quercus, en la que es manifiesta la acción del hombre para su conservación y perdurabilidad, y con una cubierta arbolada media por explotación de, al menos, 10 árboles por hectárea de dicho género en producción.

j) **Superficie arbolada cubierta** es el porcentaje de suelo cubierto por la proyección de todas las copas de los árboles de las especies de quercíneas del recinto SIGPAC.

k) **Montanera** es el régimen de alimentación de los animales basado en el aprovechamiento de los recursos de bellota y pastizal propios de la dehesa en España y Portugal.

l) **Capa montanera del SIGPAC** es el conjunto de recintos y parcelas identificados en el Sistema de Información Geográfica de Parcelas Agrícolas (SIGPAC) para toda España y validados por la Autoridad Competente de cada Comunidad Autónoma como aptos para la alimentación de animales cuyos productos vayan a comercializarse con arreglo a la mención «de bellota» establecida en el presente Real Decreto.

m) **Operador**, es la persona física o jurídica que interviene en alguna de las fases del proceso de producción, transformación, comercialización incluida la distribución y reetiquetado, responsable de asegurar que sus productos cumplen con los requisitos establecidos en la Norma de Calidad y, por tanto, deberá establecer un sistema de autocontrol de las operaciones que se realicen bajo su responsabilidad.

n) **Autoridad competente**, son los órganos competentes de las comunidades autónomas.

ñ) **Entidades de certificación y entidades inspección** de son las definidas, respectivamente, en los apartados c) y e) del artículo 19 de la ley 21/1992, de 16 de julio, de Industria.

o) **Salazón**, es la incorporación de sal a la masa muscular para facilitar su deshidratación y favorecer la conservación.

p) **Lavado**, es el lavado de las piezas al terminar la salazón, con agua templada para eliminar la sal adherida.

q) **Post-salado** o asentado, es el proceso para eliminar la humedad superficial de la paleta o del jamón paulatina y lentamente.

r) **Curado-Maduración**, a efectos de esta norma, es el tratamiento de los productos embuchados, crudo-adobados y salazones cárnicas en condiciones ambientales adecuadas para provocar, en el transcurso de una lenta y gradual reducción de la humedad, la evolución de los procesos naturales de fermentación o enzimáticos necesarios para aportar al producto cualidades organolépticas características y que garantice su estabilidad durante el proceso de comercialización.

s) **Adobado**, a efectos de esta norma, es la adición de sal, especias o condimentos.

A los efectos de la presente disposición, serán de aplicación las definiciones contempladas en el artículo 2 del Real Decreto 2129/2008, de 26 de diciembre, por el que se establece el Programa nacional de conservación, mejora y fomento de las razas ganaderas.

Denominación de venta y etiquetado
Artículo 3. Denominación de venta.

1. La denominación de venta de los productos regulados por este real decreto se compone obligatoriamente de tres designaciones, que deben concordar en género y figurar por el orden que se indica a continuación:

a) Designación por tipo de producto:

i) Para productos elaborados: **Jamón, paleta, caña de lomo o lomo embuchado o lomo**.

ii) Para los productos obtenidos del despiece de la canal comercializados en fresco: la designación de la pieza procedente del despiece, de acuerdo con las denominaciones de mercado, así como sus distintas preparaciones y presentaciones comerciales, en su caso.

b) Designación por alimentación y manejo:

i) **"De bellota"**: Para productos procedentes de animales sacrificados inmediatamente después del aprovechamiento exclusivo de bellota, hierba y otros recursos naturales de la dehesa, sin aporte de pienso suplementario, en las condiciones de manejo que se señalan en el artículo 6.

ii) Para los productos procedentes de animales cuya alimentación y manejo, hasta alcanzar el peso de sacrificio, no estén entre los contemplados en el punto anterior se utilizarán las siguientes designaciones:

1. **"De cebo de campo"**: Tratándose de animales que aunque hayan podido aprovechar recursos de la dehesa o del campo, han sido alimentados con piensos, constituidos fundamentalmente por cereales y leguminosas, y cuyo manejo se realice en explotaciones extensivas o intensivas al aire libre pudiendo tener parte de la superficie cubierta, teniendo en cuenta al respecto lo señalado en el artículo 7.

2. **"De cebo"**: En caso de animales alimentados con piensos, constituidos fundamentalmente por cereales y leguminosas, cuyo manejo se realice en sistemas de explotación intensiva, de acuerdo con lo señalado en el artículo 8.

c) Designación por tipo racial:

i) **"100% ibérico"**: Cuando se trate de productos procedentes de animales con un 100% de pureza genética de la raza ibérica, cuyos progenitores tengan así mismo un 100% de pureza racial ibérica y estén inscritos en el correspondiente libro genealógico.

ii) **"Ibérico"**: Cuando se trate de productos procedentes de animales con al menos el 50% de su porcentaje genético correspondiente a la raza porcina ibérica, con progenitores de las siguientes características:

Para obtener animales del 75% ibérico se emplearán hembras de raza 100% ibérica inscritas en libro genealógico y machos procedentes del cruce de madre de raza 100% ibérica y padre de raza 100% Duroc, ambos inscritos en el correspondiente libro genealógico de la raza.

Para obtener animales del 50% ibérico se emplearán hembras de raza 100% ibérica y machos de raza 100% Duroc, ambos inscritos en el corres-pondiente libro genealógico de la raza.

La justificación del factor racial de los progenitores se realizará mediante "certificado racial", emitido por la correspondiente asociación oficialmente reconocida para la gestión del Libro Genealógico. En el caso de los machos cruzados que intervienen en el cruce para obtener animales del 75% ibérico, el procedimiento de justificación del factor racial se decidirá por la **Mesa de Coordinación de la Norma de Calidad del Ibérico**.

La verificación del factor racial de los animales con destino al sacrificio para la obtención de productos ibéricos será realizada por una entidad de inspección acreditada por la Entidad Nacional de Acreditación.

En el etiquetado de los productos deberá incluirse como mención obligatoria el porcentaje genético de raza porcina ibérica, en las condiciones que se señalan en el artículo 4.4.

2. Para los productos obtenidos del despiece de la canal que se comercializan en fresco la designación indicada del tipo de alimentación y manejo es opcional, y se podrá utilizar sólo en el caso de que la trazabilidad de la pieza o de su preparación y presentación comercial permita identificar el lote de alimentación correspondiente.

3. Se aplicarán las denominaciones citadas en el apartado 1 a las porciones procedentes de los productos regulados por la presente norma. Se entenderá por porción cualquier fracción o parte obtenida del troceado o fileteado de los productos obtenidos del despiece de la canal que se comercializan en fresco así como del troceado o lonchado del jamón, la paleta y la caña de lomo, una vez elaborados.

4. Las designaciones raciales, y de alimentación y manejo se aplicarán exclusivamente a los productos regulados por la presente norma que cumplan con las condiciones que se establecen en la misma.

5. Las denominaciones de venta se asignarán basándose en los datos obtenidos del informe, emitido por las entidades de inspección, que debe acompañar al animal a su llegada al matadero.

Artículo 4. **Etiquetado.**

1. El etiquetado de los productos recogidos en esta norma deberá cumplir lo dispuesto en las disposiciones de etiquetado de los productos alimenticios que le sean de aplicación. Sin perjuicio de lo establecido en la legislación sobre información alimentaria al consumidor, en el etiquetado, facturas, albaranes, publicidad, folletos y cartelería en el punto de venta, así como en las acciones promocionales o publicitarias, deberá figurar completa la denominación de venta de los productos objeto de la presente norma, además de en las piezas completas, con o sin hueso, troceados o loncheados para el jamón, paleta y caña de lomo, o bien fileteados o en porciones en los productos procedentes del despiece de la canal que se comercialicen en fresco, de acuerdo con las denominaciones establecidas en el artículo 3 del presente real decreto.

2. Queda prohibida la utilización incompleta de la denominación de venta, la adición a la misma de términos diferentes a los designados en el Artículo 3 o el uso aislado de alguno de los términos que la componen, excepto el tipo de producto, tanto para los productos de esta norma como los que se encuentren fuera de ella. Se excluyen de esta prohibición los productos de ibérico regulados en la norma de calidad de productos cárnicos.

3. Las designaciones que componen la denominación de venta, según se define en el artículo 3 del presente real decreto, deberán figurar en lugar destacado y en todo caso en el mismo campo visual que la marca comercial, del etiquetado con el mismo tipo de letra, tamaño, grosor y color, en todos sus términos.

4. Además de la denominación de venta, los productos regulados por esta norma, salvo la carne fresca, deberán indicar en el etiquetado las siguientes menciones obligatorias:

a) Para los productos procedentes de animales cuya designación por tipo racial no sea "**100% ibérico**", el porcentaje de raza ibérica del animal del que procede el producto, se indicará con la expresión " **% raza ibérica**".

Esta indicación deberá aparecer muy próxima a la denominación del producto, utilizando un tamaño de fuente con una altura de la x correspondiente al menos al 75 % de la altura de la x de la denominación del producto y no inferior al tamaño mínimo requerido en el artículo 13, apartado 2, del Reglamento (EU) N.º 1169/2011.

b) La expresión "certificado por" seguida del nombre del organismo independiente de control o su acrónimo.

Esta expresión deberá situarse en el etiquetado próxima a la denominación de venta y de forma visible.

5. Podrán utilizarse en el etiquetado y en acciones de promoción o publicidad las siguientes menciones facultativas:

— **"Pata negra"**, que queda reservada exclusivamente a la designación **"de bellota 100% ibérico"**, que cumpla con las condiciones establecidas en el artículo 3.

— **"Dehesa"** o **"montanera"**, que quedan reservadas exclusivamente a la designación **"de bellota"**, en las condiciones establecidas en el artículo 3.

6. En el etiquetado y publicidad de los productos, quedan reservados exclusivamente a la designación **"de bellota"** los nombres, logotipos, imágenes, símbolos, o menciones facultativas que evoquen o hagan alusión a algún aspecto relacionado o referido con la bellota o la dehesa. Se prohíbe así mismo el empleo de los términos **"recebo"** e **"ibérico puro"**.

7. La marca comercial que se asigne al producto final no podrá inducir a confusión al consumidor, sobre sus características raciales y las condiciones de alimentación o manejo, tanto a través de la propia denominación de la marca, como de su imagen gráfica.

Obtención de la materia prima.
Artículo 5. **Identificación de los animales y registro del censo de explotación en el Registro General de Explotaciones Ganaderas (REGA).**

1.- Sin perjuicio de lo dispuesto en el Real Decreto 205/1996, de 9 de febrero, por el que se establece el sistema de identificación y registro de los animales de las especies bovina, porcina, ovina y caprina, en las explotaciones ganaderas el operador identificará antes del destete a cada uno de los animales con un sistema fiable y seguro, que indique, al menos, el código del lote de explotación, debiendo el operador mantener la trazabilidad a lo largo de la vida del animal, de forma que permita la formación de lotes homogéneos en cuanto a raza, peso y edad.

2.- Posteriormente, una vez formados los lotes de alimentación, se deberán anotar en un registro de trazabilidad creado a efectos de garantizar la trazabilidad de los lotes en el marco de la presente norma. Asimismo, se deberá conservar la documentación que permita relacionar cada lote de alimentación con el lote de explotación correspondiente.

La identificación se mantendrá para toda la vida del animal y se deberá poder trazar a lo largo de todas las fases de elaboración y comercialización de los productos objeto de la norma. En el caso de que algún animal pierda la identificación del lote de explotación de nacimiento o de explotaciones intermedias, no será necesario reponerlos siempre que se hayan identificado los animales con el código del lote de alimentación de la explotación donde se encuentran y esté reflejado el origen de los lotes en los registros de trazabilidad de esa explotación.

3.- En todos los casos, en el apartado "censo" del Registro general de explotaciones ganaderas (REGA), correspondiente a las explotaciones que alberguen animales que vayan a ser utilizados para la obtención de productos al amparo del presente real decreto, deberá figurar la indicación "**raza porcina ibérica y sus cruces**", para las distintas categorías de animales.

Artículo 6. **Condiciones de manejo para los animales que dan origen a productos con la designación "de bellota".**

1. Las parcelas y recintos utilizados para la alimentación de animales cuyos productos vayan a comercializarse con arreglo a la mención **"de bellota"**, deberán estar identificados en la capa montanera incluida en el **Sistema de Información Geográfica de Parcelas Agrícolas (SIGPAC)**, establecido en el Real decreto 2128/2004, de 29 de octubre, por el que se regula el sistema de información geográfica de parcelas agrícolas, como aptos para su utilización para el engorde de animales "de bellota", conforme a las designaciones establecidas en el presente real decreto.

2. El aprovechamiento de los recursos de la dehesa en época de montanera deberá realizarse teniendo en cuenta la superficie arbolada cubierta de la parcela o recinto y la carga ganadera máxima admisible que figura en el anexo de este Real decreto, modulada en su caso a la baja en función de la disponibilidad de bellota del año.

La valoración de dicha disponibilidad será realizada anualmente por las entidades de inspección, previamente a la entrada de los animales.

3. La entrada de los animales a la montanera deberá realizarse entre el 1 de octubre y el 15 de diciembre, estableciéndose como período para su sacrificio entre el 15 de diciembre y el 31 de marzo.

4. Las condiciones mínimas que habrán de reunir los animales en cuanto a su peso y edad, serán las siguientes:

- El peso medio del lote a la entrada en montanera estará situado entre 92 y 115 kg.
- La reposición mínima en montanera será de 46 kg, durante más de 60 días.
- La edad mínima al sacrificio será de 14 meses.
- El peso mínimo individual de la canal será de 115 kg, excepto para los animales 100% ibéricos que será de 108 kg.

Artículo 7. **Condiciones de manejo para los animales que dan origen a productos con la designación "de cebo de campo".**

1. Los animales se cebarán en explotaciones de cebo extensivas que deberán cumplir los requisitos establecidos en el Real Decreto 1221/2009, de 17 de julio, por el que se establecen normas básicas de las explotaciones de ganado porcino extensivo y por el que se modifica el Real Decreto 1547/2004, de 25 de junio, por el que se establecen las normas de ordenación de las explotaciones cunícolas.

2. Así mismo los animales podrán cebarse en explotaciones de cebo en instalaciones intensivas al aire libre pudiendo tener parte de la superficie cubierta, debiendo cumplir los requisitos establecidos en el Real Decreto 324/2000, de 3 de marzo, por el que se establecen normas básicas de ordenación de las explotaciones porcinas. En lo que hace referencia a las condiciones de cría, sin perjuicio de lo establecido en el Real Decreto 1135/2002, de 31 de octubre, relativo a las normas mínimas para la protección de cerdos, los animales de producción de más de 110 kilos de peso vivo deben disponer de una superficie mínima de suelo libre total por animal de 100 m^2, en su fase de cebo.

3. La estancia mínima en dichas explotaciones, previa a su sacrificio, será de 60 días.

4. La edad mínima al sacrificio será de 12 meses.

5. El peso mínimo individual de la canal será de 115 kg, excepto para los animales 100% ibéricos que será de 108 kg.

Artículo 8. **Condiciones de manejo para los animales que dan origen a productos con la designación "de cebo".**

1. Sin perjuicio de las condiciones de cría establecidas en el Real Decreto 1135/2002, de 31 de octubre, relativo a las normas mínimas para la protección de cerdos, los animales de producción de más de 110 kilos de peso vivo que den origen

a productos con la designación **"de cebo"** deben disponer de una superficie mínima de suelo libre total por animal de 2 m², en su fase de cebo.

2. La edad mínima al sacrificio será de 10 meses.

3. El peso mínimo individual de la canal será de 115 kg, excepto para los animales 100% ibéricos que será de 108 kg.

Identificación y trazabilidad de los productos

Artículo 9. **Identificación de canales y marcado de piezas.**

1. Tras el sacrificio, en el matadero se realizará el pesaje individual de las canales, mediante báscula cuyo sistema de medida sea fiable y no manipulable, descalificando aquellas que no cumplan con el peso mínimo, establecido en este Real Decreto, según el tipo racial de los animales. El matadero será responsable de verificar el cumplimiento de los pesos mínimos y de la descalificación de las canales que no los cumplan y dejará constancia en su registro de trazabilidad, emitiendo asimismo un informe para cada lote de sacrificio, con el número de canales aptas y descalificadas.

En el marco de la **Mesa de Coordinación de la Norma de Calidad del Ibérico** se procederá a establecer el protocolo de control de los sistemas de pesado utilizados por los mataderos.

2. Además, en el matadero, antes de separar la cabeza, las canales deberán ser identificadas individualmente con el código del lote de sacrificio que estará relacionado inequívocamente, en los registros de trazabilidad del matadero, con los códigos de los animales o del lote o fracción de lote de alimentación que incluya.

3. En el matadero los jamones y paletas de cada lote de productos obtenidos de animales sacrificados a partir de la entrada en vigor del presente Real decreto, se identificarán, con un precinto inviolable que será de distinto color para cada denominación de venta:

- **Negro:** De bellota 100% ibérico.

- **Rojo:** De bellota ibérico.
- **Verde:** De cebo de campo ibérico.
- **Blanco:** De cebo ibérico.

Dicho precinto incluirá de forma indeleble y perfectamente legible una numeración individual y única de la pieza en un tamaño suficiente para ser legible, de tal forma que se correlacione, en los registros de trazabilidad, con la canal o media canal de la que proceda dentro del lote de sacrificio. Estos precintos serán asignados a las canales que cumplan los requisitos de cada designación por la **Asociación Interprofesional del Cerdo Ibérico (ASICI)** quien podrá examinar en el matadero su correcta colocación en las piezas y llevará la contabilidad de los colocados, entregados y utilizados. ASICI informará periódicamente a la autoridad competente de la Comunidad Autónoma de destino de las canales o piezas para su elaboración, de todas las posibles incidencias que se produzcan en esta etapa.

En el caso particular de los productos amparados por una Denominación de Origen o una Indicación Geográfica Protegida que empleen las denominaciones de venta establecidas en la presente norma, podrán utilizar sus propios precintos, siempre que se empleen los colores y menciones indicados en la norma, y demás requisitos y condiciones previstos en el presente artículo.

Los precintos se mantendrán en las piezas en todo momento, incluidos puntos de venta y establecimientos de restauración y no podrá colocarse ningún otro precinto adicional, por parte de cualquier operador o un tercero, salvo que respete los colores y menciones en caso de que las incluya, previstos en esta norma.

4. En el caso de los productos obtenidos del despiece de la canal que se comercializan en fresco, la identificación deberá estar contemplada en una etiqueta adherida al envase del producto que contendrá, asimismo, la denominación de venta del producto.

5. Para la caña de lomo se hará una primera identificación en la sala de despiece, y posteriormente se hará el marcado o identificación de la misma, de forma inviolable, indeleble y perfectamente legible, una vez adobada y embutida en la correspondiente tripa, de forma que se asegure la trazabilidad de la pieza, respetando el color que corresponda en los precintos de jamones y paletas a esa denominación de venta.

6. Los productos procedentes del despiece de la canal, fileteados o en porciones deberán proceder de lotes homogéneos en cuanto a raza y se identificarán en el envase con una etiqueta en la que aparezca un número de identificación por el que quede garantizada su trazabilidad así como la denominación de venta del producto.

Los productos elaborados que se comercialicen en lonchas o en porciones deberán proceder de lotes homogéneos en cuanto a raza y alimentación e incorporarán una etiqueta al envase del mismo color que el precinto de la pieza de la que procedan en la que aparecerá un número de identificación que se pueda rastrear y quede garantizada su trazabilidad y la denominación de venta del producto.

7. La descalificación de la canal, la carencia de identificación, su ilegibilidad o la imposibilidad de correlacionar las piezas, las porciones, los loncheados o fileteados con el lote o lotes de alimentación o producto, supondrá la pérdida del derecho a utilizar en el etiquetado las denominaciones de venta incluidas en el artículo 3.

Artículo 10. **Trazabilidad.**

En todas las etapas de la producción, transformación, almacenamiento y distribución deberá asegurarse la trazabilidad de los productos objeto de la norma, de manera que se puedan relacionar las piezas o porciones de los productos con el animal o el lote o lotes de explotación de que procedan, sin perjuicio de lo establecido en el artículo 18 del Reglamento (CE) n.º 178/2002, de 28 de enero, por el que se establecen los principios y los requisitos generales de la legislación alimentaria, se crea la

Autoridad Europea de Seguridad Alimentaria y se fijan procedimientos relativos a la seguridad alimentaria.

Elaboración de los productos

Artículo 11. **Elaboración del jamón, paleta y caña de lomo ibéricos**.
1. Las técnicas empleadas en el proceso de elaboración tendrán por objeto la obtención de productos de la máxima calidad, que reúnan **las características tradicionales del jamón ibérico, de la paleta ibérica y de la caña de lomo ibérico**.
2. El proceso de elaboración de los jamones y las paletas ibéricas se deberá llevar a cabo con las piezas osteomusculares íntegras y constará de las siguientes fases: salazón, lavado, post-salado y curado-maduración.
3. El proceso de elaboración de las cañas de lomo ibérico, constará de las siguientes fases: adobado y embutido en tripas naturales o artificiales y curado-maduración.

Artículo 12. **Características del jamón, la paleta y la caña de lomo ibéricos**.

Para obtener productos de la mejor calidad, el jamón, la paleta y la caña de lomo ibéricos, deberán ajustarse a los pesos y tiempos mínimos de elaboración. Al objeto de poder verificar el cumplimiento de los tiempos mínimos de elaboración de jamones y paletas a lo largo de la vida del producto, se colocará en sitio visible una identificación inviolable y perfectamente legible mediante un sistema que incluya al menos los dos dígitos de la semana de entrada en salazón y los dos dígitos finales del año.
Estos pesos y tiempos mínimos contados a partir del día de entrada en salazón serán los siguientes:

1. **Jamón:**

a) Los tiempos mínimos de elaboración para el jamón en función de los pesos serán:

Peso piezas elaboradas (Kg)	Tiempo mínimo de elaboración
< 7	600 días
≥ 7	730 días

b) Los pesos mínimos del jamón elaborado una vez etiquetado, en el momento de la salida de la instalación de la industria final, serán:

– Jamón 100% ibérico: ≥ 5,75 kg.

– Jamón ibérico: ≥ 7 kg.

2. **Paleta:**

a) Independientemente del peso el tiempo mínimo de elaboración será de 365 días.

b) Los pesos mínimos de la paleta elaborada una vez etiquetada, en el momento de la salida de la instalación de la industria final, serán:

– Paleta 100% ibérica: ≥ 3,7 kg.

– Paleta ibérica: ≥ 4 kg.

3. **Caña de lomo.** El tiempo mínimo del proceso de elaboración para el lomo será de 70 días.

Control, inspección y certificación

Artículo 13. **Control oficial.**

Las autoridades competentes de las comunidades autónomas llevarán a cabo los correspondientes controles oficiales a lo largo de todo el proceso desde la explotación ganadera hasta el consumidor, en las distintas etapas de producción, elaboración y comercialización de los productos acogidos a la presente norma, de acuerdo con los correspondientes programas de control anuales.

Artículo 14. **Autocontrol.**

1. Sin perjuicio del control oficial realizado por las autoridades competentes conforme al artículo 13, los operadores establecerán en todas y cada una de las fases de producción, elaboración y comercialización incluida la distribución cuando realice alguna actividad sobre el producto, un sistema de autocontrol de las operaciones que se realicen bajo su responsabilidad, que deberá ser verificado por una entidad de inspección o certificación, según corresponda.

Los operadores deberán contratar los servicios de una entidad de inspección o certificación, según corresponda, a los efectos previstos en el apartado anterior. En dicho contrato se incluirá una autorización expresa para que la Entidad Nacional de Acreditación, sin necesidad de acompañamiento de la entidad de certificación o inspección, pueda visitar las explotaciones o industrias objeto de la inspección o certificación, para comprobar exclusivamente el funcionamiento de las entidades acreditadas a los efectos de mantener o no la mencionada acreditación.

2. Los operadores deberán conservar la documentación referida al autocontrol a disposición de las autoridades competentes para el control oficial, durante un periodo mínimo de 5 años.

3. La certificación de producto se podrá realizar por cuenta del operador final, que se hará responsable de todas las fases anteriores, o mediante certificaciones parciales en mataderos, salas de despiece, industrias de elaboración y distribución haciéndose cada uno responsable de las operaciones que se realizan en su ámbito.

Artículo 15. **Entidades de Inspección y Certificación.**

1. Las entidades de inspección y certificación estarán acreditadas para un alcance que incluya lo establecido en este Real Decreto por la Entidad Nacional de Acreditación (ENAC) o el organismo nacional de acreditación de cualquier otro Estado miembro de la

Unión Europea, designado de acuerdo a lo establecido en el Reglamento (CE) 765/2008 por el que se establecen los requisitos de acreditación y vigilancia del mercado relativos a la comercialización de los productos y por el que se deroga el Reglamento (CEE) N.º 339/93 y que se haya sometido con éxito al sistema de evaluación por pares previsto en dicho reglamento. Las entidades de inspección y certificación, según su actividad, deberán cumplir las siguientes normas:

a) Para las entidades de inspección, la norma UNE EN ISO/IEC 17020, con un alcance que incluya lo establecido en el presente real decreto y normas de desarrollo.

b) Para las entidades de certificación de producto, la norma EN 45011 o norma que la sustituya, con un alcance que incluya lo establecido en el presente real decreto y normas de desarrollo.

En el caso de entidades que inicien su actividad, la autoridad competente de la comunidad autónoma, donde vayan a iniciar su actividad las entidades, podrá autorizar provisionalmente a dichas entidades sin acreditación previa, y siempre que hayan solicitado la acreditación, durante el plazo máximo de 24 meses desde la fecha de la autorización provisional o hasta que sean acreditados si el plazo es menor, si se estima que responden a lo establecido en las normas citadas en los apartados a) y b) del presente artículo. Autorización provisional, que una vez concedida, tendrá eficacia en todo el territorio nacional.

2. Las entidades de inspección y certificación, una vez acreditadas, deberán presentar una declaración responsable en la comunidad autónoma en la que inicien su actividad en los términos del artículo 71 bis de la Ley 30/92 de 26 de noviembre de régimen jurídico de las administraciones públicas y del procedimiento administrativo común y la normativa autonómica que resulte de aplicación. Declaración responsable, que una vez presentada, tendrá eficacia en todo el territorio nacional.

Dichas entidades serán supervisadas por las autoridades competentes de las comunidades autónomas para verificar que reúnen los requisitos necesarios para realizar la actividad declarada y la realizan de manera correcta.

3. Si como consecuencia de la supervisión que realizan las comunidades autónomas sobre las entidades de inspección y certificación que actúan en su territorio, se detectaran anomalías lo comunicarán inmediatamente a ENAC para que ésta adopte las medidas oportunas, comunicándolo igualmente al resto de comunidades autónomas para conocimiento.

4. La suspensión o retirada de la acreditación implicará el cese automático de toda actividad, relacionada con esta norma, en tanto en cuanto no se reinstaure la acreditación. ENAC informará de manera inmediata a las autoridades competentes de las comunidades autónomas a través del Ministerio de Agricultura, Alimentación y Medio Ambiente, de cualquier suspensión o retirada así como las razones que han conducido a dicha decisión.

5. La contratación por el operador de una entidad de inspección deberá mantenerse durante el periodo de montanera, salvo causas imputables a la propia entidad de inspección, o debidamente justificadas. En ningún caso, por motivos derivados del resultado de la inspección. En tal caso, la entidad de inspección deberá informar al órgano competente de la comunidad autónoma.

6. Para el caso particular de los productos amparados por una Denominación de Origen o una Indicación Geográfica Protegida que empleen las denominaciones de venta establecidas en la presente norma, la verificación será llevada a cabo por los organismos o autoridades competentes de control que se reconocen en el marco del Reglamento (UE) N.º 1151/2012 del Parlamento Europeo y del Consejo de 21 de noviembre de 2012 sobre los regímenes de calidad de los productos agrícolas y alimenticios.

Tabla 1.- Equivalencia entre las denominaciones antigua y nueva de los productos cárnicos.

	Real Decreto 1469/2007	Presente Real Decreto
Lomo.	Lomo ibérico puro de bellota.	Lomo de bellota 100% ibérico.
	Lomo ibérico de bellota.	Lomo de bellota ibérico.
	Lomo ibérico puro de cebo de campo.	Lomo de cebo de campo 100% ibérico.
	Lomo ibérico de cebo de campo.	Lomo de cebo de campo ibérico.
	Lomo ibérico puro de cebo.	Lomo de cebo 100% ibérico.
	Lomo ibérico de cebo.	Lomo de cebo ibérico.
Paleta.	Paleta ibérica pura de bellota.	Paleta de bellota 100% ibérica.
	Paleta ibérica de bellota.	Paleta de bellota ibérica.
	Paleta ibérica pura de cebo de campo.	Paleta de cebo de campo 100% ibérica.
	Paleta ibérica de cebo de campo.	Paleta de cebo de campo ibérica.
	Paleta ibérica pura de cebo.	Paleta de cebo 100% ibérica.
	Paleta ibérica de cebo.	Paleta de cebo ibérica.
Jamón.	Jamón ibérico puro de bellota.	Jamón de bellota 100% ibérico.
	Jamón ibérico de bellota.	Jamón de bellota ibérico.
	Jamón ibérico puro de cebo de campo.	Jamón de cebo de campo 100% ibérico.
	Jamón ibérico de cebo de campo.	Jamón de cebo de campo ibérico.
	Jamón ibérico puro de cebo.	Jamón de cebo 100% ibérico.
	Jamón ibérico de cebo.	Jamón de cebo ibérico.

Artículo 16. **Deber de información.**

1. Las entidades de inspección y certificación acreditadas, y en su caso los Consejos Reguladores de las Denominaciones de Origen Protegidas, deberán comunicar periódicamente a las autoridades

competentes de las Comunidades Autónomas, en los plazos y en la forma que éstas determinen la siguiente información:

a) El acumulado anual, por municipio, del censo de animales sometidos a su verificación y comercializados por los ganaderos por designaciones raciales y de alimentación y manejo. La información se incorporará por trimestres naturales, en los 15 días siguientes al vencimiento de cada uno.

b) El acumulado anual, por municipio, de la cantidad de jamones, paletas, lomos y productos frescos procedentes del despiece de la canal, sometidos a su verificación y comercializados por el operador final bajo cada una de las designaciones raciales y de alimentación y manejo.

Las autoridades competentes de las Comunidades Autónomas remitirán dicha información al Ministerio de Agricultura, Alimentación y Medio Ambiente que la publicará en su página web para conocimiento de las autoridades competentes de las comunidades autónomas y del público en general, con las garantías debidas de protección de los datos de carácter personal.

2. La **Asociación Interprofesional del Cerdo Ibérico (ASICI)** remitirá trimestralmente con carácter general y particularmente al finalizar la montanera a las comunidades autónomas correspondientes y al Ministerio de Agricultura, Alimentación y Medio Ambiente, la información relativa al número de precintos por designaciones colocados, entregados y utilizados por cada uno de los operadores en los distintos establecimientos.

ANEXO 2

LIBROS SOBRE CIENCIA Y TECNOLOGÍA DE LOS ALIMENTOS

A continuación damos un listado muy completo de libros sobre ciencia y tecnología de los alimentos de gran interés para los profesionales del sector y para cursos de formación.

1º Se incluyen libros de interés general para todo tipo de industrias agroalimentarias. Se trata de obras sobre seguridad alimentaria, aditivos, limpieza y desinfección, conservación por frío, tratamientos térmicos en general (pasterización, esterilización, congelación), sistemas de filtración, envasado, etc.

2º Se incluyen libros sobre cada uno de los sectores agroalimentarios: carnes y productos cárnicos, conservas, zumos, leche y productos lácteos, pescados y sus derivados, productos de panadería y confitería, ovoproductos, aceites y grasas, alimentos funcionales, vinos, cervezas, licores, bebidas refrescantes, té, café, chocolate, especias, etc.

PROCESADO DE ALIMENTOS.

Autor: Julieta Mérida García (Catedrática de la Universidad de Córdoba, Dpto. Química Agrícola) y María Pérez Serratosa (Profesora Universidad de Córdoba). 272 páginas, más de 160 ilustraciones (diagramas de fabricación, esquemas, fotografías, cuadros, tablas, dibujos, etc.). Tamaño: 17 x 24 cm.

En este libro se tratan **las más modernas tecnologías utilizadas en el procesado de diversos alimentos y bebidas** (frutas frescas, zumos, aceite de oliva, aceite de semillas oleaginosas, procesos de refinación, vinos, cervezas, etc.). Se trata producto a producto y se dan las definiciones, los procedimientos y las tecnologías más actuales de su procesamiento con todo detalle e ilustraciones.

Es un libro de consulta de gran interés para los profesionales del sector, empresas agroalimentarias, fabricantes de equipos, ingenierías, facultades, escuelas de ingeniería y tecnología de los alimentos, para **cursos de formación**, etc. Año 2014. ISBN: 9788494198090.

CIENCIA Y TECNOLOGÍA DE LOS ALIMENTOS (DOS TOMOS).

Autores: A. Madrid, E. Esteire y Javier M. Cenzano. 870 páginas en gran formato, 500 ilustraciones (fotografías, dibujos, cuadros, esquemas, diagramas de flujo, casos prácticos, tablas, gráficos, etc.). Tamaño: 27 x 19 cm. (Gran formato). Año 2013. Este libro consta de:

1ª parte. TEÓRICA. Se presentan los conocimientos más actuales relativos a los alimentos, su composición, propiedades, su valor nutritivo, **los aditivos en los alimentos, el etiquetado nutricional, alimentos funcionales, transgénicos, antioxidantes, ácidos grasos omega-3, probióticos, prebióticos, la seguridad alimentaria y nutricional, etc. Se hace también un estudio de cada alimento concreto**: leche, queso, yogur, carnes, embutidos, pescados, mariscos, grasas, aceites, zumos, mermeladas, néctares, huevos, azúcares, harinas, panes, pasteles, cacao, chocolate, caramelos, turrones, galletas, salsas, frutos secos, miel, café, té, vino, cerveza, licores, aguas residuales de las industrias, etc.

2ª parte. PRÁCTICA. Se estudian los equipos y técnicas de elaboración y envasado de todo tipo de alimentos, como los citados en el párrafo anterior, con todo tipo de casos prácticos, elaboraciones, fabricaciones, etc. Es quizá el libro más completo y actualizado escrito sobre tecnología de los alimentos.

Esta amplísima obra (en dos tomos) incluye las nuevas tecnologías utilizadas en la actualidad en la fabricación, envasado, manipulación y elaboración de todo tipo de alimentos y bebidas y debe ser un nuevo libro de gran interés para los profesionales del sector agroalimentario. Año 2013. ISBN: 9788496709072.

MANUAL PARA ESPECIAS.

Autor: Tomás Franco Martínez. Año 2013. Encuadernación en rústica, 172 páginas en papel cuché, más de 170 ilustraciones **a todo color** (fotografías, dibujos, cuadros). Tamaño: 24 x 17 cm.

Este libro nace de la necesidad de un manual para orientar en la complejidad del mundo de las especias y con información objetiva y no sesgada por marcas comerciales. El autor es profesional del sector de las especias y plasma en este libro todos los conocimientos que ha adquirido a lo largo de los años.

Este libro aporta toda la importancia de las especias en la tecnología alimentaria y ofrece la mejora de los sabores a los alimentos de forma natural, saludable y con todas las garantías. Es un libro muy completo, ya que **por cada especia se ofrecen los diversos nombres que tiene, la familia y el nombre en inglés. Se hace una descripción de la planta, se estudian las zonas de producción, el proceso de obtención de la especia, las características organolépticas de la especia, las especificaciones químicas y sus usos y aplicaciones.**

ÍNDICE RESUMIDO: Definición y tipos de especias. Ajedrea. Ajo. Ajonjolí o Sésamo. Albahaca. Alcaravea. Alholva o Fenogreco. Anís. Anís estrellado. Apio. Azafrán. Canela y Cassia. Cardamomo. Cayena o Guindilla. Cebolla. Cilantro. Clavo. Cominos. Enebro. Eneldo. Estragón. Hierbabuena. Hinojo. Jengibre. Laurel. Macis flor. Mejorana. Menta. Mostaza. Nuez moscada. Orégano. Perejil. Pimentón. Pimienta blanca. Pimienta de Jamaica. Pimienta negra. Pimienta rosa. Pimienta verde. Romero. Salvia.

Tomillo. Vainilla. Mezclas de especias. Uso de las especias. Uso de las especias en la cocina. Métodos de análisis para especias. Las especias a través de la historia. Bibliografía. **Año 2013.** ISBN: 9788496709362.

LOS ACEITES Y GRASAS. REFINACIÓN Y OTROS PROCESOS DE TRANSFORMACIÓN.

Autores: Enrique Graciani Constante (Investigador Científico del Instituto de la Grasa), María del Pino Pérez A.-Castellano (Profesora de la Escuela de Ingenieros Agrónomos de la Universidad Politécnica de Madrid) y María Victoria Ruiz-Méndez (Investigadora Científica del Instituto de la Grasa, CSIC). 236 páginas de gran formato, 110 ilustraciones (diagramas de flujo, tablas con datos de interés, gráficos, dibujos, cuadros). Tamaño: 27 x 19 cm.

En este libro se pretende presentar las distintas posibilidades que se dan a la hora de refinar los aceites comestibles.

A lo largo de los años, desde que en el siglo XVIII se empezó a refinar los aceites con el fin de adaptarlos al gusto de los consumidores, muchos han sido los trabajos de investigación y las patentes que se han realizado para mejorar cada vez más la calidad del aceite obtenido con el menor coste posible. En este libros se presentan los principales logros obtenidos y su evolución a lo largo del tiempo, a fin de que los profesionales del sector tengan conocimientos suficientes para tomar sus propias decisiones, tanto a la hora de elegir las técnicas o los procedimientos industriales, como a la hora de elegir los nuevos desarrollos o los aparatos más adecuados de acuerdo con sus necesidades o posibilidades.

Así mismo se exponen las experiencias de los autores en estos temas y sus criterios más recientes sobre los mismos. Sus últimas investigaciones son propuestas con el fin de que tanto los industriales de las diferentes refinerías como fabricantes de bienes de equipo, las puedan aplicar con el fin de abaratar costes en la obtención de aceites refinados, mejorando la calidad de los mismos. Además, se presenta la dilatada experiencia de los técnicos cualificados con el fin de que sea útil a los actuales profesionales y a los nuevos que se incorporan a este tipo de industrias.

En resumen, **se trata del libro más completo y actualizado que se ha escrito sobre el tema de la refinación de aceites y grasas, de gran interés para profesionales del sector:** refinerías, almazaras, fabricantes de equipos, productores de semillas oleaginosas, organismos públicos, ingenierías, químicos, profesionales del sector agrario, etc.

ÍNDICE RESUMIDO: 1. Introducción. 2. Desgomado. 3. Neutralización química, lavado y secado. 4. Decoloración de aceites comestibles. 5. Descerado, winterización y fracciona-miento. 6. Desodorización y destilación neutralizante. 7. Modificaciones propuestas para el proceso de desodorización y de destilación neutralizante. Posibilidad de descerar durante la realización del mismo. 8. Buenas prácticas de fabricación en las refinerías. 9. Oleoquímica industrial: otros aprovechamientos de los aceites y grasas de origen vegetal o animal. Año 2012. ISBN: 9788496709959.

<u>PRINCIPIOS MATEMÁTICOS DEL PROCESO TÉRMICO DE ALIMENTOS.</u>

Autores: William R. Miranda-Zamora y Arthur A. Teixeira. 560 páginas, más de 400 ilustraciones (tablas, cuadros, esquemas, gráficos, diagramas, fotografías, dibujos, etc.). Tamaño: 24 x 17 cm.

La mayor cantidad de publicaciones científicas en términos de artículos con o sin arbitraje, artículos en memoria de eventos, capítulos en libros de consulta y textos de apoyo a la tecnología de procesamiento térmico de alimentos, están en otros idiomas, en su mayoría en inglés. La contribución de los países de idioma castellano es limitada. Con el fin de completar el vacío, se ha realizado esta obra.

Su contenido se orienta a servir como libro de apoyo a la docencia o en lo posible como libro técnico de consulta a profesionales de la industria alimentaria, a estudiantes de pregrado de las carreras de ingeniería, tecnología o ciencia de los alimentos o ramas afines al campo agrario. Además, el enfoque especial posibilita su uso como texto de consulta en estudios de postgrado. Este libro es de especial importancia, pues en sus páginas se encuentran los conocimientos que dieron origen, permitieron el crecimiento y proporcionaron nuevos horizontes a la Ciencia de Alimentos como profesión no dependiente.

Desde un enfoque didáctico, se analiza, desarrolla y simula en Hojas de Cálculo y en Lenguaje Visual Basic el procesamiento térmico de alimentos envasados en autoclaves.
En la parte cognoscitiva, se revisan desde los primeros esfuerzos para calcular los tiempos de tratamientos térmicos, a inicios del siglo pasado con el desarrollo del primer método fórmula o método matemático desarrollado por el D. Ph. Olin Ball, hasta la realización de programas de ordenador, que calculan los procesos térmicos con gran velocidad, exactitud y versatilidad.

El libro está constituido por once capítulos con variada temática. El orden de los capítulos y temas obedece a la experiencia de los autores.
La característica sobresaliente de todos los temas es la presentación de aspectos formativos (conceptos básicos) de toda labor de enseñanza. Los *softwares* pueden usarse para calcular procesos sin ningún conocimiento del trasfondo de los cálculos. Sin embargo, es instructivo conocer los métodos desarrollados así como los cálculos asociados con el proceso.
Es por eso que se muestra en detalle cada uno de los métodos desde los más antiguos hasta los más recientes. Año 2012. ISBN: 9788496709867.

CURSO DE MANIPULADOR DE ALIMENTOS.

Autor: A. Madrid. 260 páginas, más de 190 ilustraciones (fotografías, dibujos, casos prácticos, ejercicios resueltos, esquemas, diagramas, tablas, gráficos, cuadros). Tamaño: 27 x 19 cm.

Este libro es en sí mismo un curso completo para el manipulador de alimentos, donde se explica de forma práctica y sencilla todo lo referente a los alimentos y bebidas, las condiciones del personal y de la empresa.

También se incluyen en este libro unos conocimientos básicos sobre:

La composición y propiedades de los alimentos y bebidas. Dietética y nutrición. Por último se estudian casos prácticos de: manipulación de carnes, pescados, lácteos, frutas, verduras, huevos, charcutería, comidas preparadas, productos de panadería, repostería, aceites y grasas, conservas, frutos secos, bebidas, condimentos, especias, etc. y Manipulación de alimentos y bebidas en industrias alimentarias, almacenes, empresas de distribución, tiendas, supermercados, ferias, cátering, restaurantes, cafeterías, hoteles, etc.

Al final de cada capítulo se incluyen ejercicios resueltos, que ayudarán tanto al profesor como al futuro manipulador en las tareas de enseñanza y aprendizaje. Es un libro de gran interés para industrias agroalimentarias, hoteles, restaurantes, cafeterías, bares, comedores colectivos, cátering, técnicos de alimentación, nutricionistas, cursos de formación, etc.

Es el curso más moderno, completo y práctico que se ha hecho para la formación profesional del manipulador de alimentos. Todo en un solo libro. Año 2011. ISBN: 9788496709560.

¿SEGURIDAD ALIMENTARIA? 200 RESPUESTAS A LAS DUDAS MÁS FRECUENTES.

Autor: Francisco Ginés Campos. 120 páginas, más de 200 ilustraciones **en color** (fotografías, dibujos, esquemas, diagramas, tablas, gráficos, cuadros). Tamaño: 27 x 19 cm.

La incorporación a Europa en 1985 supuso para España la "subida al carro", que en algunos casos se tuvo que hacer sin haber podido preparar el hatillo. El sector de alimentación no fue una excepción, y la atomización de éste, junto con el variado grado de desarrollo tecnológico de las empresas alimentarias, ha supuesto un esfuerzo por parte de éstas así como de la administración sanitaria para alcanzar unos mínimos, los Requisitos Previos de Higiene y Trazabilidad (R.P.H.T.) como paso previo para lograr la implantación del sistema de Análisis de Peligros y Puntos Críticos de Control (A.P.P.C.C.) y cumplir con lo establecido en lo que se ha dado en llamar el "Paquete de Higiene".

En todo caso, tanto en Europa como en el resto del mundo (FAO; OMS) se ha reconocido la importancia de la formación como una herramienta de primer orden en la lucha por la prevención de las Enfermedades transmitidas por los alimentos, y desde 2003 el autor ha desarrollado su actividad como Entidad Formadora al abrigo de la normativa vigente en aquel momento en la C.V. (D.O.G.V. 73/2001).

Ha sido durante estos años en los que se ha recogido numerosa información durante las acciones formativas, tanto de la percepción del riesgo como de las dudas más frecuentes que se les planteaban, sentidas por los manipuladores profesionales así como los de nueva incorporación. Por último, recalcar que los brotes de origen doméstico siguen siendo porcentualmente importantes, en torno a 1/3 del total, según se recoge en el último informe 2007 de la Agencia Europea.

Los sistemas de gestión de la Seguridad Alimentaria se han basado tradicionalmente en el *análisis del producto terminado,* es decir, tomar muestras seleccionadas según criterios estadísticos, y comprobar que estaban bien. Esto originaba varios problemas, por un lado la necesidad de destrucción de productos que no cumplían los estándares, con el perjuicio económico para el industrial, y por otro lado la posibilidad de que el muestreo no fuese representativo, y se escapasen muestras peligrosas con el consiguiente perjuicio para la salud del consumidor.

La aparición del sistema APPCC, implica un nuevo concepto, **las medidas preventivas,** hay que conocer *todos los peligros* asociados a la producción de un alimento para poder ejercer *todos los controles.* **Año 2011.** ISBN: 9788496709720.

NUEVAS TECNOLOGÍAS DE CONSERVACIÓN DE ALIMENTOS.

Autor: Antonio Morata Barrado (Profesor titular de Tecnología de Alimentos de la Universidad Politécnica de Madrid). 335 páginas, más de 200 ilustraciones (fotografías, esquemas, dibujos, cuadros, tablas, diagramas, etc.). Tamaño: 24 x 17 cm.

Esta obra es un libro útil como texto de información técnica actual y de aplicación práctica sobre las nuevas técnicas de conservación de alimentos. Un año después y tras agotarse la anterior edición, sale esta nueva edición revisada y aumentada. La aplicación de toda la información de este libro tiene cada vez mayor importancia.

El tecnólogo de alimentos, el ingeniero, el profesional de industrias agroalimentarias o el estudiante de tecnología de alimentos, puede encontrar un manual donde se describen de forma exhaustiva **20 tecnologías emergentes de preservación o conservación de alimentos** detallando múltiples aplicaciones prácticas en el ámbito de la industria alimentaria.

También trata sobre los equipos y maquinaria utilizada, su influencia en los atributos de calidad, conteniendo una sólida información microbiológica, bioquímica y de ingeniería y tecnología alimentaria.

Los esquemas de aplicación práctica son numerosos y aclaratorios para la comprensión y aplicación del texto a los diferentes procesos productivos.

Contiene 875 referencias bibliográficas actuales, la mayoría procedentes de revistas SCI, 47 Tablas y 134 figuras. Los profesionales del sector alimentario deben mantenerse al día, ya que constantemente aparecen nuevas técnicas de procesado y conservación de los alimentos.

El libro Nuevas Tecnologías de Conservación de Alimentos, es de gran ayuda para los técnicos de las industrias alimentarias (cárnicos, lácteos, pescados, aceites, panadería, procesado de frutas y hortalizas, pastelería, bebidas, ovoproductos, vinos, café, cacao, conservas, zumos, mermeladas, azúcares, precocinados, etc.), ya que presenta nuevos procesos y sistemas de conservación para mejorar la calidad y reducir los costes de los productos fabricados.

También es un libro esencial para las empresas fabricantes de equipos de conservación y de frío, para ingenieros y para estudiantes del sector alimentario. Año 2010. ISBN: 9788496709416.

NUEVO MANUAL DE INDUSTRIAS ALIMENTARIAS.

Autor: A. Madrid Vicente. 610 páginas, más de 450 ilustraciones (fotografías, dibujos, esquemas, diagramas, líneas de fabricación, tablas, cuadros) Tamaño: 24 x 17 cm.

Esta nueva edición actualizada y revisada trata las técnicas de elaboración de todos los alimentos y bebidas: productos lácteos, cárnicos, pescado, conservas vegetales, zumos, vinos, bebidas refrescantes, aceites, grasas, helados, panadería, pastelería, precocinados, congelados, café, chocolate, derivados del huevo, etc.

Se estudian también los equipos y procesos empleados en las industrias alimentarias (refrigeración, congelación, pasteurización, esterilización, secado, molido, prensado, bombeo, filtración, almacenamiento, conservación, limpieza, desinfección, envasado, embotellado, etc.).

Se trata de un manual actual y básico en la literatura de ingeniería de los alimentos de la tecnología alimentaria. Es el mejor libro de tecnología alimentaria general escrito en español, el más vendido y el más usado por los técnicos, especialistas y nuevos profesionales de toda la industria alimentaria, como demuestra la continua publicación de ediciones de este libro desde hace ya más de 15 años.

Además es un libro usado como libro de texto y de consulta en muchas escuelas de tecnología alimentaria.

Año: 2010. (4ª Edición ampliada y actualizada, 2ª reimpresión).
ISBN: 9788496709607.

REFRIGERACIÓN CONGELACIÓN Y ENVASADO DE LOS ALIMENTOS.

Autores: A. Madrid, J. M. Gómez-Pastrana y otros. 303 páginas, 250 ilustraciones, algunas en color (fotografías, dibujos, cuadros, esquemas, tablas). Tamaño: 24 x 17 cm.

Libro clásico en la literatura alimentaria sobre el tema, con la más moderna tecnología referente a la refrigeración, congelación, ultracongelación y envasado en atmósferas modificadas de los alimentos y bebidas.

Se estudia también la inertización de bebidas, el almacenamiento y el transporte frigorífico de los alimentos, la normativa europea sobre congelación y ultracongelación y el etiquetado y presentación de los alimentos envasados. Año: 2010. ISBN: 9788489922945.

MANUAL TÉCNICO DE HIGIENE, LIMPIEZA Y DESINFECCIÓN.

Coordinadores: Jean-Yves Leveau y Marielle Bouix. Traducido al español por: Antonio López Gómez (Ingeniero Agrónomo, Catedrático de Tecnología de Alimentos UPCT). 623 páginas, más de 500 fotografías, esquemas, tablas con datos de interés, dibujos, gráficos, fórmulas, etc.

Es la obra más completa escrita en español sobre este tema. Trata la higiene, limpieza y desinfección en las industrias agroalimentarias (cárnicas, lácteas, del pescado, aceiteras, cerveceras, bodegas, bebidas refrescantes, zumos, ovoproductos, pastelería, panadería, conserveras, centrales hortofrutícolas, en almacenes, en cámaras frigoríficas, comedores colectivos, supermercados, centros de distribución, etc.). En definitiva es una obra de gran interés para los profesionales, así como para todos los que quieran adquirir unos conocimientos amplios sobre estos temas. Año: 2002. ISBN: 84-89922-43-8.

TECNOLOGÍA DE LA CARNE Y DE LOS PRODUCTOS CÁRNICOS.

Autores: B. Carballo y otros. 325 páginas. 80 ilustraciones (fotos, esquemas, diagramas, tablas con datos de interés, etc.).
Un libro muy completo sobre las características de las distintas carnes (vacuno, cerdo, ovino, caprino, etc.), su composición, valor nutritivo, propiedades tecnológicas, conservación, transformación industrial, etc. Se estudian los distintos productos cárnicos (salazones, jamones y su curación, tecnología de la curación, embutidos), incluyendo las fórmulas completas para la elaboración de salchichas, patés, etc. Muy importantes son los capítulos finales con la legislación recientemente aprobada referente a: condiciones sanitarias de producción y comercialización de carnes frescas, condiciones sanitarias de producción y comercialización de productos cárnicos, programa

integral coordinado de vigilancia y control de las encefalopatías espongiformes transmisibles (EET) de los animales. Año 2001. ISBN: 84-89922-52-7.

ENVASADO DE LOS ALIMENTOS EN ATMÓSFERA MODIFICADA.

Autor: R.T.Parry. 350 páginas. Más de 80 ilustraciones (diagramas de flujo, tablas con datos de interés, fotos, etc.).
Con la descripción y las aplicaciones de los modernos sistemas de envasado al vacío y en atmósferas de nitrógeno, anhídrido carbónico y otros gases (maquinaria para el envasado, films para envasado en atmósferas modificadas, control de calidad, aplicación a frutas, verduras, carnes rojas, jamón, embutidos, pescados, mariscos, quesos, ensaladas, productos de panadería, pastelería, alimentos preparados, zumos, vinos, bebidas, café, frutos secos, etc.).
Es un libro básico sobre el tema y accesible a todo tipo de público con conocimientos técnicos de la industria agroalimentaria. ISBN: 84-87440-76-2.

LA LOGÍSTICA EN LA EMPRESA AGROALIMENTARIA.

Autores: R. Alonso y otros. 210 páginas. Ilustraciones (fotos, fórmulas, diagramas, etc.).
Los sistemas de distribución de los alimentos son de vital importancia en el mundo moderno. En este libro se estudian los modernos sistemas de transporte, gestión de stocks, almacenaje y control de calidad de los alimentos, los distintos modelos de distribución comercial, la gestión de compras en la empresa, la gestión de almacenes, etc., de forma que se tengan los menores costes de distribución posibles, y que los productos lleguen al consumidor en el momento y lugar adecuados. ISBN: 84-89922-26-8.

EL PESCADO Y SUS PRODUCTOS DERIVADOS.

Autores: A. Madrid y otros. 420 páginas. Más de 90 ilustraciones (esquemas, tablas con datos de interés, gráficos, etc.).

Con toda la tecnología del pescado y sus productos derivados: refrigeración, congelación, salazón, ahumado, productos cocinados, surimi, concentrados proteínicos, harinas y aceites de pescado, etc. Preparación de conservas y semiconservas (atún en aceite, sardinas en aceite, anchoas). Los aditivos utilizados en los productos de la pesca. Legislación de la Unión Europea relativa a la producción y comercialización de los productos pesqueros y de la acuicultura. ISBN: 84-89922-16-0.

APROVECHAMIENTO DE LOS SUBPRODUCTOS CÁRNICOS.

Autor: A. Madrid. 330 páginas. Más de 100 ilustraciones (esquemas de procesos, tablas con datos de interés, fotos, etc.).

Con todas las modernas técnicas de transformación de los subproductos de los mataderos, salas de despiece, fábricas de embutidos, etc. Producción de harinas, grasas purificadas, plasma, eliminación de malos olores, recuperación energética, tratamiento de aguas residuales, legislación, etc. Producción de pasta de hígado y extractos de carne. Producción de gelatina a partir de huesos.

Tratamiento del agua de colas. Aplicaciones farmacéuticas de los subproductos. Normas sanitarias de eliminación y transformación de animales muertos y desperdicios cárnicos. ISBN: 84-89922-13-6.

ÍNDICE DEL LIBRO:

1.- Los subproductos cárnicos. Definición. Composición: hidratos de carbono, grasas, proteínas, sales minerales y vitaminas.

2.- Líneas de aprovechamiento de los subproductos cárnicos. Técnicas de tratamiento. Volumen mundial de subproductos cárnicos. Líneas de aprovechamiento de los subproductos cárnicos. Aplicaciones de los subproductos cárnicos.

3.- Aprovechamiento de la sangre de origen animal. Composición y características de la sangre. Valor nutritivo. Sistema para el aprovechamiento de la sangre. Obtención de plasma. Sistemas de producción de harinas de sangre. Deshidratación y secado en régimen continuo de la sangre. Producción de harina de sangre de alta calidad. Secado por atomización de la sangre y el plasma.

4.- Producción de harinas y grasas a partir de todo tipo de subproductos cárnicos. La materia prima para la producción de harinas y grasas. Tratamiento previo de los subproductos. Máquinas descortezadoras. Máquinas separadoras de huesos. Tolvas. Tornillos y cintas transportadoras. Molinos. Detectores de metales. Digestores. Sistemas continuos de transformación de los subproductos. Picadoras. Bombas. Decantadores centrífugos. Centrífugas. Enfria-dores.

5.- Concentración del agua de colas y secado de las harinas. Evaporadores. Secadores.

6.- Preparación de las harinas. Huesos desengrasados para la fabricación de gelatinas. Gelatina líquida.

7.- Fundido, purificación, enfriamiento y refinación de grasas de origen animal.

8.- Alimentos para animales de compañía. Pet food. Producción de alimentos para animales de compañía. Formulaciones.

9.- Producción de pasta de hígado y extractos de carne.

10.- Aplicaciones farmacéuticas de los subproductos cárnicos. Fraccionamiento del plasma. Extractos de insulina. Pancreatina.

11.- Recuperación térmica y eliminación de malos olores en instalaciones de tratamiento de subproductos cárnicos.

12.- Reglamentación técnico sanitaria de grasas comestibles.

13.- Normas sanitarias de eliminación y transformación de animales muertos y desperdicios de origen animal.

APLICACIÓN DEL FRÍO A LOS ALIMENTOS.

Coordinador: M. Lamúa. Instituto del Frío de Madrid. 360 páginas. Más de 50 ilustraciones (esquemas, gráficos, fotos, etc.). Estudia los principios generales de la aplicación del frío a los alimentos, así como la conservación de alimentos en atmósferas modificadas, la conservación de productos en fresco, la congelación, el frío en los productos lácteos, carnes y productos cárnicos, pescados y productos pesqueros reestructurados. Año: 2000. ISBN: 84-89922-25-X.

ÍNDICE DEL LIBRO:

1. **Principios generales de la aplicación del frío a los alimentos.** Modificación de la calidad de los alimentos por el frío. Procesos químicos, físicos, enzimáticos y fisiológicos. Desarrollo de microorganismos. Consideraciones tecnológicas.
2. **Productos vegetales:** procesos fisiológicos postrecolección. Transpiración. Pérdidas de peso. Respiración. Capacidad de conservación. El etileno. La maduración. Metabolismo. Degradación de productos fenólicos. Otros procesos fisiológicos.
3. **Productos vegetales:** regulación de los procesos fisiológicos postrecolección. Índice de madurez. Índices de calidad. Efecto de la temperatura. Transpiración. Respiración. Síntesis de etileno. Alteraciones fisiológicas. Prevención del "daño por frío". Atmósferas controladas.

4. **Conservación de los productos vegetales en atmósfera modificada.** Atmósferas controladas (AC) y atmósferas modificadas (AM). Efectos de la modificación de la atmósfera sobre el producto. Envasado en polímeros plásticos (MAP) Tipos de envases: polietileno, policloruro de vinilo, poliestileno y polipropileno. Permeabilidades de los envases en la técnica MAP. Innovaciones recientes.

5. **Productos vegetales procesados en fresco.** Tipos de tratamientos. Materias primas. Preparación de los productos. Diagrama del proceso: recolección, selección, transporte, recepción, pre-refrigeración y alimentación, procesado, distribución y venta. Normas sanitarias.

6. **La atmósfera controlada como técnica complementaria de la refrigeración.** Características de las cámaras frigoríficas. Obra civil. Aislamiento. Barrera antivapor. Hermeticidad. Proyección de poliuretano expandido. Paneles prefabricados. Puertas herméticas. Ventanillas de inspección. Instalaciones en buques. Instalación frigorífica. Absorbedores. Generadores de atmósfera. Conexiones y valvulería. Control de la temperatura y de la humedad relativa. Solución de problemas y averías en las cámaras. El coste de la atmósfera controlada.

7. **Congelación de los alimentos vegetales.** Influencia de la congelación. Cristalización. Efectos en la estructura y en la textura. La velocidad de congelación. Cambios físicos del producto congelado durante la conservación. Efecto combinado del tiempo y temperatura de congelación. Tipos de congeladores: de placas, por circulación forzada de aire, por evaporación de fluidos frigorígenos licuados. El envasado.

8. **Aplicaciones del frío a los productos lácteos.** Refrigeración de la leche cruda: efectos producidos sobre la capacidad de la leche para coagular, sobre la materia grasa, sobre los microorganismos, etc. Refrigeración de productos lácteos.

Congelación de la leche. Leche fermentada. Nata y mantequilla. Quesos: congelación.

9. **Aplicaciones del frío a la carne y productos cárnicos.** Refrigeración de las carnes. Conservación de la carne refrigerada. Congelación de las carnes. Proceso y equipos. Influencia del frío sobre la calidad de las carnes.

11.- Conservación del pescado por tratamientos frigoríficos. Modificaciones del pescado sometido a refrigeración y la congelación. Procesos y equipos para la refrigeración y congelación del pescado. Descongelación.

11.- Productos pesqueros reestructurados. Tipos de productos reestructurados. Procesado. Separación mecánica. Lavado. Estabilización del pescado picado. Productos enlatados. Productos desecados. Fabricación del Surimi.

TECNOLOGÍA DEL JAMÓN IBÉRICO. De los sistemas tradicionales a la explotación racional del sabor y el aroma.

Coordinador: J. Ventanas (Varios autores). 540 páginas en papel cuché y a todo color, más de 250 ilustraciones (fotografías, dibujos, cuadros, tablas, esquemas), encuadernación en tapa dura. Tamaño: 24 x 17 cm.
Año 2001. Estudia todas las etapas, "desde la dehesa hasta la mesa". Es el mejor libro que se ha escrito sobre el jamón ibérico que abarca desde la producción, el curado hasta el análisis sensorial y cómo cortar bien el jamón ibérico. Es un libro para profesionales y para todo el público que desee conocer todos los aspectos de un producto alimentario que es cada vez más demandado por su calidad. El profesional y elaborador de este producto encontrará en este libro, además de toda la información disponible actualmente sobre el jamón, podrá mejorar la calidad del producto, el curado, el sabor, etc. Pero, sin duda, los principales beneficiarios deben ser los numerosos

técnicos cuya actividad se relaciona directamente con la fabricación del jamón curado y los que desarrollan su labor en las empresas de asesoramiento, análisis y en las que suministran ingredientes, aditivos y equipos; o que prestan sus servicios en la administración. Todos ellos tienen a su disposición una fuente de información completa y accesible.

ÍNDICE RESUMIDO: Introducción y objetivos. El jamón ibérico, de una imagen a una calidad definida y contrastada. El jamón curado de cerdo Ibérico: descripción del proceso tradicional de elaboración. El binomio cerdo ibérico-dehesa. Líneas y cruces. Tipos de alimentación. La obtención de materia prima de una adecuada aptitud tecnológica. Características de la grasa determinantes de la calidad del jamón: influencia de los factores genéticos y ambientales. Métodos para la clasificación de la materia prima. El sacrificio del cerdo Ibérico. Manejo ante y post-mortem. Obtención y perfilado del pernil. La estabilización del pernil desde la perspectiva microbiológica: un concepto ecológico dinámico. Tecnología del salazonado del jamón Ibérico. Dinámica y control del proceso de secado del jamón Ibérico en secaderos y bodegas naturales y en cámaras climatizadas. Reacciones químicas y bioquímicas que se desarrollan durante la maduración del jamón Ibérico. Condiciones del procesado que favorecen el desarrollo del "flavor": influencia de la sal, la temperatura y de la duración del proceso madurativo. Población microbiana del jamón Ibérico y su contribución en la maduración. Los compuestos responsables del "flavor" del jamón Ibérico. Variaciones de los distintos tipos de jamones. La calidad sensorial del jamón Ibérico y su evaluación: la cala y la cata del jamón. Posibilidades actuales de caracterización del jamón por métodos instrumentales. Composición química general del jamón Ibérico: interés nutritivo y dietético. Alteraciones originadas por microorganismos, ácaros e insectos en jamones Ibéricos. Control del proceso de elaboración del jamón Ibérico. Aseguramiento de la calidad sensorial. Etc.

ISBN: 9788471149442.

JAMÓN CURADO: ASPECTOS CIENTÍFICOS Y TECNOLÓGICOS.

Autor: José Bello Gutiérrez. 638 páginas, más de 400 ilustraciones (fotografías, dibujos, cuadros, esquemas, gráficos, tablas, etc.) Tamaño: 24 x 17 cm. Año 2008 (1ª Edición). Esta obra comprende el estudio de la materia prima, el cerdo, incidiendo en la domesticación del animal, la obtención de razas mejoradas, las explotaciones porcinas y sus sistemas de crianza, e incluyendo las características propias de las distintas razas, da paso a la descripción de la línea de la carne y al desarrollo del concepto de calidad intrínseca de la misma. Selección, elaboración y procesos de curación del jamón se abordan de manera rigurosa y crítica, sin perder de vista en ningún momento la descripción y análisis de los principales tipos de jamón curado elaborados en nuestro país, junto con las variedades específicas de los países de la Unión Europea, especialmente las acogidas a la garantía de los sellos y figuras de calidad europeos. José Bello Gutiérrez es Catedrático de Bromatología, Toxicología y Análisis Químico Aplicado, y ha formado parte del claustro de profesores de las universidades de Granada, Sevilla, Navarra, del que en la actualidad es profesor emérito. ÍNDICE RESUMIDO DEL LIBRO: El ganado porcino. La carne de cerdo. Planteamientos tecnológicos en el proceso de curación. Implantación científica del proceso de curación. Definición y calidad. Principales variedades de la Unión Europea. Sistemas de garantía y control. Glosario. Bibliografía recomendada.
AÑO 2008. ISBN: 9788479788841.

ADITIVOS ALIMENTARIOS

El Tema de la utilización de los aditivos en los alimentos, cambia mucho, por lo que es necesario actualizar la información cada cierto período de tiempo. Al utilizar un aditivo alimentario hay que consultar a la autoridad competente sobre su uso.

Este libro estudia todo lo que hay que saber sobre los aditivos alimentarios: razones para la utilización de aditivos en los alimentos, listas de cada uno de los aditivos con su número de identificación y sus propiedades y los alimentos en los que se pueden utilizar, listas de aditivos autorizados de la Unión Europea, clasificación de los aditivos (colorantes, antioxidantes, aromatizantes, conservadores, emulgentes, espesantes, etc.), legislación y normativa sobre aditivos alimentarios. Este libro es de gran interés para todas las industrias agroalimentarias, profesionales del sector, fabricantes de aditivos, organismos oficiales, estudiantes, profesores y es útil para cursos de formación de este sector.

SOLUCIONES A LOS EJERCICIOS PRÁCTICOS

Capítulo 1

1.- Respuesta: el *Codex Alimentarius* define la carne como "todas las partes de un animal que han sido dictaminadas como inocuas y aptas para el consumo humano o se destinan para este fin".

2.- Respuesta: B6, B12, Vitamina A. En menor cuantía vitamina E y ácido pantoténico (B5).

3.- Respuesta: b.

4.- Respuesta: b.

5.- Respuesta: Food and Agricultural Organization. Organización de las Naciones Unidas para la Agricultura y la Alimentación.

6.- Respuesta: c.

7.- Respuesta: a.

8.- Respuesta: a.

9.- Respuesta: c.

10.- Respuesta: a.

11.- Respuesta: es el hígado graso que se obtiene de patos y ocas, sometidas a embuchado. Para conseguirlo, se somete al animal a una alimentación forzada, de forma que el hígado engorde desmesuradamente.

Capítulo 2

1.- Respuesta: carbono, hidrógeno y nitrógeno.

2.- Respuesta: carnes, embutidos, jamones, huevos, quesos.

3.- Respuesta: es el tanto por ciento de proteínas absorbidas que son realmente aprovechadas por nuestro organismo.

4.- Respuesta: a.

5.- Respuesta: Utilización Neta de Proteína

6.- Respuesta: son el resultado de la reacción de la glicerina con ácidos grasos.

7.- Respuesta: mantequilla, huevos, quesos, carnes grasas, nata, embutidos.

8.- Respuesta: b.

9.- Respuesta: sardinas, salmón, nueces, aceite de linaza.

10.- Respuesta: c.

11.- Respuesta: carbono, hidrógeno y oxígeno.

12.- Respuesta: patatas, trigo, cebada, maíz, centeno.

13.- Respuesta: calcio, fósforo, potasio, hierro, sodio.

14.- Respuesta: leche, productos lácteos, pescados, mariscos.

15.- Respuesta: vitaminas hidrosolubles y vitaminas liposolubles.

16.- Respuesta: b.

Capítulo 3

1.- Respuesta: músculo rojo y músculo blanco.

2.- Respuesta: a.

3.- Respuesta: b.

4.- Respuesta: los músculos estriados son los que constituyen lo que se conoce como "carne", después de la muerte del animal. Generalmente son los responsables del movimiento y se fijan al tejido óseo mediante aponeurosis y tendones.

5.- Respuesta: c.

6.- Respuesta: a.

7.- Respuesta: c.

8.- Respuesta: Capacidad de Retención de Agua.

9.- Respuesta: cuando el animal se somete a estrés, consume el glucógeno y no hay glucólisis anaerobia, por lo que las carnes se presentan secas (Dry), externamente firmes (Firm) y oscuras (Dark).

10.- Respuesta: es una dispersión de dos líquidos no miscibles, como es el caso de aceite y agua.

11.- Respuesta: los emulgentes son sustancias que se añaden a una emulsión (o que ya existen en la misma) que favorecen la estabilidad de la misma.

12.- Respuesta: Entre los emulgentes destacan los fosfatos, polifosfatos alcalinos, citratos, glicéridos y proteínas.

13.- Respuesta: un gel es un sistema semisólido (mantiene su forma pero los líquidos se desplazan por el gel), que se forma por la unión de cadenas polipeptídicas que forman una red tridimensional que retiene y atrapa el agua.

14.- Respuesta: las enzimas son sustancias proteínicas que en pequeñas cantidades, aceleran las reacciones sin modificar su equilibrio, gracias a que disminuyen la energía de activación del proceso.
Una vez finalizado el proceso, la enzima se recupera y puede volver a actuar en sucesivas reacciones.

15.- Respuesta: a.

Capítulo 4

1.- Respuesta: el matadero, la sala de despiece y la industria cárnica.

2.- Respuesta: vacunos, cerdos y ovinos.

3.- Respuesta: b.

4.- Respuesta: sangre, vísceras, desechos de recortes, pieles, grasas, huesos.

5.- Respuesta: Mechanical Deboned Meat. Carne recuperada de la adherida a los huesos.

6.- Respuesta: cuando la canal se somete a la acción de una corriente eléctrica, se produce un ablandamiento de la carne (*tenderización*).

7.- Respuesta: es el grado de infiltración de la grasa en la carne.

8.- Respuesta: a.

9.- Respuesta: c.

10.- Respuesta: canales frescas, canales refrigeradas y canales congeladas.

Capítulo 5

1.- Respuesta: evaporador, compresor, condensador y válvula de expansión.

2.- Respuesta: evaporadores con circulación de aire, evaporadores tubulares y evaporadores de inmersión.

3.- Respuesta: compresores de pistones y compresores de tornillos.

4.- Respuesta: a.

5.- Respuesta: es el calor empleado en producir un cambio de estado en un cuerpo, como por ejemplo la vaporización del agua.

6.- Respuesta: Coeficiente de Operación.

7.- Respuesta: Corcho. Poliestireno expandido. Poliuretano. Espuma elastomérica. Cubretuberías

8.- túneles de tipo mecánico y túneles por gases criogénicos.

9.- Respuesta: nitrógeno líquido y dióxido de carbono.

10.- Respuesta: b.

Capítulo 6

1.- Respuesta: b.

2.- Respuesta: c.

3.- Respuesta: condensador, compresor, evaporador, puerta, válvulas, paneles frigoríficos, sistema de ventilación.

4.- Respuesta: a.

5.- Respuesta: b.

6.- Respuesta: Calor específico de la canal. Tamaño de la canal. Número de canales. Temperatura del entorno.

7.- Respuesta: a.

Capítulo 7

1.- Respuesta: *Los subproductos* de matadero los podríamos definir como las "materias primas que se obtienen de los animales de abasto y que no están comprendidas en los conceptos de canal o despojo.

2.- Respuesta: la canal es el cuerpo de los animales de abasto después de sacrificados, desprovisto de vísceras torácicas y abdominales, con o sin riñones, piel, patas y cabeza.

3.- Respuesta: *los despojos* son aquellas partes comestibles que se obtienen de los animales de abasto y que no están comprendidos en el término canal.

4.- Respuesta: hígado, bazo, riñones, ganglios, corazón, sesos, pulmones, médula, glándulas (timo, tiroides, páncreas, suprarrenales, testículos), estómago e intestinos de los rumiantes (callos y gallinejas), patas (callos, gelatinas y manitas), tripas, vejigas, cabeza, lengua y sangre.

5.- Respuesta:
Ingredientes en embutidos cárnicos (morcillas principalmente).
Producción de plasma, que se usa como ligante en embutidos y otros productos. El plasma se obtiene por centrifugación de la sangre.
Sangre seca (harina), por eliminación de la mayor parte de su humedad, hasta dejarla en un 6-9 por ciento.
Aplicaciones farmacéuticas.

6.- Respuesta: a.

7.- Respuesta: Sistema de transformación por vía seca. Sistema de transformación por vía húmeda. Sistema de extracción por disolventes.

Capítulo 8

1.- Respuesta: el acondicionamiento o envasado de los alimentos con gases consiste en sustituir el aire que rodea al producto por un gas o una mezcla de gases que ofrecen mejores condiciones para el mantenimiento de la calidad física y microbiológica del producto por un periodo de tiempo mayor.

2.- Respuesta: b.

3.- Respuesta: Envasado en Atmósferas Modificadas.

4.- Respuesta: a.

5.- Respuesta: nitrógeno, oxígeno, dióxido de carbono.

6.- Respuesta: c.

7.- Respuesta: a.

8.- Respuesta: a.

Capítulo 9

1.- Respuesta: a.

2.- Respuesta: entonces no da tiempo al crecimiento de los cristales de hielo, formándose muchos cristales y muy pequeños, que ocasionan un daño mínimo a la célula muscular.

3.- Respuesta: b.

4.- Respuesta: a.

5.- Respuesta: c.

Capítulo 10

1.- Respuesta: a.

2.- Respuesta: son los elaborados con productos obtenidos por mezcla o condimentación de alimentos de origen animal o de origen animal y vegetal, donde el componente mayoritario sea la carne y sus derivados.

3.- Respuesta: el ácido ascórbico es un cristal incoloro e inodoro, soluble en agua, con propiedades antioxidantes.

4.- Respuesta: inhiben selectivamente el desarrollo de la peligrosa bacteria *Clostridium botulinum*, que aparece con gran facilidad en los productos cárnicos.

5.- Respuesta: Capacidad de Retención del Agua.

6.- Respuesta: salchichas Frankfurt, patés y jamón cocido.

7.- Respuesta: b.

8.- Respuesta: carne picada de vacuno y cerdo, grasas, sal, ajos y pimentón.

9.- Respuesta: a.

10. Respuesta: a.

11.- Respuesta: b.

12.- Respuesta: b.

13.- Respuesta: c.

14.- Respuesta: magro y tocino de cerdo, pimentón, sal y especias.

15.- Respuesta: cebollas, grasa de cerdo, sangre de cerdo, canela molida, clavo, orégano.

Capítulo 11

1.- Respuesta: es la que elimina todas las impurezas visibles de las superficies a limpiar.

2.- Respuesta: es la que elimina o destruye incluso las impurezas no visibles y los olores correspondientes.

3.- Respuesta: con ella se destruyen todos los microorganismos patógenos. Este tipo de limpieza se puede alcanzar sin haber conseguido la física y/o la química.

4.- Respuesta:
- Disolución de las impurezas acumuladas sobre las superficies.
- Dispersión de esas impurezas en la solución de limpieza.
- Evacuación de las mismas para evitar que se vuelvan a depositar sobre las superficies que estaban.

5.- Respuesta: b.

6.- Respuesta: que es capaz de mantener en suspensión las impurezas rotas y separadas.

7.- Respuesta: en la destrucción de microorganismos considerados como perjudiciales.

8.- Respuesta: a.

9.- Respuesta:

$$R\text{-}COOH + NaOH \rightarrow \boxed{R\text{-}COO^-Na^+} + H_2O$$

Ácido graso **Álcali** JABÓN

10.- Respuesta: los detergentes son sustancias que disuelven la suciedad y las impurezas depositadas sobre la superficie de un objeto, sin producir corrosión en el mismo.

11.- Respuesta: la presencia de fosfatos es muy frecuente en los productos de limpieza ya que ejercen varias acciones simultáneamente: poder de emulsión, poder dispersante y ablandan el agua.

12.- Respuesta: se utilizan para la eliminación de incrustaciones provocadas por sales precipitadas, tales como las cálcicas y magnésicas.

Capítulo 12

1.- Respuesta: instalaciones municipales e instalaciones industriales.

2.- Respuesta: la DBO5 es la cantidad de oxígeno necesaria los 5 primeros días para descomponer la carga residual del agua, a una temperatura de 20ºC, bajo acción biológica aerobia.
Otra forma de medida es la DBO en siete días.

3.- Respuesta: por demanda química de oxígeno se entiende la cantidad de oxígeno (masa relacionada con el volumen) que hace falta para que se produzca la oxidación completa de sustancias orgánicas (el porcentaje mayor) e inorgánicas (de escaso significado

4.- Respuesta:
- Purificación mecánica (decantación, tamizado, filtración, etc.).
- Purificación biológica (tratamiento bacteriano por ejemplo).
- Tratamiento químico (adición de floculantes por ejemplo).
- Tratamiento de los lodos formados en el proceso de depuración del agua.

5.- Respuesta: a.

Capítulo 13

1.- Respuesta: el jamón curado se obtiene del pernil del cerdo sometido a un proceso de salazón, maduración y secado.

2.- Respuesta:
A.- La materia prima (raza, edad, alimentación y peso).
B.- Técnicas de fabricación (condiciones ante y post morten, condiciones de salazón y reposo, condiciones de secado y tiempo de secado).

3.- Respuesta: a.

4.- Respuesta: b.

5.- Respuesta: es una fase de asentamiento previa a la curación en la que se produce el reparto homogéneo de la sal tanto en la superficie como en el interior del jamón, dando lugar a una significativa deshidratación que otorga a las piezas la consistencia adecuada.

6.- Respuesta:
Jamón ibérico de bellota.
Jamón ibérico de recebo.
Jamón ibérico de pienso.